土木建筑大类专业系列新形态教材

建筑设备

(第二版)

刘占孟　王香莲　主　编
杨维汉　江新德　高桂青　李　贤　副主编

清华大学出版社
北京

内 容 简 介

本书内容分为基础知识、建筑给水排水、供暖通风与空气调节和建筑电气四部分，共十五章。本书体系完备、结构新颖、内容翔实、图文并茂。教材涉及的知识面宽，内容介绍深入浅出，注重实践性和实用性，将新规范充分融入专业理论知识中，强化了施工图的识读，符合应用型人才培养的要求。

本书可作为高等院校建筑学、工程管理、工程造价、建筑电气等相关专业的教材，也可供从事建筑设备工程技术工作的人员学习参考。

本书封面贴有清华大学出版社防伪标签，无标签者不得销售。
版权所有，侵权必究。举报：010-62782989，beiqinquan@tup.tsinghua.edu.cn。

图书在版编目(CIP)数据

建筑设备/刘占孟，王香莲主编. —2版. —北京：清华大学出版社，2025.4
土木建筑大类专业系列新形态教材
ISBN 978-7-302-66014-9

Ⅰ.①建… Ⅱ.①刘… ②王… Ⅲ.①房屋建筑设备-高等学校-教材 Ⅳ.①TU8

中国国家版本馆CIP数据核字(2024)第069202号

责任编辑：杜　晓
封面设计：曹　来
责任校对：刘　静
责任印制：刘　菲

出版发行：清华大学出版社
网　　址：https://www.tup.com.cn, https://www.wqxuetang.com
地　　址：北京清华大学学研大厦A座　　　邮　编：100084
社 总 机：010-83470000　　　邮　购：010-62786544
投稿与读者服务：010-62776969, c-service@tup.tsinghua.edu.cn
质量反馈：010-62772015, zhiliang@tup.tsinghua.edu.cn
课件下载：https://www.tup.com.cn, 010-83470410

印 装 者：北京瑞禾彩色印刷有限公司
经　　销：全国新华书店
开　　本：185mm×260mm　　印　张：22.75　　字　数：550千字
版　　次：2018年8月第1版　2025年4月第2版　　印　次：2025年4月第1次印刷
定　　价：69.00元

产品编号：099931-01

第二版前言

本书配套教学资源下载

本书是在第一版的基础上改编和修订而成的。针对第一版的不足之处，进行了增减，使书中内容能够及时对接现行职业标准和岗位要求，反映新知识、新技术、新工艺及新方法，体现行业的发展要求。

建筑设备是现代建筑工程的三大组成部分（建筑与结构、建筑设备和建筑装饰）之一，因此，"建筑设备"是一门多学科、综合性和实践性很强的课程，是土建系列相关专业的技术基础课程，对于建筑施工与管理具有非常重要的指导意义。随着建筑智能化水平的不断提高，建筑设备所包含的内容也在不断地增多，出现了很多新设备、新产品和新技术。本书的编写目的就是为土建系列相关专业学生提供一本学习建筑给排水、供暖通风与空气调节、建筑电气知识的通用性教材，使其初步掌握建筑设备工程技术的基本知识和技能，为适应今后的专业技术工作奠定坚实的基础。

本书内容分为基础知识、建筑给水排水、供暖通风与空气调节和建筑电气四部分。本书编写力求简明、深入浅出，注重实用性，将新颁布的建筑设备工程技术方面的国家标准及建筑设备工程施工的新技术、新工艺、新方法充分融入专业理论知识中，强化建筑设备施工图的识读，充分培养学生的设备识图能力和专业施工中的协调配合能力。专业理论知识与工程实际相结合，以当前设备施工主体技术和方法为主，适当加大对前沿技术和方法的介绍，使教材内容具有较强的实用性和借鉴性，并具备一定的前瞻性。

本书由刘占孟、王香莲任主编，杨维汉、江新德、李贤、高桂青任副主编。具体编写分工为：本书第1~6章由刘占孟编写；第7章由李贤、李丽编写；第8~10章由王香莲、江新德编写；第11章由闵凯、徐宇峰编写；第12~15章由杨维汉、高桂青编写。全书由刘占孟统编定稿。

本书在编写过程中得到了清华大学出版社、南昌工程学院、华东交通大学、南昌交通学院、河北工程大学等单位的大力支持，并参考了大量的书籍、设计手册，在此向有关作者表示衷心的感谢。由于编者水平及实践经验有限，编写时间仓促，不妥之处在所难免，恳请广大读者批评指正。

编 者

2025年1月

目 录

第 1 章　基础知识 ·· 1
　1.1　流体力学 ··· 1
　　1.1.1　流体主要的物理性质 ································· 1
　　1.1.2　流体静力学基础 ····································· 3
　　1.1.3　流体动力学基础 ····································· 5
　　1.1.4　流动阻力与能量损失 ································ 10
　1.2　传热学 ·· 12
　　1.2.1　稳态传热的基本知识 ································ 12
　　1.2.2　传热的基本方式 ···································· 13
　　1.2.3　传热过程及传热的增强与削弱 ······················ 16
　1.3　电工学 ·· 18
　　1.3.1　电路 ·· 18
　　1.3.2　三相交流电路 ······································ 19
　　1.3.3　变压器 ·· 20
　　1.3.4　三相异步电动机 ···································· 22
　习题 ·· 24

第 2 章　建筑给水系统 ·· 25
　2.1　给水系统的分类、组成及给水方式 ·························· 25
　　2.1.1　给水系统的分类 ···································· 25
　　2.1.2　给水系统的组成 ···································· 25
　　2.1.3　给水方式 ·· 27
　2.2　给水管材、附件及设备 ····································· 30
　　2.2.1　给水管材 ·· 30
　　2.2.2　管道附件 ·· 32
　　2.2.3　增压贮水设备 ······································ 37
　2.3　给水管道的布置与敷设 ····································· 42
　　2.3.1　给水管道的布置 ···································· 42
　　2.3.2　给水管道的敷设 ···································· 44
　2.4　生活给水系统设计计算 ····································· 45

2.4.1　用水定额 ··· 45
　　　2.4.2　生活用水量的计算 ·· 47
　　　2.4.3　设计秒流量 ·· 48
　　　2.4.4　给水管网水力计算 ·· 51
　2.5　高层建筑给水系统 ·· 53
　　　2.5.1　技术要求 ··· 54
　　　2.5.2　高层建筑给水系统技术措施 ··· 54
　　　2.5.3　高层建筑给水方式 ·· 55
习题 ··· 57

第3章　建筑消防系统 ··· 58
　3.1　火灾类型、建筑物分类及危险等级 ·· 58
　　　3.1.1　火灾分类 ··· 58
　　　3.1.2　灭火机理 ··· 58
　3.2　消防给水系统 ·· 60
　　　3.2.1　消防给水管道 ·· 60
　　　3.2.2　消火栓给水系统的组成 ·· 61
　　　3.2.3　消火栓给水系统的设置 ·· 64
　3.3　自动喷水灭火系统 ·· 66
　　　3.3.1　湿式自动喷水灭火系统 ·· 66
　　　3.3.2　干式自动喷水灭火系统 ·· 67
　　　3.3.3　预作用喷水灭火系统 ·· 68
　　　3.3.4　雨淋喷水灭火系统 ··· 68
　　　3.3.5　水幕系统 ··· 69
　　　3.3.6　水喷雾灭火系统 ··· 69
　3.4　灭火器 ·· 76
　3.5　其他固定灭火设施简介 ··· 76
　3.6　高层建筑消防给水 ·· 78
　　　3.6.1　高层建筑消防特点及技术要求 ······································ 78
　　　3.6.2　高层建筑消防给水系统技术措施 ··································· 78
　　　3.6.3　高层建筑消火栓给水系统 ·· 79
　　　3.6.4　高层建筑自动喷水灭火给水系统 ·································· 85
　　　3.6.5　高层建筑其他消防系统 ·· 89
习题 ··· 89

第4章　建筑排水系统 ··· 90
　4.1　排水系统的分类、体制及组成 ··· 90
　　　4.1.1　排水系统的分类 ··· 90
　　　4.1.2　排水体制的选择 ··· 90

  4.1.3 排水系统的组成 …………………………………………………………… 91
 4.2 排水管材和卫生设备 …………………………………………………………………… 92
  4.2.1 排水管材和管件 …………………………………………………………… 92
  4.2.2 排水附件 …………………………………………………………………… 94
  4.2.3 卫生器具及其设备和布置 ………………………………………………… 101
 4.3 建筑内部排水管道的布置与敷设 …………………………………………………… 108
  4.3.1 排水管道的布置 …………………………………………………………… 108
  4.3.2 排水管道的敷设 …………………………………………………………… 108
 4.4 排水通气管系统 ………………………………………………………………………… 110
  4.4.1 排水管道系统 ……………………………………………………………… 110
  4.4.2 通气管系统 ………………………………………………………………… 111
 4.5 高层建筑排水系统 ……………………………………………………………………… 112
  4.5.1 高层建筑排水特点及技术要求 …………………………………………… 112
  4.5.2 高层建筑排水系统的组成与分类 ………………………………………… 113
  4.5.3 高层建筑排水管道的布置与敷设 ………………………………………… 113
  4.5.4 新型排水系统 ……………………………………………………………… 113
 4.6 屋面雨水排水系统 ……………………………………………………………………… 116
  4.6.1 外排水系统 ………………………………………………………………… 116
  4.6.2 内排水系统 ………………………………………………………………… 117
  4.6.3 混合排水系统 ……………………………………………………………… 118
 习题 ……………………………………………………………………………………………… 119

第 5 章 建筑热水系统 ………………………………………………………………………… 120
 5.1 热水供应系统的分类、组成与供水方式 …………………………………………… 120
  5.1.1 热水供应系统的分类 ……………………………………………………… 120
  5.1.2 热水供应系统的组成 ……………………………………………………… 121
  5.1.3 热水供应系统的供水方式 ………………………………………………… 123
 5.2 热水系统的加热方式与加热设备 …………………………………………………… 128
  5.2.1 热源的选用 ………………………………………………………………… 128
  5.2.2 加热和贮热设备 …………………………………………………………… 129
 5.3 热水系统的管材及附件 ………………………………………………………………… 135
  5.3.1 热水供应系统的管材和管件 ……………………………………………… 135
  5.3.2 热水供应系统的附件 ……………………………………………………… 135
 5.4 热水系统的布置与敷设 ………………………………………………………………… 142
 5.5 热水管道的防腐与保温 ………………………………………………………………… 143
 5.6 高层建筑热水供应 ……………………………………………………………………… 144
 习题 ……………………………………………………………………………………………… 146

第 6 章 居住小区给水排水、中水及雨水利用 …………………………………………… 147
 6.1 居住小区给水排水 ……………………………………………………………………… 147

6.1.1　居住小区给水 ·· 148
　　　6.1.2　居住小区排水 ·· 155
　6.2　建筑中水系统 ·· 161
　　　6.2.1　中水回用系统的分类 ··· 161
　　　6.2.2　中水系统的组成及处理设施 ·· 162
　　　6.2.3　中水水源、水质 ·· 162
　　　6.2.4　中水的处理工艺 ·· 163
　　　6.2.5　中水处理的工艺流程 ··· 163
　6.3　居住小区雨水利用 ·· 165
　习题 ·· 167

第7章　建筑给排水施工图识读 ··· 168
　7.1　常用给排水图例 ··· 168
　　　7.1.1　图线 ··· 168
　　　7.1.2　常用给排水图例 ·· 168
　　　7.1.3　标高、管径及编号 ··· 170
　7.2　建筑给排水施工图的基本内容 ··· 172
　7.3　建筑给排水施工图识读举例 ·· 173
　　　7.3.1　建筑给排水施工图的识读方法 ·· 173
　　　7.3.2　室内建筑给排水施工图识读举例 ··· 174
　习题 ·· 184

第8章　供暖系统 ·· 185
　8.1　供暖系统的组成与分类 ··· 185
　　　8.1.1　供暖系统的组成 ·· 185
　　　8.1.2　供暖系统的分类 ·· 186
　8.2　热水供暖系统 ··· 186
　　　8.2.1　重力循环热水供暖系统 ·· 187
　　　8.2.2　机械循环热水供暖系统 ·· 189
　8.3　蒸汽供暖系统 ··· 193
　　　8.3.1　低压蒸汽供暖系统 ··· 194
　　　8.3.2　高压蒸汽供暖系统 ··· 195
　8.4　辐射供暖系统 ··· 195
　　　8.4.1　辐射供暖系统概述 ··· 195
　　　8.4.2　低温热水地板辐射供暖系统 ·· 196
　8.5　热风供暖系统 ··· 197
　8.6　供暖系统的设备与附件 ··· 198
　　　8.6.1　供暖管道 ·· 198
　　　8.6.2　通用阀门 ·· 199

    8.6.3 散热器 ·· 201
    8.6.4 热水供暖系统附属设备 ··· 205
    8.6.5 蒸汽供暖系统附属设备 ··· 208
  8.7 供暖管道敷设 ·· 211
    8.7.1 室外供暖管道 ·· 212
    8.7.2 室内供暖管道 ·· 215
  8.8 锅炉与锅炉房设备 ··· 216
    8.8.1 锅炉的原理与分类 ··· 216
    8.8.2 锅炉的常用指标 ·· 219
    8.8.3 锅炉房 ·· 220
  习题 ·· 222

第9章 建筑通风系统 ·· 223

  9.1 建筑通风概述 ·· 223
    9.1.1 建筑通风的目的 ·· 223
    9.1.2 建筑通风的分类 ·· 223
  9.2 自然通风 ·· 224
    9.2.1 自然通风的原理 ·· 224
    9.2.2 风压通风 ··· 224
    9.2.3 热压通风 ··· 225
    9.2.4 风压和热压同时作用下的自然通风 ·································· 226
  9.3 机械通风 ·· 227
    9.3.1 全面通风 ··· 227
    9.3.2 局部通风 ··· 228
  9.4 通风系统的主要设备和构件 ··· 230
    9.4.1 风机 ·· 230
    9.4.2 风道 ·· 232
    9.4.3 风阀 ·· 233
    9.4.4 室内送、排风口 ·· 235
    9.4.5 室外进、排风口 ·· 235
  9.5 建筑防排烟 ··· 236
    9.5.1 建筑火灾烟气的危害 ··· 236
    9.5.2 烟气的流动规律 ·· 237
    9.5.3 烟气的控制原则 ·· 239
  习题 ·· 241

第10章 建筑空调系统 ·· 242

  10.1 空调系统的组成与分类 ··· 242
    10.1.1 空调系统的组成 ·· 242

10.1.2 空调系统的分类 …… 243
10.2 空气处理设备 …… 245
 10.2.1 空气过滤器 …… 245
 10.2.2 空气加热器 …… 247
 10.2.3 空气冷却器 …… 247
 10.2.4 空气加湿设备 …… 248
 10.2.5 空气除湿设备 …… 249
 10.2.6 空气处理机组 …… 251
 10.2.7 空调机房的设置 …… 253
10.3 空气调节用制冷装置 …… 254
 10.3.1 制冷的本质及冷源 …… 254
 10.3.2 常见制冷原理及设备 …… 254
 10.3.3 制冷机房的设置 …… 258
10.4 风道系统的选择与设置 …… 259
 10.4.1 风道系统的选择 …… 259
 10.4.2 风道系统的布置 …… 260
习题 …… 263

第 11 章 暖通空调施工图识读 …… 264

11.1 常用暖通空调图例 …… 264
 11.1.1 暖通空调制图的一般规定 …… 264
 11.1.2 暖通空调常用图例 …… 269
11.2 供暖施工图及其识读 …… 276
 11.2.1 供暖施工图的组成 …… 276
 11.2.2 供暖施工图的识读 …… 277
11.3 通风、空调施工图及其识读 …… 284
 11.3.1 通风、空调施工图的组成 …… 284
 11.3.2 通风、空调施工图的识读 …… 285
习题 …… 295

第 12 章 建筑供配电及防雷接地系统 …… 296

12.1 供电系统概述 …… 296
 12.1.1 供电系统的组成 …… 296
 12.1.2 电能质量 …… 297
12.2 电力负荷的简易计算 …… 297
 12.2.1 电力负荷的分级 …… 297
 12.2.2 负荷计算的方法 …… 298
12.3 低压配电线路 …… 299
12.4 常见低压电器设备及配电箱 …… 302

12.4.1	低压电器	302
12.4.2	配电箱(盘、柜)	305

12.5 建筑物防雷及接地 ······ 306
    12.5.1 雷电的危害 ······ 306
    12.5.2 建筑防雷系统 ······ 307
12.6 建筑电气系统的接地 ······ 310
    12.6.1 接地概述 ······ 310
    12.6.2 接地的类型 ······ 310
    12.6.3 等电位连接 ······ 311
习题 ······ 312

第 13 章 建筑电气照明 ······ 313

13.1 基本概念 ······ 313
13.2 常用电光源及照明器 ······ 314
    13.2.1 常用电光源 ······ 314
    13.2.2 常用电光源的选用 ······ 315
    13.2.3 常用照明器 ······ 316
13.3 照明的基本要求 ······ 317
    13.3.1 我国的照度标准 ······ 317
    13.3.2 照明种类 ······ 318
13.4 电气照明供电 ······ 319
    13.4.1 电气照明负荷的计算 ······ 319
    13.4.2 电气照明供电电源 ······ 319
    13.4.3 电气照明配电系统 ······ 320
习题 ······ 321

第 14 章 建筑弱电系统 ······ 322

14.1 火灾自动报警及消防联动系统 ······ 322
    14.1.1 火灾探测器 ······ 322
    14.1.2 火灾自动报警系统 ······ 323
    14.1.3 消防联动控制系统 ······ 323
14.2 有线电视系统 ······ 324
    14.2.1 有线电视系统概述 ······ 324
    14.2.2 有线电视系统的组成 ······ 325
    14.2.3 有线电视系统的技术要求 ······ 327
14.3 电话通信系统 ······ 328
14.4 广播音响系统 ······ 330
    14.4.1 广播音响系统概述 ······ 330
    14.4.2 广播音响系统的组成 ······ 330

14.5 安全防范系统 ·································· 332
    14.5.1 安全防范系统概述 ························ 332
    14.5.2 防盗系统的种类及应用 ···················· 333
    14.5.3 保安系统 ······························ 335
习题 ·· 335

第15章 建筑电气施工图识读 ·································· 336
15.1 常用建筑电气图例 ································ 336
    15.1.1 电气图的基本概念 ························ 336
    15.1.2 电气施工图的图例符号及文字标记 ············ 337
15.2 建筑电气图纸基本内容及识图方法 ··················· 340
    15.2.1 电气施工图纸的组成及内容 ················ 340
    15.2.2 识读方法 ······························ 341
15.3 电气照明和弱电施工图识读 ························· 342
    15.3.1 电气照明施工图识读 ······················ 342
    15.3.2 弱电施工图的识读 ························ 344
    15.3.3 识图举例 ······························ 345
习题 ·· 350

参考文献 ·· 351

第1章 基础知识

1.1 流体力学

流体是液体和气体的总称。流体力学是力学的基本原理在液体和气体中的应用,研究的对象主要是流体的内部及其与相邻固体和其他流体之间的动量、热量及质量的传递和交换规律。

1.1.1 流体主要的物理性质

实际工程中给排水系统和采暖通风空调系统的介质都是运动的流体。从微观角度讲,流体是由大量的彼此之间有一定间隙的单个分子所组成,并处于随机运动状态。在工程上,从宏观角度出发,将流体视为由无数流体质点(或微团)组成的连续介质。所谓质点,是指由大量分子构成的微团,其尺寸远小于设备尺寸,但却远大于分子自由程,这些质点在流体内部紧紧相连,彼此间没有间隙,即流体充满所占空间,称为连续介质。实际工程中的流体都被认为是连续介质。流体与运动有关的主要物理性质包括惯性、重力特性、黏性、压缩性和膨胀性等。

1. 惯性

惯性是流体保持原有运动状态的性质。质量是用来度量物体惯性大小的物理量,质量越大,惯性也就越大。通常用密度来表示其特征。

单位体积流体的质量称为流体的密度,以符号 ρ 表示,单位是 kg/m^3。在连续介质假设的前提下,对于均质流体,其密度的表达式为

$$\rho = \frac{m}{V} \tag{1-1}$$

式中:m——流体的质量,kg;
  V——流体的体积,m^3。

2. 重力特性

流体处于地球引力场中,所受的重力是地球对流体的引力。单位体积流体的质量称为流体的容重,以符号 γ 表示,单位是 N/m^3,对于均质流体,其容重的表达式为

$$\gamma = \frac{G}{V} \tag{1-2}$$

式中:G——流体的质量,N;
  V——流体的体积,m^3。

质量容重度与质量密度的关系为

$$\gamma = \frac{G}{V} = \frac{mg}{V} = \rho g \tag{1-3}$$

不同流体的密度和容重各不相同,同一种流体的密度和容重随温度和压强变化。一个标准大气压下,常用流体的密度和容重见表1-1。

表 1-1 常用流体的密度和容重(标准大气压下)

项 目	水	水银	纯乙醇	煤油	空气	氧	氮
密度/(kg/m³)	1 000	13 590	790	800～850	1.2	1.43	1.25
容重/(N/m³)	9 807	133 318	7 745	7 848～8 338	11.77	14.02	12.27
测定温度/℃	4	0	15	15	20	0	0

3. 黏性

黏性是流体固有特性。当流体相对于物体运动时,流体内部质点间或流层间因相对运动而产生内摩擦力(切向力或剪切力)以反抗相对运动,从而产生摩擦阻力。这种在流体内部产生内摩擦力以阻抗流体运动的性质称为流体的黏滞性,简称黏性。黏性是流动性的反面,流体的黏性越大,其流动性越小。流体的黏性是流体产生的根源。

实验证明,对于一定的流体,内摩擦力 F 与两流体层的速度差 $\mathrm{d}u$ 成正比,与两层之间的垂直距离 $\mathrm{d}y$ 成反比,与两层间的接触面积 A 成正比,即

$$F = \mu A \frac{\mathrm{d}u}{\mathrm{d}y} \tag{1-4}$$

式中: F——内摩擦力,N;

μ——比例系数,称为流体的黏度或动力黏度,Pa·s;

$\dfrac{\mathrm{d}u}{\mathrm{d}y}$——法向速度梯度,即在与流体流动方向相垂直的 y 方向流体速度的变化率,1/s。

通常单位面积上的内摩擦力称为剪应力,以 τ 表示,单位为 Pa,则式(1-4)变为

$$\tau = \mu \frac{\mathrm{d}u}{\mathrm{d}y} \tag{1-5}$$

式(1-4)、式(1-5)称为牛顿黏性定律,表明流体层间的内摩擦力或剪应力与法向速度梯度成正比。

流体的黏性一般随温度和压强的变化而变化,但实验表明,在低压情况下(通常指低于100 个大气压),压强的变化对流体的黏性影响很小,一般可以忽略。温度则是影响流体黏性的主要因素,而且液体和气体的黏度随温度的变化规律是不同的,液体的黏性随温度的升高而减小,而气体的黏性则随温度的升高而增大。原因是黏性取决于分子间的引力和分子间的动量交换。因此,随着温度升高,分子间的引力减小而动量交换加剧。液体的黏滞力主要取决于分子间的引力,而气体的黏滞力则取决于分子间的动量交换。所以,液体与气体产生黏滞力的主要原因不同,造成截然相反的变化规律。流体黏性随温度的变化趋势如图1-1所示。实际流体在管内的速度分布如图1-2所示。

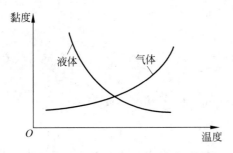
图 1-1 流体黏性随温度的变化趋势

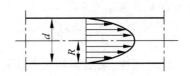
图 1-2 实际流体在管内的速度分布

4. 压缩性和膨胀性

流体体积随着压力的增大而缩小的性质称为流体的压缩性；流体体积随着温度的增大而增大的性质称为流体的膨胀性。对于液体和气体，压缩性和膨胀性是有所区别的。

1）液体的压缩性和膨胀性

水的压力增加一个标准大气压时，其体积仅仅缩小 1/2 000，因此实际工程中认为液体是不可压缩流体。液体随着温度的升高体积膨胀的现象较为明显，因此认为液体具有膨胀性，流体的膨胀性通常用膨胀系数 α 表示。它是指在一定的压力下温度升高 1℃ 时，流体体积的相对增加量。水在温度升高 1℃ 时，密度降低仅为万分之几。因此，一般工程中不考虑液体的膨胀性。但在热网系统中，当温度变化较大时，需考虑水的膨胀性，并应注意在系统中设置补偿器、膨胀水箱等设施。

2）气体的压缩性和膨胀性

气体和液体不同，具有显著的压缩性和膨胀性。在温度不太低、压强不太高时，可以将这些气体近似地看作理想气体，气体压强、温度、比容之间的关系服从理想气体状态方程，即

$$PV = RT \tag{1-6}$$

气体虽然是可以压缩和膨胀的，但是，对于气体速度较低的情况，在流动过程中压强和温度的变化较小，密度仍可以看作常数，这种气体称为不可压缩气体。在通风空调工程中，所遇到的大多数气体是流动的，都可看作不可压缩流体；而膨胀性要考虑，同样也是在空调管道中通常设置补偿器。

1.1.2 流体静力学基础

流体静力学研究流体在静止或相对静止状态下的力学规律及其实际应用。处于相对静止状态下的流体，由于本身的重力或其他外力的作用，在流体内部及流体与容器壁面之间存在着垂直于接触面的作用力，这种作用力称为静压力。单位面积上流体的静压力称为流体的静压强。在静止流体中，作用于任意点不同方向上的压力在数值上均相同，常用 p 表示，单位为 N/m^2。此外，压力的大小也可以间接地以流体的柱高度表示，如用米水柱或毫米汞柱表示等。若流体的密度为 ρ，则液柱高度 h 与压力 p 的关系为

$$p = \rho g h \tag{1-7}$$

> **注意**
>
> 用液柱高度表示压力时，必须指明流体的种类。标准大气压和压强、米水柱或毫米汞柱之间有如下换算关系：
>
> $$1\text{atm}=1.013\times10^5\text{Pa}=760\text{mmHg}=10.33\text{mH}_2\text{O}$$

1. 绝对压强、表压强和大气压强

压力的大小常以两种不同的基准表示：一个是绝对真空；另一个是大气压力。基准不同，表示的方法也不同。以绝对真空为基准测得的压力称为绝对压力，是流体的真实压力；以大气压为基准测得的压力称为表压或真空度、相对压力，是把大气压强视为零压强的基础上得出来的。

绝对压强是以绝对真空状态下的压强（绝对零压强）为基准计量的压强；表压强简称表压，是指以当时当地大气压为起点计算的压强。两者的关系为

绝对压强 = 大气压强 + 表压强

工程技术中按表压强不同，可能会出现以下三种情况。

（1）表压强大于环境大气压，设备中的压强称为"正压"。

（2）表压强等于环境大气压，设备中的压强称为"零压"。

（3）表压强小于环境大气压，设备中的压强称为"负压"或"真空度"。

绝对压力与表压、真空度的关系如图 1-3 所示。一般为避免混淆，通常对表压、真空度等加以标注，如 2 000Pa（表压）、10mmHg（真空度）等，并且还应该指明当地的大气压力。

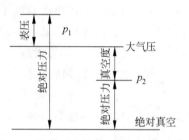

图 1-3 绝对压力与表压、真空度的关系

2. 流体静力学平衡方程

如图 1-3 所示，容器内装有密度为 ρ 的液体，液体可认为是不可压缩流体，其密度不随压力变化。在静止的液体中取一段液柱，其截面积为 A，以容器底面为基准水平面，液柱的上、下端面与基准水平面的垂直距离分别为 z_1 和 z_2。那么作用在上、下两端面的压力分别为 p_1 和 p_2。

重力场中在垂直方向上对液柱进行受力分析。

（1）上端面所受总压力 $P_1=p_1A$，方向向下。

（2）下端面所受总压力 $P_2=p_2A$，方向向上。

（3）液柱的重力 $G=\rho gA(z_1-z_2)$，方向向下。

液柱处于静止时，上述三项力的合力应为零，即

$$p_2A-p_1A-\rho gA(z_1-z_2)=0$$

整理并消去 A，得

$$p_2=p_1+\rho g(z_1-z_2) \quad \text{（压力形式）} \tag{1-8}$$

变形得

$$\frac{p_1}{\rho} + z_1 g = \frac{p_2}{\rho} + z_2 g \quad \text{(能量形式)} \tag{1-9}$$

若将液柱的上端面取在容器内的液面上，设液面上方的压力为 p_a，液柱高度为 h，则式(1-8)可改写为

$$p_2 = p_a + \rho g h \tag{1-10}$$

式(1-8)～式(1-10)均称为静力学基本方程。流体静力学基本方程的物理意义在于：在静止流体中任何一点的单位位能与单位压能之和（单位势能）为常数。

3. 静压强的特性

（1）静压强的方向性。流体具有各个方向上的静压强。流体的静压强处处垂直于固体壁面，而固体壁面对流体的反作用力必然垂直于并指向流体的表面。也就是说，凡作用于静止流体的外力必然垂直并指向流体表面，即内法线方向。这是因为静止流体内的应力只能是压应力，而没有切应力。

（2）流体内部任意一点的静压强的大小与其作用的方向无关。也就是说，流体内部某一点的静压强在各个方向上大小相同，主要是因为静止流体中某一点受四面八方的压应力而达到平衡。

（3）流体的静压强仅与其高度或深度有关，而与容器的形状及放置位置、方式无关。气体的静压强沿高度变化小，密闭容器可以认为静压强处处相等。

这里所说的作用面也称为界面，界面可以是两部分流体之间的分界面，也可以指流体与固体之间的接触面。通常情况下液体与气体之间的接触面称为自由液面。

流体中压强相等的各点所组成的面称为等压面。常见的等压面有自由液面和平衡流体中互不混合的两种流体的界面。只有重力作用的等压面应该是静止、连续的，而且连续的介质为同一均质流体的同一水平面。

1.1.3 流体动力学基础

流体动力学是研究流体运动规律的科学。在流体静力学中，压强只与所处空间位置有关。在流体动力学中，压强还与运动的情况有关。

1. 流体运动的基本概念

流体的运动是由无数流体质点的运动所组成的，且各质点之间都有力的相互作用，质点上的力和其本身的运动存在一定的规律性，找到其原因，就可以解决运动中的问题。下面介绍流体运动中的几个基本概念。

1）流线和迹线

流线是指同一时刻不同质点所组成的运动的方向线。流体中同一瞬间有许多质点组成的曲线，该曲线上任一点的切线方向就是该点的流速方向，它形象地描绘了该瞬时整个液流的流动情况，图 1-4 所示为流场中的一条曲线，曲线上各点的速度矢量方向和曲线在该点的切线方向相同。恒定流的流动用一幅流线图就可以表示出流场的全貌；非恒定流中，通过空间点的流体质点的速度大小和方向随时间而变化，此时谈到的流线是指某一给定瞬时的各质点所组成的流线。流线的疏密可以反映出流速的大小，流线越

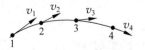

图 1-4 流场中的曲线

疏,流速越小;流线越密,流速越大。流线不能相交,也不能是折线,只能是一条光滑的曲线或直线。

迹线是指同一个流体质点在连续时间内在空间运动中所形成的轨迹线,它给出了同一质点在不同时间的速度的方向。

2) 流管、过流断面、元流、总流

在流场内做一非流线且不自闭相交的封闭曲线,在某一瞬时通过该曲线上各点的流线构成一个管状表面,称为流管。在流体中取一封闭垂直于流向的平面,在其中画出极微小面积,则其微小面积的周边上各点都和流线正交,这一横断面称为过流断面。若流管的横截面无限小,则称为流管元,也称为元流。流管表面由流线组成,所以流体不能穿过流管侧面流出,只能从流管一端流入,而从另一端流出。过流断面内所有元流的总和称为总流。

3) 流量

流体流动时,单位时间内通过过流断面的流体体积称为流体的体积流量,一般用 Q 表示,单位为 L/s;单位时间内流经管道任意截面的流体质量称为质量流量,以 m_s 表示,单位为 kg/s 或 kg/h。涉及不可压缩流体时,通常用体积流量表示;涉及可压缩流体时,则用质量流量表示。体积流量与质量流量的关系为

$$m_s = Q\rho \tag{1-11}$$

过流断面面积 dA 上各点的流速可认为均为 u 且方向与过流断面相垂直,单位时间内通过断面的流体的体积流量为

$$dQ = u\,dA \tag{1-12}$$

对于总流来说,通过过流断面面积 A 的流量 Q 等于无数元流流量的和,即

$$Q = \int dQ = \int_A u\,dA \tag{1-13}$$

由于过流断面上各点的流速不同,管轴处最大,靠近管壁处最小,所以假想一个平均流速,即总流通过过流断面各点流速均相等,大小均为过流断面的平均流速。以平均流速通过过流断面的流量应和过流断面各点流速不相等的情况下通过的流量相等。

体积流量 Q、过流断面面积 A 与流速 V 之间的关系为

$$Q = AV \tag{1-14}$$

2. 流体运动的分类

流体的运动受其物性和边界条件的影响呈现复杂的运动情况。常根据运动的特点对流体运动进行分类。

1) 根据流动要素(流速与压强)与流行时间,可将流体的运动分为恒定流和非恒定流

(1) 恒定流。流场内任一点的流速与压强不随时间变化,而仅与所处位置有关的流体流动称为恒定流。在这种流动中流线与质点运动的轨迹相重合。以水龙头为例,打开之前处于静止状态,打开之后流速从零迅速增加到某一值且基本保持不变,这时可以认为流体各点的运动要素不再随时间而改变,因此处于恒定流状态。

(2) 非恒定流。运动流体各质点的流动要素随时间而改变的运动则称为非恒定流。水位随水的放出而不断改变的水流运动是非恒定流。非恒定流的情况较为复杂,在实际工程中,为便于分析和计算,都把接触到的流体看作恒定流。

2) 根据流体流速的变化可将流体的运动分为均匀流和非均匀流

(1) 均匀流。在给定的某一时刻,各点速度都不随位置的变化而变化的流体运动称为均匀流。流体流速的大小和方向沿流线不变。均匀流的所有流线都是平行直线;过流断面是一平面,且大小和形状都沿程不变,各过流断面上各点的流速分布情况相同,断面的平均流速沿程不变。

(2) 非均匀流。流体中相应点流速不相等的流体运动称为非均匀流。非均匀流的所有流线不是一组平行直线;过流断面不是一平面,且大小或形状沿程会改变;各过流断面上点速度分布情况不完全相同,断面的平均流速沿程会变化。在管道上扩大或缩小处的水流运动即为非均匀流。在非均匀流中,若流线几乎是平行的且接近直线的流动状态称为渐变流,过流断面可认为是平面;不能满足渐变流条件的非均匀流即为急变流。

3) 按液流运动接触的壁面情况,可将流体运动分为有压流(压力流)、无压流和射流

(1) 有压流(压力流)。流体过流断面的周界被壁面包围,没有自由面为有压流或压力流,一般供水、供热管道均为有压流。有压流有三个特点:流体充满整个管道;不能形成自由液面;对管壁有一定的压力。

(2) 无压流。流体过流断面的壁和底均被壁面包围,但有自由液面者称为无压流或重力流,如河流、明渠排水管网系统等。无压流有两个特点:流体没有充满整个管道,所以在排水管网设计时引入了充满度的概念,即污水在管道中的深度 h 与管径 D 的比值称为管道的充满度,充满度的大小在排水系统的设计计算中是很重要的参数;流体在管道或管渠中能够形成自由液面。

(3) 射流。流体经由孔口或管嘴喷射到某一空间,由于运动的流体脱离了原来限制它的固体边界,在充满流体的空间继续流动的流体运动称为射流,如喷泉和消火栓的喷射水柱等。

4) 流体流动的因素

(1) 过流断面。流体流动时和流动方向垂直的断面面积称为过流断面,单位为 m^2。在均匀流中,过流断面为一平面。

(2) 平均流速。在不能压缩及无黏滞性的理想均匀流中,流速是不变的。但在实际工程中,流体与流道壁面之间存在摩阻力,过流断面上各点的流速是不等的,靠近壁处阻力大、流速小,靠近中心处阻力小、流速大。为了方便计算,在计算过程中通常引入平均流速的概念(图 1-2)。

3. 定态流体系统的质量守恒——连续性方程

连续性方程是由质量守恒定律得出的。质量守恒定律说明,同一流体的质量在运动过程中既不能创生也不能消失,即流体运动到任何地方,其质量应该是保持不变的。

图 1-5 所示的定态流动系统,流体连续地从 1—1′ 截面进入,2—2′ 截面流出,且充满全部管道。以 1—1′、2—2′ 截面以及管内壁为衡算范围,在管路中流体没有增加和漏失的情况下,单位时间进入截面 1—1′ 的流体质量与单位时间流出截面 2—2′ 的流体质量必然相等,即

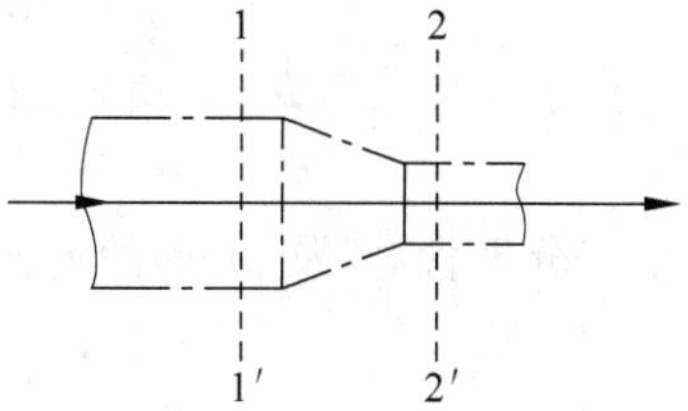

图 1-5 连续性方程的推导

$$m_{s1} = m_{s2} \tag{1-15}$$

或

$$\rho_1 u_1 A_1 = \rho_2 u_2 A_2 \tag{1-16}$$

推广至任意截面为

$$m_s = \rho_1 u_1 A_1 = \rho_2 u_2 A_2 = \cdots = \rho u A = 常数 \tag{1-17}$$

式(1-15)~式(1-17)均称为连续性方程,表明在定态流动系统中,流体流经各截面时的质量流量恒定。

对不可压缩流体,ρ = 常数,连续性方程可写为

$$V_s = u_1 A_1 = u_2 A_2 = \cdots = u A = 常数 \tag{1-18}$$

式(1-18)表明不可压缩性流体流经各截面时的体积流量也不变,流速 u 与管截面积成反比,截面积越小,流速越大;反之,截面积越大,流速越小。

对于圆形管道,式(1-18)可变形为

$$\frac{u_1}{u_2} = \frac{A_2}{A_1} = \left(\frac{d_2}{d_1}\right)^2 \tag{1-19}$$

其中,在不可压缩流体在圆形管道中,任意截面的流速与管内径的平方成反比。

【例 1-1】 如图 1-6 所示,管路由一段 $\phi 89 \times 4\text{mm}$ 的管 1、一段 $\phi 108 \times 4\text{mm}$ 的管 2 和两段 $\phi 57 \times 3.5\text{mm}$ 的分支管 3a 及 3b 连接而成。若水以 $9 \times 10^{-3} \text{m/s}$ 的体积流量流动,且在两段分支管内的流量相等,试求水在各段管内的速度。

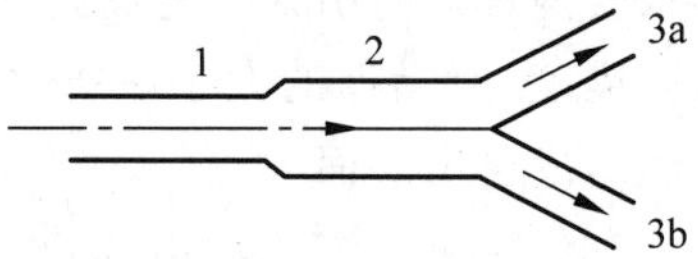

【解】 管 1 的内径为

$$d_1 = 89 - 2 \times 4 = 81(\text{mm})$$

图 1-6 例 1-1 图

则水在管 1 中的流速为

$$u_1 = \frac{V_s}{\frac{\pi}{4} d_1^2} = \frac{9 \times 10^{-3}}{0.785 \times 0.081^2} = 1.75(\text{m/s})$$

管 2 的内径为

$$d_2 = 108 - 2 \times 4 = 100(\text{mm})$$

由式(1-19),则水在管 2 中的流速为

$$u_2 = u_1 \left(\frac{d_1}{d_2}\right)^2 = 1.75 \times \left(\frac{81}{100}\right)^2 = 1.15(\text{m/s})$$

分支管 3a 及 3b 的内径为

$$d_3 = 57 - 2 \times 3.5 = 50(\text{mm})$$

由水在分支管路 3a 及 3b 中的流量相等,则有

$$u_2 A_2 = 2 u_3 A_3$$

即水在分支管 3a 及 3b 中的流速为

$$u_3 = \frac{u_2}{2} \left(\frac{d_2}{d_3}\right)^2 = \frac{1.15}{2} \times \left(\frac{100}{50}\right)^2 = 2.30(\text{m/s})$$

4. 能量守恒定律——伯努利方程

能量既不能消失也不能创生,只能由一种形式转换为另一种形式,或从一个物体转化到

另一个物体。而在转化和移动的过程中总和保持不变,流体的能量包括三种,即位能 Z、压能 $\dfrac{\rho}{\gamma}$、动能 $\dfrac{v^2}{2g}$。理想流体是指没有黏性(流动中没有摩擦阻力)的不可压缩流体。这种流体实际上并不存在,是一种假想的流体,但这种假想对解决工程实际问题具有重要意义。在理想流动的管段上取两个断面 1—1、2—2,两个断面的能量之和相等,即

$$Z_1 + \frac{P}{\gamma} + \frac{V_1^2}{2g} = Z_2 + \frac{P}{\gamma} + \frac{V_2^2}{2g} \tag{1-20}$$

式(1-20)通常称为伯努利方程。

实际流体在流动过程中由于流体本身存在黏着力以及管道壁面有一定的粗糙程度,且流体在流动过程中由于流动阻力的存在会有能量损失,要消耗一部分能量来克服这种流动阻力,这部分损失的能量为 h。假设从 1—1 断面到 2—2 断面流动过程中损失为 h,则实际流体流动的伯努利方程为

$$Z_1 + \frac{P}{\gamma} + \frac{V_1^2}{2g} = Z_2 + \frac{P}{\gamma} + \frac{V_2^2}{2g} + h \tag{1-21}$$

伯努利方程在实际工程中应用很广,下面举例说明。

【**例 1-2**】 如图 1-7 所示,要用水泵将水池中的水抽到用水设备,已知该用水设备的用水量为 60m³/h,用水设备的出水管高出蓄水池液面 20m,用水设备处的水压为 200kPa,如果用直径 $d=100$mm 的管道输送水到用水设备,试确定该水泵的扬程需要多大才可以达到要求?

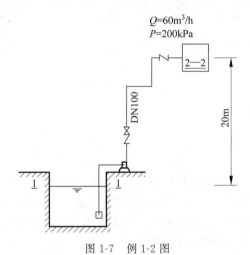

图 1-7 例 1-2 图

【**解**】 (1) 取 1—1 断面、2—2 断面,取蓄水池的自由液面为 1—1 断面,取用水设备出口处为 2—2 断面。

(2) 以 1—1 为基准液面,根据伯努利方程列出两个断面的能量方程

$$Z_1 + \frac{P_1}{\gamma} + \frac{V_1^2}{2g} + h_b = Z_2 + \frac{P_2}{\gamma} + \frac{V_2^2}{2g} + h$$

式中:$Z_1=0$(因为 1—1 断面为零势面);$P_1=0$(液面暴露在大气中,所以相对压强为 0);$V_1=0$(与 2—2 断面相比,1—1 断面的水流速度很小,可以忽略不计),则

$$Z_2 = 20\text{m}, \quad P_2 = 200\text{kPa}$$

$$V_2 = \frac{Q}{A} = \frac{4Q}{\pi D} = \frac{60 \times 4}{3.14 \times 0.01 \times 3\,600} = 2.12(\text{m/s})$$

水泵的扬程为

$$h_b = 20 + \frac{150 \times 10^3}{9\,810} + \frac{2.12^2}{2 \times 9.81} + h = 40.92 + h$$

1.1.4 流动阻力与能量损失

流体在流动过程中会产生摩擦力,阻碍流体的流动,为了克服这种流动阻力,在流动过程中会损失一部分能量。流动阻力的大小与流体本身的物理性质、流动状况及壁面的形状等因素有关。管路系统主要由两部分组成:一部分是直管;另一部分是管件、阀门等。相应流体流动阻力分为两种:一种是与管道壁面所产生的摩擦力;另一种是由于局部断面发生改变而产生的摩擦力。

沿程阻力:流体流经一定直径的直管时由于管道壁面的内摩擦而产生的阻力。

局部阻力:流体流经管件、阀门等局部地方由于流速大小及方向的改变而引起的阻力。

1. 阻力的表现形式

图 1-8 所示为流体在水平等径直管中作定态流动。

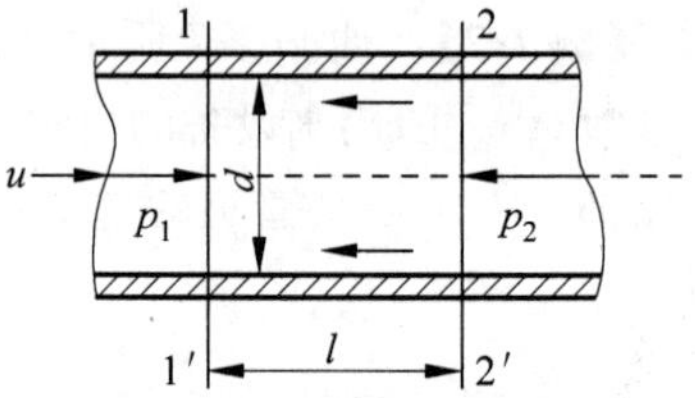

在 1—1′ 截面和 2—2′ 截面间列伯努利方程:

$$z_1 g + \frac{1}{2} u_1^2 + \frac{p_1}{\rho} = z_2 g + \frac{1}{2} u_2^2 + \frac{p_2}{\rho} + W_f$$

因为是直径相同的水平管,则

$$u_1 = u_2, \quad z_1 = z_2$$

图 1-8 流体的流动阻力

所以

$$W_f = \frac{p_1 - p_2}{\rho} \tag{1-22}$$

若管道为倾斜管,则

$$W_f = \left(\frac{p_1}{\rho} + z_1 g\right) - \left(\frac{p_2}{\rho} + z_2 g\right) \tag{1-23}$$

由此可见,无论是水平安装,还是倾斜安装,流体的流动阻力均表现为静压能的减少,仅当水平安装时,流动阻力恰好等于两截面的静压能之差。流体具有不同的黏滞性,在流动中为了克服阻力而消耗的能量称为阻力损失。阻力损失值视流体的流行形态而不同,因此在计算流体的阻力损失时,应了解水流的形态。

2. 沿程损失和局部损失

1) 沿程损失

流体在直管段中流动时,管道壁面对流体会产生一个阻碍流体运动的力,这个摩擦阻力称为沿程阻力。流体流动中为克服摩擦阻力而损耗的能量称为沿程损失。沿程阻力损失与长度、粗糙度及流速的平方成正比,而与管径成反比,通常采用达西—魏斯巴赫公式计算,即

$$h_l = \lambda \frac{L}{d} \frac{v^2}{2g} \tag{1-24}$$

式中:λ——沿程阻力系数;

L——管长,m;

d——管径,mm;

v——平均流速,m/s;

g——重力加速度,m/s²。

在实际工程计算中,由于管段系统比较复杂,如果按照上式进行计算,工程量非常大,所以在实际设计计算的过程中,通常引入1 000i的概念,即1 000m管段的损失值,这会使计算量大大减少。

2) 局部损失

流体运动过程中,通过断面变化处、转向处、分支或其他使流体流动情况改变时,都会有阻碍运动的力产生,称这个力为局部阻力,而为克服局部阻力所引起的能量损失,称为局部损失。其计算公式为

$$h_j = \xi \frac{v^2}{2g} \tag{1-25}$$

式中:ξ——局部阻力系数;

v——平均流速,m/s;

g——重力加速度,m/s²。

实际工程中管道的转弯、变径、连接处非常多,如果逐一求算管道局部损失,会使计算变得非常复杂,所以在实际计算过程中通常用局部损失折算成沿程损失百分比的形式进行计算。

流体在流动过程中的总损失应该等于各个管路系统所产生的所有沿程损失和局部损失的和,即

$$h = \sum h_l + \sum h_j \tag{1-26}$$

【例1-3】 如图1-7所示,若蓄水池至用水设备的输水管的总长度为30m,输水管的直径均为100mm,沿程阻力系数$\lambda = 0.05$。局部阻力有:水泵底阀一个,$\xi = 7.0$;90°弯头四个,$\xi = 1.5$;水泵进出口一个,$\xi = 1.0$;止回阀一个,$\xi = 2.0$;闸阀两个,$\xi = 1.0$;用水设备处管道出口一个,$\xi = 1.5$。试求:

(1) 输水管路的局部损失。

(2) 输水管路的沿程损失。

(3) 输水管路的总水头损失。

(4) 确定水泵的扬程的大小。

【解】 由于从蓄水池到用水设备的管道的管径不变,均为100mm,因此,总的局部水头损失为

$$h_j = \sum \xi \frac{v^2}{2g} = (7 + 1.5 \times 4 + 1.0 + 2.0 + 1.0 \times 2 + 1.5) \times \frac{2.12^2}{2 \times 9.81}$$
$$= 4.47 (\text{m})$$

整个管路的沿程损失为

$$h_l = \lambda \frac{L}{d} \frac{v^2}{2g} = 0.05 \times \frac{30}{0.1} \times \frac{2.12^2}{2 \times 9.81} = 3.44 (\text{m})$$

输水管路的总损失为

$$h = h_j + h_l = 4.47 + 3.44 = 7.91 (\text{m})$$

水泵的总扬程为(据例1-2结果可得)

$$h_b = 40.92 + h = 40.92 + 7.91 = 48.83 (\text{m})$$

1.2 传 热 学

1.2.1 稳态传热的基本知识

我国大部分地区属大陆性季风气候,四季明显,气温变化较大,特别是北方严寒地区,冬夏温差可达 70℃,冬季室内外温差可达 40～50℃。随着社会的发展,人们对建筑热环境的要求日益提高,各种先进的采暖和空调设备被广泛地采用。传热学是研究在温差作用下热量传递规律的学科。它与热力学共同组成热工学的理论基础。为了学习有关建筑设备的专业知识,必须了解一些传热学方面的基本知识。

1. 温度

温度是物体冷热程度的标志。经验表明,若令冷热程度不同的两个物体 A 和物体 B 相互接触,它们之间将发生能量交换,净能流将从较热的物体流向较冷的物体,热物体逐渐变冷,冷物体逐渐变热。经过一段时间后,它们达到相同的冷热程度,不再有净能量交换,这时物体 A 和物体 B 达到热平衡。这一事实说明物质具备某种宏观性质。当各物体的这一性质不同时,它们若相互接触,其间将有净能流传递;当各物体的这一性质相同时,它们之间达到热平衡。这一宏观物理性质称为温度。从微观上看,温度标志物质分子热运动的激烈程度。

温度的数值标尺简称温标。国际上规定热力学温标作为测量温度的基本温标,热力学温标的温度单位是开尔文,符号为 K(开)。把水的三相点的温度,即水的固相、液相、气相平衡共存状态的温度作为单一基准点,并规定为 273.16K,因此,热力学温度的单位"开尔文"是水的三相点温度的 1/273.16。

1960 年,国际计量大会通过决议,规定摄氏温度由热力学温度移动零点来获得,即

$$t = T - 273.15\text{K}$$

式中:t——摄氏温度,其单位为摄氏度,符号为℃;

T——热力学温度。

这样规定的摄氏温标称为热力学摄氏温标。由上式可知,摄氏温标和热力学温标并无实质差异,而仅仅只是零点取值的不同,与测温物质的特性无关,可以成为度量温度的标准。

2. 热量

由温度的定义可知,温度不同的两个物体在接触时,会有能量从高温物体传向低温物体。这种由于温差作用而通过接触边界传递的能量称为热量。热量的传递过程是分子热运动的结果,是接触面上物体分子的碰撞而进行动能交换的过程。

热量通常用字母 Q 表示。在工程单位制中,热量的单位是千卡(kcal);在国际单位制中,热、功和能的单位一样,均采用焦耳(J)或千焦耳(kJ)。但在实际工程中,常用单位时间内传递的热量作单位进行相关的计算,故实用单位是焦耳/秒(J/s)、千卡/时(kcal/h)。

1 焦耳 = 1 牛顿·米(1J = 1N·m)

1 瓦 = 1 焦耳/秒(1W = 1J/s)

根据热功当量值可知,两种单位制的换算关系为

1 千卡 = 4.19 千焦耳(1kcal = 4.19kJ)

热量是过程量,只有在物体热传递过程中才有热量,没有能量传递也就没有热量。说物体在某一状态下含有多少热量是毫无意义的、错误的。

3. 稳态传热

热量传递过程分为稳态过程和非稳态过程两大类。凡物体中各点温度不随时间而改变的热量传递过程称为稳态热传递过程,反之则称为非稳态热传递过程。各种设备在持续稳定运行时的热传递过程属于稳态过程,而在起动、停机和工况改变时的热传递过程属于非稳态过程。大多数设备都可认为在稳定运行条件下工作。有些设备虽在非稳定条件下运行,但作适当处理和简化,也能近似地视为稳态热传递过程,例如内燃机气缸壁和蓄热式换热器传热等是非稳态传热,但按周期的平均值计算或稍加修正,则可按稳态传热计算。一般情况下,不加以说明时都指稳态热传递过程。

热量传递的方向性对传热过程也有影响,把仅沿一个方向传热的称为一度传热,沿两个方向或三个方向传热的称为两度传热或三度传热。在房屋建筑中,多数围护结构都是同一材料做成的平壁,其平面尺寸远比厚度大,因而对屋面或墙面来说主要是一度传热。

1.2.2 传热的基本方式

在供暖工程中,供暖热负荷的确定需要计算围护结构的传热量,建筑物的围护结构传热主要是通过外墙、外窗、外门、顶棚和地面传出。在这些围护结构的热量传递过程中要经历三个阶段(图1-9),以外墙的热量传递过程为例。

(1) 热量由室内空气以对流换热和物体间的辐射换热的方式传递给墙壁的内表面。

(2) 墙壁的内表面以固体导热的方式传递到墙壁外表面。

(3) 墙壁外表面以对流换热和物体间辐射换热的方式把热量传递给室外。

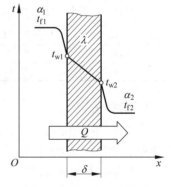

图1-9 墙体的传热过程

显然,在其他条件不变时,室内外温差越大,传热量越大。

例如,散热器内热媒的传热过程,同样经历三个阶段:热媒的热量以对流换热方式传递到散热器壁内侧,再以导热方式传递到壁外侧,然后壁外侧以对流换热和物体间辐射换热的方式传递给室内。因此,整个的传热过程实际上是由热传导、热对流、热辐射三种基本的传热方式组成。要研究整个传热过程的规律,首先要对这三种基本的传热方式的传热规律进行分析。

1. 热传导

当物体内有温度差或两个不同温度的物体接触时,在物体各部分之间不发生相对位移的情况下,物质微粒(分子、原子或自由电子)的热运动传递了热量,使之从高温物体传向低温物体,或从同一物体的高温部分传向低温部分,这种现象被称为热传导,简称导热。图1-9中热量从墙体内表面传递到外表面就是依靠导热。这种传热方式的明显特点是在传热过程中没有物质的迁移。导热可以在固体、液体和气体中发生,但只在密实的固体中存在单纯的导热过程,在液体和气体中通过导热传递的热能则很少。

导热现象主要在密实的固体内发生,但绝大多数建筑材料内部都有孔隙,并不是密实的固体,在这些固体材料的孔隙内将同时产生其他方式的传热,不过这是极其微弱的。因此在热工计算中,对固体建筑材料的传热均可按单纯导热来考虑。

下面分析一种简单的导热问题。设有如图 1-10 所示的一块大平壁,壁厚为 δ,一侧表面面积为 A,两侧表面分别维持均匀恒定温度 t_{w1} 和 t_{w2}。实践表明,单位时间内从表面 1 传导到表面 2 的热量 Φ(热流量)与导热面积 A 和导热温差 $(t_{w1}-t_{w2})$ 成正比,与厚度 δ 成反比,则写成等式为

$$\Phi = \lambda A \frac{t_{w1}-t_{w2}}{\delta} \tag{1-27}$$

图 1-10 通过平壁的导热

式中:λ——比例系数,称为热导率或导热系数,W/(m·K);

Δt——导热温差,℃ 或 K。

热导率 λ 反映材料导热能力的大小,部分材料的热导率见表 1-2。

表 1-2 常温下一些材料的热导率

材料名称	热导率 λ /[W/(m·K)]	材料名称	热导率 λ /[W/(m·K)]
铜	383	矿渣棉	0.04~0.046
铝	204	玻璃棉	0.037
钢	约 47	珠光砂	0.035
不锈钢	29	碳酸镁	0.026~0.038
木材	0.12	水	约 0.58
红砖	0.23~0.58	空气	0.023

2. 热对流

流体中,温度不同的各部分之间发生相对位移时所引起的热量传递过程称为热对流。流体各部分之间由于密度差而引起的相对运动称为自然对流;而由于机械(泵或风机等)的作用或其他压差而引起的相对运动称为强迫对流(或受迫对流)。

实际上,热对流同时伴随着导热,构成复杂的热量传递过程。工程上经常遇到的流体流过固体壁时的热传递过程,就是热对流和导热作用的热量传递过程,称为表面对流传热,简称对流传热。影响对流传热的因素很多,如流体的流动速度、流体的物理性质和换热表面的几何尺寸等。

当温度为 t_f 的流体流过温度为 t_w($t_w \neq t_f$)、面积为 A 的固体壁(图 1-11)时,对流传热的热流量 Φ_c 常写成与面积 A、流体和壁面的温差 Δt 成正比的形式,即

$$\Phi_c = h_c A \Delta t \tag{1-28}$$

式中:h_c——比例系数,称为表面对流传热系数,简称对流传热系数,单位为 W/(m²·K)。

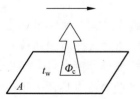

图 1-11 流体与固体壁面的对流传热

这就是牛顿冷却公式。流体被加热($t_w > t_f$)时,取 $\Delta t = t_w - t_f$;当物体被冷却($t_w < t_f$)时,取 $\Delta t = t_f - t_w$。对流传热系数表示对流传热能力的大小。不同情况的对流传热系数相差很大。

对流传热系数的大致范围见表1-3。

表 1-3 对流传热系数的大致范围

对流传热种类		$h_c/[W/(m^2 \cdot K)]$
自然对流传热	空气	3～10
	水	200～1 000
强迫对流传热	气体	20～100
	高压水蒸气	500～3 500
	水	1 000～15 000
	液态金属	3 000～110 000
气—液相变传热	水沸腾	2 500～25 000
	水蒸气凝结	5 000～15 000
	有机蒸汽凝结	500～2 000

3. 热辐射

物质是由分子、原子、电子等基本粒子组成的,原子中的电子受激或振动时,会产生交替变化的电场和磁场,能量以电磁波的形式向外传播,这就是辐射。各类电磁波的波长可从几万分之一微米($1\mu m = 10^{-6} m$)到数千米,它们的分类和名称如图1-12所示。

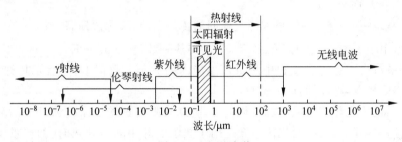

图 1-12 电磁波谱

通常把投射到物体上能产生明显热效应的电磁波称为热射线,其中包括可见光线、部分紫外线和红外线。物体不断向周围空间发出热辐射能,并被周围物体吸收。同时,物体也不断接收周围物体辐射给它的热能。这样,物体发出和接收过程的综合结果产生了物体间通过热辐射而进行的热量传递,称为表面辐射传热,简称辐射换热。

热辐射的本质决定了辐射换热的特点。

(1) 辐射换热与导热和对流换热不同,它不依靠物质的直接接触而进行能量传递。这是因为电磁波可以在真空中传播,太阳辐射能穿过辽阔的太空到达地面就是很好的例证。

(2) 辐射换热过程伴随着能量形式的两次转化,即物体的内能首先转化为电磁波能发射出去,当此波射及另一物体表面并被吸收时,电磁波能又转化为物体的内能。

(3) 一切物体只要其温度高于绝对零度,都会不断地向外发射热射线。辐射换热是两物体互相辐射的结果。当两物体有温差时,高温物体辐射给低温物体的能量大于低温物体辐射给高温物体的能量,总的结果是高温物体把能量传给了低温物体。即使各物体温度相同,没有温差存在,辐射仍在不断进行,只是每一物体射出和吸收的能量是相等的,处于动态平衡状态。

1.2.3 传热过程及传热的增强与削弱

1. 传热过程

热量从温度较高的流体经过固体壁传递给另一侧温度较低流体的过程,称为总传热过程,简称传热过程。工程上大多数设备的热传递过程都属于这种情况,如锅炉中水冷壁、省煤器和空气预热器的传热,蒸汽轮机装置的表面式冷凝器、内燃机散热器的传热以及热力设备和管道的散热。热水管道散热的过程如图1-13所示。

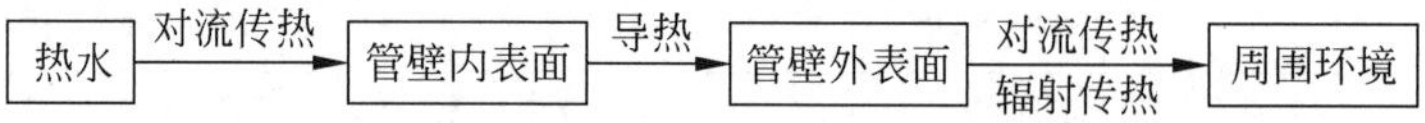

热水 →(对流传热)→ 管壁内表面 →(导热)→ 管壁外表面 →(对流传热 辐射传热)→ 周围环境

图1-13 热水管道散热的过程

由此可见,传热过程实际上是导热、热对流和辐射三种基本方式共同存在的复杂换热过程。传热过程中,当两种流体间的温度差一定时,传热面越大,传递的热流量越多。在同样的传热面上,两种流体的温度差越大,传递的热流量越多。传热过程的热流量的计算公式如下:

$$\Phi = KA\Delta t \tag{1-29}$$

式中:A——传热面积,m^2;

Δt——$\Delta t = t_1 - t_2$,热流体和冷流体间的传热温差,又称温压,K 或 ℃;

K——比例系数,称为总传热系数,简称传热系数,$W/(m^2 \cdot K)$。

总传热系数表示总传热过程中热量传递能力的大小。数值上,它表示传热温差为1K时,单位传热面积在单位时间内的传热量。

由几个热量传递环节组成的总传热过程,其总热阻为这些热量传递环节的分热阻并串联而成。电路中电阻并串联的规律同样适用于热阻的并串联。导热时,如严重偏离一维稳态导热或物体内有内热源时,利用热阻并串联规律并借用欧姆定律求解传热问题将会导致较大的偏差。

2. 传热的增强

在有热量传递过程的各个技术领域中,常常需要强化热量传递以缩小设备的尺寸、提高热效率,或使受热元件得到有效的冷却,保证设备安全运行。例如,改进后的汽轮机出力提高了,要求冷凝器出力也应相应提高,即要求冷凝器凝结更多的水蒸气;锅炉过热器出口水蒸气温度不够高,要求提高它的出口温度等。这些都是要求相关设备增加热流量。有时为了安全起见必须降低传热面温度,例如降低内燃机气缸壁的温度等,也可通过冷却介质冷却效果的改善,即增加传热的热流量来达到。所谓增强传热,就是通过传热分析,找出影响传热的主要因素,进而采取措施使热力设备的热流量增加。

> **小知识:增强传热的途径**
>
> (1) 加大传热温差。加大传热温差是增加传热的驱动力,可使热流量增加。提高热流体的温度、降低冷流体的温度和改变流体流程可加大传热温差。

(2) 减小传热面总热阻。减小传热面的总热阻可以分别从减小导热热阻、对流传热热阻和辐射传热热阻着手。具体措施有：①减少导热热阻，其中包括换热面本身热阻和表面污垢热阻；②减小对流换热热阻，如在表面传热系数小的一侧加装肋片，并注意使肋基接触良好；适当增加流体流速，采用小管径以增加流体的扰动和混合，破坏边界层等；③增加辐射面的发射率和温度来增强辐射换热，如涂镀选择性涂层或选用发射率大的材料等。

3. 传热的削弱

增强传热的反面是削弱传热。通过减小传热温差和增加传热过程的总热阻来削弱传热，即通过减小传热温差、减小传热面积和传热系数的方法来削弱传热。工程上使用比较广泛的方法是在管道和设备上覆盖保温隔热材料，使其导热热阻成千上万倍地增加，进而使总热阻大大增加，从而削弱传热。这就是工程上常见的管道和设备的保温隔热。

1) 保温隔热的目的

(1) 减少热损失

工业设备的热损失是相当可观的。1个1 000MW(100万kW)的电厂即使按国家规定的标准设计进行保温隔热，一天的散热损失也相当于多损耗120t标准煤(发热值为29 300kJ/kg)。如不保温隔热，其热损失将增加数倍。

(2) 保证流体温度，满足工业要求

工程上，由于工艺的需要，要求热流体(或冷流体)有一定的温度。如不采用保温隔热措施，就会因为输送过程中的热损失(或冷损失)使流体温度降低(或升高)，而不能满足生产和生活的需要。

(3) 保证设备的正常运行

例如，汽轮机如果保温不好，就会因外壳、轴、叶片等温度不均匀引起金属局部热应力，产生部件热变形，降低汽轮机的效率，甚至损坏机器而无法运行。

(4) 减少环境热污染，保证可靠的工作环境

车间设备和管道散热量大，不仅带来了热损失，而且使环境温度升高，导致工作人员无法正常工作。

(5) 保证工作人员的安全

为防止工作人员被烫伤，我国规定设备和管道的外表面温度不得超过50℃(环境温度为25℃)。

保温隔热技术包括保温隔热材料的选择、最佳保温层厚度的确定、合理的保温结构和工艺、检测技术以及保温隔热技术、经济性评价方法等。由于保温隔热技术涉及面很广，这里不再赘述。

2) 保温隔热材料的要求

(1) 有最佳密度(或容重)

保温隔热材料处于最佳密度时其表观热导率最小，保温隔热效果最好。使用时，应尽量使其使用密度接近最佳密度。

(2) 热导率小

热导率越小，同样厚度的保温隔热材料的保温隔热效果越好。随着科学技术的进步和

发展,不断出现新型保温隔热材料,如玻璃棉、矿渣棉、岩棉、硅酸铝纤维、氧化铝纤维、微孔硅酸钙、中空微珠(又称漂珠)、聚氨酯泡沫塑料、聚苯乙烯发泡塑料等,它们的表观热导率比传统的保温隔热材料小得多。

(3) 温度稳定性好

在一定温度范围内保温隔热材料的物理性质变化不大,但超过一定的温度就会发生结构上的变化,使其热导率变大,甚至造成本身结构破坏,无法使用。因此,保温隔热材料的使用温度不能超过允许值。

(4) 有一定的机械强度

机械强度低,易受破坏,而使散热增加。

(5) 吸水、吸湿性小

水分会使材料的热导率大大增加。最近,在纤维状的保温隔热材料中加了憎水剂,可使材料最大吸湿率小于1%。

此外,对保温隔热材料还有无腐蚀性、无特殊气味、抗冻性好、抗生物性能好、易成形、易安装、经济性好等要求。当然,实际使用时要统筹兼顾,不能顾此失彼,更不能只从传热角度出发。

1.3 电 工 学

1.3.1 电路

1. 电路的结构及状态

电路就是电流所经过的路径,电路为一闭合回路。电路由电源、中间环节和负载组成,连线图如图1-14(a)所示,简化电路图如图1-14(b)所示。

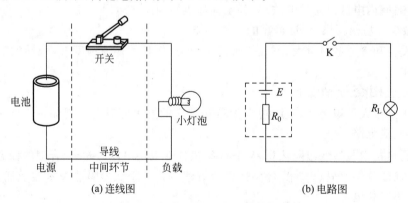

图 1-14 电路的组成及电路模型

电路有三种状态,即通路、开路、短路。通路也称为闭合电路,简称闭路,是指电路处处接通。只有在通路的情况下,电路才有正常的工作电流。开路也称为断路,是电路中某处断开,没有形成通路的电路,开路,此时电路中没有电流。短路是指电源或负载两端被导线连接在一起,分别称为电源短路或负载短路。电源短路时电源提供的电流要比通路时提供的电流大很多倍,通常是有害的,也是非常危险的,所以一般不允许电源短路。

2. 电路的基本物理量

1) 电流

电路中把带电粒子(电子和离子)受到电源电场力的作用而形成有规则的定向运动称为电流。电流的大小是用单位时间内通过导体某一横截面积的电荷量来度量的,称为电流。电流的正方向规定为正电荷的移动方向。

大小和方向均不随时间变化的电流称为直流电流,电流强度的符号用 I 表示,即 $I = \dfrac{Q}{t}$。在国际单位制中,电流强度的单位为安培,简称安(A)。

2) 电位

电位表示电场中某一点所具有的电位能,一般指定电路中一点为参考点(在电力系统中指定大地为参考点),且规定该参考点的电位为零。电场力将单位正电荷从 A 点沿任意路径移到参考点所做的功称为 A 点的电位或电势,用 V_A 表示,单位为伏特,简称伏(V)。

3) 电压

电场力把单位正电荷从电场的 A 点移到 B 点所做的功称为 AB 两点间的电压,用 U_{AB} 表示,即 $U_{AB} = \dfrac{W_{AB}}{Q}$。显然,电路中某两点间的电位差等于该两点间的电压,即 $V_A - V_B = U_{AB}$。当然,电压的单位也为伏特,简称伏(V)。

4) 电动势

在电源内部,非电场力将单位正电荷从电源的低电位端(负极)移到高电位端(正极)所做的功称为电源的电动势,用符号 E 表示,电动势的单位也是伏特。电动势是表示电源的物理量。

5) 电阻

物体阻碍电流通过的能力称为电阻,用 R 表示,单位为欧姆,简称欧(Ω)。

6) 电功率

单位时间内电流所做的功称为电功率,简称功率,用符号 P 表示,单位为瓦特,简称瓦(W)。根据电流、电压、功率的定义,则 $P = \dfrac{W}{t} = \dfrac{W}{Q} \cdot \dfrac{Q}{t} = UI$。

1.3.2 三相交流电路

三相交流电路是电力系统中普遍采用的一种电路,目前电能的生产、输送、分配和应用几乎全部采用三相交流电。三相交流电是在单相交流电路的基础上发展起来的。三相交流电源是由三个频率相同、大小相等、彼此之间具有 120°相位差的对称三相电动势组成的,一般称为对称三相电源。对称三相电动势是由三相交流发电机产生的,对用户来说也可看成是变压器提供的。不管发电机还是变压器,三相电源都是由三相绕组直接提供的。三相绕组既可以接成星形,也可以接成三角形。

1. 三相电源的联结方式

1) 三相电源的星形联结

把三相绕组的三个末端 X、Y、Z 接在一起形成一个公共点,称为中性点或零点,用字母 N 表示。而把三相绕组的三个始端引出,或将中性点和三个始端一起引出向外供电,这种联结方法称为星形联结,如图 1-15 所示。

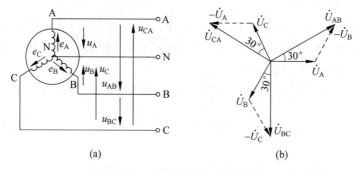

图 1-15 三相电源的星形联结

从相绕组始端引出的导线称为端线、相线或火线,用字母 A、B、C 表示三相,或分别用黄、绿、红色为标出。从中性点引出的线称为中线,以黑色标出。如果中性点接地,则中线又称为地线。每相端线与中线之间的电压称为相电压,其有效值用 U_A、U_B、U_C 或一般用 U_P 表示。两根端线之间的电压称为线电压,其有效值用 U_{AB}、U_{BC}、U_{CA} 或一般用 U_l 表示。各相相电压的正方向选定为自始端指向末端(自端线指向中线),而线电压的正方向,例如 U_{AB} 是自 A 端指向 B 端。

三相电源星形联结时,线电压相量与相电压相量之间的关系为

$$\dot{U}_{AB} = \dot{U}_A - \dot{U}_B = \sqrt{3}\dot{U}_A e^{j30°}$$

$$\dot{U}_{BC} = \dot{U}_B - \dot{U}_C = \sqrt{3}\dot{U}_B e^{j30°}$$

$$\dot{U}_{CA} = \dot{U}_C - \dot{U}_A = \sqrt{3}\dot{U}_C e^{j30°}$$

2) 三相电源的三角形联结

三相绕组也可以按顺序将始端与末端依次联结,组成一个闭合三角形,由三个联结端点向外引出三条导线供电,这种接法称为三角形联结。三相电源三角形联结时,线电压等于相应的相电压,电源只能提供一种电压。

2. 三相负载的接法

三相负载的接法也有星形联结和三角形联结两种。

1) 星形联结

当负载星形联结时,线电压与相电压之间的关系为 $\sqrt{3}$ 倍,每相线电压都超前各自相电压 30°,并且有线电流等于相电流。

2) 三角形联结

当负载三角形联结时,线电压与相电压之间的关系是相等的,如果负载对称时,每相线电流都滞后各自相电流 30°,并且线电流与相电流的关系为 $\sqrt{3}$ 倍。

对于三相四线制供电系统,当三相负载的额定相电压等于电源的相电压时,负载需星形联结;当三相负载的额定相电压等于电源的线电压时,负载需三角形联结。

1.3.3 变压器

变压器是利用电磁感应的原理将某一数值的交流电压转变成频率相同的另一种或几种

不同数值交流电压的电器设备,通常可分为电力变压器和特种变压器两大类。

电力变压器是电力系统中的关键设备之一,有单相和三相之分,容量从几千伏安到数十万伏安。除电力系统应用的变压器以外,其他各种变压器统称为特种变压器。因此它的品种繁多,常用的有测量用的电压互感器、电流互感器,焊接用的电焊变压器等。尽管种类不同,大小形状也不同,但是它们的基本结构和工作原理相似。

1. 变压器的结构

变压器的电磁感应部分包括电路和磁路两部分。电路又有一次电路与二次电路之分。各种变压器由于工作要求、用途和形式不同,外形结构不尽相同,但是它们的基本结构都是由铁芯和绕组组成的。

铁芯是磁通的通路,它是用导磁性能好的硅钢片冲剪成一定的尺寸,并在两面涂以绝缘漆后按一定规则叠装而成。

变压器的铁芯结构可分为芯式和壳式两种,如图1-16(a)和(b)所示。芯式变压器绕组安装在铁芯的边柱上,制造工艺比较简单,一般大功率的变压器均采用此种结构。壳式变压器的绕组安装在铁芯的中柱上,线圈被铁芯包围着,所以它不需要专门的变压器外壳,只有小功率变压器采用此种结构(图1-16(c))。

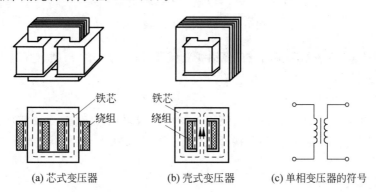

图 1-16 芯式变压器和壳式变压器

2. 三相电力变压器

交流电电能生产、输送和分配几乎都是采用三相制,即三相电力变压器。三相变压器可以看成三个单相变压器组合,三个绕组可以联结成星形或三角形。三相电力变压器外形如图1-17所示。

3. 变压器的技术参数

1) 型号

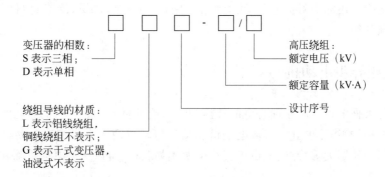

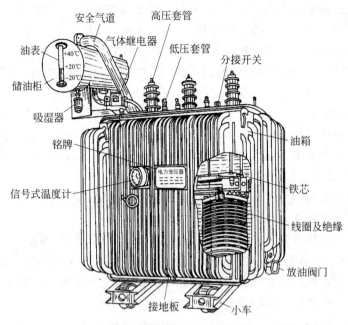

图 1-17 三相电力变压器外形

例如，SL7-630/10 表示三相油浸自冷铝线变压器，设计序号为 7，额定容量为 630kV·A，高压侧额定电压等级为 10kV。

2) 额定电压 U_{1N}/U_{2N}

一次额定电压 U_{1N} 是指加到一次绕组上的电源线电压额定值。二次额定电压 U_{2N} 是指当一次绕组所接电压为额定值、分接开关位于额定分接头上、变压器空载时二次绕组的线电压，单位为 kV 或 V。

3) 额定电流 I_{1N}/I_{2N}

额定电流是指一、二次绕组的线电流，可根据额定容量和额定电压计算出电流值，单位为 A。

4) 额定容量 S_N

额定容量是变压器在额定工作状态下输出的视在功率，单位为 kV·A 或 V·A。

5) 额定频率 f_N

额定频率 f_N 是指变压器一次绕组所加电压的额定频率，额定频率不同的变压器是不能换用工作的。国产电力变压器的额定频率均为 50Hz。

变压器铭牌上还标明阻抗电压、联结组别、油重、器身重、总重、绝缘材料的耐热等级及各部分允许温升等。

1.3.4 三相异步电动机

电动机是根据电磁感应原理将电能转换为机械能的机器，通常又称为马达。

电动机的种类很多，可分为直流电动机和交流电动机两大类。直流电动机虽然具有调速性能好及起动转矩大等特点，但由于直流电源不易获得，所以直流电动机除在一些特殊要求的场合中使用外,应用不太广泛。交流电动机又可分为同步电动机和异步电动机。由于交流电的生产和输送都很方便,特别是交流异步电动机结构简单、工作可靠、使用维护方便和价格便宜等优点,因此在工农业生产和日常生活中得到了广泛应用,建筑施工机械的动力拖动设备一般都是采用交流异步电动机。

1. 三相异步电动机的结构

异步电动机是由定子和转子两部分组成,定子和转子之间留有一定的空隙,此外还有端盖、轴承及风扇等部件,其外形和结构如图 1-18 所示。

2. 三相异步电动机的工作原理

三相异步电动机的工作原理如图 1-19 所示。

当磁铁旋转时,磁铁与闭合的导体发生相对运动,笼型导体切割磁力线在其内部产生感应电动势和感应电流。感应电流又使导体受到一个电磁力的作用,于是导体就沿磁铁的旋转方向转动起来,这就是异步电动机的基本工作原理。

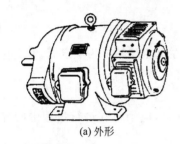

(a) 外形

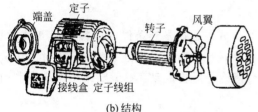

(b) 结构

图 1-18 三相异步电动机的外形和结构

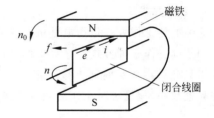

图 1-19 三相异步电动机的工作原理

3. 三相异步电动机的技术数据

在每台电动机的外壳上都有一块铭牌,上面标明这台电动机的主要技术数据,三相异步电动机的主要技术数据一般包括以下内容。

1) 型号

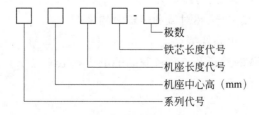

系列代号:Y 系列是小型笼型三相异步电动机;JR 系列是小型转子绕线式三相异步电动机。

机座长度代号:L——长机座;M——中机座;S——短机座。

例如，Y132S2-2 电动机，Y 表示 Y 系列电动机；132 表示机座中心高度 132mm；S2 表示短机座中的第二种铁芯；最后的 2 表示磁极数为 2 极电动机。

2）额定功率

额定功率是指铭牌上所标的功率，是指电动机在额定运行时轴上输出的机械功率，单位为千瓦(kW)。

3）额定电压和接线方法

额定电压是指电动机定子绕组按铭牌上规定的接线方法时应加在定子绕组上的额定电压值。额定功率为 4kW 及以上者定子绕组为三角形接法，其额定电压一般为 380V。

4）额定电流

额定电流是指电动机在额定运行时的线电流，单位为安(A)。

5）额定频率

额定频率是指电动机所接三相交流电源的规定频率，单位为赫(Hz)。我国电网频率规定为 50Hz，所以国产电动机额定频率都是 50Hz。

6）额定转速

额定转速是指电动机额定运行时转子的转速，即在电压与频率为额定值、输出功率达到额定值时的转速，单位为转/分钟(r/min)。

7）绝缘等级

绝缘等级是指定子绕组所用的绝缘材料的耐热等级，电动机在运行过程中所容许的最高温升与电动机所用绝缘材料有关。

8）工作方式

铭牌上的工作方式是指电动机允许的运行方式。根据发热条件，通常有连续工作、短时工作和断续工作三种方式。连续工作是指允许在额定运行下长期连续工作；短时工作是指电动机只允许在规定时间内按额定功率运行，待冷却后再起动工作；断续工作是指电动机允许频繁起动，重复短时工作的运行方式。

习　　题

1.1　简述流体的力学性质及在实际工程中如何考虑。

1.2　解释能量方程中各部分的含义。

1.3　名词解释：沿程损失、局部损失。

1.4　试列举生活中热传导、热对流和热辐射的事例。

1.5　简述电路的三种状态及特点。

1.6　三相电源、负载的星形及三角形联结的电压和电流关系有什么不同？

第 2 章 建筑给水系统

2.1 给水系统的分类、组成及给水方式

建筑内部给水系统是将城市给水管网或自备水源给水管网的水引入室内，选用适用、经济、合理的供水方式，经配水管送至生活、生产和消防用水设备，满足各用水点对水量、水压和水质的要求。

2.1.1 给水系统的分类

按用途不同，建筑给水系统可以分为以下三类。

1. 生活给水系统

生活给水系统是指供居住建筑、公共建筑与工业建筑饮用、烹饪、盥洗、洗涤、沐浴、浇洒和冲洗等生活用水的给水系统。要求满足需求的水量和水压，水质必须严格符合国家规定的生活饮用水卫生标准。

2. 生产给水系统

生产给水系统是指为工业企业生产方面用水所设的给水系统，如冷却用水、锅炉用水等。生产给水系统的水质、水压因生产工艺不同而异。

3. 消防给水系统

消防给水系统是指以水作为灭火剂供消防扑救建筑火灾时的用水设施，包括消火栓给水系统、自动喷水灭火系统、水幕系统、水喷雾灭火系统等。在小型或不重要建筑中可与生活给水系统合并设置，但在公共建筑、高层建筑、重要建筑中必须与生活给水系统分开设置。消防给水系统对水质要求不高，但须按照现行《建筑设计防火规范》(GB 50016—2014)(2018年版)保证供应足够的水量和水压。

以上三种系统可以分别设置，也可以组成共用系统，例如，生活—生产—消防共用系统、生活—消防共用系统等。

2.1.2 给水系统的组成

建筑内部给水系统(图 2-1)一般由引入管、水表节点、给水管网、配水附件、增压和贮水设备、给水局部处理设施、建筑内部消防设备组成。

1. 引入管

引入管又称进户管，是室外给水接户管与建筑内部给水干管相连接的管段。引入管一

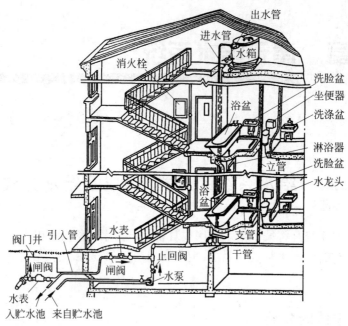

图 2-1 建筑内部给水系统

一般埋地敷设,穿越建筑物外墙或基础。引入管需考虑受地面荷载、冰冻线的影响,一般埋设在室外地坪下 0.7m。

2. 水表节点

水表节点是指引入管上装设的水表及其前后设置的阀门和泄水装置。水表用来计量建筑物的总用水量;阀门用于水表检修、更换时关闭管路;泄水装置用于系统检修时排空水、检测水表精度及测定管道进户的水压值(图2-2)。

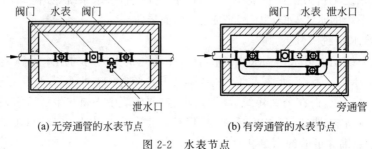

(a) 无旁通管的水表节点　　　　(b) 有旁通管的水表节点

图 2-2 水表节点

在建筑给水系统中,除了在引入管上安装水表外,在需要进行水量计量的部位也要安装水表。住宅建筑中每户入户支管前应该安装水表,以便计量每家每户用水量。

3. 给水管网

给水管网是指输送给建筑物内部用水的管道系统整体,由给水管、管件及管道附件组成,按管道所处位置和作用分为干管、立管和支管。

4. 配水附件

配水附件是指用于输配水、控制流量和压力的附属部件与装置。给水附件包括各种阀门、水锤消除器、多功能水泵控制阀、过滤器、止回阀、减压孔板等管路附件。在建筑给水系统中,按用途分为配水附件(配水龙头)和控制附件(用于调节水量、水压,控制水流方向,以及通断水流,便于管道、仪表和设备检修的各类阀门)。

5. 增压和贮水设备

当室外管网的水压、水量不能满足给水要求或要求供水压力稳定、确保供水安全可靠时,应设置水泵、气压给水设备和水池、水箱等增压及贮水设备。

6. 给水局部处理设施

当有些建筑对给水水质要求很高,超出我国现行生活饮用水卫生标准,或其他原因造成水质不能满足要求时,需设置一些设备、构筑物进行给水深度处理。

7. 建筑内部消防设备

常见的建筑内部消防给水设备是消火栓设备,包括消火栓、水枪和水带等。当消防上有特殊要求时,还应安装自动喷水灭火设备,包括喷头、控制阀等。

2.1.3 给水方式

1. 建筑给水的供水压力

建筑内部给水方式与供水压力有关,因此在讨论给水方式之前必须先讨论建筑给水系统所需的水压力(图 2-3)。一座建筑物所需供水水压的计算公式如下:

$$H = H_1 + \sum h + H_f \tag{2-1}$$

式中:H——建筑供水所需水头,m;

H_1——室外供水管与建筑内最不利配水点的高差,m;

$\sum h$——由供水起点到最不利点管道中的总水头损失,包括水表水头损失,m;

H_f——最不利用水点要求的工作水头,m。

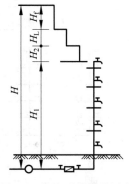

图 2-3 给水系统所需压力

 注意

为计算方便,工程上水压常用水头(m)表示,1m 水头相当于水压 0.01MPa。

建筑生活给水系统所需水头的估算(当建筑层高不大于 3.5m 时)一般按照一层建筑不小于 10m,二层建筑不小于 12m,三层及以上建筑每增加一层按增加 4m 水头计,如三层为 16m,四层为 20m,以此类推。

2. 给水方式

给水方式又称供水方案,根据用户对水质、水量、水压的要求,考虑市政给水管网设置条件,对给水系统进行设计实施方案。建筑给水系统的给水方式应根据建筑物性质、高度、卫生设备情况、室外管网所能提供的水压和工作情况、配水管网所需水压、配水点布置以及消防要求等因素决定。常见的给水方式基本类型有以下几种。

1)外网直接给水方式

外网直接给水方式适用于室外管网提供的水量、水压在任何时候都能满足建筑内部用水要求,室外管网和室内给水系统连接,直接将水引到建筑内各用水点(图 2-4)。该方式供

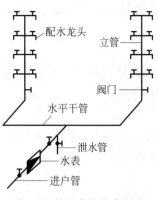

图 2-4 外网直接给水方式

水系统简单,充分利用外网水压,节约能源,减少水质污染的可能性,优先采用。但系统内部无储存水量,室外管网停水时室内会立即断水,供水可靠性差。外网直接给水方式一般适用于单层或多层建筑及高层建筑中下部几层外网能满足要求的各用水点。

2) 单设水箱的给水方式

室外管网大部分时间能满足用水要求,仅高峰时期不能满足,或建筑内要求水压稳定,并且具备设置高位水箱的条件时采用单设水箱的给水方式(图 2-5)。

当室外管网水压周期性不足时采用单设水箱的给水方式(图 2-5),由室外管网直接供水,上部由水箱供水调节水量和水压。单设水箱的给水方式供水较可靠,充分利用室外管网水压,节约能源,安装维护简单,投资较省。高位水箱会对建筑设计带来一定难度,管理不当水质易受到污染。

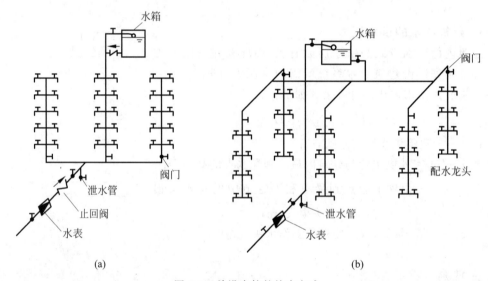

图 2-5 单设水箱的给水方式

3) 单设水泵的给水方式

单设水泵的给水方式适用于室外管网水压经常不足且室外管网允许直接抽水的地方(图 2-6),变频调速给水方式采用变频调速泵与恒速泵组合供水。变频调速水泵的工作原理:给水系统中扬程发生变化时,压力传感器即向微机控制器输入水泵出水管压力信号,若出水管压力值大于系统中设计供水量对应的压力时,微机控制器即向变频调速器发出降低电源频率的信号,水泵转速随即降低,出水量减少,出水管压力降低;反之亦然。变频调速给水方式运行可靠,稳定;耗能低,效率高;装置结构简单,占地面积小;对管网系统中用水量变化适应能力强。

4) 设贮水池、水泵和水箱的给水方式

建筑用水可靠性要求高,室外管网水量、水压经常不足,且室外管网允许直接抽水,或室内用水量较大,室外管网不能保证建筑的高峰用水时可采用设水泵和水箱的给水方式(图 2-7)。

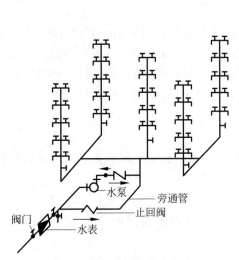
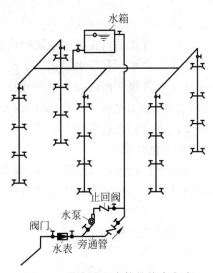

图 2-6 单设水泵的给水方式　　　　图 2-7 设水泵和水箱的给水方式

市政管网不允许直接抽水时采用设贮水池、水泵和水箱的给水方式(图 2-8)。室外给水管网的水进入贮水池,水泵从贮水池吸水,经水泵加压提升至水箱。因水泵供水量大于系统用水量,故水箱内采用水位继电器自动控制水泵启动,水箱水位上升至最高水位时停泵,由水箱向系统供水,水箱水位下降至最低水位时水泵重新启动。此外,贮水池和水箱储存一定水量,增加供水安全可靠性。水泵及时向水箱充水,减小水箱容积;水箱的调节作用使水泵能稳定在高效点工作,节省电耗;在高位水箱上采用水位继电器自动控制水泵启动,易于实现管理自动化。但水泵振动会产生噪声干扰,高位水箱普遍适用于多层或高层建筑。

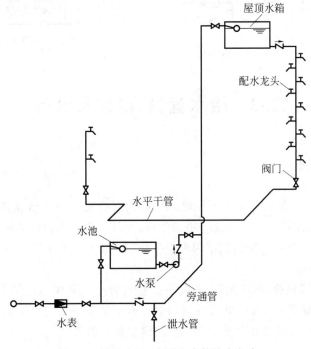

图 2-8 设贮水池、水泵和水箱给水方式

5) 气压给水方式

气压给水方式是指在给水系统中设置气压给水设备,利用该设备的气压水罐内气体的可压缩性升压供水。气压水罐相当于高位水箱,其位置可根据需要设置在高处或低处。气压罐可设在建筑物任何高度上,便于隐蔽,安装方便,水质不易受污染,建设周期短,自动化程度高。但给水压力波动较大,能耗较大,管理运行费用较高,供水安全性较差。气压给水装置分变压式和定压式两种。

6) 分区给水方式

建筑物层数较多或高度较大时,若室外管网的水压只能满足较低楼层的用水要求而不能满足较高楼层用水要求时需分区给水(图 2-9)。

7) 分质给水方式

根据不同用途所需的不同水质而分别设置独立的给水系统的方式为分质给水方式(图 2-10)。

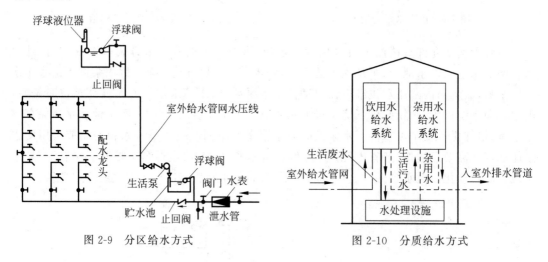

图 2-9　分区给水方式　　　　图 2-10　分质给水方式

2.2　给水管材、附件及设备

2.2.1　给水管材

根据材质的不同,给水管材分金属管、塑料管、复合管。在管道连接、分支、转弯、变径时,需要相同材质的配件。给水系统采用的管材、配件应符合现行产品标准要求;生活饮用水给水系统所涉及的材料必须达到饮用水卫生标准;管道的工作压力不得大于产品标准允许的工作压力值。

金属管包括镀锌钢管、不锈钢管、铜管等;塑料管包括硬聚氯乙烯管(UPVC)、聚乙烯管(PE)、交联聚乙烯管(PEX)、聚丙烯管(PP)、聚丁烯管(PB)、丙烯腈-丁二烯-苯乙烯管(ABS)等;复合管包括铝塑复合管、涂塑钢管、钢塑复合管等。

1. 镀锌钢管

镀锌钢管的强度高,承受流体的压力大,抗震性能好,每根管长度大,质量比铸铁管轻,接头少,加工安装方便。长期使用内壁易生锈、结垢,滋生细菌、微生物等有害杂质,使自来水在输送途中造成"二次污染";同时造价较高,抗腐蚀性差。根据有关规定,新建住宅生活给水系统禁用镀锌钢管,目前镀锌钢管主要用于水消防系统。镀锌钢管的连接方法有螺纹连接、焊接、法兰连接和卡箍连接。

2. 铜管

铜管是传统的给水管材,具有耐温、延展性好、承压能力强、化学性质稳定、线性膨胀系数小等优点。管材内壁光滑,流动阻力小,利于节约管材和能耗。铜管卫生性能好,可以抑制某些细菌生长,有效防止卫生洁具被污染。但铜管管材价格偏高,在开发中将通过薄壁化来降低造价。铜管一般用于高档宾馆等建筑,采用螺纹连接、焊接及法兰连接等。

3. 聚丙烯管

普通聚丙烯管(PP)耐低温性差,通过共聚合的方式可以使聚丙烯性能得到改善。改性聚丙烯管有均聚聚丙烯(PP-H,Ⅰ型)管、嵌段共聚聚丙烯(PP-B,Ⅱ型)管、无规共聚聚丙烯(PP-R,Ⅲ型)管三种。

无规共聚聚丙烯(PP-R)管有良好的化学稳定性,耐腐蚀,不受酸、碱、盐、油类等物质的侵蚀;物理机械性能好,不燃烧,无不良气味;质轻且坚硬,密度小,运输安装方便。但其刚性和抗冲击性能比金属管道差,线膨胀系数较大,在设计施工时,应重视管道正确敷设、支吊架设置、伸缩节的选用等因素。采用热熔连接,管道与金属管件通过带金属嵌件的聚丙烯管件采用螺纹连接或法兰连接,由于 PP-R 管抗紫外线性能较差,在阳光长期直接照射下容易老化,故不能用于室外。

4. 硬聚氯乙烯管

硬聚氯乙烯管(UPVC)耐腐蚀性好、抗衰老性强、连接方便、价格低、产品规格全、质地坚硬,但受本身性质所限,对热不稳定,不能输送热水,承受压力小,有脆性且易老化。其连接采用胶水,但目前尚未解决胶水的毒性问题,且管道卫生性较差,现已不推广使用。硬聚氯乙烯管常采用承插粘接、橡胶密封圈柔性连接、螺纹连接或法兰连接等。

5. 聚丁烯管

聚丁烯管(PB)是由聚丁烯、树脂添加适量助剂,挤出成型的热塑性加热管,具有很高的耐温性、持久性、化学稳定性和可塑性,无味、无臭、无毒,是目前世界上最尖端的化学材料之一。聚丁烯管的质量轻、柔韧性好、耐腐蚀,用于压力管道时耐高温特性尤为突出,能在 $-20 \sim 95℃$ 安全使用,最高使用温度可达 110℃。聚丁烯管表面粗糙度为 0.007,不结垢,无须做保温,保护水质,使用效果很好。聚丁烯管与管件的连接方式有铜接头夹紧式连接、热熔插接、电熔连接。

6. 聚乙烯管

聚乙烯管(PE)质量轻、韧性好、耐腐蚀、可盘绕,耐低温性能好,运输及施工方便,具有良好的柔性和抗蠕变性能,是目前较理想的冷热水及饮用水塑料管材。聚乙烯管可采用电熔连接、热熔连接、橡胶圈柔性连接,在工程中主要采用熔接。

7. 交联聚乙烯管

交联聚乙烯管(PEX)具有耐腐蚀、耐寒冷和韧性强等优点。当外界温度升高且材料发生变形,产生蠕变,刚性不足,机械性能下降;同时因温度影响而伸缩量变大,有可燃性等缺点。其主要用于建筑室内热水给水系统。

8. 丙烯腈-丁二烯-苯乙烯管

丙烯腈-丁二烯-苯乙烯管(ABS)具有使用温度范围宽,强度大,韧性高,承受冲击,抗蠕变性、耐磨性、耐腐蚀性好,连接简单等特点,但其耐热性较差。其连接方式为粘接,广泛应用。

9. 钢塑复合管

钢塑复合管兼具金属管材的强度高、耐高压、能承受较强的外来冲击力和塑料管材的耐腐蚀、不结垢、导热系数低、流体阻力小等优点。钢塑复合管具有金属管和塑料管的优点,在发达国家早已用作给水管材。钢塑复合管可采用沟槽式连接、法兰式连接或螺纹式连接,其应用方便,需在工厂预制,不宜在施工现场切割。

2.2.2 管道附件

管道附件是给水管网系统中调节水量、水压,控制水流方向,关断水流,计量建筑物或设备用水量等各类装置的总称,可分为配水附件、控制附件以及水表。

1. 配水附件

配水附件主要是用于调节和分配水流,常用配水附件如图 2-11 所示。

1) 截止阀式配水龙头

截止阀式配水龙头一般安装在洗脸盆、污水盆、盥洗槽上。该龙头阻力较大,橡胶衬垫容易磨损,导使漏水,一些发达城市正逐渐淘汰此种龙头。

2) 球形阀式配水龙头

球形阀式配水龙头装设在洗脸盆、污水盆、盥洗槽上,因水流改变流向,故压力损失较大。

3) 旋塞式配水龙头

旋塞式配水龙头旋塞转 90°时,完全开启,短时间可获得较大的流量,由于水流呈直线通过,其阻力较小,但易产生水锤,适用于浴池、洗衣房、开水间等处。

4) 盥洗龙头

盥洗龙头装设在洗脸盆上,用于供给冷热水,有莲蓬头式、角式、长脖式等多种形式。

5) 混合配水龙头

混合配水龙头用于调节冷热水的温度,如盥洗、洗涤、浴用热水等。

此外,还有小便器水龙头、皮带水龙头、电子自动龙头等。

2. 控制附件

控制附件用来调节水量和水压、关断水流等。例如,截止阀、闸阀、蝶阀、止回阀、浮球阀、液位控制阀和安全阀等,常用控制附件如图 2-12 所示。

1) 截止阀

截止阀关闭严密,但水流阻力较大,用于管径小于或等于 50mm 的管段。

2) 闸阀

闸阀全开时,水流呈直线通过,压力损失小,但水中杂质沉积阀座时,导致阀板关闭不严,易产生漏水现象。管径大于 50mm 或双向流动的管段上宜采用闸阀。

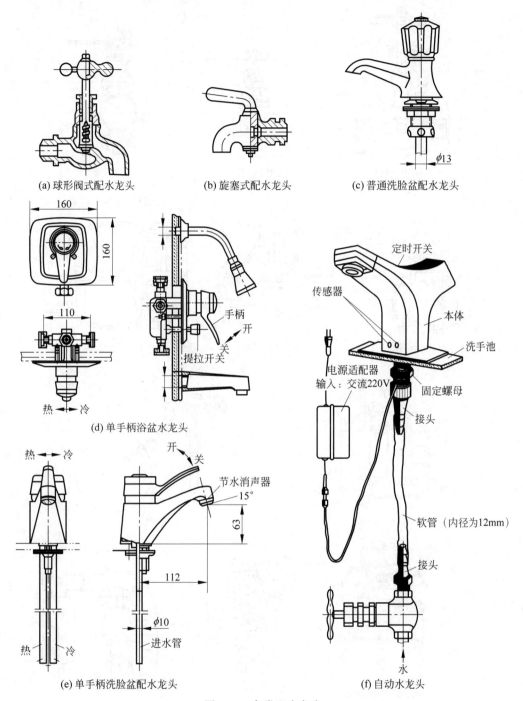

图 2-11 各类配水龙头

3）蝶阀

蝶阀为盘状圆板启闭件，绕其自身中轴旋转改变管道轴线间的夹角，从而控制水流通过，具有结构简单、尺寸紧凑、启闭灵活、开启度指示清楚、水流阻力小等优点。在双向流动的管段上应采用闸阀或蝶阀。

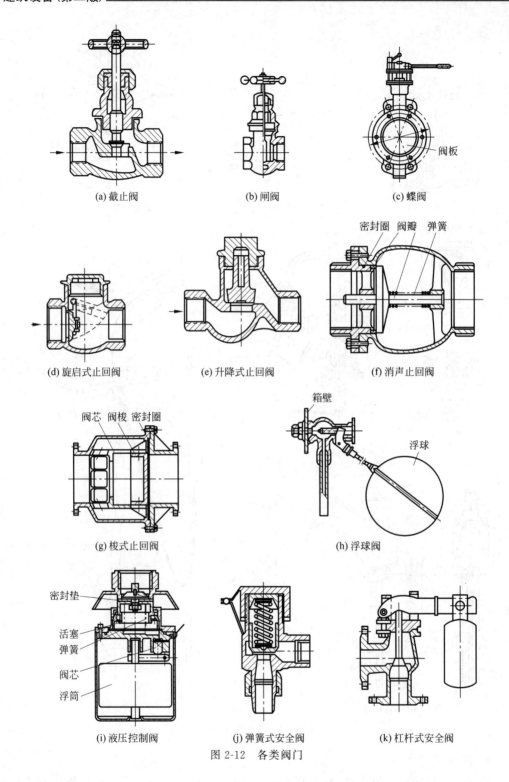

图 2-12 各类阀门

4) 止回阀

室内常用的止回阀有旋启式止回阀和升降式止回阀,它们的阻力均较大。旋启式止回阀可水平安装或垂直安装,垂直安装时水流只能向上流,不宜用在压力大的管道中;升降式止回阀靠上、下游压力差使阀盘自动启闭,宜用于小管径的水平管道上。此外还有消声止回阀和梭式止回阀等。

5) 浮球阀

浮球阀是一种利用液位变化而自动启闭的阀门,一般设在水箱或水池的进水管上,用于开启或切断水流。

6) 液位控制阀

液位控制阀是一种靠水位升降而自动控制的阀门,可代替浮球阀,主要用于水箱、水池和水塔的进水管上,通常是立式安装。

7) 安全阀

安全阀是保证系统和设备安全的保安器材,有弹簧式和杠杆式两种。

3. 水表

1) 水表的种类

水表是一种计量建筑物或设备用水量的仪表,分为流速式和容积式两种。建筑内部的给水系统广泛使用的是流速式水表。流速式水表是根据管径一定时,通过水表的水流速度与流量成正比的原理来测量用水量的。

流速式水表按叶轮构造不同,分旋翼式和螺翼式两种(图2-13)。旋翼式水表的叶轮转轴与水流方向垂直,阻力较大,多为小口径水表,用于测量较小流量。螺翼式水表叶轮转轴与水流方向平行,阻力较小,适用于测量大流量。复式水表是旋翼式和螺翼式水表的组合形式,在流量变化很大时采用。按计数机构是否浸于水中,水表又分为干式和湿式两种。

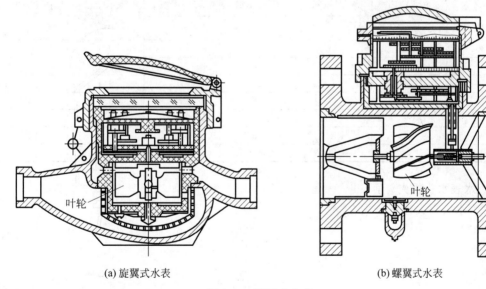

(a) 旋翼式水表　　　　(b) 螺翼式水表

图 2-13　流速式水表

目前,随着科学技术的进步和供水体制的改革,电磁流量计、远程计量仪等自动水表应运而生,TM卡智能水表就是其中之一。

2) 水表的技术参数

流通能力:水流通过水表产生10kPa水头损失时的流量。

特性流量：水表中产生100kPa水头损失时的流量值。
最大流量：只允许水表在短时间内超负荷使用的流量上限值。
额定流量：水表长期正常运转流量时的上限值。
最小流量：水表开始准确指示的流量值，为水表使用的下限值。
灵敏度：水表能连续记录（开始运转）的流量值，也称起步流量。
表2-1和表2-2分别为旋翼湿式和水平螺翼式水表的部分技术数据。

表2-1 旋翼湿式水表技术数据

直径 /mm	特性流量	最大流量	额定流量	最小流量	灵敏度≤	最大示值
	/(m³/h)				/(m³/h)	/m³
15	3	1.5	1.0	0.045	0.017	10³
20	5	2.5	1.6	0.075	0.025	10³
25	7	3.5	2.2	0.090	0.030	10³
32	10	5	3.2	0.120	0.040	10³
40	20	10	6.3	0.220	0.070	10⁵
50	30	15	10.0	0.400	0.090	10⁵
80	70	35	22.0	1.100	0.300	10⁶
100	100	50	32.0	1.400	0.400	10⁶
150	200	100	63.0	2.400	0.550	10⁶

表2-2 水平螺翼式水表技术数据

直径 /mm	流通能力	最大流量	额定流量	最小流量	最小示值 /m³	最大示值 /m³
	/(m³/h)					
80	65	100	60	3	0.1	10⁵
100	110	150	100	4.5	0.1	10⁵
150	270	300	200	7	0.1	10⁵
200	500	600	400	12	0.1	10⁷
250	800	950	450	20	0.1	10⁷
300		1 500	750	35	0.1	10⁷
400		2 800	1 400	60	0.1	10⁷

3）水表水头损失计算

水表水头损失计算公式为

$$H_B = \frac{Q_B^2}{K_B} \tag{2-2}$$

$$K_B = \frac{Q_t^2}{100} \tag{2-3}$$

$$K_B = \frac{Q_L^2}{10} \tag{2-4}$$

式中：H_B——水流通过水表产生的水头损失，kPa；

K_B——水表特性系数；

Q_B——通过水表的流量，m³/h；

Q_t——水表特性流量,m^3/h;

Q_L——水表的流通能力,m^3/h。

4) 水表选用

(1) 类型选择:一般情况下,公称直径小于或等于 50mm 时,采用旋翼式水表;公称直径大于 50mm 时,采用螺翼式水表;当通过流量变化幅度变化很大时,应采用复式水表;计量热水时,应采用热水水表。一般应优先采用湿式水表。

(2) 口径确定:当建筑用水均匀时,应按设计秒流量不超过水表额定流量来决定水表的公称直径。当建筑用水不均匀,且其连续高峰负荷每昼夜不超过 3h 时,可按设计秒流量不大于水表最大流量确定水表公称直径,同时按表 2-3 复核水表的水头损失。当设计对象为生活(生产)—消防共用的给水系统时,水表的额定流量不包括消防流量,但应加上消防流量进行复核,使其总流量不超过水表的最大流量限值(水头损失不能超过允许水头损失值,见表 2-3)。根据经验,新建住宅的分户水表公称直径一般可采用 15mm,但如住宅中装有延时自闭式冲洗阀大便器时,为保证必要的冲洗强度,水表的公称直径不宜小于 20mm。

表 2-3 按最大小时流量选用水表时的允许水头损失值　　　　　　　　单位:kPa

表型	正常用水时	消防时	表型	正常用水时	消防时
旋翼式	<25	<50	螺翼式	<13	<30

2.2.3 增压贮水设备

1. 水泵

当城市给水管网压力较低,供水压力不足时,应设水泵增加压力。离心式水泵结构简单、体积小、效率高、运转平稳,在建筑给水中应用广泛。选择水泵应以节能为原则,水泵在给水系统中大部分时间保持高效运行。当采用设水泵、水箱给水方式时,通常水泵直接向水箱输水,水泵的出水量、扬程几乎不变,选用离心式恒速水泵即可保持高效运行。对于无水量调节设备的给水系统,在电源可靠条件下,可选用装有自动调速装置的离心式水泵。

离心泵主要由泵壳、泵轴、叶轮、吸水管、压水管等部分组成。水泵内充满水的状态下,水泵叶轮高速转动,离心力的作用使叶片槽道中的水从叶轮中心甩向泵壳,使水获得动能。开动水泵前,要使泵壳及吸水管中充满水,以排除泵内空气,当叶轮高速运转时,在离心力作用下,叶片槽道(两叶片间的过水通道)中的水从叶轮中心被甩向泵壳,使水获得动能与压能。由于泵壳的断面是逐渐扩大的,所以水进入泵壳后流速逐渐减小,部分动能转化为压能,因而泵出口处的水便具有较高的压力流入压水管路。在水被甩走的同时,水泵中心及进口处形成真空,由于大气压力的作用,将吸水池中的水通过吸水管压向水泵进口,进而流入泵体。电动机带动叶轮连续地运转,即可不断地将水压送到各用水点或高位水箱。

水泵的流量、扬程应根据给水系统所需的流量、压力确定,由流量、扬程查水泵性能表即可确定其型号。

1) 水泵流量

建筑物内采用高位水箱调节供水系统,水泵由高位水箱中的水位控制启动或停止。当高位水箱的调节容量(启动泵时箱内的存水一般不小于5min用水量)不小于0.5h最大用水时水量的情况下,可按平均小时流量选择水泵流量;当高位水箱的有效调节容量较小时,应以最大时流量选择水泵。

生活给水系统采用调速泵组(无水箱等调节装置)供水时,应按设计秒流量选泵,调速泵在额定转速时的工作点应位于水泵高效区的末端。

对于用水量变化较大的给水系统,应采用水泵并联、大小泵交替工作等方式适应用水量的变化,实现系统的节能运行。消防水泵流量应根据室内消防设计水量确定。生活、生产、消防共用调速水泵在消防时其流量除保证消防用水总量外,还应保证生活、生产用水量的要求。

2) 水泵扬程

水泵的扬程应满足最不利处的用水点或消火栓所需水压,具体分为以下两种情况。

(1) 水泵直接由室外管网吸水时,水泵扬程按式(2-5)确定,即

$$H_b = H_1 + H_2 + H_3 + H_4 - H_0 \tag{2-5}$$

式中：H_b——水泵扬程,kPa;

H_1——最不利配水点与引入管起点的静压差,kPa;

H_2——设计流量下计算管路的总水头损失,kPa;

H_3——最不利点配水附件的最低工作压力,kPa;

H_4——水表的水头损失,kPa;

H_0——室外给水管网所能提供的最小压力,kPa。

最后,应以室外管网的最大水压校核系统是否超压。若室外给水管网出现最大压力时,水泵扬程过大,为避免管道、附件损坏,应采取相应的保护措施,如采用扬程不同的多台水泵并联工作,可设水泵回流管、管网泄压管等。

(2) 水泵从贮水池吸水时,总扬程按式(2-6)确定,即

$$H_b = H_1 + H_2 + H_3 \tag{2-6}$$

式中：H_1——最不利配水点与贮水池最低工作水位的静压差,kPa。

3) 水泵的设置

每台水泵宜设置独立的吸水管,如必须设置成几台水泵合用吸水管时,吸水管应管顶平接且不得少于两条,并应装设必要的阀门,当一条吸水管检修时,另一条吸水管应能满足泵房设计流量的要求(图2-14)。水泵宜设置自动开关装置,间歇抽水的水泵装置宜采用自灌式(特别是消防泵)并在吸水管上设置阀门,当无法做到时,则采用吸上式。当水泵中心线高出吸水井或贮水池水面时,均需设引水装置启动水泵。

每台水泵的出水管上应设阀门、止回阀和压力表,并应采取防水锤措施。每组消防水泵的出水管应不少于两条且与环状网连接,并应装设试验和检查用的放水阀门。室外给水管网允许直接吸水时,水泵宜直接从室外给水管上装设阀门和压力表,并应绕水泵设旁通管,旁通管上应装设阀门和止回阀。

水泵基础应高出地面0.1~0.3m,吸水管内的流速应控制在1.0~1.2m/s,出水管流速应控制在1.5~2.0m/s。为减小水泵运行的噪声,应尽量选用低噪声水泵,并采取必要的减震和隔震措施。

水泵机组一般设置在泵房内,泵房应远离需要安静、要求防震、防噪声的房间,并有良好

的通风、采光、防冻和排水的条件；水泵机组的布置应保证机组工作可靠，运行安全，装卸及维修和管理方便(图2-15)。

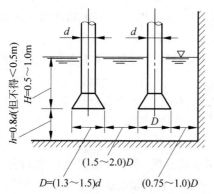

图2-14 吸水管在吸水井中布置的最小尺寸

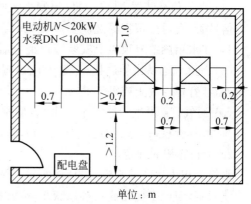

图2-15 水泵机组布置间距

2. 水箱

水箱按用途不同，可分为高位水箱、减压水箱、冲洗水箱和断流水箱等多种类型。水箱的形状多为矩形和圆形，制作材料有钢板、钢筋混凝土、玻璃钢和塑料等。这里以广泛采用的起到保证水压和储存、调节水量的高位水箱为例进行介绍。

1) 水箱的配管、附件及设置要求

水箱的配管、附件如图2-16所示。

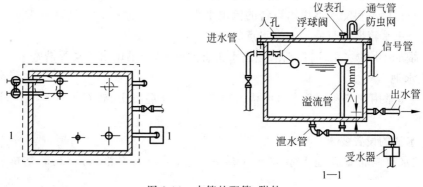

图2-16 水箱的配管、附件

(1) 进水管：一般由侧壁接入，也可由顶部或底部接入，管径按水泵出水量或设计秒流量确定。当水箱由室外管网提供压力充水时，应在进水管上安装水位控制阀，如液压阀、浮球阀，并在进水端设检修用的阀门；当管径DN≥50mm时，控制阀不少于2个；利用水泵进水并采用液位自动控制水泵启闭时，可不设浮球阀或液压水位控制阀，侧壁进水管距水箱上缘应有150~200mm的距离。

(2) 出水管：可由水箱侧壁或底部接出，其出口应离水箱底50mm以上，管径按水泵出水量或设计秒流量确定。出水管上应安装阻力较小的闸阀(不允许安装截止阀)，为防止短流，水箱进出水管应分设在水箱两侧。水箱进出水管若合用一根管道，则应在出水管上增设阻力较小的旋启式止回阀。

(3) 溢流管：可从底部或侧壁接出，进水口应高出水箱最高水位 50mm，管径一般比进水管大一号。溢流管上不允许设置阀门，但应装设网罩。

(4) 水位信号装置：反映水位控制失灵报警的装置，可在溢流管口（或内底）齐平处设水位信号管，直通值班室的洗涤盆等处，其管径为 15～20mm 即可。若水箱液位与水泵联动，则可在水箱侧壁或顶盖上安装液位继电器或信号阀，采用自动水位报警装置。

(5) 泄水管：从水箱底接出，管上应设置阀门，可与溢流管相接，但不得与排水系统直接相连，其管径应大于或等于 50mm。

(6) 通气管：供生活饮用水的水箱，储水量较大时，应在箱盖上设通气管，以使水箱内空气流通，其管径一般大于或等于 50mm，管口应朝下并应设网罩防虫。

2) 水箱容积的确定

水箱容积由生产储水量、生活储水量以及消防储水量组成，理论上应根据用水和进水变化曲线确定，但由于变化曲线难以获得，故常按经验确定。生产储水量由生产工艺决定。生活储水量由水箱进出水量、时间以及水泵控制方式确定，实际工程中水泵自动启闭时，可按最高日用水量的 10% 计算；水泵人工操作时，可按最高日用水量的 12% 计算；仅在夜间进水的水箱，应按用水人数和用水定额确定。

水箱的有效水深一般采用 0.7～2.5m，保护高度一般为 200mm。

3) 水箱的设置高度

水箱的设置高度可由下公式计算：

$$H \geqslant H_c + H_s \tag{2-7}$$

式中：H——水箱最低水位至最不利配水点所需的静水压，kPa；

H_c——最不利配水点用水设备的流出水头，kPa；

H_s——水箱出口至最不利配水点的总水头损失，kPa。

储备消防用水的水箱，满足消防流出水头有困难时，应采用增压泵等措施。

3. 贮水池

贮水池是常用调节和储存水量的构筑物，采用钢筋混凝土、砖石等材料制作，形状多为圆形和矩形。

1) 贮水池的设置要求

(1) 贮水池应布置在地下室或室外泵房附近，并应有严格的防渗漏、防冻和抗倾覆措施。

(2) 贮水池设计应保证池内水经常流动，不得出现滞流和死角，以防水质变坏。

(3) 贮水池一般应分为两格，并能独立工作，分别泄空，以便清洗和维修。消防水池容积超过 500m³ 时，应分成两格，并应在室外设供消防车取水用的吸水口。

(4) 生活或生产用水与消防用水合用水池时，应设有消防水平时不被动用的措施，如设置溢流墙或在非消防水泵的吸水管上消防水位处设置透气小孔等。

(5) 游泳池、戏水池、水景池等在能保证常年贮水的条件下，可兼作消防水池。

(6) 贮水池应设进水管、出水管、溢流管、泄水管、通气管和水位信号装置。

(7) 穿越贮水池壁的管道应设防水套管，贮水池与建筑物相邻设置时，其穿越管路应采取防止因沉降不均而引起损坏的措施，如采用金属软管、橡胶接头等。

(8) 贮水池内应设吸水坑，吸水坑平面尺寸和深度应通过计算确定。

2) 贮水池容积的确定

贮水池的有效容积(不含被梁、柱、墙等构件占用的容积)应根据调节水量、消防储备水量和生产事故备用水量确定,可按以下式计算:

$$V \geqslant (Q_b - Q_L)T_b + V_x + V_s \tag{2-8}$$

$$(Q_b - Q_L)T_b \leqslant Q_L \cdot T_t \tag{2-9}$$

式中:V——贮水池有效容积,m^3;

Q_b——水泵出水量,m^3/h;

Q_L——水源供水能力,即水池进水量,m^3/h;

T_b——水泵运行时间,h;

T_t——水泵运行时间间隔,h;

V_x——消防储备水量,m^3;

V_s——生产事故备用水量,m^3。

当资料不足时,贮水池的调节水量可按最高日用水量的10%~20%估算。

4. 气压给水设备

气压给水设备是利用密闭罐中空气的压缩性进行储存、调节、压送水量和保持气压的装置,其作用相当于高位水箱或水塔。

气压给水设备设置位置限制条件少,便于操作和维护,但其调节容积小,供水可靠性稍差,耗材、耗能较大。

气压给水设备按罐内水、气接触方式,可分为补气式和隔膜式两类;按输水压力的稳定状况,可分为变压式和定压式两类。气压给水设备一般由气压水罐、水泵机组、管路系统、电控系统、自动控制箱(柜)等组成,补气式气压给水设备还有气体调节控制系统。

1) 补气变压式气压给水设备

罐内的水在压缩空气的起始压力 P_2 作用下(图2-17),被压送至给水管网,随着罐内水量的减少,压缩空气体积膨胀,压力减小,当压力降至最小工作压力 P_1 时,压力信号器动作,使水泵启动。水泵出水除供用户外,多余部分进入气压水罐,罐内水位上升,空气又被压缩,当压力达到 P_2 时,压力信号器动作,使水泵停止工作,气压水罐再次向管网输水。

2) 补气定压式气压给水设备

补气定压式气压给水设备输水水压相对稳定(图2-18)。一般是在气、水同罐的单罐变压式气压给水设备的供水管上安装压力调节阀,也可在气、水分罐的双罐变压式气压给水设备的压缩空气连通管上安装压力调节阀,以使供水压力稳定。

补气定压式气压给水设备在气压水罐中使气、水直接接触。设备运行过程中,部分气体溶于水中,随着气量的减少,罐内压力下降,需设补气调压装置。在允许停水的给水系统中可采用开启罐顶进气阀泄空罐内存水的简单补气法。不允许停水时,可采用空气压缩机补气,也可通过在水泵吸水管上安装补气阀,水泵出水管上安装水射器或补气罐等方法补气(图2-19)。

3) 隔膜式气压给水设备

隔膜式气压给水设备在气压水罐中设置弹性隔膜,将气、水分离,水质不易被污染,气体也不会溶入水中,故不需设补气调压装置。隔膜主要有帽形、囊形两类。囊形隔膜又有球、梨、斗、筒、折、胆囊之分,两类隔膜均固定在罐体法兰盘上,囊形隔膜气密性好,调节容积大,且隔膜受力合理,不易损坏,优于帽形隔膜。图 2-20 所示为胆囊形隔膜式气压给水设备示意图。

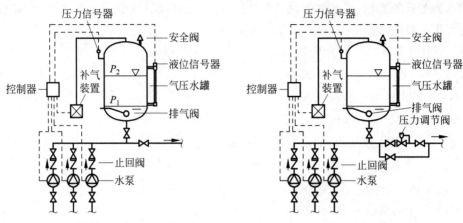

图 2-17 单罐变压式气压给水设备　　　　图 2-18 定压式气压给水设备

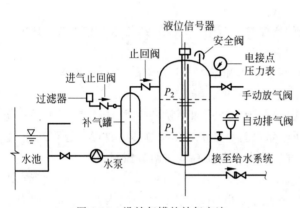

图 2-19 设补气罐的补气方法

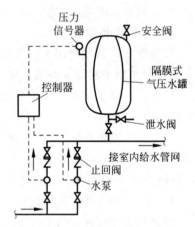

图 2-20 隔膜式气压给水设备示意

2.3　给水管道的布置与敷设

2.3.1　给水管道的布置

1. 布置原则

1) 满足最佳水力条件

(1) 给水管道布置应力求短而直。

(2) 为充分利用室外给水管网的水压,给水引入管和室内给水干管应布设在用水量最大处或不允许间断供水处。

2) 满足安装维修及美观要求

(1) 给水管道应尽量沿墙、梁、柱水平或垂直敷设。

(2) 对美观要求较高的建筑物,给水管道可在管槽、管井、管沟及吊顶内暗设。

(3) 为便于检修,管井应每层设检修门,检修门应开向走廊,每两层应有横向隔断。暗设在顶棚或管槽内的管道在阀门处应留有检修门。

(4) 室内给水管道安装位置应有足够的空间以方便拆换附件。

(5) 给水引入管应有不小于 0.003 的坡度坡向室外给水管网或坡向阀门井、水表井,以便检修时排空管道。

3) 保证生产及使用安全

(1) 给水管道的位置不得妨碍生产操作、交通运输和建筑物的使用。

(2) 给水管道不得布置在遇水会引起燃烧、爆炸或可能损坏原料、产品和设备的上面,并应尽量避免在生产设备上通过。

(3) 给水管道不得穿过配电间,以免因渗漏造成电气设备故障或短路。

(4) 对不允许断水的建筑应从室外环状管网不同管段接出 2 条或 2 条以上给水引入管,在室内连成环状或贯通枝状双向供水。若条件达不到,可采取设贮水池(箱)或增设第二水源等安全供水措施。

(5) 高层建筑给水立管不宜采用塑料管。

4) 保护管道不受破坏

(1) 给水埋地管道应避免布置在可能被重物压坏处。管道不得穿越生产设备基础,在特殊情况下必须穿越时,应与有关专业协商处理。埋地管道的管材应具有耐腐性和能承受相应的地面荷载的能力。

(2) 给水管道不得敷设在排水沟、烟道和风道内,不得穿过大便槽和小便槽。当给水立管距小便槽端部小于或等于 0.5m 时,应采取建筑隔断措施。

(3) 给水引入管与室内排出管管外壁的水平距离不应小于 1m。

(4) 建筑物内给水管与排水管之间的最小净距,平行埋设不宜小于 0.5m,交叉埋设时不应小于 0.15m,且给水管应在排水管的上面。

(5) 给水管应有 0.002~0.005 的坡度坡向泄水装置。

(6) 给水管不应穿过伸缩缝、沉降缝或抗震缝,必须穿过时应采取有效措施。常用的措施有螺纹弯头法(图 2-21)、活动支架法(图 2-22)和软性接头法(为金属波纹管或橡胶软管)。

(7) 需进人检修的管道井,其工作通道净宽度不宜小于 0.6m,管井应每层设外开检修门。

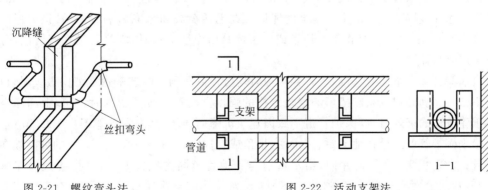

图 2-21 螺纹弯头法　　图 2-22 活动支架法

2. 布置形式

给水管道的布置按供水可靠程度要求可分为枝状和环状两种形式。枝状管网单向供水,供水安全可靠性差,节省管材,造价低;环状管道相互连通,双向供水,供水安全可靠,管线长,造价高。

按照水平干管的敷设位置,可以布置成上行下给式、下行上给式和中分式。上行下给式水平配水管敷设在顶层顶棚下或吊顶内,设有高位水箱的居住公共建筑、机械设备或地下管线较多的工业厂房多采用这种方式,与下行上给式布置相比,最高层配水点流出水头稍高,安装在吊顶内的配水干管可能漏水或结露,损坏吊顶和墙面。下行上给式水平配水管敷设在底层(明装、暗装或沟敷)或地下室顶棚下,居住建筑、公共建筑和工业建筑在用外网水压直接供水时多采用这种方式,该形式简单,明装便于安装维修,与上行下给式布置相比最高层配水点流出水头较低,埋地管道检修不便。中分式布置方式的供水水平干管敷设在中间技术层或中间吊顶内,向上、下两个方向供水,屋顶用作茶座、舞厅或设有中间技术层的高层建筑多采用这种方式。该形式管道安装在技术层内以便于安装或维修,有利于管道排气,不影响屋顶多功能使用,但需要设置技术层或增加某中间层的层高。

2.3.2 给水管道的敷设

1. 敷设形式

给水管道的敷设有明装、暗装两种形式。明装即管道外露,其优点是安装维修方便,造价低,但外露的管道影响美观,表面易结露、积尘。明装一般用于对卫生、美观没有特殊要求的建筑。室内明敷管道一般不宜采用铝塑复合管、给水塑料管。暗装即管道隐蔽,如敷设在管道井、技术层、管沟、墙槽、顶棚或夹壁墙中,直接埋地或埋在楼板的垫层里,其优点是管道不影响室内的美观、整洁,但施工复杂,维修困难,造价高。暗装适用于对卫生、美观要求较高的建筑,如宾馆、高级公寓和要求无尘、洁净的车间、实验室、无菌室等。

2. 敷设要求

引入管进入建筑内,一种是从建筑物的浅基础下通过,另一种是穿越承重墙或基础。其敷设方法(图 2-23)是:在地下水位较高的地区,引入管穿地下室外墙或基础时应采取防水措施,如设防水套管等。

室外埋地引入管要防止地面活荷载和冰冻的影响,其管顶覆土厚度不宜小于 0.7m,并应敷设在冰冻线以下 0.2m 处。建筑内埋地管在无活荷载和冰冻影响时,其管顶离地面高度不应小于 0.3m。当将交联聚乙烯管或聚丁烯管用作埋地管时,应将其设在套管内,分支处应采用分水器。

给水横管穿承重墙或基础、立管穿楼板时均应预留孔洞。暗装管道在墙中敷设时,也应预留墙槽,以免临时打洞、刨槽影响建筑结构的强度。横管穿过预留洞时,管顶上部净空不得小于建筑物的沉降量,以保护管道不致因建筑沉降而损坏,其净空一般不小于 0.10m。

给水横干管应敷设在地下室、技术层、吊顶或管沟内,应有 0.002～0.005 的坡度坡向泄水装置;立管可敷设在管道井内,给水管道与其他管道同沟或共架敷设时,应敷设在排水管、冷冻管的上面或热水管、蒸汽管的下面;给水管不应与输送易燃、可燃或有害的液体或气体的管道同沟敷设;在铁路或地下构筑物下面通过的给水管道应敷设在套管内。

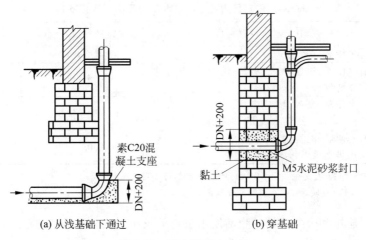

(a) 从浅基础下通过　　　　(b) 穿基础

图 2-23　引入管进入建筑

管道在空间敷设时必须采取固定措施，以保证施工方便与安全供水。固定管道常用的支托架如图 2-24 所示。给水钢立管一般每层需安装 1 个管卡，当层高大于 5.0m 时，每层需安装 2 个管卡。

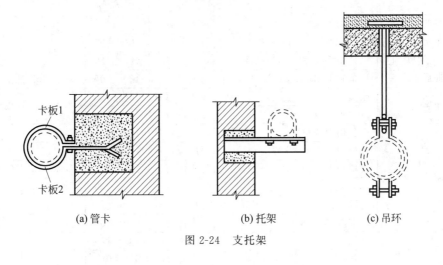

(a) 管卡　　　　(b) 托架　　　　(c) 吊环

图 2-24　支托架

2.4　生活给水系统设计计算

2.4.1　用水定额

用水定额是计算用水量的依据，根据具体的用水对象和用水性质确定一定时期内相对合理的单位用水量的数值，合理选定用水定额直接关系到给水系统的规模及工程造价。

生活用水定额是指每个用水单位用于生活目的所消耗的水量，其包括居住建筑和公共建筑生活用水定额及工业企业建筑生活、淋浴用水定额等。生活用水定额受当地气候、建筑物使用性质、卫生器具和用水设备完善程度、使用者生活习惯及水价等多种因素影响（表 2-4）。

表 2-4　住宅最高日生活用水定额及小时变化系数

住宅类别		卫生器具设置标准	用水定额/[L/(人·d)]	小时变化系数 K_h
普通住宅	Ⅰ	有坐便器、洗涤盆	85～150	2.5～3.0
	Ⅱ	有坐便器、洗脸盆、洗涤盆、洗衣机、热水器和沐浴设备	130～300	2.3～2.8
	Ⅲ	有坐便器、洗脸盆、洗涤盆、洗衣机、集中热水供应(或家用热水机组)和沐浴设备	180～320	2.0～2.5
别墅		有坐便器、洗脸盆、洗涤盆、洗衣机、洒水栓、家用热水机组和沐浴设备	200～350	1.8～2.3

注：1. 当地主管部门对住宅生活用水定额有具体规定时，应按当地规定执行。
　　2. 别墅用水定额中含庭院绿化用水和汽车洗车用水。

集体宿舍、旅馆和公共建筑的生活用水量定额及小时变化系数，根据卫生器具完善程度和区域条件按表 2-5 确定。

表 2-5　集体宿舍、旅馆和公共建筑的生活用水定额及小时变化系数

序号	地点	名称	单位	最高日生活用水定额/L	使用时数/h	小时变化系数 K_h
1	单身职工宿舍、学生宿舍、招待所、培训中心、普通旅馆	设公用盥洗室	每人每日	50～100	24	2.5～3.0
		设公用盥洗室、淋浴室	每人每日	80～130		
		设公用盥洗室、淋浴室、洗衣室	每人每日	100～150		
		设单独卫生间、公用洗衣室	每人每日	120～200		
2	宾馆客房	旅客	每床位每日	250～400	24	2.0～2.5
		员工	每人每日	80～100		
3	医院住院部	设公用盥洗室	每床位每日	100～200	24	2.0～2.5
		设公用盥洗室、淋浴室	每床位每日	150～250	24	2.0～2.5
		设单独卫生间	每床位每日	250～400	24	2.0～2.5
		医务人员	每人每班	150～250	8	1.5～2.0
		门诊部、诊疗所	每病人每次	10～15	8～12	1.2～1.5
		疗养院、休养所住房部	每床位每日	200～300	24	1.5～2.0
4	养老院、托老所	全托	每人每日	100～150	24	2.0～2.5
		日托	每人每日	50～80	10	2.0
5	幼儿园、托儿所	有住宿	每儿童每日	50～100	24	2.5～3.0
		无住宿	每儿童每日	30～50	10	2.0
6	公共浴室	淋浴	每顾客每次	100	12	1.5～2.0
		浴盆、淋浴	每顾客每次	120～150	12	
		桑拿浴(淋浴、按摩池)	每顾客每次	150～200	12	
7	理发室、美容院	—	每顾客每次	40～100	12	1.5～2.0
8	洗衣房	—	每千克干衣	40～80	8	1.2～1.5
9	餐饮业	中餐酒楼	每顾客每次	40～60	10～12	1.2～1.5
		快餐店、职工及学生食堂	每顾客每次	20～25	12～16	1.2～1.5
		酒吧、咖啡馆、茶座、卡拉OK房	每顾客每次	5～15	8～18	1.2～1.5
10	商场	员工及顾客	每平方米营业厅每日	5～8	12	1.2～1.5

续表

序号	地点	名称	单位	最高日生活用水定额/L	使用时数/h	小时变化系数 K_h
11	办公楼	—	每人每班	30～50	8～10	1.2～1.5
12	教学、实验楼	中小学校	每学生每日	20～40	8～9	1.2～1.5
		高等院校	每学生每日	40～50	8～9	1.2～1.5
13	电影院、剧院	—	每观众每场	3～5	3	1.2～1.5
14	健身中心	—	每人每次	30～50	8～12	1.2～1.5
15	体育场(馆)	运动员淋浴	每人每次	30～40	—	2.0～3.0
		观众	每人每场	3	4	1.2
16	会议厅	—	每座位每次	6～8	4	1.2～1.5
17	客运站	旅客、展览中心观众	每人次	3～6	8～16	1.2～1.5
18	菜市场	地面冲洗及保鲜用水	每平方米每日	10～20	8～10	2.0～2.5
19	停车库	地面冲洗水	每平方米每次	2～3	6～8	1.0

注：1. 除养老院、托儿所、幼儿园的用水定额中含食堂用水，其他均不含食堂用水。
2. 除注明外，均不含员工生活用水，员工用水定额为每人每班 40～60L。
3. 医疗建筑用水中已含医疗用水。
4. 空调用水应另计。

工业企业建筑生活、淋浴用水定额见表 2-6。

表 2-6　工业企业建筑生活、淋浴用水定额

生活用水定额/[L/(班·人)]		小时系数变化	注
管理人员	40～60	1.5～2.5	每班工作时间以 8h 计
车间工人	30～50		

2.4.2　生活用水量的计算

1. 最高日用水量

最高日用水量是指在设计规定年限内用水量最多的一日的用水量。日变化系数是指最高日用水量与平均日用水量的比值。

最高日用水量一般在确定贮水池(箱)容积过程中使用。建筑内生活用水的最高日用水量可按式(2-10)计算，即

$$Q_d = \frac{\sum m_i \cdot q_{di}}{1\,000} \tag{2-10}$$

式中：Q_d——最高日用水量，m^3/d；
　　　m_i——用水单位数（人数、床位数等）；
　　　q_{di}——最高日生活用水定额，L/(人·d)、L/(床·d)。

2. 最大小时用水量

最大小时用水量是指最高日用水时间内用水量最大的 1h。

时变化系数即最高日最大时用水量与平均时用水量的比值。

最大小时用水量用于确定水泵流量和高位水箱容积等。根据最高日用水量、建筑物内每天用水时间和小时变化系数,可以计算出最大小时用水量,即

$$Q_h = \frac{Q_d \cdot K_h}{T} = Q_p \cdot K_h \tag{2-11}$$

式中：Q_h——最大小时用水量,m^3/h;

T——建筑物内每天用水时间,h;

Q_p——最高日平均小时用水量,m^3/h;

K_h——小时变化系数。

2.4.3 设计秒流量

为保证系统的正常用水,生活给水管道的设计流量是指给水管网中所负担的卫生器具按最不利情况组合流出时的最大瞬时流量,又称为设计秒流量。它是确定各管段管径、计算管路水头损失,进而确定给水系统所需压力的主要依据。

生活给水管网设计秒流量的计算方法按建筑的性质及用水特点,分为概率法、平方根法和经验法。

为简化计算,以污水盆用的一般球形阀配水龙头在出流水头为 2m、全开时的流量 0.2L/s 为 1 个给水当量(N),其他各种卫生器具配水龙头的流量以此换算成相应的当量数。

(1) 住宅类建筑生活给水管道设计秒流量的计算。根据住宅卫生器具给水当量、使用人数、用水定额、使用时数和小时变化系数,按式(2-12)计算出最大用水时卫生器具给水当量平均出流概率,即

$$U_0 = \frac{q_0 m K_h}{0.2 N_g T \times 3600} \tag{2-12}$$

式中：U_0——生活给水管道最大用水时卫生器具给水当量平均出流概率,%;

q_0——最高日生活用水定额,按表 2-4 取用;

m——每户用水人数;

K_h——小时变化系数,按表 2-4 取用;

0.2——1 个卫生器具给水当量的额定流量;

N_g——每户设置的卫生器具给水当量数;

T——用水时数,h。

根据计算管段上的卫生器具给水当量总数,按式(2-13)计算得出该管段的卫生器具给水当量同时出流概率,即

$$U = \frac{1 + \alpha_c (N_g - 1)^{0.49}}{\sqrt{N_g}} \tag{2-13}$$

式中：U——计算管段的卫生器具给水当量同时出流概率,%;

α_c——对应于不同 U_0 的系数,按表 2-7 取用;

N_g——计算管段的卫生器具给水当量总数。

表 2-7　给水管段卫生器具给水当量同时出流概率计算系数 α_c

U_0	1.0	1.5	2.0	2.5	3.0	3.5	4.0	4.5	5.0	6.0	7.0	8.0
α_c	0.032 3	0.069 7	0.010 97	0.015 12	0.019 39	0.023 74	0.028 16	0.032 63	0.037 15	0.046 29	0.055 55	0.064 89

根据计算管段上的卫生器具给水当量同时出流概率,按式(2-14)计算管段设计秒流量,即

$$q_g = 0.2UN_g \tag{2-14}$$

式中:q_g——计算管段的设计秒流量,L/s。

有两条或两条以上具有不同最大用水卫生器具给水当量平均出流概率的给水支管的给水干管,该管段的最大用水时卫生器具给水当量平均出流概率按式(2-15)计算,即

$$\overline{U}_0 = \frac{\sum U_{0i} N_{gi}}{\sum N_{gi}} \tag{2-15}$$

式中:$\overline{U}_0$——给水干管的卫生器具给水当量平均出流概率,%;

U_{0i}——支管的最大用水时卫生器具给水当量平均出流概率,%;

N_{gi}——相应支管的卫生器具给水当量总数。

(2) 集体宿舍、旅馆、宾馆、医院、疗养院、幼儿园、养老院、办公楼、商场、客运站、会展中心、中小学教学楼、公共厕所等建筑的生活给水设计秒流量按平方根法计算,即

$$q_g = 0.2\alpha\sqrt{N_g} \tag{2-16}$$

式中:q_g——计算管段的给水设计秒流量,L/s;

α——根据建筑物用途而定的系数,按表 2-8 取用;

N_g——计算管段的卫生器具给水当量总数。

表 2-8　根据建筑物用途而定的系数 α 值

建筑物名称	幼儿园、托儿所、养老院	门诊部、诊疗所	办公楼、商场	学校	医院、疗养院、休养所	集体宿舍、旅馆、招待所、宾馆	客运站、会展中心、公共厕所
α	1.2	1.4	1.5	1.8	2.0	2.5	3.0

如计算值小于该管段上 1 个最大卫生器具给水额定流量时,应采用 1 个最大卫生器具给水额定流量作为设计秒流量。

如计算值大于该管段上按卫生器具给水额定流量累加所得流量值时,应按卫生器具给水额定流量累加所得流量值采用。

有大便器延时自闭冲洗阀的给水管段,大便器延时自闭冲洗阀的给水当量均以 0.5 计,计算得到 q_g 附加 1.20L/s 的流量后为该管段的给水设计秒流量。

综合楼建筑的 α 值按式(2-17)进行加权平均计算,即

$$\alpha_z = \frac{\alpha_1 N_{g1} + \alpha_2 N_{g2} + \cdots + \alpha_n N_{gn}}{N_{g1} + N_{g2} + \cdots + N_{gn}} \tag{2-17}$$

式中:α_z——综合性建筑总的秒流量系数;

$N_{g1}, N_{g2}, \cdots, N_{gn}$——综合性建筑内各类建筑物的卫生器具的给水当量数；

$\alpha_1, \alpha_2, \cdots, \alpha_n$——$N_{g1}, N_{g2}, \cdots, N_{gn}$ 时的设计秒流量系数。

(3) 工业企业的生活间、公共浴室、职工食堂或营业餐馆的厨房、体育场馆运动员休息室、剧院的化妆间、普通理化实验室等建筑的生活给水管道的设计秒流量按经验法计算。根据卫生器具给水额定流量、同类型卫生器具数和卫生器具的同时给水百分数，按式(2-18)计算，即

$$q_g = \sum q_0 N_0 b \tag{2-18}$$

式中：q_g——计算管段的给水设计秒流量，L/s；

q_0——同类型的 1 个卫生器具给水额定流量，L/s；

N_0——计算管段同类型卫生器具数；

b——卫生器具同时给水百分数，按表 2-9～表 2-11 采用。

表 2-9 工业企业生活间、公共浴室、剧院化妆间、体育场馆运动员休息室等卫生器具同时给水百分数

卫生器具名称	同时给水百分数/%			
	工业企业生活间	公共浴室	剧院化妆间	体育场馆运动员休息室
洗涤盆（池）	33	15	15	15
洗手盆	50	50	50	50
洗脸盆、盥洗槽水嘴	60～100	60～100	50	80
浴盆	—	50	—	—
无间隔淋浴器	100	100	—	100
有间隔淋浴器	80	60～80	60～80	60～100
大便器冲洗水箱	30	20	20	20
大便器自闭式冲洗阀	2	2	2	2
小便器自闭式冲洗阀	10	10	10	10
小便器（槽）自动冲洗水箱	100	100	100	100
净身盆	33	—	—	—
饮水器	30～60	30	30	30
小卖部洗涤盆	—	50	—	50

注：健身中心的卫生间可采用本表体育场馆运动员休息室的同时给水百分数。

表 2-10 职工食堂、营业餐馆厨房设备同时给水百分数

厨房设备名称	污水盆（池）	洗涤盆（池）	煮锅	生产性洗涤机	器皿洗涤机	开水器	蒸汽发生器	灶台水嘴
同时给水百分数/%	50	70	60	40	90	50	100	30

注：职工或学生饭堂的洗碗台水嘴按 100% 同时给水，但不与厨房用水叠加。

表 2-11 实验室化验水嘴同时给水百分数

化验水嘴名称	同时给水百分数/%	
	科学研究实验室	生产实验室
单联化验水嘴	20	30
双联或三联化验水嘴	30	50

如果计算值小于该管段上一个最大卫生器具给水额定流量时,应采用1个最大的卫生器具给水额定流量作为设计秒流量。大便器自闭式冲洗阀应单列计算,当单列计算值小于1.2L/s时,以1.2L/s计;当单列计算值大于1.2L/s时,以计算值计。

2.4.4 给水管网水力计算

给水管网水力计算的目的在于确定各管段管径、管网的水头损失和确定给水系统的所需压力,给水管网水力计算的任务如下。

(1) 确定给水管道各管段的管径。
(2) 求出计算管路通过设计秒流量时各管段产生的水头损失。
(3) 确定室内管网所需水压。
(4) 复核室外给水管网水压是否满足使用要求。
(5) 选定加压装置所需扬程和高位水箱设置高度。

1. 给水管径

管段的设计流量确定后,根据水力学公式及流速控制范围可初步选定管径,按式(2-19)计算管道直径,即

$$q_g = Av = \frac{\pi d^2}{4} v \tag{2-19}$$

$$d = \sqrt{\frac{4q_g}{\pi v}} \tag{2-20}$$

式中:d——管道直径,m;

q_g——管道设计流量,m^3/s;

v——管道设计流速,m/s。

管段流量确定后,流速大小直接影响管道系统技术、经济的合理性。流速过大引起水锤,产生噪声,损坏管道、附件,并将增加管道水头损失,提高室内给水系统所需压力;流速过小又将造成管材浪费。因此,设计时应综合考虑以上因素,将给水管道流速控制在适当的范围内,即所谓的经济流速,使管网系统运行平稳且不浪费。生活或生产给水管道的经济流速按表2-12选取。

表 2-12 生活或生产给水管道的经济流速

公称直径/mm	15~20	25~40	50~70	≥80
水流速度/(m/s)	≤1.0	≤1.2	≤1.5	≤1.8

> **注意**
> 根据公式计算所得管道直径一般不等于标准管径,可根据计算结果取相近的标准管径,并核算流速是否符合要求。如不符合,应调整流速后重新计算。

在实际工程方案设计阶段,可以根据管道所负担的卫生器具当量数,按表 2-13 估算管径。

 注意

住宅的进户管公称直径不小于 20mm。

表 2-13 按卫生器具当量数确定管径

管径/mm	15	20	25	32	40	50	70
卫生器具当量数	3	6	12	20	30	50	75

2. 给水管网水头损失

给水管网水头损失的计算包括沿程水头损失和局部水头损失两部分。

(1) 给水管道的沿程水头损失按式(2-21)计算,即

$$h_f = iL = 105 C_h^{-1.85} d_j^{-4.87} q_g^{1.85} L \tag{2-21}$$

式中:h_f——沿程水头损失,kPa;
  i——单位长度管道上的水头损失,kPa/m;
  L——管道长度,m;
  C_h——海澄-威廉系数,按表 2-14 采用;
  d_j——管道计算内径,m;
  q_g——管道设计流量,m³/s。

表 2-14 各种管材的海澄-威廉系数

管道类别	塑料管、内衬(涂)塑管	铜管、不锈钢管	衬水泥、树脂的铸铁管	普通钢管、铸铁管
C_h	140	130	130	100

(2) 给水管网局部水头损失可按式(2-22)计算,即

$$h = \sum \zeta \frac{v^2}{2g} \tag{2-22}$$

式中:h——管段的局部水头损失,m;
  ζ——局部阻力系数;
  v——管段内平均水流速度,m/s;
  g——重力加速度,m/s²。

给水管网中的管件如弯头、三通等很多,随构造不同其值也不尽相同,详细计算较为烦琐,因此,在实际工程中给水管网局部水头损失计算可采用管(配)件当量长度法。螺纹接口的阀门及管件的摩阻损失的当量长度见表 2-15。当管道管(配)件当量长度资料不足时,可根据下列管件连接状况,按管网沿程水头损失百分数取值。

① 管(配)件内径与管道内径一致,采用三通分水时,取 25%~30%;采用分水器分水时,取 15%~20%。

② 管(配)件内径略大于管道内径,采用三通分水时,取 50%~60%;采用分水器分水

时，取 30%～35%。

③ 管（配）件内径略小于管道内径，管（配）件的插口插入管口内连接，采用三通分水时，取 70%～80%；采用分水器分水时，取 35%～40%。

表 2-15 螺纹接口的阀门及管件的摩阻损失的当量长度

管件内径 /mm	各种管件的折算管道长度/m						
	90°弯头	45°弯头	三通90°转角	三通直向流	闸阀	球阀	角阀
9.5	0.3	0.2	0.5	0.1	0.1	2.4	1.2
12.7	0.6	0.4	0.9	0.2	0.1	4.6	2.4
19.1	0.8	0.5	1.2	0.2	0.2	6.1	3.6
25.4	0.9	0.5	1.5	0.3	0.2	7.6	4.6
31.8	1.2	0.7	1.8	0.4	0.2	10.6	5.5
38.1	1.5	0.9	2.1	0.5	0.3	13.7	6.7
50.8	2.1	1.2	3.0	0.6	0.4	16.7	8.5
63.5	2.4	1.5	3.6	0.8	0.5	19.8	10.3
76.2	3.0	1.8	4.6	0.9	0.6	24.3	12.2
101.6	4.3	2.4	6.4	1.2	0.8	38.0	16.7
127.0	5.2	3.0	7.6	1.5	1.0	42.6	21.3
152.4	6.1	3.6	9.1	1.8	1.2	50.2	24.3

注：本表的螺纹接口是指管件无凹口的螺纹，当管件为凹口螺纹或管件与管道为等径焊接，其当量长度取本表值的一半。

（3）水表的局部水头损失应按选用产品所给定的压力损失值计算。未确定具体产品时，可按下列情况选用：住宅进户管水表应取 0.01MPa；建筑物或小区引入管水表，在生活用水工况时，应取 0.03MPa；校核消防工况时，应取 0.05MPa。

（4）比例式减压阀水头损失，阀后动水压应按阀后静水压的 80%～90% 采用。

（5）管道过滤器的局部水头损失应取 0.01MPa。

（6）管道倒流防止器的局部水头损失应取 0.025～0.04MPa。

为了简化计算，管道的局部水头损失之和一般可以根据经验采用沿程水头损失的百分数进行估算。不同用途的室内给水管网，其局部水头损失占沿程水头损失的百分数为：生活给水管网 25%～30%；生产给水管网 20%；消防给水管网 10%；自动喷淋给水管网 20%；生活、消防共用的给水管网 25%；生活、生产、消防共用的给水管网 20%。

2.5　高层建筑给水系统

近些年，我国建筑业得到了快速发展，随着土地资源和建筑施工技术的发展，大量的高层建筑拔地而起，相应的配套设施相比多层建筑有着更高的要求。《建筑设计防火规范》（GB 50016—2014）（2018 年版）第 2.1.1 条规定：高层建筑是指建筑高度大于 27m 的住宅建筑和建筑高度大于24m的非单层厂房、仓库和其他民用建筑。

高层建筑给水系统与多层建筑给水系统一样，也是由引入管、水表节点、管道系统、给水附件、增压和贮水设备、消防设施等组成。

2.5.1 技术要求

高层建筑有自己的特点，因此对建筑给水系统的设计、施工、材料及管理方面都提出了较高的要求。当建筑高度较大时，如果采用同一给水系统供水，则垂直方向管线过长，建筑低层管道系统的静水压力很大，会产生以下弊端。

(1) 系统需采用耐高压管材、零件及配水器材，增加设备材料费用。

(2) 阀门、水龙头启闭时容易产生水锤现象、水流噪声和水流振动，水龙头、阀门等附件易被磨损，缩短使用寿命。

(3) 低层水龙头流出水头过大，不仅使水流成射流喷溅，影响使用，又浪费水量。

(4) 不合理设计直接影响高层建筑供水稳定性和安全性，并有可能使顶层给水龙头产生负压抽吸，形成回流污染。

因此，高层建筑给水系统必须解决低层管道中静水压力过大的问题。

2.5.2 高层建筑给水系统技术措施

为了降低管道中的静水压力，消除或减轻上述弊端，当建筑达到一定高度时，给水系统需竖向分区，即在建筑物的垂直方向按一定高度依次分为若干个供水区域，每个供水区域分别组成各自独立的给水系统。

高层建筑生活给水系统竖向分区根据建筑物用途、建筑高度、材料设备性能和室外给水管网水压等因素综合确定。分区供水不仅为了防止损坏给水配件，同时避免过高的供水压力造成用水不必要的浪费。因此，高层建筑生活给水系统应进行合理的竖向分区。如果分区压力过小，则分区数较多，给水设备、给水管道系统以及相应的土建投资将增加，维护管理也不方便；如果分区压力过大，就会出现水压过大、噪声大、用水设备和给水附件易损坏等不良现象。高层建筑分区压力值目前国内外尚无统一的规定，但通常都以各分区最低点的卫生器具静水压力不大于其工作压力为依据进行分区。

《建筑给水排水设计标准》(GB 50015—2019)第3.3.5条规定：各分区的最低点的卫生器具配水点处静水压力不宜大于0.45MPa，当没有集中热水系统时，不宜大于0.55MPa。竖向分区的最大水压不是卫生器具正常使用的水压，其最佳使用水压应为0.20~0.30MPa，各分区顶层住宅入户管的进口水压不应小于0.10MPa。而静水压大于0.35MPa的入户管(或配水横管)应设减压或调压设施，以免水压过高或过低给用户带来不便。

在高层建筑给水系统进行竖向分区时，应充分利用市政管网压力，以减少能耗。当市政供水压力能够满足高层建筑下面几层如裙房、地下室等用水需求时，可以将建筑物下面几层作为一个独立供水分区，采用市政管网直接供水，可以节省大量的能耗，并且供水安全性更高。

2.5.3 高层建筑给水方式

建筑给水方式又称供水方案,是根据用户对水质、水量、水压的要求,考虑市政给水管网压力条件,对给水系统进行的设计实施方案。高层建筑给水系统需作竖向分区,常见竖向分区给水方式的基本类型有串联给水方式、并联给水方式和分区减压给水方式。

1. 串联给水方式

串联给水方式(图 2-25)各分区均设有水泵和水箱,上区的水泵从下区的水箱中抽水供上区用水。这种方式各区水泵的扬程和流量按本区需要设计,使用效率高,能耗较小,且水泵压力均衡,扬程较小,水锤影响小;不需要高压泵和高压管道,设备和管道较简单,投资较少。但水泵分散布置,维护管理不方便;水泵和水箱占用楼层的使用面积较大;水泵设在楼层,振动的噪声干扰较大;供水安全不可靠,若下区发生事故,则上部供水受到影响。

串联给水方式适用于允许分区设置水泵和水箱的各类高层建筑或建筑高度超过 100m 的高层建筑。

串联供水可设中间转输水箱,也可不设中间转输水箱。在采用调速泵组供水的前提下,中间转输水箱已失去调节水量的功能,只剩下防止水压回传的功能,可用管道倒流防止器替代。中间不设水箱,又可减少一个水质污染的环节。

利用串联给水方式供水,水泵设计应有消声减振措施,在可能的条件下,下层应利用外网水压直接供水。

2. 并联给水方式

并联给水方式分为有水箱并联给水方式和无水箱并联给水方式(图 2-26)。水箱并联给水方式各分区独立设置水箱和水泵,水泵集中布置在建筑底层或地下室,各区水泵独立向

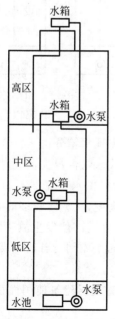

图 2-25 串联给水方式

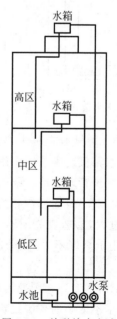

图 2-26 并联给水方式

各区水箱供水。这种方式的优点为：各区独立运行，互不干扰，供水安全可靠；水泵集中布置，维护管理方便；水泵效率高，能耗较低；水箱分散设置，各区水箱体积小，利于建筑本体结构设计。但管材耗用较多，需要高压水泵和管道，设备费用增加，水箱容积虽然减小，仍占用楼层的使用面积，不经济。这种方式在允许设置分区水箱的各类高层建筑中广泛使用。对于超高层建筑（高度大于100m），由于高区配水管道、水泵及配件承受压力较大，水锤现象比较严重。因此，这种给水方式在分区较少的高层建筑中采用广泛。

无水箱并联给水方式是指将水泵等设备集中设置在建筑物的底层或地下室中，各分区都是独立的供水系统。这种供水方式安全可靠，便于管理，且建筑物内不设水箱（图2-27）。

3．分区减压给水方式

建筑物的用水由设置在底层的水泵一次提升至屋顶总水箱，再由此水箱依次向下区减压供水。分区减压给水方式分为减压水箱给水方式和减压阀给水方式（图2-28）。

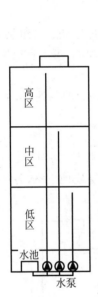

图2-27 无水箱并联给水方式

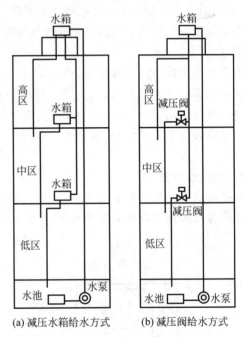

(a) 减压水箱给水方式　(b) 减压阀给水方式

图2-28 分区减压给水方式

减压水箱给水方式是在每个分区设置高位水箱，由屋顶水箱分送至各分区水箱，由各区水箱供水，分区水箱仅起到减压作用。减压水箱给水方式水泵台数少，管道简单，投资较少，设备布置集中，维护管理简单。下区供水受上区供水限制，供水可靠性不如并联供水方式。屋顶水箱容积大，对建筑的结构和抗震不利。当建筑物高度大、分区较多时，下区减压水箱中浮球阀承压过大，易造成关闭不严的现象；上部某些管道部位发生故障时，将影响下部的供水。一般用于高度不太高、分区较少、地下室泵房面积较小、当地电费较便宜的高层建筑。

减压阀减压供水方式利用减压阀替代减压水箱，节省楼层建筑使用面积。一般用于分区较少、水压要求不太高的高层建筑。

习 题

2.1 建筑给水系统一般由哪些部分组成？
2.2 建筑给水系统的给水方式有哪些？各有何特点？适用于怎样的条件？
2.3 常用建筑给水管材有哪些？各有何特点？其连接方法如何？
2.4 不同的阀门各有什么特点？使用时如何进行选择？
2.5 给水管道布置与敷设时应注意哪些因素？
2.6 建筑给水系统计算的一般步骤有哪些？各步骤中应重点解决哪些问题？
2.7 水箱应当如何配管？水泵扬程如何确定？气压给水设备有何特点？
2.8 在高层建筑工程中确定合理的供水方案应该考虑该项工程所涉及的哪些因素？
2.9 高层建筑给水系统为什么要进行竖向分区？如何进行分区？分区的依据是什么？

第3章 建筑消防系统

建筑物若发生火灾,根据建筑物的性质、功能及燃烧物,可通过水、泡沫、卤代烷、二氧化碳和干粉等灭火剂来扑灭。室内消防给水系统一般分为三类,即消火栓消防系统、自动喷水灭火系统和其他灭火设施。

水是不燃液体,在与燃烧物接触后会通过物理、化学反应从燃烧物中摄取热量,对燃烧物起到冷却作用;同时水在被加热和汽化的过程中所产生的大量水蒸气能够阻止空气进入燃烧区,并能稀释燃烧区内氧的含量,从而减弱燃烧强度。另外,经水枪喷射出来的压力水流具有很大的动能和冲击力,可以冲散燃烧物,使燃烧强度显著减弱。在水、泡沫、酸碱、卤代烷、二氧化碳和干粉等灭火剂中,水具有使用方便、灭火效果好、来源广泛、价格便宜、器材简单等优点,是目前建筑消防的主要灭火剂。

3.1 火灾类型、建筑物分类及危险等级

3.1.1 火灾分类

可燃物与氧化剂作用发生的伴有火焰、发光和(或)发烟现象的放热反应称为燃烧。可燃物、氧化剂和温度(引火源)是火灾发生的必要条件。火灾是由燃烧所造成的灾害,根据可燃物的性质、类型和燃烧特性,火灾可分为五类,具体见表3-1。

表3-1 火灾分类

火灾类型	燃 烧 物
A类火灾	固体物质火灾,如木材、棉麻等有机物质
B类火灾	可燃液体或可熔化固体物质火灾,如汽油、柴油等
C类火灾	气体火灾,如甲烷、天然气等
D类火灾	金属火灾,如钾、钠、镁等
E类火灾	物体带电燃烧火灾

3.1.2 灭火机理

燃烧的充分条件包括一定的可燃物浓度、一定的氧气含量、一定的点火能量和不受

抑制的链式反应。灭火就是采取一定的技术措施破坏燃烧条件，使燃烧终止反应的过程。灭火的基本原理是冷却、窒息、隔离和化学抑制，前三种是物理过程，后一种为化学过程。

水基灭火剂的主要灭火机理是冷却和窒息等，冷却功能是灭火的主要作用。消火栓灭火系统、消防水炮灭火系统、自动喷水灭火系统、水喷雾灭火系统和细水雾灭火系统等均是以水为灭火剂的灭火系统。消火栓灭火系统、消防水炮灭火系统和自动喷水灭火系统的灭火机理主要是冷却，可扑灭 A 类火灾；水喷雾灭火系统和细水雾灭火系统具有冷却、窒息、乳化、稀释等灭火作用，可扑灭 A、B 和 E 类火灾。

泡沫灭火机理主要是隔离，同时伴有窒息作用，可扑灭 A、B 类火灾。泡沫灭火系统分为低、中、高三种泡沫系统：低倍数泡沫的发泡倍数是 20 倍以下，中倍数泡沫的发泡倍数是 21~200；高倍数泡沫的发泡倍数是 201~1 000。

常见的气体灭火系统有：七氟丙烷灭火系统、混合惰性气体灭火系统、二氧化碳灭火系统等。气体灭火系统具有化学稳定性好、易储存、腐蚀性小、不导电、毒性低等特点，其蒸发后不留痕迹，适用于扑救多种类型的火灾。气体系统灭火机理因灭火剂而异，一般是由冷却、窒息、隔离和化学抑制等机理组成，可扑灭 A、B、C 和 E 类火灾。

干粉灭火剂是一种利用干粉基料和添加剂组成的干化学灭火剂，具有干燥和易成性的特点，可在一定气体压力作用下喷成粉雾状而灭火。干粉灭火剂通常可分为物理灭火和化学灭火两种功能，以磷酸铵盐和碳酸氢盐灭火剂为主。磷酸铵盐适合扑灭 A、B、C、E 类火灾；碳酸氢盐适合扑灭 B、C 类火灾或带电的 B 类火灾。钾原子俘获自由基半径大，灭火效果优于碳酸氢钠。物理灭火主要是干粉吸收燃烧产生的热量，使显热变成潜热，燃烧反应温度骤降，不能维持持续反应所需的热量，中止燃烧反应，火焰熄灭。

蒸汽灭火系统可利用惰性气体或含高热量的蒸汽，在与燃烧物质接触时，可稀释燃烧范围内空气中的含氧量，缩小燃烧范围，降低燃烧强度。该系统由蒸汽源、输配气干管、支管、配气管道、伸缩补偿器等组成，可用于扑灭燃油和燃气锅炉房、油泵房、重油罐区等场所的火灾。

建筑物按使用性质分为库房、仓库、民用建筑三类。根据建筑构件的燃烧性能和耐火极限，民用建筑物和厂房（仓库）的耐火等级分一、二、三、四级。

建筑高度是指建筑物室外地面到其檐口或屋面面层的高度（屋顶上的水箱间、电梯机房、排烟机房以及楼梯出口小间等不计入建筑高度）。建筑物按建筑高度可分为多层建筑和高层建筑。多层民用建筑是指建筑高度不大于 27m 的住宅建筑（包括首层设置商业服务网点的住宅）和建筑高度不大于 24m 的 2 层以及以上的公共建筑。

多层厂房（仓库）是指建筑高度不大于 24m 的仓库和厂房、建筑高度超过 24m 的单层仓库和厂房；高层厂房（仓库）是指建筑高度超过 24m 的 2 层以及以上的仓库和厂房；高架仓库是指货架高度超过 7m 且机械操作或自动化控制的货架库房。

建筑物火灾危险等级表明火灾危险性大小、火灾发生的频率、可燃物数量、单位时间内释放的热量、火灾蔓延速度以及扑救难易程度。按《建筑设计防火规范》(GB 50016—2014)(2018 年版)建筑物分为一类和二类高层建筑（表 3-2）。

表 3-2 民用建筑的分类

名称	高层民用建筑		单、多层民用建筑
	一 类	二 类	
住宅建筑	建筑高度大于54m的住宅建筑（包括设置商业服务网点的住宅建筑）	建筑高度大于27m，但不大于54m的住宅建筑（包括设置商业服务网点的住宅建筑）	建筑高度不大于27m的住宅建筑（包括设置商业服务网点的住宅建筑）
公共建筑	1. 建筑高度大于50m的公共建筑； 2. 建筑高度在24m以上部分任一楼层建筑面积大于1 000 m^2 的商店、展览、电信、邮政、财贸金融建筑和其他多种功能组合的建筑； 3. 医疗建筑、重要公共建筑、独立建造的老年人照料设施； 4. 省级及以上的广播电视和防灾指挥调度建筑、网局级和省级电力调度建筑； 5. 藏书超过100万册的图书馆、书库	除一类高层公共建筑外的其他高层公共建筑	1. 建筑高度大于24m的单层公共建筑； 2. 建筑高度不大于24m的其他公共建筑

注：1. 表中未列入的建筑，其类别应根据本表类比确定。
2. 除本规范另有规定外，宿舍、公寓等非住宅类居住建筑的防火要求，应符合本规范有关公共建筑的规定。
3. 除本规范另有规定外，裙房的防火要求应符合本规范有关高层民用建筑的规定。

3.2 消防给水系统

3.2.1 消防给水管道

消防给水管道可采用低压管道、高压管道、临时高压管道和区域高压管道。

1. 低压管道

管网内平时水压较低，火场上水枪需要的压力由消防水车或其他移动式消防泵加压形成，保障最不利点消火栓的压力大于或等于0.1MPa。

2. 高压管道

管网内经常保持足够的压力，火场上不需要使用消防车或其他移动式水泵加压，而直接由消火栓接出水带、水枪灭火。

3. 临时高压管道

临时高压给水管道内平时水压不高，在水泵站内设有高压消防水泵，当接到火警时，高压消防水泵启动后，管网内的压力达到高压给水管道的压力要求。

城镇、居住区、企业事业单位的室外消防给水管道，在有可能利用地势设置高位水池或集中高压水泵房时，就有采用高压给水管道的可能。一般情况下，多采用临时高压消防给水系统。

4. 区域高压管道

当城镇、居住区或企业事业单位内有高层建筑时，一般情况下能直接采用室外高压或临时高压消防给水系统的很少见到。因此，常采用区域（数幢或几幢建筑物）合用泵房加压或独立（每幢建筑物设水泵房）的临时高压给水系统，保证数幢建筑的室内消火栓（室内其他消防设备)或一幢建筑物的室内消火栓(室内其他消防设备)的水压要求。

区域高压或临时高压的消防给水系统可以采用室外或室内均为高压或临时高压的消防给水系统,也可以采用室内为高压或临时高压而室外为低压消防给水系统。

室内采用高压或临时高压消防给水系统时,一般情况下室外采用低压消防给水系统,气压给水装置只能形成临时高压。

高层建筑必须设置独立的消防给水系统,按消防给水压力的不同,分为高压消防给水系统和临时高压消防给水系统;按消防给水系统供水范围的大小,分为区域集中高压(或临时高压)消防给水系统和独立高压(或临时高压)消防给水系统;按消防给水系统灭火方式的不同,分为消火栓给水系统和自动喷水灭火系统。

3.2.2 消火栓给水系统的组成

建筑内部消火栓给水系统一般由消火栓设备、消防卷盘、消防管道、消防水池、高位水箱、水泵接合器及增压设施等组成。图3-1所示为设有水泵—水箱的消防供水方式。

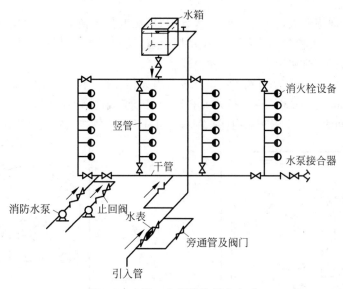

图3-1 水泵—水箱消防供水方式

1. 消火栓设备

消火栓设备由水枪、水带和消火栓组成(图3-2)。

水枪一般为直流式,收缩水流,产生灭火效率高的密实水柱。水枪喷嘴口径主要有13mm、16mm、19mm三种。

水带口径有50mm、65mm两种。口径为13mm的水枪配置50mm口径的水带,16mm口径的水枪可配置50mm或65mm口径的水带,19mm口径的水枪配置65mm口径的水带。水带长度一般为15m、20m、25m三种,水带材质有麻织和化纤两种,化纤水带分衬胶与不衬胶,衬胶水带阻力较小。水带的长度应根据建筑物长度计算选定。

消火栓均为内扣式接口的球形阀式水龙头,有单出口和双出口之分。双出口消火栓的口径为65mm(图3-3),单出口消火栓的口径有50mm和65mm两种。当每支水枪最小流量小于3L/s时选用口径为50mm的消火栓和水带,口径为13~16mm的水枪;当每支水

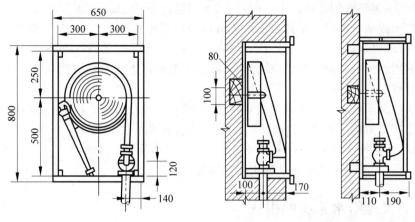

图 3-2 消火栓箱

枪最小流量大于 3L/s 时选用口径为 65mm 的消火栓和水带,口径为 19mm 的水枪。

2. 消防卷盘

未经过消防训练的人员难以操纵消火栓,从而影响扑灭初期火灾效果,同时造成的水渍损失较大。因此,消火栓给水系统可加设消防卷盘(又称消防水喉),供没有经过消防训练的人员在扑灭初期火灾时使用。

消防卷盘由 25mm 或 32mm 的小口径室内消火栓、内径不小于 19mm 的输水胶管,喷嘴口径为 6mm、8mm 或 9mm 的小口径开关和转盘配套组成,胶管长度为 20~40m,整套消防卷盘与普通消火栓可设在一个消防箱内(图 3-4),也可从消防立管接出独立设置在专用消防箱内。

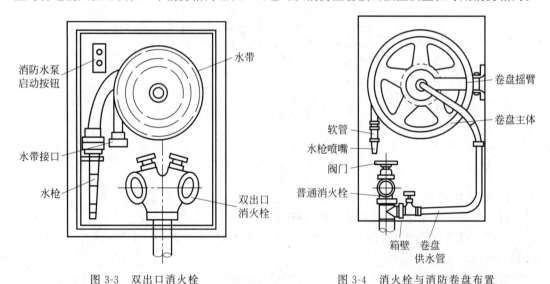

图 3-3 双出口消火栓　　　　图 3-4 消火栓与消防卷盘布置

低层建筑中消防卷盘一般设在有空调系统的高级旅馆、办公楼、超过 1 500 个座位的剧院、会堂、闷顶内安装有面灯部位的马道处;高层建筑中消防卷盘一般设在有服务人员的高级旅馆、一类建筑的商业楼、展览楼、综合楼等和建筑高度超过 100m 的其他超高层建筑。

3. 水泵接合器

水泵接合器是连接消防车向室内消防给水系统加压的装置,一端由消防给水管网水平干管引出,另一端设于消防车易于接近的地方。水泵接合器有地上式、地下式和墙壁式三种(图 3-5)。水泵接合器型号及基本参数见表 3-3。

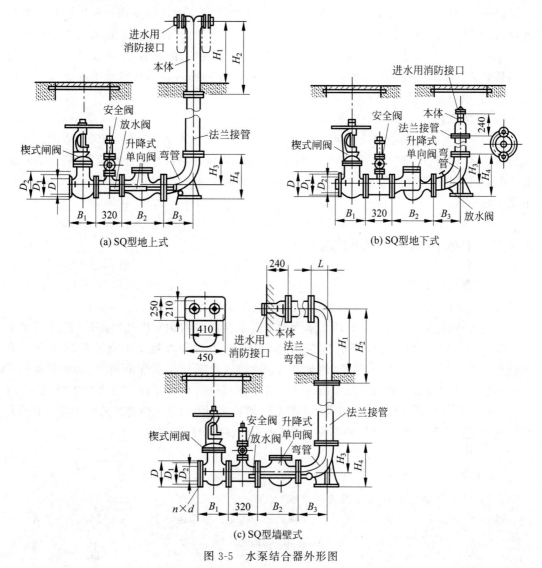

图 3-5 水泵结合器外形图

表 3-3 水泵结合器型号及基本参数

型号规格	形式	公称直径 DN/mm	公称压力 PN/MPa	进水口 形式	进水口 直径/mm
SQ100	地上	100	1.6	内扣式	65×65
SQX100	地下	100	1.6	内扣式	65×65
SQB100	墙壁	100	1.6	内扣式	65×65
SQ150	地上	150	1.6	内扣式	80×80
SQX150	地下	150	1.6	内扣式	80×80
SQB150	墙壁	150	1.6	内扣式	80×80

4. 消防水池

消防水池的主要作用是供消防车和消防泵取水。

消防水池用于无室外消防水源情况下,储存火灾持续时间内的室内消防用水量。消防水池可设于室外地下或地面上,也可设在室内地下室,或室内游泳池、水景水池兼用消防水池。消防水池应设有水位控制阀的进水管和溢水管、通气管、泄水管、出水管及水位指示器等附属装置。根据各种用水系统的供水水质要求是否一致,可将消防水池与生活或生产贮水池合用,也可单独设置。

5. 消防水箱

消防水箱对扑救初期火灾起重要作用,为确保其自动供水的可靠性,应采用重力自流供水方式;消防水箱应与生活(或生产)高位水箱合用,以保持箱内贮水经常流动,防止水质变坏;水箱的安装高度应满足室内最不利点消火栓所需的水压要求,且应储存有室内 10min 的消防用水量。

3.2.3 消火栓给水系统的设置

1. 消火栓的设置

设有消防给水的建筑物,其各层(无可燃物的设备层除外)均应设置消火栓。

室内消火栓的布置应保证有两支水枪的充实水柱同时到达室内任何部位(建筑高度小于或等于24m,且体积小于或等于 5 000m³ 的多层仓库、建筑高度小于或等于54m且每单元设置一部疏散楼梯的住宅,以及《消防给水》及《消火栓系统技术规范》表 3.5.2 中规定可采用消防水枪的场所可采用一支水枪到达室内任何部位),均用单出口消火栓布置,这是因为消火栓是室内主要的灭火设备,在任何情况下,均可使用室内消火栓进行灭火。当一个消火栓受到火灾威胁而不能使用时,相邻的一个消火栓仍能保护任何部位。

> **注意**
>
> (1) 消防电梯前室应设置室内消火栓。
>
> (2) 室内消火栓应设在明显易于取用的地点。栓口离地面高度为1.1m,其出水方向应向下或与设置消火栓的墙面成90°方向布置。
>
> (3) 冷库的室内消火栓应设在常温穿堂内或楼梯间内。
>
> (4) 设有室内消火栓的建筑应设置带有压力的试验消火栓,多层和高层建筑应在其屋顶设置,冬季严寒结冰地区可设置在顶层出口处或水箱间内等便于操作和防冻的位置。单层建筑应设置在最不利处,且应靠近出口。

2. 水枪充实水柱长度

消火栓设备的水枪射流灭火,需要有一定强度的密实水流才能有效地扑灭火灾(图 3-6)。在 26～38mm 直径圆断面内、包含全部水量 75%～90% 的密实水柱长度称为充实水柱长度,以 H_m 表示。

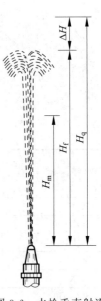

图 3-6 水枪垂直射流

水枪充实水柱长度计算公式为

$$H_\mathrm{m} = \frac{H_{层高}}{\sin\alpha} \tag{3-1}$$

式中：H_m——水枪充实水柱长度，m；
　　　α——水枪的上倾角，一般为45°。

根据实验数据统计，当水枪充实水柱长度小于 7m 时，火场的辐射热使消防人员无法接近着火点、达到有效灭火的目的；当水枪的充实水柱长度大于 15m 时，因射流的反作用力而使消防人员无法把握水枪灭火。各类建筑要求水枪充实水柱的最小长度应符合下列规定：高层建筑、厂房、库房和室内净空高度超过 8m 的民用建筑等场所，消防水枪充实水柱应按 13m 计算；其他场所，消防水枪充实水柱应按 10m 计算。

3. 消火栓的保护半径

消火栓的保护半径是指某种规格的消火栓、水枪和一定长度的水带配套后，在消防人员使用该设备时有一定安全保障的条件下，以消火栓为圆心，消火栓能充分发挥其作用的半径。

消火栓的保护半径按式(3-2)计算，即

$$R_0 = k_3 L_\mathrm{d} + L_\mathrm{s} \tag{3-2}$$

式中：R_0——消火栓保护半径，m；
　　　k_3——消防水带弯曲折减系数，应根据消防水带转弯数量取 0.8～0.9；
　　　L_d——消防水带长度，m；
　　　L_s——水枪充实水柱在平面上的投影长度。按倾角为 45°计算，取 $0.71 S_k$；S_k 为水枪充实水柱长度，m。

4. 消火栓的间距

室内消火栓的间距由计算确定，高层工业建筑，高架库房，甲、乙类厂房，室内消火栓的间距不应超过 30m；建筑高度小于或等于 24.0m 且体积小于或等于 5 000m³ 的多层仓库建筑高度小于或等于 54m 且每单元设置一部疏散楼梯的住宅超过 50m。

(1) 当室内宽度较小，只有一排消火栓，并且要求有一股水柱达到室内任何部位时，如图 3-7(a)所示，消火栓的间距按下式计算，即

$$S_1 = 2(R^2 - b^2)^{1/2} \tag{3-3}$$

式中：S_1——一股水柱时消火栓间距，m；
　　　R——消火栓的保护半径，m；
　　　b——消火栓的最大保护宽度，外廊式建筑为建筑物宽度，内廊式建筑为走道两侧中较大一边的宽度，m。

(2) 消火栓的距离按人的行走距离计算。

(3) 在满足 2 股水柱同时到达任意一点的情况下，消火栓 2 和 3 的距离可大于 30m，图参考《消防给水及消火栓系统技术规范》图示。

5. 消防给水管道的设置

(1) 向室外、室内环状消防给水管网供水的输水干管不应少于两条，当其中一条发生故障时，其余的输水干管应仍能满足消防给水设计流量。

(2) 室外消防给水管网应符合下列规定：室外消防给水采用两路消防供水时应采用环状管网，但当采用一路消防供水时可采用枝状管网；管道的直径应根据流量、流速和压

力要求经计算确定,但不应小于DN100mm;消防给水管道应采用阀门分成若干独立段,每段消火栓的数量不应超过5个;管道设计的其他要求应符合现行国家标准的有关规定。

(3)室内消防给水管网应符合下列规定:室内消火栓系统管网应布置成环状,当室外消火栓设计流量不大于20L/s,且室内消火栓不超过10个时,除规范中第8.1.2条外,可布置成枝状;当由室外生产和生活消防合用系统直接供水时,合用系统除应满足室外消防给水设计流量以及生产和生活最大小时设计流量的要求外,还应满足室内消防给水系统的设计流量和压力,室内消防管道管径应根据系统设计流量、流速和压力要求经计算确定;室内消火栓立管管径经计算确定,但不应小于DN100mm。

(4)室内消火栓环状给水管道检修时应符合下列规定:室内消火栓竖管应保证检修管道时关停不超过1根,当竖管超过4根时,可关闭不相邻的2根;每根竖管与供水横干管相接处应设置阀门。

(5)室内消火栓给水管网宜与自动喷水灭火系统等其他水灭火系统的管网分开设置;当合用消防泵时,供水管路沿水流方向应在报警阀前分开设置。

(6)消防给水管道的设计流速不宜大于2.5m/s,自动喷水灭火系统管道设计流速应符合现行国家标准《自动喷水灭火系统设计规范》(GB 50084—2017)、《泡沫灭火系统设计规范》(GB 50151—2010)、《水喷雾灭火系统设计规范》(GB 50219—2014)和《固定消防灭火系统设计规范》(GB 50338—2003)的设计规定,但任何消防管道的给水流速不应大于7m/s。

3.3 自动喷水灭火系统

自动喷水灭火系统根据组成构件、工作原理及用途分为闭式自动喷水灭火系统和开式自动喷水灭火系统。闭式自动喷水灭火系统是指在自动喷水灭火系统中采用闭式喷头,平时系统为封闭系统,火灾发生时喷头自动打开喷水灭火的系统。开式自动喷水灭火系统是指在自动喷水灭火系统中采用开式喷头,平时为敞开状态,报警阀处于关闭状态,管网中无水,发生火灾时报警阀开启,管网充水,喷头喷水灭火。

闭式自动喷水灭火系统又分为湿式自动喷水灭火系统、干式自动喷水灭火系统、预作用喷水灭火系统。开式自动喷水灭火系统主要分为雨淋喷水灭火系统、水幕系统和水喷雾灭火系统。

3.3.1 湿式自动喷水灭火系统

湿式自动喷水灭火系统主要由闭式喷头、管路系统、报警装置、湿式报警阀、供水管路、增压和贮水设备组成。由于在喷水管网中经常充满有压力的水,故称为湿式喷水灭火系统,设置形式如图3-7所示。湿式自动喷水灭火系统适用于安装在常年室温为4~70℃且能用水灭火的建筑物、构筑物内。湿式自动喷水灭火系统应用范围较广,与其他类型的自动喷水灭火系统比较,灭火迅速、构造较简单、经济可靠、维护检查方便。但由于管网中充满有压水,如安装不当,会产生渗漏,损坏建筑物装饰和影响建筑物使用。

火灾发生时,高温火焰或高温气流使闭式喷头的热敏感元件动作,闭式喷头自动打开喷水灭火。管网中处于静止状态的水发生流动,水流经水流指示器,指示器被感应发出电信号,在报警控制器上显示某一区域已在喷水;喷头不断喷水使湿式报警阀的上部水压低于下部水压,当压力差达到某一定值时,压力水将原处于关闭状态的报警阀片冲开,使水流流向干管、配水管、喷头;同时压力水通过细管进入报警信号通道,推动水力警铃发出火警信号报警。另外,根据水流指示器和压力开关的报警信号或消防水箱的水位信号,控制器能自动启动消防水泵向管加压供水,达到持续喷水灭火的目的。

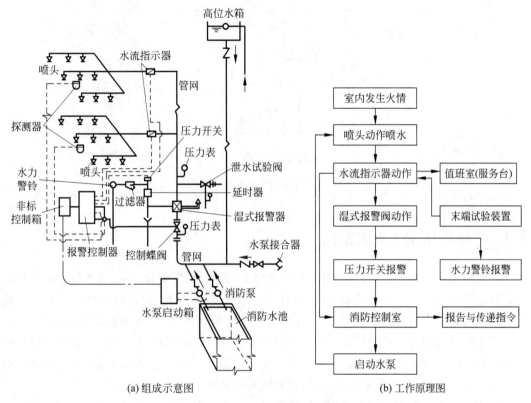

图 3-7 湿式自动喷水灭火系统

3.3.2 干式自动喷水灭火系统

干式自动喷水灭火系统由闭式喷头、管道系统、干式报警阀、干式报警控制装置、充气设备、排气设备和供水设施等组成(图3-8)。

该系统与湿式自动喷水灭火系统类似,只是控制信号阀的结构和作用原理不同,配水管网与供水管网之间用干式控制信号阀隔开,而在配水管网中平时充满有压气体。火灾时,喷头首先喷出气体,致使管网中压力降低,供水管道中的压力水打开控制信号阀而进入配水管网,接着从喷头喷水灭火。

报警阀后的管道无水,不怕冻、不怕环境温度高,也可用在对水渍不会造成严重损失场所。干式与湿式自动喷水灭火系统相比，多增设一套充气设备，一次性投资高、平时管理较复杂、灭火速度较慢，适用于温度低于4℃或温度高于70℃的场所。

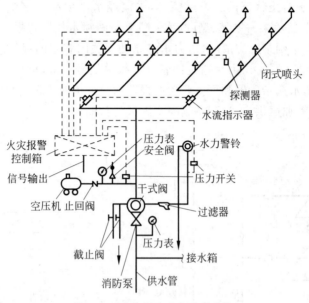

图 3-8 干式自动喷水灭火系统

3.3.3 预作用喷水灭火系统

预作用喷水灭火系统由预作用阀门、闭式喷头、管网、报警装置、供水设施以及探测和控制系统组成，在雨淋阀（属干式报警阀）之后的管道系统，平时充以有压或无压气体（空气或氮气），当火灾发生时，与喷头一起安装在现场的火灾探测器，首先探测出火灾的存在，发出声响报警信号，控制器在将报警信号作声光显示的同时，开启雨淋阀，使消防水进入管网，并在很短的时间内完成充水（不大于3min），即原干式系统迅速转变为湿式系统，完成预作用程序，该过程靠温感尚未形成动作，稍后闭式喷头才会喷水灭火。

预作用喷水灭火系统综合运用了火灾自动探测控制技术和自动喷水灭火技术，兼容了湿式和干式系统的特点。系统平时为干式，火灾发生时立刻变成湿式，同时进行火灾初期报警。系统由干式转为湿式的过程有灭火预备功能，故称为预作用喷水灭火系统。这种系统有独到的功能和特点，因此有取代干式灭火系统的趋势。

预作用喷水灭火系统适用于冬季结冰和不能采暖的建筑物内，以及不允许有误喷而造成水渍损失的建筑物（如高级旅馆、医院、重要办公楼、大型商场等）和构筑物。

3.3.4 雨淋喷水灭火系统

雨淋喷水灭火系统由开式喷头、管道系统、雨淋阀、火灾探测器、报警控制装置、控制组件和供水设备等组成。

平时雨淋阀后的管网充满水或压缩空气，压力与进水管中水压相同，此时雨淋阀由于传动系统中的水压作用紧紧关闭。当建筑物发生火灾时,火灾探测器感受到火灾因素,便立即向控制器送出火灾信号,控制器将此信号作声光显示并相应输出控制信号,由自动控制装置打开集中控制阀门,自动地释放掉传动管网中有压力的水,使传动系统中的水压骤然降低,整个保护区域所有喷头开始喷水灭火,出水量大,灭火及时,适用于火灾蔓延快、危险性大的建筑或部位。

3.3.5 水幕系统

水幕系统由水幕喷头、控制阀(雨淋阀或干式报警阀等)、探测系统、报警系统和管道等组成(图3-9)。

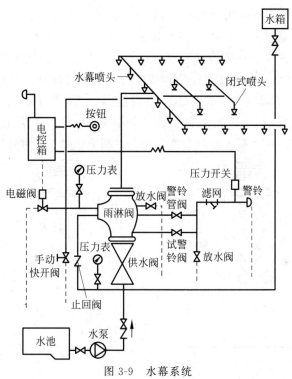

图3-9 水幕系统

水幕系统中用开式水幕喷头,将水喷洒成水帘幕状,不能直接用来扑灭火灾,而是与防火卷帘等配合使用。对它们进行冷却和提高它们的耐火性能,阻止火势扩大和蔓延。水幕系统也可单独使用,用来保护建筑物的门窗、洞口,或在大空间造成防火水帘起防火分隔的作用。

3.3.6 水喷雾灭火系统

水喷雾灭火系统由水源、供水设备、管道、雨淋阀组、过滤器和水雾喷头等组成(图3-10)。

当水以细小的雾状水滴喷射到正在燃烧的物质表面时,产生表面冷却、窒息、乳化和稀释的综合效应,实现灭火。

水喷雾灭火系统适用范围广,不仅可以提高扑灭固体火灾的灭火效率,同时由于水雾具有不会造成液体飞溅、电气绝缘性好的特点,在扑灭可燃液体火灾、电气火灾中均得到广泛的应用。

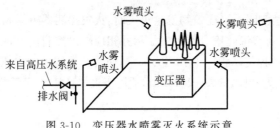

图 3-10　变压器水喷雾灭火系统示意

1. 自动喷水灭火系统的组件

1）喷头

闭式喷头是一种直接喷水灭火的组件,是带热敏感元件及其密封组件的自动喷头。该热敏感元件可在预定温度范围下动作,使热敏感元件及其密封组件脱离喷头主体,并按规定的形状和水量在规定的保护面积内喷水灭火。它的性能好坏直接关系着系统的启动和灭火、控火效果。此种喷头按热敏感元件的类型可划分为玻璃球喷头和易熔合金喷头两种类型;按安装形式和布水形状又分为直立型、下垂型、边墙型、吊顶型和干式下垂型等(图 3-11)。常用闭式喷头的适用场所、安装朝向和喷水量分布见表 3-4。另外,还有自动启闭洒水喷头、快速反应洒水喷头、扩大覆盖面洒水喷头和大水滴洒水喷头四种特殊喷头。

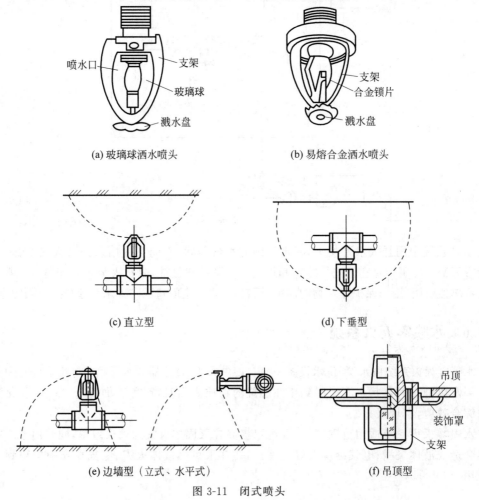

图 3-11　闭式喷头

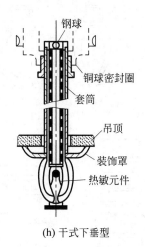

(g) 普通型　　　　　　　　(h) 干式下垂型

图 3-11（续）

表 3-4　常用闭式喷头的适用场所、安装朝向和喷水量分布

喷头类别	适用场所	溅水盘朝向	喷水量分配
玻璃球洒水喷头	宾馆等美观要求高的或具有腐蚀性场所；环境温度高于-10℃		
易熔合金洒水喷头	外观要求不高或腐蚀性不大的工厂、仓库或民用建筑		
直立型洒水喷头	在管路下经常有移动物体的场所或尘埃较多的场所	向上安装	向下喷水量占60%~80%
下垂型洒水喷头	管路要求隐蔽的各种保护场所	向下安装	全部水量洒向地面
边墙型洒水喷头	安装空间狭窄，走廊或通道状建筑，以及需靠墙壁安装	向上或水平安装	水量的85%喷向喷头前方，15%喷在后面
吊顶型喷头	装饰型喷头，可安装于旅馆、客房、餐厅、办公室等建筑	向下安装	
普通型洒水喷头	可直立或下垂安装，适用于有可燃吊顶的房间	向上或向下均可	水量的40%~60%向地面喷洒，还将部分水量喷向顶棚
干式下垂型洒水喷头	专用于干式喷水灭火系统的下垂型喷头	向下安装	同下垂型

开式喷头根据用途分为开启式喷头、水幕喷头、喷雾喷头三种类型，其构造如图3-12所示。

选择喷头时应注意下列情况：严格按照环境温度选用喷头温级。不同的环境温度场所内设置喷头时，喷头公称动作温度比环境温度高30℃左右；蒸汽压力小于0.1MPa的散热器附近2m以内的空间，采用高温级喷头（121~149℃）；2~6m在空气热流趋向的一面采用中温级喷头（79~107℃）；没有保温的蒸汽管上方0.76m和两侧0.3m以内的空间，应用中温级喷头（79~107℃）；在有压蒸汽安全阀旁边2m以内，采用高温级喷头（121~149℃）；在既无绝热措施，又无通风的木板或瓦楞铁皮房顶的闷顶及受到日光曝晒的玻璃天窗下，应采用中温级喷头（79~107℃）。在装置喷头的场所，应注意防止腐蚀性气体的侵蚀，为此要进行防腐处理；同时保证喷头不得受外力的撞击，并经常清除喷头上的尘土。

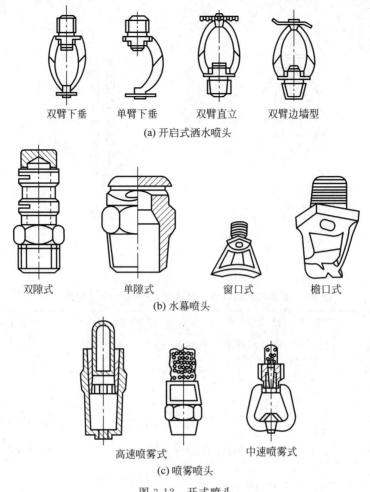

图 3-12 开式喷头

闭式喷头的公称动作温度和色标见表 3-5。

表 3-5 闭式喷头的公称动作温度和色标　　　　　　　单位：℃

玻璃球喷头		易熔元件喷头	
公称动作温度	工作液色标	公称动作温度	轭臂色标
57	橙色	57～77	本色
68	红色	80～107	白色
79	黄色	121～149	蓝色
93	绿色	163～191	红色
141	蓝色	204～246	绿色
182	紫红色	260～302	橙色
227	黑色	320～343	黑色
260	黑色		
343	黑色		

2) 水力警铃

水力警铃主要用于湿式自动喷水灭火系统，应安装在报警阀附近（其连接管不应大于 6m）。当报警阀打开消防水源后，具有一定压力的水流冲动叶轮打铃报警。水力警铃不得由电动报警装置取代,在设置水力警铃的同时可以考虑同时设置电铃。

3) 水流指示器

水流指示器用于湿式自动喷水灭火系统中,通常安装在各楼层配水干管或支管上,当喷头开启喷水时,水流指示器中桨片摆动接通电信号送至报警控制器报警,并指示火灾楼层。图 3-13 所示为水流指示器构造示意图。

4) 压力开关

压力开关垂直安装于延迟器和报警阀之间的管道上。在水力警铃报警的同时,依靠警铃管内水压的升高自动接通电触点,完成电动警铃报警,并向消防控制室传送电信号或启动消防水泵。

5) 延迟器

延迟器是一个罐式容器,安装于报警阀与水力警铃(或压力开关)之间,主要用于防止由于水源水压波动原因引起报警阀开启而导致的误报。报警阀开启后,水流需经 30s 左右充满延迟器后方可冲入水力警铃。

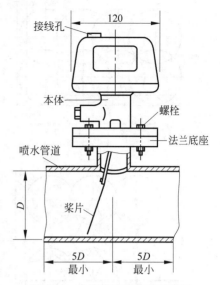

图 3-13 水流指示器构造示意图

6) 火灾探测器

火灾探测器是自动喷水灭火系统的重要组成部分。目前常用的有感烟探测器和感温探测器。感烟探测器是利用火灾发生地点的烟雾浓度进行探测,感温探测器是通过火灾引起的温升进行探测。火灾探测器布置在房间或走廊的天花板下面,其数量应根据探测器的保护面积和探测区的面积计算确定。

7) 末端试验装置

末端试验装置是指在自动喷水灭火系统中,在每个水流指示器的作用范围内供水最不利处,设置检验水压、检测水流指示器以及报警阀和自动喷水灭火系统的消防水泵联动装置及可靠性的检测装置。该装置由控制阀、压力表及排水管组成,排水管可单独设置,也可利用雨水管排水。

2. 自动喷水灭火系统布置

1) 喷头的布置

喷头的布置形式有正方形、长方形、菱形(图 3-14),具体采用何种形式应根据建筑平面和构造确定。

正方形布置时

$$X = B = 2R\cos 45° \tag{3-4}$$

长方形布置时

$$\sqrt{A^2 + B^2} \leqslant 2R \tag{3-5}$$

菱形布置时

$$A = 4R\cos 30°\sin 30° \tag{3-6}$$

$$B = 2R\cos 30°\sin 30° \tag{3-7}$$

式中:R——喷头的最大保护半径,m。

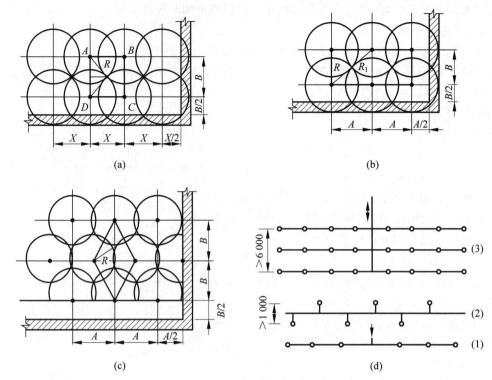

图 3-14 喷头布置形式

喷头的布置间距和位置原则上应满足房间的任何部位在发生火灾时均能有一定喷水强度的保护。对喷头布置成正方形、长方形、菱形情况下的喷头布置间距,可根据喷头喷水强度、喷头的流量系数和工作压力确定。要求喷头的布置间距不大于表 3-6 的规定,并且不小于 2.4m。

表 3-6 喷头的布置间距

喷水强度/ [L/(min·m²)]	正方形布置的 边长/m	矩形及平行四边形 布置的长边边长/m	每只喷头最大 保护面积/m²	喷头与端墙的 最大距离/m
4	4.4	4.5	20.0	2.2
6	3.6	4.0	12.5	1.8
8	3.4	3.6	11.5	1.7
12~20	3.0	3.6	9.0	1.5

注:1. 仅在走道上设置单排系统的闭式系统,其喷头间距应按走道地面不留漏喷空白点确定。
2. 货架内喷头的间距不应小于 2m,并不应大于 3m。

2)管网的布置

自动喷水灭火管网应根据建筑平面的具体情况布置成侧边式和中央式两种形式(图 3-15),相对于干管而言,支管上喷头应尽量对称布置。一般情况下轻危险级和中危险级及仓库危险级系统每根支管上设置的喷头不大于 8 个;严重危险级系统每根支管上设置的喷头不大于 6 个。控制配水支管管径不要过大,支管不要过长,从而减小喷头出水量不均衡和系统中压力过高。由于管道会因锈蚀等因素引起过流面缩小,因此要求配水支管最小管径大于或等于 25mm。

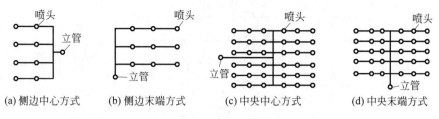

图 3-15 管网布置方式

报警阀后的管道，应采用内外镀锌钢管。当报警阀前采用未经防腐处理的钢管时，应增设过滤器。地上民用建筑中设置的轻、中Ⅰ危险级系统，可采用性能等效于内外镀锌钢管的其他金属管材。

管道敷设应有 0.003 的坡度，坡向报警排水管，以便系统泄空，并在管网末端设充水时的排气措施。

配水支管相邻喷头间应设支吊架，配水立管、配水干管与配水支管上应再附加防晃支架。

自动喷水灭火系统管网内工作压力应小于或等于 1.2MPa。

3) 报警阀的布置

报警阀应设在距地面 1.2m 处，且没有冰冻危险，易于排水，管理维修方便及明显的地点。每个报警阀组供水的最高与最低喷头，其高程差不应大于 50m。一个报警阀组控制的洒水喷头数应符合下列规定。

(1) 湿式系统、预作用系统不宜超过 800 只；干式系统不宜超过 500 只。

(2) 当配水支管同时设置保护吊顶下方和上方空间的洒水喷头时，应只将数量较多一侧的洒水喷头计入报警阀组控制的洒水喷头总数。

当配水支管同时安装保护吊顶下方和上方空间的喷头时，应只将数量较多一侧的喷头计入报警阀组控制的喷头总数。

4) 水力警铃的布置

水力警铃应设在有人值班的地点附近；与报警阀连接管道，其管径为 20mm，总长度不应大于 20m。

5) 末端试水装置

每个报警阀组控制的最不利点喷头处应设末端试水装置，末端试水装置应由试水阀、压力表以及试水接头组成。其他防火分区、楼层的最不利点喷头处均应设置直径为 25mm 的试水阀，以便必要时连接末端试水装置。

6) 水泵设置

系统应设独立的供水泵，并应按一用一备或二用一备比例设备用泵；水泵应采用自灌式吸水方式，每组供水泵的吸水管不应少于 2 根；报警阀入口前设置环状管道的系统(图 3-16)，每组供水泵的出水管不应少于 2 根；供水泵的吸水管应设控制阀；出水管应设控制阀、止回阀、压力表和直径不小于 65mm 的试水阀。必要时，应采取控制供水泵出口压力的措施。

7) 水箱的设置

采用临时高压给水系统的自动喷水灭火系统应设高位消防水箱，消防水箱的供水应满足系统最不利点处喷头的最低工作压力和喷水强度，不能满足时，系统应设增压稳压设施。

建筑高度不超过 24m，并按轻危险级或中危险级场所设置湿式系统、干式系统或预作用系统

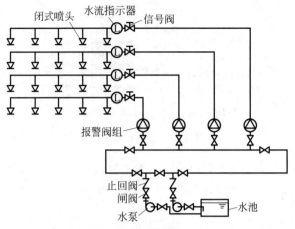

图 3-16 环状供水管网示意

时,如设置高位消防水箱确有困难,应采用 5L/s 流量的气压给水设备供给 10min 初期用水量。

消防水箱的出水管应符合下列规定:设止回阀,并应与报警阀入口前管道连接;出水管管径应经计算确定,且不应小于 100mm。

8) 水泵接合器的设置

系统应设水泵接合器,其数量应按系统的设计流量确定,每个水泵接合器的流量应按 10~15L/s 计算。

3.4 灭 火 器

为了有效地扑救工业与民用建筑初期火灾,减少火灾损失,保护人身和财产的安全,需要合理配置建筑灭火器。《建筑灭火器配置设计规范》(GB 50140—2005)适用于生产、使用或储存可燃物的新建、改建、扩建的工业与民用建筑工程中存在可燃的气体、液体、固体等物质需要配置灭火器的场所;不适用于生产或储存炸药、弹药、化工品、花炮的厂房或库房。

灭火器应设置在位置明显和便于取用的地点,且不得影响安全疏散。对有视线障碍的灭火器设置点,应设置指示其位置的发光标志。灭火器的摆放应稳固,其铭牌应朝外。手提式灭火器应设置在灭火器箱内或挂钩、托架上,其顶部离地面高度不应大于 1.50m;底部离地面高度不应小于 0.08m。灭火器箱不得上锁。灭火器不应设置在潮湿或强腐蚀性的地点。当必须设置时,应有相应的保护措施。灭火器设置在室外时,应有相应的保护措施。灭火器不得设置在超出其使用温度范围的地点。

3.5 其他固定灭火设施简介

因建筑使用功能不同,内部的可燃物性质各异,仅使用水作为消防手段不能达到扑救火灾的目的,甚至还会带来更大的损失。因此,应根据可燃物的物理、化学性质,采用不同的灭火方法和手段,才能达到预期的目的。本节简单介绍二氧化碳灭火、干粉灭火、泡沫灭火、七氟丙烷灭火等非水灭火系统的灭火原理、主要设备及工作原理。

1. 二氧化碳灭火系统

二氧化碳是一种惰性气体，无色、无味、无毒，密度比空气大 50%，来源广泛且价格低廉，长期存放不变质，灭火后能很快散佚，不留痕迹，在被保护物表面不留残余物，也没有毒害，是一种较好的灭火剂。二氧化碳是一种不导电的物质，其电绝缘性比空气还高，可用于扑救带电设备的火灾。

二氧化碳灭火系统可用于扑救各种液体火灾和那些受到水、泡沫、干粉灭火剂的玷污而容易损坏固体物质的火灾。二氧化碳灭火系统具有不污损保护物、灭火快、空间淹没效果好等优点，因此这种灭火系统日益被重视。

2. 干粉灭火系统

干粉灭火系统是以干粉作为灭火剂的灭火系统。

干粉灭火剂是一种干燥的、易于流动的细微粉末，平时储存于干粉灭火器或干粉灭火设备中，灭火时由加压气体（二氧化碳或氮气）将干粉从喷嘴射出，形成一股雾状粉流射向燃烧物，起到灭火作用。灭火历时短、效率高、绝缘好、灭火后损失小、不怕冻、不用水、可长期储存等。干粉灭火系统按安装方式分为固定式、半固定式，按其控制启动方法分为自动控制、手动控制，按其喷射干粉方式分为全淹没和局部应用系统。

3. 泡沫灭火系统

泡沫灭火系统是采用泡沫液作为灭火剂，主要扑救非水溶性可燃液体和一般固体火灾，如商品油库、煤矿、大型飞机库等。该灭火系统安全可靠、灭火效率高。

泡沫灭火剂是一种体积较小、表面被液体围成的气泡群，其比重远小于一般可燃、易燃液体。其可漂浮、黏附在可燃、易燃液体及固体表面，形成一个泡沫覆盖层，可使燃烧物表面与空气隔绝，窒息灭火，阻止燃烧区的热量作用于燃烧物质的表面，抑制可燃物本身和附近可燃物质的蒸发；泡沫受热产生水蒸气，可减少着火物质周围空间氧的浓度，泡沫中析出的水可对燃烧物产生冷却作用。

4. 七氟丙烷灭火系统

气体灭火剂中，卤代烷灭火剂灭火速度快，对保护物体不产生污染。但是卤代烷灭火剂的燃烧产物 Br 可在大气中存留 100 年，在高空中能与 O_3 反应，使得大气臭氧层中 O_3 量减少，严重影响臭氧层对太阳紫外线辐射的阻碍作用，卤代烷灭火剂于 2010 年在世界范围内禁止生产与使用。随着卤代烷灭火剂的逐步淘汰，各种洁净气体灭火剂相继涌现，其中七氟丙烷灭火剂是比较典型且应用比较广泛的一种。

七氟丙烷是以化学灭火方式为主的气体灭火剂，其商标名称为 FM200，化学名称为 HFC-227ea，化学式为 CF_3CHFCF_3，分子量为 170。

七氟丙烷灭火系统所使用的设备、管道及配置方式与哈龙 1301 几乎相同，具有良好的灭火效率，灭火速度快、效果好，灭火浓度（8%～10%）低，基本接近哈龙 1301 灭火系统的灭火浓度（5%～8%），对大气臭氧层无破坏作用。七氟丙烷不导电，灭火后无残留物，适用于扑救以下物质引起的火灾：固体物质的表面火灾，如纸张、木材、织物、塑料、橡胶等的火灾；液体火灾或可熔固体火灾，如煤油、汽油、柴油以及醇、醛、醚、酯、苯类火灾；灭火前应能切断气源的气体火灾，如甲烷、乙烷、煤气、天然气等的火灾；带电设备与电器线路火灾，如变配电设备、发动机、发电机、电缆等的火灾。

3.6 高层建筑消防给水

3.6.1 高层建筑消防特点及技术要求

1. 高层建筑的火灾特点

1) 起火因素多

高层建筑的功能比较复杂,使用人数多,人员流动频繁,建筑装饰要求高,室内易燃物品多,引起火灾火源多。

2) 火势猛、蔓延迅速

高层建筑楼高风大,建筑内竖向井道和通道多,如通风竖井、管道井、电缆井、垃圾道、电梯井、楼道井、烟道等,都是火灾蔓延的通道,再加上这些竖井的拔风作用,即"烟囱效应",一旦发生火灾,火势猛、蔓延迅速。

3) 火灾扑救困难

高层建筑发生火灾时热辐射强、烟雾浓、蔓延速度快、途径多,使得扑救火灾的难度加大。

4) 人员疏散困难

一般情况下,人在浓烟中 2~3min 即缺氧晕倒,浓烟雾中最大行走距离为 20~30m,而高层建筑的使用人数多,人员的组织疏散工作量大,而对于公共建筑或宾馆性质的建筑,因人员不熟悉环境,疏散更加困难。

5) 经济损失大

高层建筑一旦发生火灾,如不能及时扑救,往往会造成人员伤亡多、经济损失大的情况。

2. 高层建筑的消防特点

对于高层建筑而言,完善的室内消防设施是保证建筑正常使用的前提。高层建筑火灾扑救不同于一般的低层建筑,很难靠外部力量进行扑救,因此,高层建筑一旦发生火灾,立足于自救尤为重要。高层建筑的消防立足于自救有两层含义,一是在发生火灾时要满足消防所需的压力;二是要保证在消防期间有足够的消防水量。

目前我国普通的登高消防车工作高度为 24m,消防云梯为 30~48m,普通消防车通过水泵接合器向室内供水高度为 50m。一旦建筑物建筑高度大于 50m,超过 50m 以上部位发生火灾时,室外的救援就会比较困难,这时主要依靠室内消防系统来进行灭火,即自救。

3.6.2 高层建筑消防给水系统技术措施

为确保高层建筑消防安全,满足"自救"的要求,在消防给水系统的设置、供水方式、消防器材设备的选配和设计参数的确定等方面均比低层、多层建筑有更高的要求。

1. 消防给水系统的分类和选择

1) 按消防给水压力的不同,消防给水系统可分为高压和临时高压消防给水系统

高压消防给水系统中管网内经常保持灭火所需的水量、水压,不需启动升压设备,可直接使用灭火设备救火,如一些能满足建筑物室内外最大消防用水量及水压条件,发生火灾时

可直接向灭火设备供水的高位水池等给水系统。高压消防给水系统简单,供水安全,有条件时应优先采用。

临时高压消防给水系统是指最不利点周围平时水压和水量不能满足灭火要求,火灾时需启动消防水泵,使管网压力和流量达到灭火要求的系统。或由稳压泵或气压给水设备等增压设施保证管网内能有足够的压力,但发生火灾时仍需启动消防泵来满足消防要求的系统。临时高压消防给水系统需要有可靠的电源才能确保安全供水。

2)按消防给水系统供水范围的大小,消防给水系统分为区域集中消防给水系统和独立消防给水系统

区域集中消防给水系统是指数栋建筑物共用一套消防供水设施集中供水,这种给水系统管理方便,节省投资,适用于集中建设的高层建筑。

独立消防给水系统为每栋建筑物单独设置消防给水系统,该系统较区域集中消防给水系统更安全,但管理不便、投资高,适用于地震区域或区域分散设置的高层建筑。

3)按消防给水系统灭火方式的不同,消防给水系统分为消火栓给水系统和自动喷水灭火系统

消火栓给水系统是把室内或室外给水系统提供的水量,经过加压输送到用于扑灭建筑物内的火灾而设置的固定灭火设备。该系统简单、造价低,当前在我国100m以下的高层建筑以水为灭火剂消防系统中,消火栓给水系统应用广泛,各类高层建筑均需要设置。

自动喷水灭火系统是一种在发生火灾时,能自动打开喷头喷水灭火并同时能发出火警信号的消防灭火设施,是当今世界公认的最为有效、应用最广泛、用量最大的自动灭火设施,但它的造价高,目前在我国100m以下的高层建筑主要用于消防要求高、火灾危险性大的场所。100m以上的高层建筑火灾隐患多,火势蔓延快,人员疏散、火灾扑救困难的场所均应设置自动喷水灭火系统。

当高层建筑内需同时设置消火栓系统和自动喷水灭火系统时,应优先选用两种系统独立设置方式。若确实设置有困难,两个系统可合用消防水泵,但应在自动喷水灭火系统报警阀进水口前将两类系统管网分开设置。

2. 消防给水方式

消防给水系统有分区和不分区两种给水方式。不分区给水方式是为一栋建筑物采用同一消防给水系统供水。当系统工作压力大于2.40MPa,消火栓口处静水压力超过1.00MPa,自动喷水灭火系统报警阀处的工作压力大于1.60MPa或喷头处的工作压力大于1.20MPa时,消防给水系统应分区供水。

3.6.3 高层建筑消火栓给水系统

1. 消火栓系统给水方式

1)不分区给水方式

不分区给水方式是指整个建筑物采用同一个消防给水系统供水,这种给水方式用于最低消火栓处静水压力不超过1.00MPa的建筑。如图3-17所示为不分区消防给水系统。

2)分区给水方式

当高层建筑最低消火栓处静水压力超过1.00MPa时,应考虑分区给水方式。如不进行分

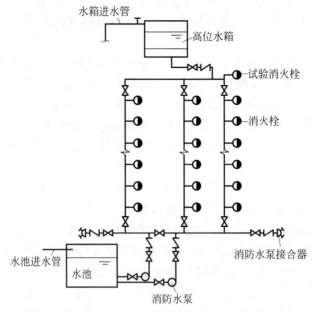

图 3-17　不分区消防给水系统

区,会造成建筑下部的管网压力过高,从而带来很多的危害。例如,当建筑物下部发生火灾时,水枪出水量过大,消防水箱中的贮水很快用完,不利于扑救初期火灾;管网压力过高,消防管道易漏水,消防设备、附件易损坏;管网水压过高,水枪出水水压过大,消防人员不易把握和操作。

分区给水方式有串联分区和并联分区。

(1) 串联分区:竖向各区有消防水泵直接串联由下向上供水,或经中间水箱转输再由消防水泵提升的串联方式。串联分区给水系统不需高扬程水泵和耐高压的管材及管件,可通过水泵接合器并经各转输水泵向高区送水,但是消防水泵分散在各区,占地面积大,管理不便,消防时下部水泵需要与上部水泵联动,安全可靠性要求严格。串联分区一般用于建筑高度超过100m、消防分区超过两个区的超高层建筑。串联分区分为消防水泵直接串联给水、消防水泵间接串联给水等(图3-18)。

(2) 并联分区:每个分区都设置独立的消防管网和各自专用的消防水泵进行供水。并联分区给水系统水泵集中,管理方便,占地少,各分区供水系统独立设置,供水安全可靠,水泵扬程较高,需用耐高压管材和管件。

对于高区超过消防车供水压力以上的消火栓,水泵接合器将失去作用。并联分区又分为水泵分区、减压阀分区、多级多出口水泵分区几种方式,如图3-19所示。

2. 消火栓系统的设置和要求

1) 室外消火栓

在建筑周围需设置室外消火栓,其数量应根据室外消火栓设计流量和保护半径经计算确定。室外消火栓在布置时,宜沿建筑周围均匀布置,且不宜集中布置在建筑一侧;建筑消防扑救面一侧的室外消火栓数量不宜少于2个。人防工程、地下工程等建筑应在出入口附近设置室外消火栓,且距出入口的距离不宜小于5m,并不宜大于40m。一般情况下,室外消火栓距路边不宜小于0.5m,并不应大于2.0m,距建筑外墙或外墙边缘不宜小于5.0m。火灾时最不利点消火栓供水压力从地面算起不应小于0.10MPa。

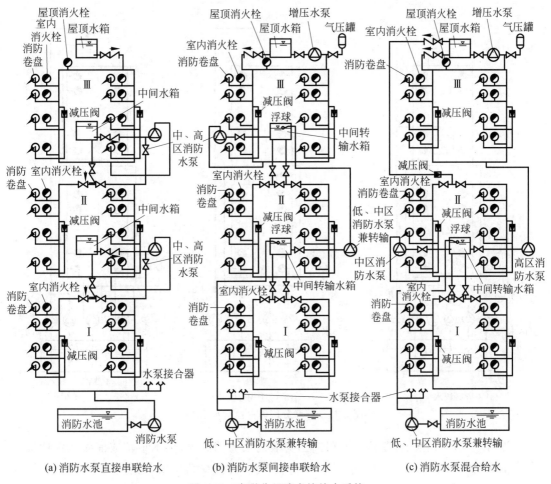

图 3-18 串联分区消火栓给水系统

2) 室内消火栓

设置室内消火栓的建筑包括设备层在内的各层均应设置消火栓。

室内消火栓应设置在楼梯间及其休息平台和前室、走道等明显易于取用,以及便于火灾扑救的位置。

室内消火栓的布置应满足同一平面有2支消防水枪的2股充实水柱同时达到任何部位的要求,但建筑高度小于或等于24.0m且体积小于或等于5 000m³的多层仓库、建筑高度小于或等于54m且每单元设置一部疏散楼梯的住宅,以及人防工程中的一些特殊情况,可采用1支消防水枪的1股充实水柱到达室内任何部位。

消火栓按2支消防水枪的2股充实水柱布置的建筑物,消火栓的布置间距不应大于30.0m;消火栓按1支消防水枪的1股充实水柱布置的建筑物,消火栓的布置间距不应大于50.0m。

消防电梯前室应设置室内消火栓,并应计入消火栓使用数量,屋顶设有直升机停机坪的建筑,应在停机坪出入口处或非电器设备机房处设置消火栓,且距停机坪机位边缘的距离不应小于5.0m。

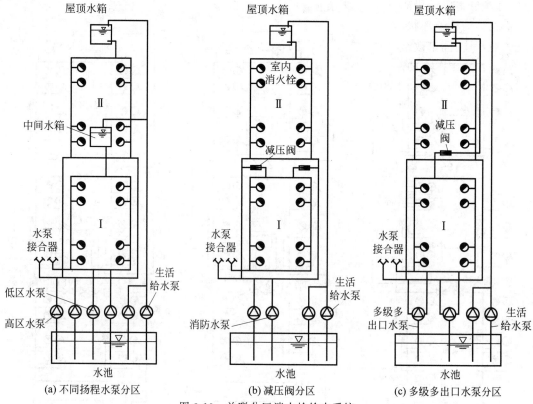

图 3-19 并联分区消火栓给水系统

设有室内消火栓的建筑应设置带有压力表的试验消火栓,供本单位或消防队定期检查室内消火栓的供水能力。多层和高层建筑试验消火栓应在其屋顶设置,冬季结冰地区可设置在顶层出口处或水箱间内等便于操作和防冻的位置。单层建筑室内消火栓宜设置在水力最不利处,且应靠近出入口。

室内消火栓应采用 DN65 室内消火栓,并可与消防软管卷盘或轻便水龙设置在同一箱体内;室内消火栓应配置公称直径为 65 有内衬里的消防水带,长度不宜超过 25.0m;消防软管卷盘应配置内径不小于 $\phi 19$ 的消防软管,其长度宜为 30.0m;轻便水龙应配置公称直径为 25 有内衬里的消防水带,长度宜为 30.0m。

室内消火栓内宜配置当量喷嘴直径为 16mm 或 19mm 的消防水枪,但当消火栓设计流量为 2.5L/s 时宜配置当量喷嘴直径为 11mm 或 13mm 的消防水枪;消防软管卷盘和轻便水龙应配置当量喷嘴直径为 6mm 的消防水枪。

高层建筑、厂房、库房和室内净空高度超过 8m 的民用建筑等场所,消火栓栓口动压不应小于 0.35MPa,且消防水枪充实水柱应按 13m 计算;其他场所,消火栓栓口动压不应小于 0.25MPa,且消防水枪充实水柱应按 10m 计算。

3)消防给水管道

(1)室外消防给水管道。

高层建筑的室外消防给水管道应布置成独立环状管网,或与市政给水管道共同构成环状管网。进水管不应少于两条,并应从两条市政给水管道引入,当其中一条进水管发生故障时，其余进水管应仍能保证全部用水量。

室外消火栓环状消防给水管网布置形式如图 3-20 所示。①室外给水管道与市政给水管成环，从不同市政给水管段引入；②室外给水管道在建筑物周围成环，从不同市政给水管段引入；③室外给水管道在建筑物周围成环，从同一方向、不同市政管段引入；④室外给水管道在建筑物周围成环，从同一方向、同一市政管段引入，只能做枝状给水管网计。

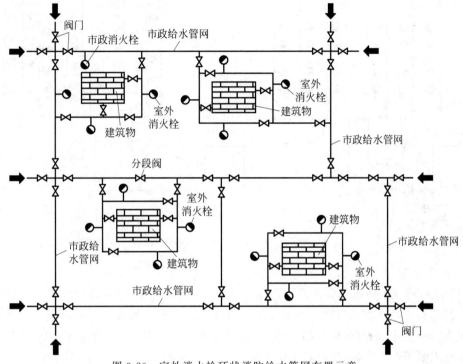

图 3-20　室外消火栓环状消防给水管网布置示意

（2）室内消防给水管道。

高层建筑的室内消防给水系统应与生活、生产给水系统分开独立设置。室内消防给水管道应布置成环（垂直或立体成环状），保证供水干管和每条竖管都能双向供水（图 3-21）。室内消防给水环状管网的进水管和区域高压或临时高压给水系统的引入管不应少于两根，当其中一根发生故障时，其余的进水管或引入管应能保证消防用水量和水压的要求。

消防竖管的布置应保证同层相邻两个消火栓的水枪的充实水柱能同时到达被保护范围内的任何部位。对于 18 层及以下的单元式住宅，以及 18 层及以下、每层不超过 8 个用户、建筑面积不超过 $650m^2$ 的普通塔式住宅，如设两条消防竖管有困难时，可设一根竖管，但必须采用双阀双出口型消火栓。消防竖管的直径应根据计算确定，当计算出来的直径小于 100mm 时，仍采用 100mm，并考虑消防车通过水泵接合器往室内管网送水的可能性。

室内消火栓给水系统应与自动喷水灭火系统分开设置，有困难时，可合用消防水泵，但应在自动喷水灭火系统报警阀进水口前将两类系统管网分开设置。室内消防给水管道应采用阀门分成若干独立段。阀门的布置应保证检修管道时关闭停用的竖管不超过 1 根。当竖管超过 4 根时，可关闭不相邻的 2 根，如图 3-21 所示。

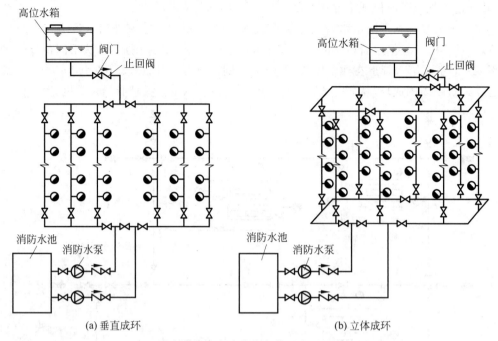

图 3-21 室内消防给水管网成环示意

4）消防水箱

（1）高层建筑消防水箱分为高位消防水箱、分区中间水箱、中间转输水箱、分区减压水箱。常高压给水系统的高层建筑可不设屋顶高位消防水箱。当采用临时高压给水系统（独立设置或区域集中）的高层建筑物，均应设置屋顶高位消防水箱。高层和超高层建筑中，在采用串联水泵消防给水时，应设置中间水箱或中间转输水箱。

（2）消防水箱设置要求。

消防水箱应用生活、生产给水管道充水，消防出水管道上应设止回阀，用以防止消防泵启动后水倒流回水箱。高位消防水箱最好采用两个（或两格），特别是重要建筑及建筑高度超过50m的建筑。在设置两个消防水箱时，应用连通管在水箱底部连接，并在连通管上设阀门，此阀门应处于常开状态。每个消防水箱分别设置出水管与消防管网连接。

消防水箱一般不能与其他用水的水箱合用。若与其他用水合用时，应防止水质变坏，并确保有消防水量不被动用的措施。

（3）消防水箱的容积。

① 屋顶高位消防水箱。高位消防水箱的贮水量按室内消防用水量的10min计，也可以按《消防给水及消火栓系统技术规范》（GB 50974—2014）中第5.2.1条要求设计。

一类高层公共建筑不应小于36m^3，但建筑高度大于100m时，不应小于50m^3，当建筑高度大于150m时，不应小于100m^3；多层公共建筑、二类高层公共建筑和一类高层住宅不应小于18m^3，当一类高层住宅建筑高度超过100m时，不应小于36m^3；二类高层住宅不应小于12m^3；总建筑面积大于10 000m^2且小于30 000m^2的商店建筑不应小于36m^3；总建筑面积大于30 000m^2的商店不应小于50m^3。

② 分区中间消防水箱。采用并联给水方式的分区中间消防水箱的容积应与屋顶消防水箱

相同。串联给水系统分区中间水箱的容积建议不小于0.5~1.0h的消防用水量,且不小于60m³。

③ 分区减压消防水箱。分区减压消防水箱应有两条进、出水管,且每条进、出水管应满足消防给水系统所需消防用水量的要求;减压消防水箱进水管的水位控制应可靠,应采用水位控制阀;减压消防水箱的有效容积不应小于18m³,且应分为两格。

④ 消防水箱的设置高度。消防水箱的设置高度应保证最不利点消火栓静水压力要求。《消防给水及消火栓系统技术规范》(GB 50974—2014)第5.2.2条有明确规定:一类高层公共建筑不应低于0.10MPa,但当建筑高度超过100m时,不应低于0.15MPa;高层住宅、二类高层公共建筑不应低于0.07MPa;工业建筑不应低于0.10MPa,当建筑体积小于20 000m³时,不宜低于0.07MPa;当高位消防水箱设置高度不能满足最不利点消火栓栓口静压要求时,应设稳压泵。

5) 消防水池

(1) 高层建筑在下列条件下应设消防水池:市政给水管道和进水管道或天然水源不能满足消防用水量要求时;市政给水管道为枝状或只有一条进水管(二类建筑的住宅除外)时;当生活、生产、消防用水达到最大时,室外管网的压力低于0.1MPa时;不允许消防泵从室外管网直接抽水时。

(2) 消防水池容积:高层建筑消防水池的容积应根据具体情况确定。当室外给水管网能保证室外消防用水量时,消防水池的有效容积应满足在火灾延续时间内室内消防用水量的要求;当室外给水管网不能保证室外消防用水量时,消防水池的有效容积应满足在火灾延续时间内室内消防用水量和室外消防用水量不足部分之和的要求。对于区域集中的消防给水系统,共用消防水池的容积应按消防用水量最大的一栋建筑计算。

对于商业楼、展览楼、综合楼、一类建筑的财贸金融楼、图书馆、书库、重要的档案楼、科研楼和高级旅馆的火灾延续时间应按3.0h计算,其他高层建筑可按2.0h计算。自动喷水灭火系统可按火灾延续时间1.0h计算。

(3) 消防水池设置要求:当消防水池容积超过500m³时,应设置成两个能独立使用的消防水池或分成两格,以便一个水池检修时,另一个水池仍能供应消防用水。每个消防水池的有效容积为总有效容积的0.5倍。

消防用水与其他用水共用的水池应采取确保消防用水量不作他用的技术措施。消防水池内的水一经动用,应尽快补充,要求消防水量使用后的补水时间不应超过48h。供消防车取水的消防水池应设取水口或取水井,水深应保证消防车的消防水泵吸水高度,不超过6m。取水口或取水井与被保护建筑的外墙距离不应小于5m,也不应大于100m。

消防水池除设专用水池外,在条件许可时,也可利用游泳池、喷泉池、水景池、循环冷却水池,但必须满足作消防水池用的全部功能要求。寒冷地区,冬季不能因防冻而泄空。

6) 消防增压设备

高层建筑的消防水箱设置高度不能保证建筑物最不利点消火栓的静水压力时,应在水箱附近设增压设施,可采用稳压泵或气压给水设备。

3.6.4 高层建筑自动喷水灭火给水系统

1. 自动喷水灭火系统设备要求

自动喷水灭火系统报警阀处的工作压力大于1.60MPa或喷头处的工作压力大于

1.20MPa 时,系统应进行竖向分区。竖向分区方式有并联分区和串联分区。并联分区可分为减压阀并联分区和消防泵并联分区供水方式,如图 3-22 所示;串联分区可分为消防水泵串联分区及转输水箱串联分区供水方式,如图 3-23 所示。

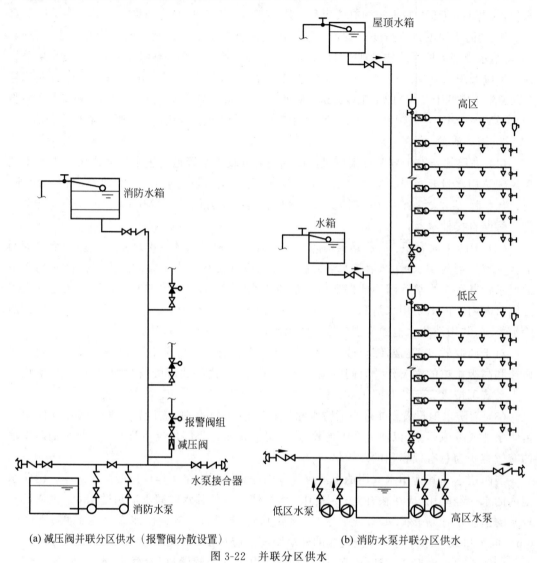

图 3-22 并联分区供水

2. 自动喷水灭火系统设置要求

1) 水源

高层建筑自动喷水灭火系统给水水源基本要求是确保系统所需水量和水压。水源可以来自市政供水,也可以采用天然水源。当采用天然水源时,应考虑水中的悬浮物、杂质不致堵塞喷头出口。被油污或含有其他易燃、可燃液体的天然水源不得用作给水水源。

2) 水泵及供水管网

自动喷水灭火系统应设独立的供水水泵,并设有备用泵。系统供水泵应采取自灌式吸水方式。水泵的出水管上应设控制阀、止回阀、压力表及直径不小于 65mm 的试水阀。

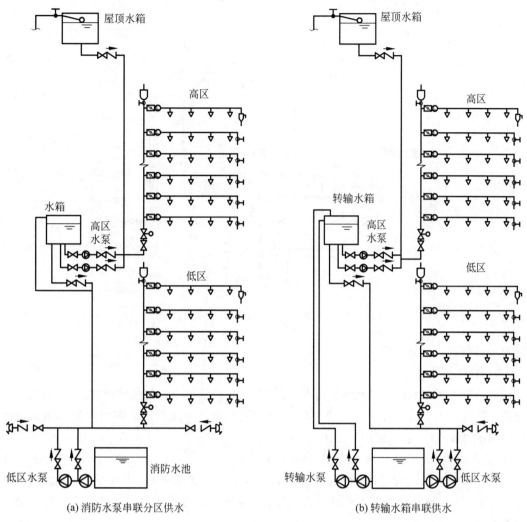

图 3-23 串联分区供水

当报警阀组为两个或两个以上时,水源侧管网应设环状供水管道,并在环网上设分隔阀,喷淋泵组的出水管应与环网的不同管段相接。环网上阀门的布置应保证在系统供水管道的任一段发生故障进行检修时,停用的报警阀组不应多于一个;水泵及高位水箱向环网供水的供水点不应少于两个,且应设在环网的不同管段上;环网上的控制阀必须有明显启闭标志,且能满足水流双向流动的需要。图 3-24 所示为多组报警阀的环状管网供水管道示意。

3)消防水箱

设置临时高压给水系统的自动喷水灭火系统应设高位水箱。

消防水箱的出水管应设止回阀,并应与报警阀入口前管道连接。中危险管径应满足消防给水设计流量的出水要求,且不应小于 DN100。

4)消防水池

消防水池的有效贮水容积根据自动喷水灭火系统设计流量,除特殊情况外,按火灾延续

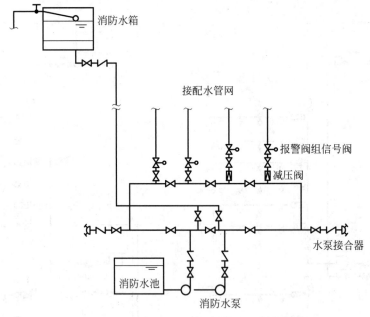

图 3-24 多组报警阀的环状管网供水管道示意

时间 1h 计算。

5) 消防水泵接合器

自动喷水灭火系统应设水泵接合器,其数量应按系统的设计流量确定,每个水泵接合器的流量宜按 10~15L/s 计算。当水泵接合器的供水能力不能满足最不利点处作用面积的流量和压力要求时,应采取增压措施。

6) 自动喷水灭火器系统的增压、稳压设施

当自动喷水灭火系统所设的高位水箱不能满足最不利点喷头水压要求时,系统应设置稳压设施,图 3-25 所示为在水箱间内设置增压、稳压设备的自动喷水灭火系统。有关增压设备的设计要求详见消火栓系统。

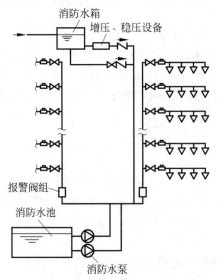

图 3-25 增压、稳压设备设在水箱间的自动喷水灭火系统

7) 自动喷水灭火系统的减压节流装置

高层建筑设置自动喷水灭火系统时,较低的楼层配水管应有减压节流措施。减压节流措施如下。

(1) 在报警阀组入口前设置减压阀,为了防止堵塞,在入口前应装设过滤器。垂直安装的减压阀水流方向应向下。

(2) 在管道上设置减压孔板要求应设在直径不小于 50mm 的水平直管段上,前后管段的长度均不应小于该管段直径的 5 倍;孔口直径不应小于设置管段直径的 30%,即不应小于 20mm,减压孔板应采用不锈钢板材制作。

(3) 设置节流管进行减压。要求节流管的直径按上游管段直径的 1/2 确定;节流管的长度不应小于 1m;节流管内水的平均流速不应大于 20m/s。

3. 自动喷水灭火系统水力计算

高层建筑自动喷水灭火系统的水力计算的主要内容有:确定喷头出水量、计算管段的流量;确定管段的管径;计算高位水箱设置高度;计算管网所需供水压力,选择消防水泵;确定管道减压节流措施等。自动喷水灭火系统水力计算方法有特性系数法和作用面积法。

3.6.5 高层建筑其他消防系统

因高层建筑使用功能不同,其内的可燃物性质各异,仅使用水作为消防手段是不能达到扑救火灾的目的的,甚至还会带来更大的损失。因此,应根据可燃物的物理、化学性质,采用不同的灭火方法和手段,才能达到预期的目的。目前,通用的其他固定灭火设施有二氧化碳灭火、干粉灭火、泡沫灭火、七氟丙烷灭火等非水基灭火剂灭火设施。

习 题

3.1 简述火灾发生的原因。

3.2 什么情况下需设室内消火栓?

3.3 在什么情况下需设消防水池和水箱?它们的容积应根据什么考虑?

3.4 简述水消防系统灭火的主要机理。

3.5 室外消火栓给水系统的作用是什么?其组成包括哪些部分?

3.6 室内消火栓给水系统由哪些部分组成?

3.7 哪些地方应设置自动喷水灭火系统?自动喷水灭火系统有几种不同的形式?它们各自适用的场所是什么?

3.8 常用的自动喷水灭火系统有哪些种类?

3.9 自动喷水灭火系统的主要组件有哪些?

3.10 简述水喷雾灭火系统、气体灭火系统及泡沫灭火系统的特点。

第4章 建筑排水系统

4.1 排水系统的分类、体制及组成

4.1.1 排水系统的分类

建筑排水系统的任务是将建筑内生活、生产过程中使用的水收集并排放到室外的污水管道系统中。

根据系统接纳的污、废水类型，可分为以下三大类。

1. 生活排水系统

生活排水系统用于排除居住、公共建筑及工厂生活间的盥洗、洗涤和冲洗便器等污废水，也可进一步分为生活污水排水系统和生活废水排水系统。

2. 工业废水排水系统

工业废水排水系统用于排除生产过程中产生的工业废水。由于工业生产种类繁多，所排水质极为复杂，根据工业废水污染程度又可分为生产污水排水系统和生产废水排水系统。

3. 雨水排水系统

雨水排水系统用于收集排除建筑屋面上的雨水、雪水。

4.1.2 排水体制的选择

1. 排水体制

建筑内部的排水体制可分为分流制和合流制两种，分别称为建筑内部分流排水和建筑内部合流排水系统。

建筑内部分流排水是指居住建筑和公共建筑中的粪便污水与生活废水、工业建筑中的生产污水和生产废水各自由单独的排水管道系统排除。

建筑内部合流排水是指建筑中两种或两种以上的污、废水合用一套排水管道系统排除。

建筑物应设置独立的屋面雨水排水系统，迅速、及时地将雨水排至室外雨水管渠或地面，在缺水或严重缺水地区应设置雨水贮水池。

2. 排水体制选择

建筑内部排水体制的确定，应根据污水性质、污染程度，结合建筑外部排水系统体制、综合利用以及中水系统的开发和污水的处理要求等因素考虑。

(1) 下列情况,应采用分流排水体制:
① 两种污水合流后会产生有毒、有害气体或其他有害物质时;
② 污染物质同类,但浓度差异较大时;
③ 医院污水中含有大量致病菌或含有放射性元素超过排放标准规定的浓度时;
④ 不经处理或稍经处理后可重复利用的水量较大时;
⑤ 建筑中水系统需要收集原水时;
⑥ 餐饮业和厨房洗涤水中含有大量油脂时;
⑦ 工业废水中含有贵重工业原料需回收利用时及夹有大量矿物质或有毒、有害物质需要单独处理时;
⑧ 锅炉、水加热器等加热设备排水水温超过 40℃时;
(2) 下列情况,应采用合流排水体制:
① 城市有污水处理厂,生活废水不需回用时;
② 生产污水与生活污水性质相似时。

4.1.3 排水系统的组成

排水系统要求能够迅速通畅地排除建筑内部的污、废水,保证排水管道系统内压力稳定,防止水封破坏,且工程造价低,管线简短顺直,布置合理。

建筑内部排水系统由卫生器具和生产设备受水器、排水管道、清通设备和通气管道组成(图 4-1)。部分排水系统中,根据需要还设有污、废水提升设备和局部处理构筑物。

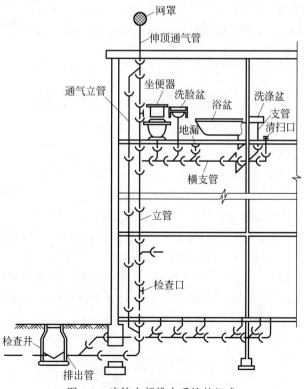

图 4-1 建筑内部排水系统的组成

1. 卫生器具和生产设备受水器

卫生器具或生产设备受水器是建筑内部给水的终端,也是排水系统的起点,除坐便器外,其他卫生器具均应在排水口处设置栏栅。

2. 排水管道

排水管道是将各个用水点产生的污、废水及时、迅速地排至室外。排水管道包括器具排水管(含存水弯)、横支管、立管、埋地干管和排出管。

(1) 器具排水管:连接卫生器具和排水横支管的短管,除坐便器等自带水封装置的卫生器具外,其余均应设水封装置。

(2) 横支管:将器具排水管送来的污水转输到立管中。

(3) 立管:用来收集各横支管排来的污水,然后再将污水送入排出管。

(4) 排出管:用来收集一根或几根立管排来的污水并将其排至室外排水管网中。

3. 清通设备

污废水管道中有少量固体杂物和厨房排出的油脂废水,污废水易在管内沉积、黏附,减小管道的通水能力甚至堵塞。为了疏通管道,保证管道的输水能力,需设置清通设备,如检查口、清扫口、检查井等。

4. 通气管道组成

建筑内排水管道内部可以近似看成水气两相流,为了平衡管道内压力,防止水封破坏,避免管内因压力波动而使有毒、有害气体进入室内,需设置通气管道与大气相通。

5. 污、废水提升设备

工业与民用建筑地下室、人防建筑、高层建筑地下设备层和地铁等处标高较低,污、废水不能自流排至室外检查井,需设污、废水提升设备。

6. 局部处理构筑物

建筑内部污水未经处理不允许直接排入市政排水管网或水体时,需设污水局部处理构筑物,如化粪池、降温池、隔油池及消毒池等。

4.2 排水管材和卫生设备

4.2.1 排水管材和管件

1. 塑料管

目前在建筑内使用的排水塑料管是硬聚氯乙烯管,简称 UPVC 管。UPVC 管质量轻、不结垢、不腐蚀、外壁光滑、容易切割、便于安装、可制成各种颜色、投资少和节能,目前正在全国推广使用。但塑料管强度低、耐温性差(适用于连续排放温度不大于 40℃,瞬时排放温度不大于 80℃ 的生活排水)、立管易产生噪声、暴露于阳光下管道易老化、防火性能差。目前市场供应的有实壁管、芯层发泡管、螺旋管等。排水塑料管规格见表 4-1。

表 4-1 建筑排水用硬聚氯乙烯塑料管规格

公称直径/mm	40	50	75	100	150
外径/mm	40	50	75	110	160

续表

壁厚/mm	2.0	2.0	2.3	3.2	4.0
参考质量/(kg/m)	0.341	0.431	0.751	1.535	2.803

塑料管通过各种管件连接,图 4-2 为常用的几种塑料排水管件。

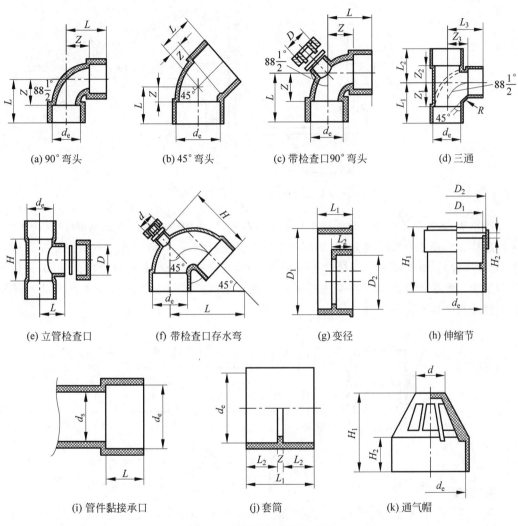

图 4-2 常用的塑料排水管件

2. 柔性抗震排水铸铁管

建筑排水系统中的铸铁管正在逐渐被排水硬聚氯乙烯塑料管取代,只有在某些特殊的地方使用。此处介绍在高层和超高层建筑中应用的柔性抗震排水铸铁管。

随着高层和超高层建筑迅速兴起,一般以石棉水泥或青铅为填料的刚性接头排水铸铁管,已不能适应高层建筑各种因素引起的变形。尤其是有抗震要求地区的建筑物,对重力排水管道的抗震要求,已成为最应值得重视的问题。

高耸构筑物和建筑高度超过 100m 的超高层建筑物内,排水立管应采用柔性接口。在地震设防 8 度的地区或排水立管高度在 50m 以上时,应在立管上每隔两层设置柔性接口。在地震设防 9 度的地区,立管、横管均应设置柔性接口。

近年国内生产的 GP-1 型柔性抗震排水铸铁管,是当前较为广泛使用的一种(图 4-3)管材。它采用橡胶圈密封,螺栓紧固,在内水压下,具有曲挠性、伸缩性、密封性及抗震等性能,施工方便,可作为高层及超高层建筑及地震区的室内排水管道,也可用于埋地排水管。

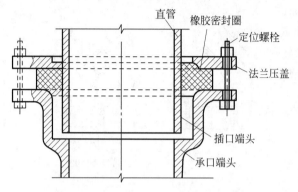

图 4-3　柔性抗震排水铸铁管件接口

近年来,国外对排水铸铁管的接头作了不少改进,如采用橡胶圈及不锈钢带连接(图 4-4)。这种连接方法便于安装和维修,必要时可根据需要更换管段,装卸简便。安装时立管距墙尺寸小、接头轻巧、外形美观。安装这种接头时,只需将橡胶圈套在两连接管段的端部,外用不锈钢带卡紧螺栓锁住即可。在美国这种接头的排水铸铁管已基本取代了承插式排水铸铁管。目前我国也在研制这种产品。

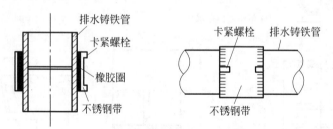

图 4-4　排水铸铁管接头

3. 钢管

钢管主要用作洗脸盆、小便器、浴盆等卫生器具与横支管间的连接短管,管径一般为 32mm、40mm、50mm。在工厂车间内震动较大的地点也可用钢管代替铸铁管。

4. 带釉陶土管

带釉陶土管耐酸碱腐蚀,主要用于腐蚀性工业废水的排放,也可用于室内生活污水埋地管。

4.2.2　排水附件

1. 存水弯

存水弯是建筑内排水管道的主要附件之一,有的卫生器具构造内已有存水弯(如坐便器),没有存水弯的排水管道在与工业废水受水器、生活污水管道或其他可能产生有害气体的排水管道连接时,必须在排水口以下设存水弯。存水弯的作用是在内部形成一定高度的水柱(一般为50~100mm),该部分存水高度称为水封高度。它能阻止排水管道内各种污染气体以及小虫进入室内。为了保证水封的正常功能,排水管道的设计必须考虑配备适当的通气管。

存水弯的水封除因水封深度不够等原因容易遭受破坏外,有的卫生器具由于使用间歇时间过长,尤其是地漏,长期没有补充水,水封水面不断蒸发而失去水封作用,造成臭气外逸,故要求管理人员有必要定时向地漏的存水弯部分注水,保持一定的水封高度。近年来,我国有些厂家生产的双通道和三通道地漏(图4-5)解决了补水和臭气外逸等问题。

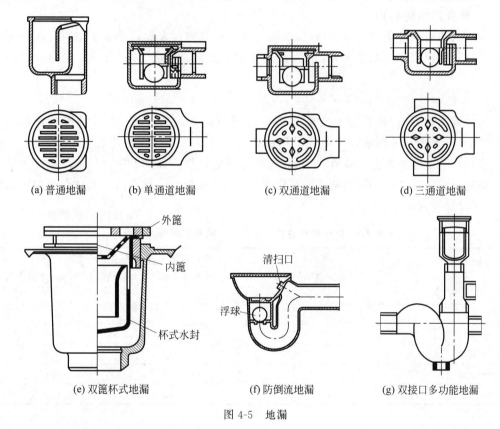

图 4-5 地漏

为了适用于多种卫生器具和排水管道的连接,存水弯一般有以下几种形式(图4-6)。

(1) S形存水弯,用于与排水横管垂直连接的场所。

(2) P形存水弯,用于与排水横管或排水立管水平直角连接的场所。

(3) 瓶式存水弯及带通气装置的存水弯,一般明设在洗脸盆或洗涤盆等卫生器具排出管上,形式较美观。

(4) 存水盒,与S形存水弯相同,安装较灵活,便于清掏。

存水弯也可两个卫生器具合用一个,或多个卫生器具共用一个。但是,医院建筑内门诊、病房、医疗部门等的卫生器具不得采用共用存水弯的方式,防止不同病区或医疗室的空气通过器具排水管的连接互相串通,导致病菌传染。

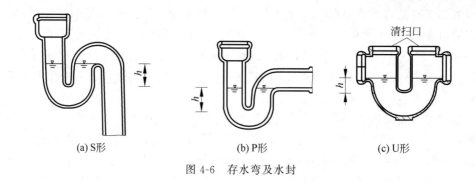

图 4-6 存水弯及水封

2. 检查口和清扫口

为了保持室内排水管道排水畅通,必须加强维护管理。在设计排水管道时应做到每根排水立管和横管堵塞时都便于清掏,因此在排水管规定的必要场所均需配置检查口和清扫口。

1) 检查口

生活排水管道上,铸铁排水立管检查口之间距离不应大于 10m,塑料排水立管应每 6 层设置一个检查口;在建筑物最低层和设有卫生器具的二层以上建筑物的最高层,应设置检查口;当立管水平拐弯或有乙字弯时,在该层立管拐弯处和乙字弯的上部应设置检查口。检查口的设置高度一般为从地面至检查口中心 1m 处。当排水横管管段超过规定长度时,也应设置检查口(表 4-2)。

表 4-2 污水横管直线段清扫口或检查口的最大距离

管径/mm	生产废水/m	生活污水或与生活污水成分接近的生产污水/m	含有大量悬浮物和沉淀物的生产污水/m	清扫设备的种类
50~75	15	12	10	检查口
50~75	10	8	6	清扫口
100~150	20	15	12	检查口
100~150	15	10	8	清扫口
200	25	20	15	检查口

2) 清扫口

清扫口一般设置在横管上,横管连接的卫生器具较多时,横管起点应设置清扫口(有时用可清掏的地漏代替)。在连接 2 个及 2 个以上的大便器或 3 个及 3 个以上的卫生器具的铸铁排水横管上,宜设置清扫口。在连接 4 个及 4 个以上的大便器塑料排水横管上宜设置清扫口。在水流偏转角大于 45°的排水横管上,应设检查口或清扫口。从污水立管或排出管的清扫口至室外检查井中心的最大长度,大于表 4-3 最大长度时应设置清扫口。

表 4-3 排水立管或排出管的清扫口至室外检查井中心的最大长度

管径/mm	50	75	100	>100
最大长度/m	10	12	15	20

室内埋地横干管上应设检查井、检查口、清扫口(图 4-7)。

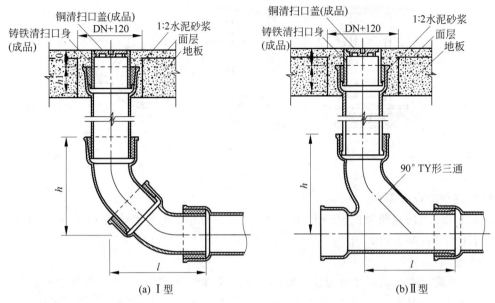

图 4-7 清通设备

3) 检查井

检查井的作用是便于养护人员对管道进行定期检查和清通并连接上、下游排水管道。检查井一般设置在管渠交汇处或管渠的尺寸、方向、坡度、高程改变处,直线管路上每隔一定距离也需设置检查井,检查井最大间距如表 4-4 所示。

表 4-4 检查井最大间距

管径或暗渠净高/mm	最大间距/m	
	污水管道	雨水管道
200~400	40	50
500~700	60	70
800~1 000	80	90
1 100~1 500	100	120
1 600~2 000	120	120

检查井由三部分组成:井基和井底、井身、井盖和井座(图 4-8)。

井基采用碎石、卵石、碎砖夯实或低标号混凝土。井底一般采用低标号混凝土,应设计成半圆形或弧形流槽,井流槽直壁向上伸展,使水流通过检查井时阻力较小,槽顶两肩坡度为 0.05,以免淤泥沉积,槽两侧边留有 200mm 空隙,以利于维修人员立足。在管渠转弯或几条管渠交汇处,流槽中心的弯曲半径应按转角大小和管径大小确定,但不得小于大管的管径,保证水流通顺。

井身材料可采用砖、石、混凝土、钢筋混凝土。我国目前多采用砖砌,以水泥砂浆抹面。井身的平面形状一般为圆形,但在大直径的管线上可做成方形、矩形等形状。为便于养护人

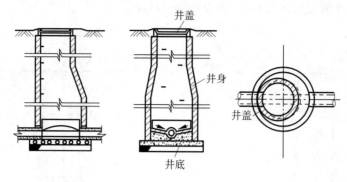

图 4-8 检查井

员进出，井壁应设置爬梯。

井口和井盖的直径为 0.65～0.7m，在车行道下的井盖应采用铸铁盖，在人行道或绿化带内可用钢筋混凝土盖。

3. 地漏

地漏通常装在地面需经常清洗或地面有水需要排泄处，如淋浴间、水泵房、盥洗间、卫生间等装有卫生器具处（图 4-9）。地漏的用处广泛，是排水管道上可供独立使用的附件，不但具有排泄污水的功能，装在排水管道端头或接点较多的管段，可代替地面清扫口起到清掏作用。为防止排水管道的臭气由地漏逸入室内，地漏内的水封形式和高度是决定地漏结构质量优劣的指标。

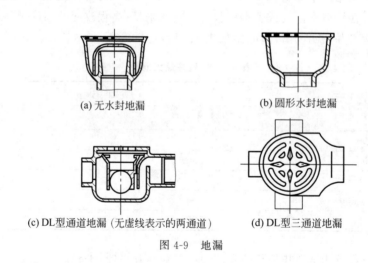

(a) 无水封地漏　　　　　(b) 圆形水封地漏

(c) DL型通道地漏（无虚线表示的两通道）　　(d) DL型三通道地漏

图 4-9 地漏

地漏的形式较多，一般有以下几种。

1) 普通地漏

水封较浅，一般为 25～30mm，易发生水封破坏或水面蒸发造成水封干燥等现象，目前这种地漏已被新结构的地漏所取代。

2) 高水封地漏

水封高度不小于 50mm，并设有防水翼环，地漏盖为盒状，可随不同地面做法所需要的安装高度进行调节。施工时将翼环放在结构板面，板面以上的厚度，可按建筑所要求的面层做法,调整地漏盖面标高。这种地漏还附有单侧通道和双侧通道,具体可按实际情况选用。

3) 多用地漏

多用地漏一般埋设在楼板的面层内,高度为110mm,有单通道、双通道、三通道等多种形式,水封高度为50mm,一般内装塑料球以防止回流。三通道地漏可供多用途使用,地漏盖除能排泄地面水外,还可连接洗脸盆或洗衣机的排出水,其侧向通道可连接浴盆的排水,为防止浴盆放水时洗浴废水可能从地漏盖面溢出,设有塑料球以封住通向地面的通道,其缺点是所连接的排水横支管均为暗设,一旦损坏维修不便。

4) 双箅杯式水封地漏

双箅杯式水封地漏的内部水封盒用塑料制作,形如杯子,水封高度为50mm,便于清洗,比较卫生,地漏盖的排水分布合理,排泄量大,排水快,采用双箅有利于阻截污物。地漏另附塑料密封盖,施工时可利用此密封盖防止水泥、沙石等物从盖的箅子孔进入排水管道,造成管道堵塞,排水不畅。

5) 防回流地漏

防回流地漏适用于地下室或深层地面排水,如用于电梯井排水及地下通道排水等。此种地漏内设防回流装置,可防止污水干浅、排水不畅、水位升高而发生的污水倒流。一般附有浮球的钟罩形地漏或附塑料球的单通道地漏,也可采用一般地漏附回流止回阀(图4-10和图4-11)。

安装地漏时,应放在易溅水的卫生器具附近的地面最低处,要求箅子顶面低于地面5~10mm。

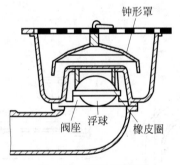

图4-10 防回流地漏

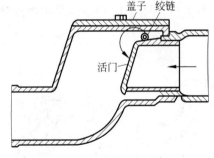

图4-11 防回流阻止阀

4. 其他附件

1) 隔油具

厨房或配餐间洗鱼、洗肉、洗碗等含油脂的污水,从洗涤池排入下水道前,必须先进行初步的隔油处理,这种隔油装置简称隔油具。隔油具装在室内靠近水池的台板下面,隔一定时间打开隔油具,将浮积在水面上的油脂除掉,也可在几个水池的排水连接横管上设一个公用隔油具。应尽量避免隔油具前的管道太长,如将含有油脂的污水,由管道引至室外设隔油池的做法,因管道较长,在流程中油脂早已凝固在管壁上,使用一段时期后,管道会被油脂堵塞,影响使用。因此室外设有公共隔油池时,也不可忽视室内隔油具的作用(图4-12)。

2) 滤毛器

理发室、游泳池和浴室的排水往往携带着毛发等絮状物,堆积较多时容易造成管道堵塞。以上场所的排水管应先通过滤毛器后再与室内排水干管连接或直接排至室外。一般滤毛器为钢制,内设孔径为 3mm 或 5mm 的滤网,需进行防腐处理(图 4-13)。

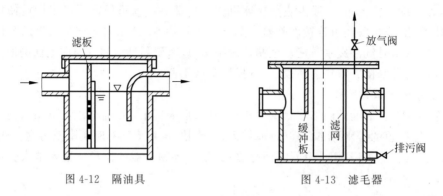

图 4-12 隔油具　　　　图 4-13 滤毛器

5. 其他管件

(1) 弯头:用在管道转弯处,使管道改变方向。常用弯头的角度有 90°和 45°两种。

(2) 乙字形管:排水立管在室内距墙比较近,但基础比墙宽,为了到下部绕过基础需设乙字形管,或高层排水系统为消能而在立管上设置乙字形管。

(3) 三通或四通:用在两条管道或三条管道的汇合处。三通有正三通、顺流三通和斜三通,四通有正四通和斜四通。

(4) 管箍:也叫套袖,用以将两段排水铸铁直管连在一起。

图 4-14 和图 4-15 所示为常用铸铁和塑料排水管件。

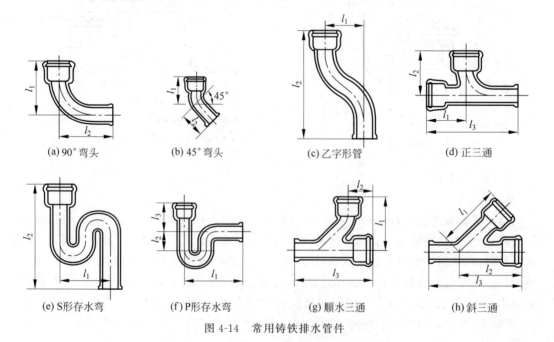

图 4-14 常用铸铁排水管件

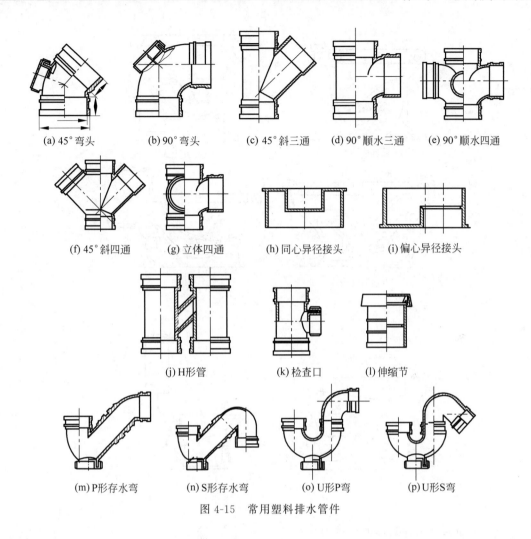

图 4-15　常用塑料排水管件

4.2.3　卫生器具及其设备和布置

卫生器具是建筑内部排水系统的重要组成部分，随着建筑标准的不断提高，人们对建筑卫生器具的功能要求和质量要求也越来越高。卫生器具一般采用不透水、无气孔、表面光滑、耐腐蚀、耐磨损、耐冷热、便于清扫、有一定强度的材料制造，如陶瓷、搪瓷生铁、塑料、复合材料等。卫生器具正向着冲洗功能强、节水消声、设备配套、便于控制、使用方便、造型新颖、色彩协调的方面发展。

1. 卫生器具

1) 便溺器具

便溺器具设置在卫生间和公共厕所，用来收集粪便污水。便溺器具包括便器和冲洗设备，其中便器包括坐便器、蹲便器、大便槽、小便器、小便槽。

(1) 坐便器。坐便器按冲洗的水力原理分为冲洗式和虹吸式两种（图4-16）。坐便器都自带存水弯，后排式坐便器与其他坐便器不同之处在于排水口设在背后，通常在排水横支管敷设在本层楼板上时选用，如图 4-17 所示。

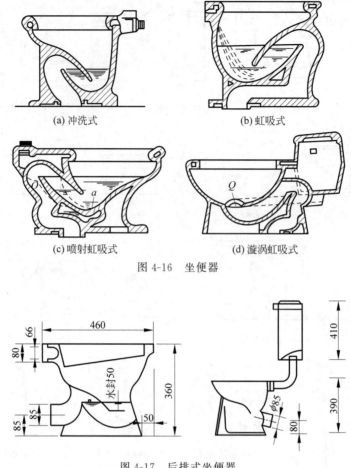

(a) 冲洗式　　(b) 虹吸式

(c) 喷射虹吸式　　(d) 漩涡虹吸式

图 4-16　坐便器

图 4-17　后排式坐便器

(2) 蹲便器。蹲便器一般用于普通住宅、集体宿舍、公共建筑物的公共厕所、防止接触传染的医院内厕所(图 4-18)。蹲便器比坐便器的卫生条件好，但蹲便器不带存水弯，设计安装时需另外配置存水弯。

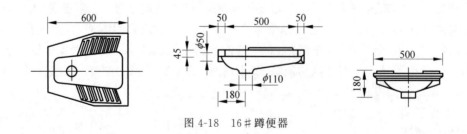

图 4-18　16#蹲便器

(3) 大便槽。大便槽通常用于学校、火车站、汽车站、码头、游乐场所及其他标准较低的公共厕所，可代替成排的蹲式大便器，常用瓷砖贴面，造价较低。大便槽一般宽 200～300mm，起端槽深 350mm，槽的末端设有高出槽底 150mm 的挡水坎，槽底坡度不小于 0.015，排水口设存水弯。

(4)小便器。小便器设于公共建筑男厕所内,有的住宅卫生间内也需设置。小便器有挂式、立式两类,其中立式小便器用于标准较高的建筑(图 4-19 和图 4-20)。

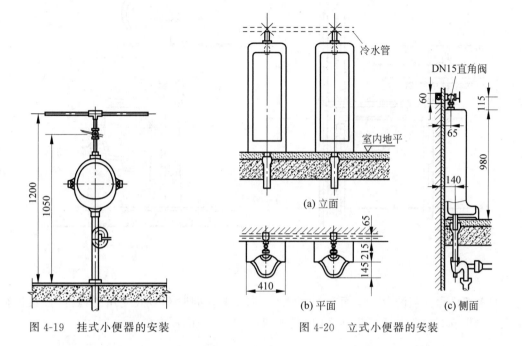

图 4-19　挂式小便器的安装　　　　图 4-20　立式小便器的安装

(5)小便槽。小便槽常用于工业企业、公共建筑和集体宿舍等建筑的卫生间(图 4-21)。

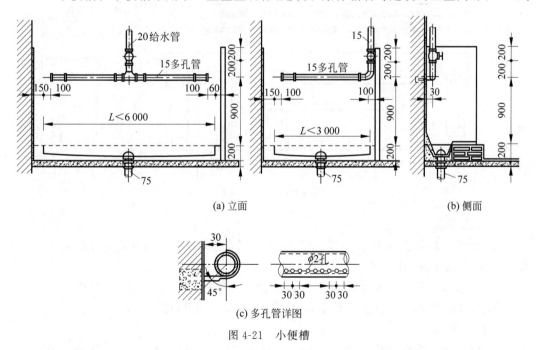

图 4-21　小便槽

2)盥洗器具

(1)洗脸盆。洗脸盆一般用于洗脸、洗手、洗头,常设置在盥洗室、浴室、卫生间和理发室等场所。洗脸盆有长方形、椭圆形和三角形,安装方式有墙架式、台式和柱脚式(图 4-22)。

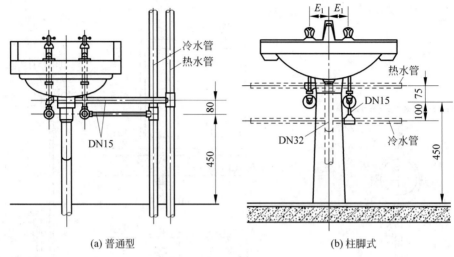

图 4-22 洗脸盆

（2）盥洗台。盥洗台有单面和双面之分,常设置在同时有多人使用的地方,如集体宿舍、教学楼、车站、码头、工厂生活间内(图 4-23)。

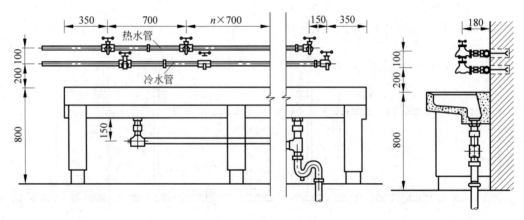

图 4-23 单面盥洗台

3）沐浴器具

（1）浴盆。浴盆设在住宅、宾馆、医院等卫生间或公共浴室。浴盆配有冷热水或混合龙头,并配有淋浴设备(图 4-24)。

（2）淋浴器。淋浴器多用于工厂、学校、机关、部队的公共浴室和体育馆内。淋浴器占地面积小,清洁卫生,可避免疾病传染,耗水量小,设备费用低(图 4-25)。

4）洗涤器具

（1）洗涤盆。洗涤盆常设置在厨房或公共食堂内,用作洗涤碗碟、蔬菜等。医院的诊室、治疗室等处也需设置。洗涤盆有单格和双格之分。

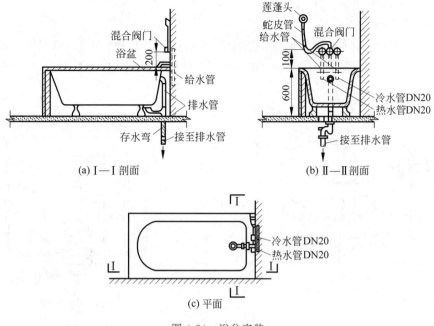

图 4-24 浴盆安装

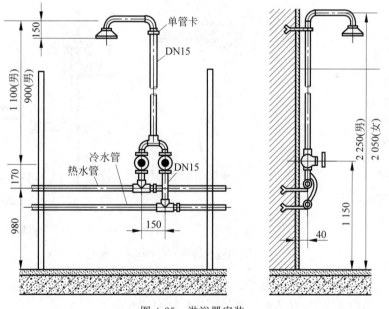

图 4-25 淋浴器安装

（2）化验盆。化验盆设置在工厂、科研机关和学校的化验室或实验室内，根据需要可安装单联、双联、三联鹅颈龙头。

（3）污水盆。污水盆又称污水池，常设置在公共建筑的厕所、盥洗室内，供洗涤拖把、打扫卫生或倾倒污水等使用。

2. 卫生器具的冲洗设备

1) 大便器冲洗设备

(1) 坐便器冲洗设备：常用低水箱冲洗和直接连接管道进行冲洗。低水箱与坐体又有整体和分体之分，水箱构造如图 4-26 所示，采用管道连接时必须设置延时自闭式冲洗阀，如图 4-27 所示。

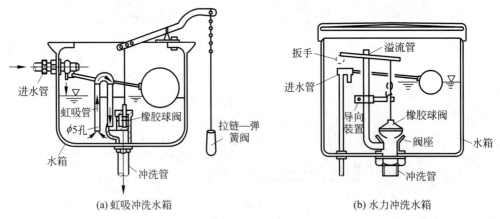

图 4-26 手动冲洗水箱

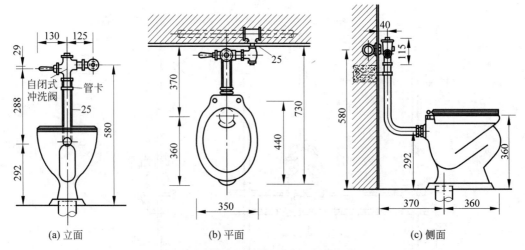

图 4-27 自闭式冲洗阀坐式大便器安装图

(2) 蹲式大便器冲洗设备：常用冲洗设备有高位水箱和直接连接给水管加延时自闭式冲洗阀。为节约冲洗水量，有条件时尽量设置自动冲洗水箱。

(3) 大便槽冲洗设备：常在大便槽起端设置自动控制高位水箱或采用延时自闭式冲洗阀。

2) 小便器和小便槽冲洗设备

(1) 小便器冲洗设备：常采用按钮式自闭式冲洗阀，既满足冲洗要求，又节约冲洗水量。

(2) 小便槽冲洗设备：常采用多孔管冲洗，多孔管孔径 2mm，与墙成 45°角安装，可设置高位水箱或手动阀。为克服铁锈水污染贴面,除给水系统选用优质管材外,多孔管常采用塑料管。

3. 卫生器具的布置

卫生器具的布置应根据厨房、卫生间、公共厕所的平面位置、房间面积大小、建筑质量标准、有无管道竖井或管槽、卫生器具数量及单件尺寸等综合考虑,既要使用方便、容易清洁、占用房间面积小,还要为管道布置提供良好的水力条件,尽量做到管道少转弯,管线短、排水通畅,所以卫生器具应顺着一面墙布置。如卫生间、厨房相邻,应在该墙两侧设置卫生器具,有管道竖井时,卫生器具应紧靠管道竖井的墙面布置,从而减少排水横管转弯或减少管道的接入根数。

根据《住宅设计规范》(GB 50096—2011)的规定,每套住宅应设卫生间。第四类住宅应设两个或两个以上卫生间,每套住宅至少应配置三件卫生器具。不同卫生器具组合时应保证设置器具和卫生活动的最小使用面积,避免蹲不下或坐不下、靠不拢等问题。

卫生器具的布置应在厨房、卫生间、公共厕所等的建筑平面图上(大样图)用定位尺寸加以明确。图 4-28 为卫生器具的几种布置形式示例。

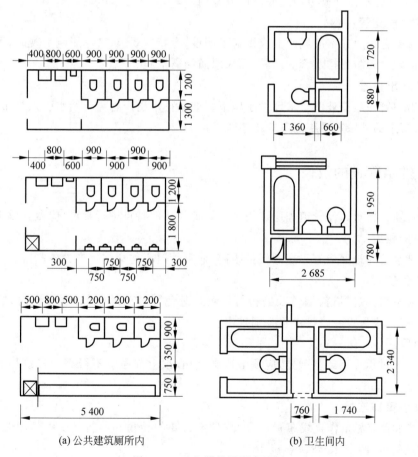

(a) 公共建筑厕所内　　(b) 卫生间内

图 4-28　卫生器具平面布置图

4.3 建筑内部排水管道的布置与敷设

4.3.1 排水管道的布置

在排水管道设计过程中,应首先保证排水畅通。一般情况下,排水管不允许布置在有特殊生产工艺和卫生要求的厂房以及食品和贵重商品仓库、通风室和配电间内,也不应布置在食堂,尤其是锅台、炉灶、操作主副食烹调处,更不允许布置在遇水会引起燃烧爆炸或损坏原料、产品和设备的地方。

1. 排水立管

排水立管应布置在污水集中、水质最差、浓度最大的排出处,使横支管最短,尽快排出室外。排水立管一般不穿入卧室、病房等卫生要求高、需保持安静的房间,不要放在邻近卧室的内墙,以免立管水流冲刷声通过墙体传入室内。

2. 排水横支管

排水横支管一般在本层地面上或楼板下明设,有特殊要求、考虑影响美观时,可做吊顶,隐蔽在吊顶内。为防止排水管的结露,须采取防结露措施。

3. 排水出户管

排水出户管一般按坡度要求埋设于地下。如果排水出户管需与给水引入管布置在同一处时,两根管道的外壁水平距离不应小于 1.0m。

4.3.2 排水管道的敷设

排水管须根据重力流管道和所选用排水管道材质的特点进行敷设,应做到以下几点。

1. 保护距离

埋地排水管与地面应有一定的保护距离,而且管道不得穿越生产设备基础。

2. 避免位置

排水管不要穿过风道、烟道及橱柜等;最好避免穿过伸缩缝,必须穿越时,应加套管;如遇沉降缝时,应另设一路排水管分别排出。

3. 预留洞

排水管穿过承重墙或基础处,应预留孔洞,使管顶上部净空不得小于建筑物的沉降量,一般不小于 0.15m。

4. 排水管道连接

(1) 排水管应尽量作直线布置,力求减少不必要的转角和曲折。受条件限制必须偏置时,宜用乙字管或两个 45°弯头连接实现。

(2) 污水管经常发生堵塞的部位一般在管道的接口和转弯处,为改善管道水力条件,减少堵塞,在选择管件时应做到以下几点。

① 卫生器具排水管与排水支管连接时采用 90°斜三通。

② 排水管道的横管与横管（或立管）的连接，应采用 45°或 90°斜三（四）通、直角顺水三（四）通。

③ 排水立管与排出管端部的连接，应采用两个 45°弯头或弯曲半径不小于 4 倍管径的 90°弯头。

（3）排出管和室外排水管衔接时，排出管管顶标高应大于或等于室外排水管管顶标高，一旦室外排水管道超负荷运行，影响排出管的通水能力，就会导致室内卫生器具冒泡或满溢。为保证畅通的水力条件，避免水流相互干扰，在衔接处水流转角不得小于 90°，但当落差大于 0.3m 时，可不受角度限制。

（4）污水立管底部的流速大，而污水排出流速小，在立管底部管道内产生正压值，这个正压区能使靠近立管底部的卫生器具内的水封遭受破坏，产生冒泡、满溢现象。靠近排水立管底部的排水支管连接应符合下列要求。

① 排水立管仅设置伸顶通气管时，最低排水横支管与立管连接处距排水立管管底垂直距离（图 4-29），不得小于表 4-5 中的规定。如果与排出管连接的立管底部放大一号管径，或横干管比与之连接的立管大一号管径时，可将表中距离缩小一档。

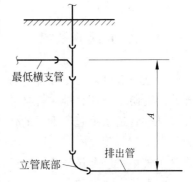

图 4-29 最低横支管与排出管起点管内底的距离

表 4-5 最低横支管与立管连接处至立管管底的最小垂直距离

立管连接卫生器具的层数	垂直距离/m	
	仅设伸顶通气	设通气立管
≤4	0.45	按配件最小安装尺寸确定
5～6	0.75	
7～12	1.20	
13～19	底层单独排出	0.75
≥20		1.20

② 排水支管连接在排出管或排水横干管上时，连接点距立管底部的水平距离，不应小于 3.0m（图 4-30）。

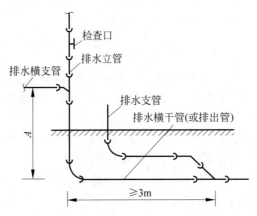

图 4-30 排水横支管与排出管或排水横干管的连接

③当靠近排水立管底部的排水支管的连接不能满足①和②的要求时,则排水支管应单独排出室外。

4.4 排水通气管系统

4.4.1 排水管道系统

通气系统可以将室外排水管道中污浊的有害气体排至大气中,平衡管道内正负压,保护器具水封防止破坏。排水管必须与大气相通,保证管内气压恒定,维持重力流状态。

通气管道系统起着重要的作用:①向排水管内补给空气,使水流畅通,减小排水管道内的气压变化幅度,防止卫生器具水封破坏;②将室内外排水管道中散发的臭气和有害气体排到大气中;③管道内经常有新鲜空气流通,可减轻管道内废气对管道的锈蚀。

根据排水立管和通气立管的设置情况,建筑内部排水管道分为单立管排水系统、双立管排水系统和三立管排水系统(图4-31)。

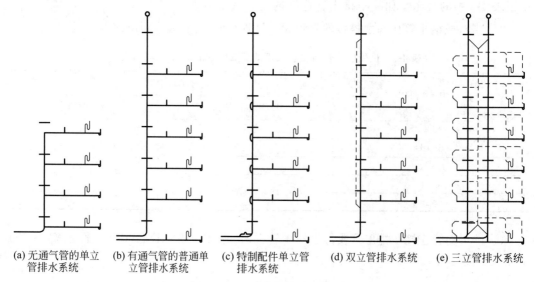

(a) 无通气管的单立管排水系统　(b) 有通气管的普通单立管排水系统　(c) 特制配件单立管排水系统　(d) 双立管排水系统　(e) 三立管排水系统

图4-31 污废水排水系统类型

1. 单立管排水系统

单立管排水系统也称内通气系统,只设一根排水立管,不设专用的通气立管。它利用排水立管本身与其相连接的横支管进行气流交换。常见的单立管排水系统根据建筑层数和卫生器具的多少有以下几种常见类型。

(1) 无通气管的单立管排水系统:立管顶部不与大气相通,当排水系统中的立管短、卫生器具少、排水量少、立管顶端不便伸出屋面时采用[图4-31(a)]。

(2) 有通气管的普通单立管排水系统(也称诱导式内通气):排水立管向上延伸至屋面一定高度与大气相通,适用于一般多层建筑[图4-31(b)]。

(3) 特制配件单立管排水系统:利用特殊结构改变水流方向和状态,在横支管与立管连接处、立管底部与横干管或排出管连接处设置特制配件;在排水立管管径不变的情况下,可改善管内水流与通气状态,增大排水流量,广泛用于高层建筑排水系统中[图4-31(c)]。

2. 双立管排水系统

双立管排水系统(外通气系统)由一根排水立管和一根通气立管组成。双立管排水系统利用排水立管进行气流交换,改善管内水流状态,适用于污、废水合流的各类多层和高层建筑[图4-31(d)]。

3. 三立管排水系统

三立管排水系统(外通气系统):由一根生活污水立管、一根生活废水立管和一根通气立管组成,两根排水立管共用一根通气立管,适用于生活污水和生活废水需分别排出室外的各类多层和高层建筑[图4-31(e)]。

4.4.2 通气管系统

通气管系统的类型有以下几种(图4-32)。

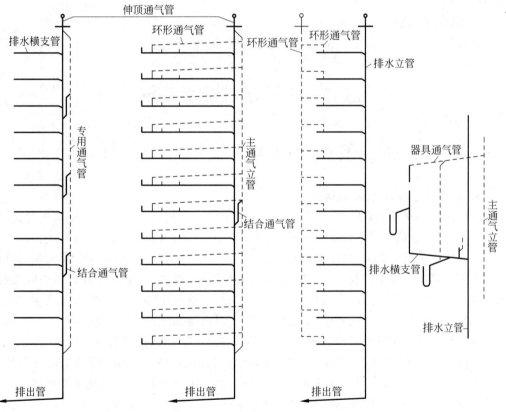

图4-32 通气管系统的类型

1. 伸顶通气管

伸顶通气管适用于层数不高、卫生器具不多的建筑物,可将排水立管上端延长并伸出屋顶,这一段管称为伸顶通气管。

2. 专用通气管

专用通气管是指仅与排水主管连接,为污水主管内空气流通而设置的垂直通气管道。适用于层数较高、卫生器具较多的建筑物,因排水量大,空气流动易受排水过程干扰,需将排水管和通气管分开,设专用通气管道。

3. 主通气管

主通气管为连接环形通气管和排水管,并为排水支管和排水主管内空气流通而设置的垂直管道。

4. 副通气立管

副通气立管为仅与环形通气管连接,可使排水横支管内空气流通而设置的通气管道。

5. 环形通气管

环形通气管是在多个卫生器具的排水横支管上,从最始端卫生器具下游端接至通气立管的通气管段。

6. 器具通气管

器具通气管是卫生器具存水弯出口端,在高于卫生器具上一定高度处与主通气立管连接的通气管段。

7. 结合通气管

结合通气管是排水立管与通气立管的连接管段。

4.5 高层建筑排水系统

4.5.1 高层建筑排水特点及技术要求

1. 高层建筑排水系统的特点

高层建筑排水系统,既要求能将污水安全、迅速地排除到室外,还要尽量减少管道内的气压波动,防止管道系统水封被破坏,避免排水管道中的有毒、有害气体进入室内。

高层建筑中卫生器具多,排水量大,且排水立管连接的横支管较多,多根横管同时排水,由于水舌的影响和横干管起端产生的强烈激流使水跃高度增加,必将引起管道中较大的压力波动,导致水封破坏,造成室内环境污染。为防止水封破坏,保证室内的环境质量,高层建筑排水系统必须解决好通气问题,稳定管内气压,以保持系统运行的良好工况。

高层建筑排水系统还有以下特点:由于高层建筑质量大,建筑沉降可能引起出户管平坡或倒坡;暗管管道多,建筑吊顶高度有限,横管敷设坡度受到一定的限制;居住人员多、管理水平低、卫生器具使用不合理、冲洗不及时等都将影响水流畅通,造成淤积堵塞,一旦排水管道堵塞影响面大。因此,高层建筑的排水系统还应确保水流畅通。

建筑物底层排水管道内压力波动最大,为了防止发生水封破坏或因管道堵塞而引起的污水倒灌等情况,建筑物一层和地下室的排水管道应与整幢建筑的排水系统分开,采用单独的排水系统。

2. 高层建筑排水系统管道材料要求

高层建筑的排水管材有柔性接口排水铸铁管、钢管和强度较高的塑料管和复合管。柔性接口排水铸铁管具有强度大、抗震性能好、噪声低、防火性能好、寿命长、膨胀系数小、安装施工方便、美观(不带承口)、耐磨和耐高温性能好的优点,但是造价较高。

柔性接口排水铸铁管在管内水压下具有良好的曲挠性与伸缩性,能适应建筑楼层间变位导致的轴向位移和横向曲挠变形,防止管道裂缝与折断。柔性排水铸铁管管件有立管检查口、三通、45°三通、45°弯头、90°弯头、45°通气管、30°通气管、四通、P形和S形存水弯等。

钢管在国外采用得较多。强度较高的塑料管和复合管也可以采用,但应考虑采取防噪声等措施。对高度很高的排水立管应考虑消能措施,通常采用乙字形弯管。为了防止污水中固体颗粒的冲击,立管底部与排出管的连接应采用钢制弯头。

为确保管道畅通,防止污物在管内沉积,排水管道连接应尽量选用水力条件较好的斜三通、斜四通,立管与横干管相连时应采用大于90°的弯头。若受条件限制,排水立管偏置时,应用乙字弯或两格45°弯头相连。考虑到高层建筑的沉降应适当增加出户管的坡度或采用如图4-33所示的敷设方法,出户管与室外检查井不直接连接,管道敷设在地沟内,管底与沟底预留一定的下沉空间,以免建筑沉降引起管道倒坡。

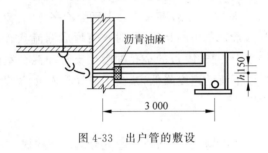

图 4-33 出户管的敷设

4.5.2 高层建筑排水系统的组成与分类

1. 高层建筑污、废排水系统的组成

高层建筑内部排水系统包括卫生器具、排水管道、清通设备、通气系统、消能器材、提升设备和根据需要设置的污、废水提升设备和局部处理构筑物及中水处理站。

2. 高层建筑排水系统的类型

高层建筑排水系统分双立管排水系统、三立管排水系统和特制配件单立管排水系统。

4.5.3 高层建筑排水管道的布置与敷设

高层建筑排水管道布置与敷设的要求与普通建筑要求基本相同。

4.5.4 新型排水系统

高层建筑楼层较多且高,相比普通建筑,高层建筑同时向立管排水的横管数量较大,排水落差高,更容易造成管道中压力的波动。高层建筑为了保证排水通畅和通气良好,一般需设置专用的通气管系统。有通气管的排水系统造价高、占地面积大、管道安装复杂。如果能省去通气管,对宾馆、写字楼、住宅在美观和经济方面都是非常有益的。采用放大单立管管径的做法在技术和经济上也不合理,因此人们在不断地研究新的排水系统。

影响排水立管通水能力的主要因素有:从横支管流入立管的水流形成的水舌阻隔了气流,使空气难以进入下部管道而造成负压;立管中形成水塞阻隔空气流通;水流到达立管底部进入横干管时产生水跃阻塞横管。因此,人们从减缓立管流速、保证立管有足够大的空气芯、防止横管排水产生水舌和避免在横干管中产生水跃等方面进行了研究探索,发明了一些新型单立管排水系统。

1. 苏维脱排水系统

苏维脱排水系统是指各层排水横支管与立管采用气水混合器连接,排水立管底部与横干管采用气水分离器连接,达到取消通气立管的目的。该排水系统是瑞士索摩(Fritz Sommer)于1961年研究发明的一种新型排水立管配件。

1) 气水混合器

气水混合器由乙字形弯、隔板、隔板上部小孔、混合室、上流入口、横支管流入口和排出口等构成,如图4-34所示。从立管上部流入的废水流经乙字弯时,流速减小,动能转化为压能,既减速又可改善立管内常处负压的状态,同时水流形成湍流状态,部分破碎成小水滴与周围空气混合,在下降过程中,通过隔板的小孔抽吸横支管和混合室内的空气,变成密度小呈水沫状的气水混合物,使下流的速度降低,减少了空气吸入量,避免造成过大的抽吸负压,只需伸顶通气管就能满足要求。

2) 气水分离器

气水分离器由流入口、顶部跑气口、凸块和空气分离室等构成,如图4-35所示。沿立管流下的气水混合物,遇到分离室内凸块时被溅洒,从而分离出气体(70%以上),减少气水混合物的体积,降低流速,不会形成回压。分离出的空气通过跑气管接至下游1~1.5m处排出管上,使气流不致在转弯处被阻,达到防止在立管底部产生过大正压的目的。

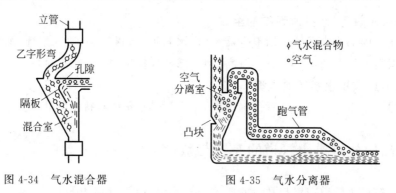

图 4-34 气水混合器 　　　　图 4-35 气水分离器

国外对10层建筑采用苏维脱排水系统和普通单立管排水系统进行了对比试验,结果一根 $d=100$mm 立管的苏维脱排水系统,当流量约为 6.7L/s 时,管中最大负压不超过 40mmH$_2$O(0.4kPa)。而 $d=100$mm 的普通单立管排水系统在相同流量时最大负压达到 160mmH$_2$O(1.6kPa)。

苏维脱排水系统除可降低管道中的压力波动外,还可节省管材,节省投资 11%~35%,有利于提高设计质量和施工的工业化。

2. 旋流排水系统

旋流排水系统是指每层的横支管和立管采用旋流接头配件连接,立管底部与横干管采用旋流排水弯头连接。该排水系统由法国勒格、理查和鲁夫于1967年共同发明,如图4-36所示。

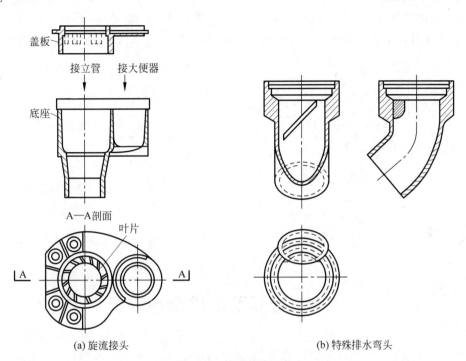

图 4-36 旋流排水配件

1) 旋流接头配件

旋流接头配件由壳体和盖板两部分构成,通过盖板将横支管的排水沿切线方向引入立管,并使其沿管壁旋流而下,在立管中始终形成一个空气芯。空气芯占管道断面的80%左右,可保持立管内空气畅通,使压力变化很小,从而防止水封被破坏,提高排水立管的通水能力。

2) 旋流排水弯头

旋流排水弯头与普通铸铁弯头形状相同,但在内部设置有45°旋转导叶片,立管内从凸岸流下的水膜被旋转导叶片旋向对壁,沿弯头底部流下,避免了在横干管内形成水跃、封闭气流而造成过大的正压。

3. 芯型排水系统

芯型排水系统由日本小岛德厚于1973年发明,在各层排水横支管与立管连接处设置高奇马接头配件,在排水立管的底部设角迪弯头。

1) 高奇马接头配件

高奇马接头配件又称环流器,如图4-37所示。高奇马接头配件外观呈倒锥形,在上入流口与横支管入流口交汇处设有内管,从横支管排入的污水沿内管外侧向下流入立管,可避免因横支管排水产生的水舌阻碍立管。从立管流下的污水发生扩散下落,形成气水混合流,可减缓下落流速,保证立管内空气畅通。高奇马接头配件的横支管接入形式有两种,一种是正对横支管垂直接入,另一种是沿切线方向接入。

2) 角迪弯头

角迪弯头如图 4-38 所示,装在立管的底部,上入流口端断面面积较大,从排水立管流下的水流因过水断面突然增大,流速变缓,下泄的水流挟带的气体被释放。一方面,水流沿弯头的缓弯滑道面导入排出管,消除了水跃和水塞现象;另一方面,由于角迪弯头内部有较大的空间,使立管内空气与横干管上部空间充分连通,保证了气流畅通,从而减少压力波动。

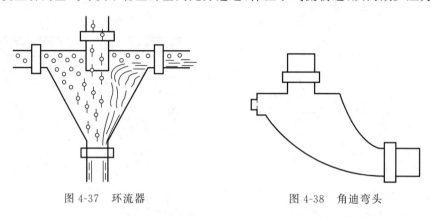

图 4-37　环流器　　　　　图 4-38　角迪弯头

4.6　屋面雨水排水系统

降落在建筑屋面的雨水和融化的雪水,需要迅速排除,以免造成屋面积水、漏水,影响生活及生产。屋面雨水的排除方式按雨水管道的位置分为外排水系统和内排水系统。一般情况下,应尽量采用外排水系统或将两种排水系统综合考虑。

4.6.1　外排水系统

外排水系统是指屋面不设雨水斗,建筑物内部没有雨水管道的雨水排放系统。按屋面有无天沟分为普通外排水系统和天沟外排水系统。

1. 普通外排水系统

普通外排水系统又称檐沟外排水系统,由檐沟和雨落管组成(图 4-39)。降落到屋面的雨水沿屋面集流到檐沟,然后从沿外墙设置的雨落管排至地面或雨水口。雨落管多用排水塑料管或镀锌铁皮制成,截面为矩形或半圆形。断面尺寸一般为 80mm×100mm 或 80mm×120mm,也有石棉水泥管,但其下端极易因碰撞而破裂,在使用时下部距地 1m 高处应设保护措施。工业厂房的雨落管也可用塑料管或排水铸铁管,管径为 150mm 或 100mm。一般民用建筑雨落管间距为 12～16m,工业建筑为 18～24m。普通外排水方式适用于普通住宅、一般公共建筑和小型单跨厂房。

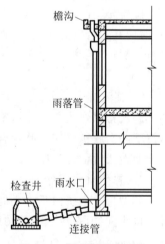

图 4-39　普通外排水系统

2. 天沟外排水系统

天沟外排水系统由天沟、雨水斗和排水立管组成(图4-40)。降落到屋面上的雨水沿坡向天沟的屋面汇集到天沟,沿天沟流至建筑物两端(山墙、女儿墙)入雨水斗,经立管排至地面或雨水井。天沟外排水系统适用于长度不超过100m的多跨工业厂房,可以消除厂房内检查井冒水的问题,节省投资和金属材料,施工简便,并且可以为厂区雨水系统提供明沟排水或减少管道埋深,但如果设计不当会发生天沟渗漏。

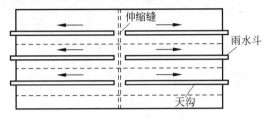

图 4-40 天沟布置示意图

采用天沟外排水方式,在屋面不设雨水斗,排水安全可靠,不会因施工不善造成屋面漏水或检查井冒水,节省管材,施工简便,利于厂房内空间利用,也可减小厂区雨水管道埋深。缺点是天沟有一定坡度且较长,排水立管在山墙外,也存在着屋面垫层厚、结构负荷增大等问题,晴天屋面堆积灰尘较多,造成雨天天沟排水不畅,在寒冷地区排水立管有被冻裂的可能。

4.6.2 内排水系统

内排水系统是指屋面设雨水斗,建筑物内部有雨水管道的雨水排水系统。对于跨度大、特别长的多跨工业厂房,在屋面设天沟有困难的锯齿形或壳形屋面厂房及屋面有天窗的厂房,应考虑采用内排水系统。对于建筑立面要求较高的建筑,大屋面建筑及寒冷地区的建筑,在墙外设置雨水排水立管有困难时,也可考虑采用内排水系统。

1. 内排水系统的组成

内排水系统由雨水斗、连接管、悬吊管、立管、排出管、埋地干管和检查井组成(图4-41)。当车间内允许敷设地下管道时,屋面雨水可由雨水斗经立管直接流入室内检查井,再由地下雨水管道流至室外检查井。在冬季不是特别寒冷的地区,或将悬吊管引出山墙,立管设在室外,固定在山墙上,类似天沟外排水处理方法。

2. 布置与敷设

1) 雨水斗

雨水斗是一种专用装置,设在屋面雨水由天沟进入雨水管道的入口处。雨水斗有整流格栅装置,格栅的进水孔有效面积是雨水斗下连接管面积的2~2.5倍,能迅速排除屋面雨水。格栅具有整流作用,可避免形成过大漩涡、稳定斗前水位、减少掺气并拦隔树叶等杂物,整流格栅可以拆卸以便清理格栅上的杂物。雨水斗有65型、79型、87型和虹吸雨水斗等,有75mm、100mm、150mm和200mm四种规格。在阳台、花台、供人们活动的屋面及窗井处可采用平箅式雨水斗。内排水系统布置雨水斗时应以伸缩缝、沉降缝和防火墙为天沟分

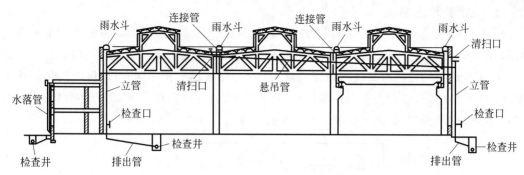

图 4-41 内排水系统

水线自成排水系统。

2) 悬吊管

悬吊管通常固定在工业厂房的桁架上,以方便经常性的维修清通。悬吊管要有不小于 0.003 的坡度坡向立管,管径不得小于雨水斗连接管管径。重力流雨水排水系统中长度大于 15m 的雨水悬吊管,应设检查口,其间距不宜大于 20m。悬吊管应避免从不允许有滴水的生产设备上方通过,多为有压流。

3) 立管

雨水立管承接悬吊管或雨水斗流来的雨水,一根立管连接的悬吊管根数不得多于两根,立管管径不得小于悬吊管管径。仅重力流、压力流不受此约束。立管宜沿墙、柱安装,在距地面 1m 处设检查口。立管的管材和接口与悬吊管相同。

4) 排出管

排出管是立管和检查井间的一段有较大坡度的横向管,管径不得小于立管管径。排出管与下游埋地管在检查井中宜采用管顶平接,水流转角不得小于 135°。

5) 埋地管

埋地管敷设在室内地下,承接立管的雨水并将其排至室外雨水管道。埋地管一般采用混凝土管、钢筋混凝土管、UPVC 管或陶土管,按生产废水管道最小坡度值取值。

6) 附属构筑物

常见的附属构筑物有检查井、检查口和排气井,用于雨水管道清扫、检修、排气。检查井适用于敞开式内排水系统,设置在排出管与埋地管连接处,埋地管转弯、变径及长度超过 30m 的直线管路上。水流从排出管流入排气井,与溢流墙碰撞消能,流速减小,气水分离,水流经格栅稳压后平稳流入检查井,气体由放气管排出。密闭内排水系统的埋地管上设检查口,将检查口放在检查井内,便于清通检修。

4.6.3 混合排水系统

大型工业企业厂房的屋面形式复杂,经常对同一建筑物采用几种不同形式的雨水排除系统,分别设置在屋面的不同位置,组合形成混合雨水排水系统,排除屋面降水。

习 题

4.1 建筑内部排水系统可分为哪几类？
4.2 建筑内部排水系统一般由哪些部分组成？
4.3 卫生器具布置时有哪些注意事项？
4.4 在进行建筑内部排水管道的布置和敷设时应注意哪些原则和要求？
4.5 通气管有何作用？常用的通气管有哪些？
4.6 不同特殊单立管排水系统各有什么特点？
4.7 屋面雨水排除系统有哪些类型？
4.8 内排水系统由哪些部分组成？

第5章 建筑热水系统

5.1 热水供应系统的分类、组成与供水方式

5.1.1 热水供应系统的分类

建筑内部的热水供应系统按供水范围分为局部、集中和区域热水供应系统。

局部热水供应系统供水范围小,热水分散制备。一般采用小型加热器在用水场所就地加热,供局部范围内一个或几个配水点使用,优点是系统简单,造价低,维修管理容易,热水管路短,热损失小。适用于使用要求不高,用水点少且分散的建筑。其热源宜采用蒸汽、煤气、炉灶余热、电或太阳能等。

集中热水供应系统如图 5-1 所示,供水范围大,热水集中制备,通过管道输送到各配水点。一般在建筑内设专用锅炉房或热交换器将水集中加热后,通过热水管道将输送到一幢

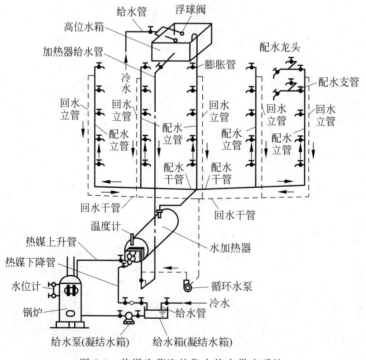

图 5-1 热媒为蒸汽的集中热水供应系统

或几幢建筑使用,优点是加热设备集中,管理方便;缺点是设备系统复杂,建设投资较高,管路热损失较大,适用于热水用量大、用水点多且分布较集中的建筑。

区域热水供应系统中水在热电厂或区域性锅炉或区域热交换站加热,通过室外热水管网将热水输送至城市街坊、住宅小区各建筑中。该系统便于集中统一维护管理和热能综合利用,并且消除分散了小型锅炉房,减少环境污染,缺点是设备系统复杂,需敷设室外供水和回水管道,基建投资较高,适用于要求供热水多且较集中的区域,如住宅和大型工业企业等。

热水供应系统按管网压力工况分为开式和闭式热水供应系统(图5-2和图5-3)。

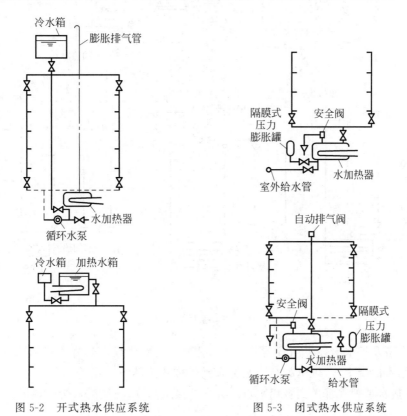

图 5-2 开式热水供应系统　　　图 5-3 闭式热水供应系统

根据热水系统设置循环管网的方式,可分为全循环、立管循环、干管循环、无循环热水供水方式(图5-4)。

根据热水循环系统中采用的循环动力不同有设循环水泵的机械强制循环方式和不设循环水泵靠热动力差循环的自然循环方式。

根据热水配水管网水平干管的位置不同,还有下行上给供水方式和上行下给的供水方式。

选用何种热水供水方式应根据建筑物用途、热源的供给情况、热水用水量和卫生器具的布置情况进行技术和经济比较后确定。

5.1.2 热水供应系统的组成

集中热水供应系统由热源、热媒管网、热水输配管网、循环水管网、热水储存水箱、循环

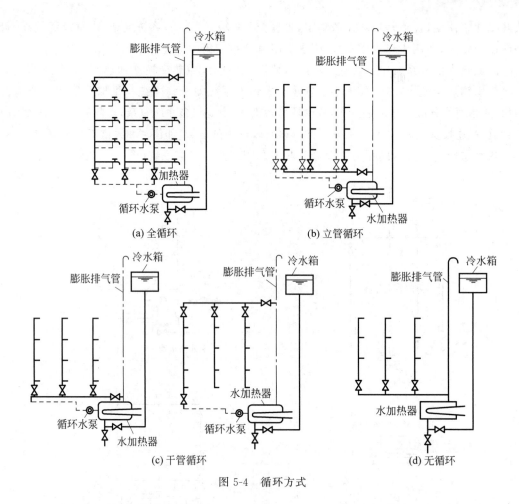

图 5-4 循环方式

水泵、加热设备及配水附件等组成(图5-5)。锅炉产生的蒸汽经热媒管送入水加热器把冷水加热,凝结水回凝水池,再由凝结水泵打入锅炉加热成蒸汽。由冷水箱向水加热器供水,加热器中的热水由配水管送到各用水点。为保证热水温度,补偿配水管的热损失,需设热水循环管。

热水供应系统由以下三部分构成。

(1) 热媒循环管网(第一循环系统)。由热源、水加热器和热媒管网组成。锅炉产生的蒸汽(或高温水)经热媒管道送入水加热器,加热冷水后变成凝结水,靠余压经疏水器流回凝结水池,冷凝水和补充的软化水由凝结水泵送入锅炉重新加热成蒸汽,如此循环完成水的加热过程。

(2) 热水配水管网(第二循环系统)。由热水配水管网和循环管网组成。配水管网将在加热器中加热到一定温度的热水送到各配水点,冷水由高位水箱或给水管网补给。为保证用水点的水温,支管和干管设循环管网,用于使一部分水回到加热器重新加热,以补充管网所散失的热量。

(3) 附件和仪表。为满足热水系统中控制和连接的需要,常使用的附件包括各种阀门、水嘴、补偿器、疏水器、自动温度调节器、温度计、水位计、膨胀罐和自动排气阀等。

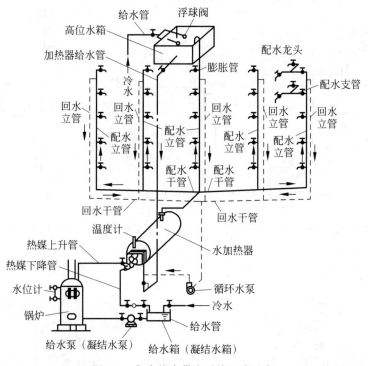

图 5-5　集中热水供应系统组成示意

5.1.3　热水供应系统的供水方式

按加热冷水、储存热水及管网布置方式的不同,热水供应系统的供水方式有多种。根据使用对象、建筑物特点、热水用水量、耗热量、用水规律、用水点分布、热源类型、加热设备及操作管理条件等因素,经技术、经济比较后确定。

1. 热水的加热方式

热水的加热方式可分为直接加热和间接加热两种(图 5-6 和图 5-7)。

(1) 直接加热方式也称一次换热,是利用燃气、燃油、燃煤为燃料的热水锅炉把冷水直接加热到所需温度,或者是将蒸汽或高温水通过穿孔管或喷射器直接与冷水接触混合制备成热水。

直接加热的燃油(气)热水机组的冷水供水水质总硬度宜小于 150mg/L(以 $CaCO_3$ 计)。图 5-6(a)为热水锅炉制备热水的管路图。燃油(气)热水机组直接供应热水时,一般配置调节储热用的储水罐或储热水箱,以保证用水高峰时不间断供水。当屋顶有放置加热和储热设备的空间时,其热媒系统可布置在屋顶。

蒸汽(或高温水)直接加热供水方式是将蒸汽(或高温水)通过穿孔管或喷射器送入加热水箱中,与冷水直接混合后制备热水,如图 5-6(b)和(c)所示。该方式设备简单、热效率高、无须冷凝水管,但产生的噪声较大,对蒸汽质量要求较高,热媒中不得含油质及有害物质。由于冷凝水不能回收而使热源供水量加大,补充水进行水质处理时会增加运行费用。

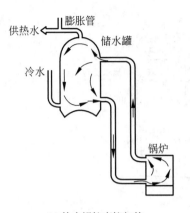 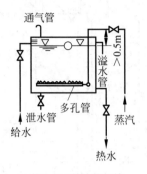 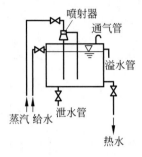

(a) 热水锅炉直接加热　　　(b) 蒸汽多孔管直接加热　　　(c) 蒸汽喷射器混合直接加热

图 5-6　直接加热

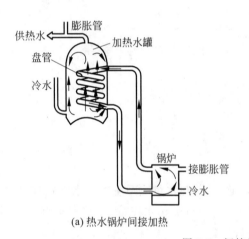 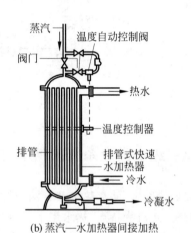

(a) 热水锅炉间接加热　　　(b) 蒸汽—水加热器间接加热

图 5-7　间接加热

（2）间接加热供水方式是将锅炉、太阳能集热器、热泵机组、电加热器等加热设备产生的热媒，送入水加热器与冷水进行热量交换后制得热水供应系统所需的热水，如图 5-7 所示。由于热水机组等加热设备只供热媒，不与被加热水接触，故有利于保持热效率、延长使用寿命。其优点是运行费用较低、加热时不产生噪声、蒸汽或高温水热媒不会对热水产生污染，供水安全稳定；缺点是增加了换热设备（即水加热器），增大了热损失，造价较高。间接加热供水方式可利用冷水系统的供水压力，无须另设热水加压系统，有利于保持整个系统冷、热水压力平衡，适用于要求供水稳定、安全、噪声小的旅馆、住宅、医院、办公楼等建筑。

2．热水供应方式

1）全日供应和定时供应

按热水供应的时间，热水供应方式分为全日供应和定时供应两种。

全日供应方式是指热水供应管网在全天任何时刻都保持设计的循环水量，热水配水管网全天任何时刻都可正常供水，并能保证配水点的水温。

定时供应方式是指热水供应系统每天定时供水,其余时间系统停止运行。此方式在供水前,利用循环水泵将管网中已冷却的水强制循环到水加热器进行加热,达到使用温度才使用。

2) 开式系统和闭式系统

根据热水管网的压力工况,热水供应方式分为开式热水供水方式和闭式热水供水方式两种,如图 5-8 和图 5-9 所示。

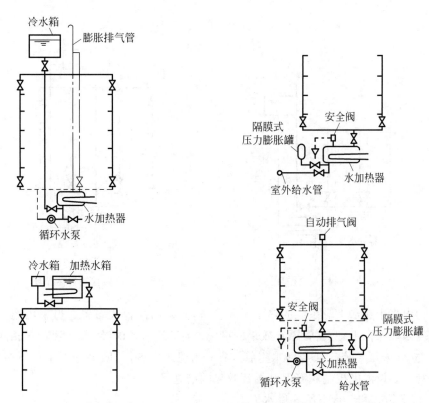

图 5-8　开式热水供水方式　　　　图 5-9　闭式热水供水方式

开式热水供水方式在配水点关闭后系统仍与大气相通(图 5-8)。此方式一般在管网顶部设有开式热水箱或冷水箱和膨胀管,水箱的设置高度决定系统的压力,而不受外网水压波动的影响;优点是供水安全可靠、用户水压稳定;缺点是开式水箱易受外界污染,且占用建筑面积和空间。此方式适用于用户要求水压稳定又允许设高位水箱的热水系统。

以下情况宜采用开式热水供应系统。

当给水管道的水压变化较大且用水点要求水压稳定时,宜采用开式热水供应系统或采用稳压措施。

公共浴室热水供应系统宜采用开式热水供应系统,以使管网水压不受室外给水管网水压变化的影响,避免水压过高造成水量浪费,同时便于调节冷、热水混合水龙头的出水温度。

采用蒸汽直接通入水中或采用汽水混合设备的加热方式时,宜采用开式热水供应系统。

闭式热水供水方式在配水点关闭后系统与大气隔绝,形成密闭系统(图 5-9)。系统水加热器设有安全阀、压力膨胀罐,以保证系统安全运行;优点是管路简单,系统中热水不易受到污染;缺点是水压不稳定;一般用于不宜设置高位水箱的热水系统。

3) 同程式系统和异程式系统

按照热水循环管网(第二循环管网)中每支循环管路的长短是否相同,分为同程式与异程式两种系统。同程式系统是指每一个热水循环环路长度相等,对应管段管径相同,所有环路的水头损失相同,如图 5-10 所示。异程式系统是指每一个热水循环环路各不相等,对应管段管径以及所有环路水头损失也不相同,如图 5-11 所示。

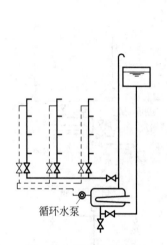

图 5-10 同程式全循环

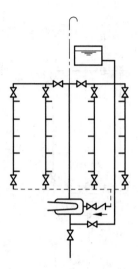

图 5-11 异程式自然循环

建筑物内集中热水供应系统的热水循环管道,宜采用同程式布置。当采用同程式系统有困难时应采取保证干管、立管循环效果的措施;当建筑内各供、回水立管布置相同或相似时,各回水立管采用导流三通与回水干管连接;当建筑内各供、回水立管布置不相同时,应在回水立管上装设温度控制阀等保证循环效果的措施。

4) 下行上给式和上行下给式供水方式

按热水管网水平干管的位置不同,分为下行上给式供水方式和上行下给式供水方式。

水平干管设置在顶层向下供水的方式称上行下给式供水方式,如图 5-12 所示;水平干管设置在底层向上供水的方式称为下行上给式供水方式,如图 5-13 所示。选用何种方式,应根据建筑物的用途、热源情况、热水用量和卫生器具的布置情况进行技术和经济比较后确定。实际应用时,常将上述方式组合使用。

3. 循环方式

1) 全循环、半循环和不循环供水方式

根据热水供应系统是否设置循环管网或如何设置循环管网,可分为全循环、半循环和无循环热水供应方式。

(1) 全循环热水供应方式是指热水供应系统中热水配水管网的水平干管、立管、甚至配水支管都设有循环管道。该系统设循环水泵,用水时不存在使用前放水和等待时间,适用于高级宾馆、饭店、高级住宅等高标准建筑中,如图 5-14 所示。

(2) 半循环热水供应方式有立管循环和干管循环之分。干管循环是指热水供应系统中

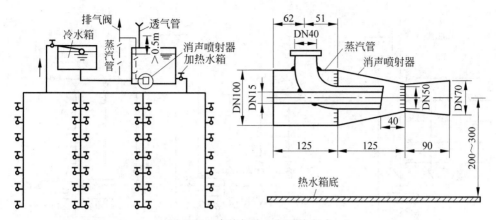

图 5-12 直接加热上行下给方式

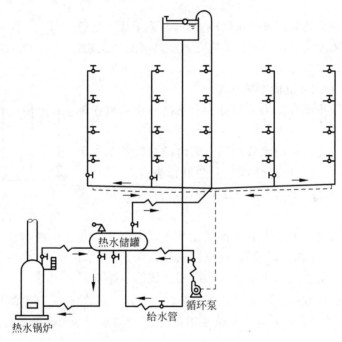

图 5-13 干管下行上给机械半循环方式

只在热水配水管网的水平干管设循环管道,多用于定时供应热水的建筑中,打开配水龙头时需放掉立管和支管的冷水才能流出符合要求的热水(图 5-15);立管循环是指热水立管和干管均设置循环管道,保持热水循环,打开配水龙头时只需放掉支管中的少量存水,就能获得规定温度的热水,多用于设有全日供应热水的建筑和设有定时供应热水的高层建筑。

(3) 不循环热水供应方式是指热水供应系统中热水配水管网的水平干管、立管、配水支管都不设任何循环管道。适用于小型热水供应系统和使用要求不高的定时热水供应系统或连续用水系统,如公共浴室、洗衣房等,如图 5-16 所示。

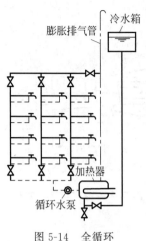
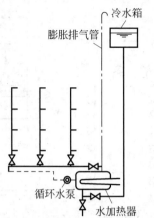
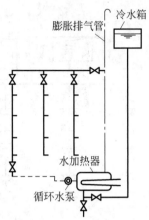

图 5-14　全循环　　　　　图 5-15　半循环

集中热水供应系统应设置热水循环管道,保证干管和立管热水循环。对于要求随时取得不低于规定温度热水的建筑物,应保证支管中的热水循环。

2）自然循环方式和机械循环方式

热水供应管网按循环动力不同分为自然循环和机械循环两种方式。

自然循环方式是利用配水管和回水管内的温度差所形成的压力差,使管网维持一定的循环流量,以补偿热损失,保持一定的供水温度。一般用于热水供应系统较小,用户对水温要求不严格的系统中。

机械循环方式是在回水干管上设置循环水泵强制一定量的水在管网中循环,以补偿配水管道中的热损失,保证用户对热水温度的要求。集中热水供应系统和高层建筑热水供应系

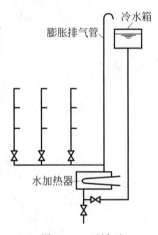

图 5-16　不循环

统均应采用机械循环方式。在设有 3 个或 3 个以上卫生间的住宅、别墅的局部热水供应系统中,当共用水加热设备时宜采用机械循环方式,设置热水回水管及循环水泵。

5.2　热水系统的加热方式与加热设备

5.2.1　热源的选用

热源是用以制取热水的能源,可以是工业废热、余热、太阳能、可再生低温能源、地热、燃气、电能,也可以是城镇热力网、区域锅炉房或附近锅炉房提供的蒸汽或高温水。

1. 集中热水供应系统热源的选用

本着节约能源的基本原则,集中热水供应系统宜首先利用工业余热、废热、地热等热源。利用废热锅炉制备热媒时,烟气、废气的温度不宜低于 400℃。当间接加热供水方式利用废

热作热媒时,水加热器应进行防腐处理,其构造应便于清理水垢和杂物;应采取防止热媒管道渗漏的措施,以防水质被污染;还应采取消除废气压力波动、除油等措施。以地热作热源时,应根据地热水水温、水质、水压采取相应的技术措施进行升温、降温、去除有害物质、加压提升等,以保证地热水被安全利用。

太阳能以其取之不尽、安全洁净等特点,在建筑热水工程中广泛应用。在日照系数大于1 400h/a、年太阳辐射量大于4 200MJ/m^{2}且年极端最低气温不低于$-45℃$的地区,宜优先采用。

由于热泵机组能够通过吸收自然界中的热能达到制热的效果,风源、空气源及土层源均可作为热泵热水供应系统的热源。

以上热源具有节能、环保、安全的特点。

2. 局部热水供应系统热源的选用

局部热水供应系统的热源宜采用太阳能及电能、燃气、蒸汽等。

5.2.2 加热和贮热设备

在热水供应系统中,常采用加热设备将冷水加热。加热设备是热水供应系统的重要组成部分,需根据热源条件和系统要求合理选择。

热水系统的加热设备分局部加热设备和集中加热设备。局部加热设备包括燃气热水器、电热水器、太阳能热水器等;集中加热设备包括燃油(燃气)热水机组、容积式水加热器、快速式水加热器、半容积式水加热器和半即热式水加热器等。

加热设备常用以蒸汽或高温水为热媒的水加热设备。

1. 局部加热设备

1) 燃气热水器

燃气热水器是一种局部供应热水的加热设备,按其构造分为直流式和容积式两种。直流快速式燃气热水器一般带有自动点火和熄火保护装置,冷水流经带有翼片的蛇形管时,被热烟气加热到所需温度的热水(图5-17)。直流快速式燃气热水器一般在用水点就地加热,随时点燃并可立即获得热水,供一个或几个配水点使用,常用于厨房、浴室、医院手术室等局部热水供应。容积式燃气热水器是能储存一定容积热水的自动水加热器,使用前应预先加热。

2) 电热水器

电热水器是把电能通过电阻丝变为热能加热冷水的设备。加热器是电热水器中的重要组成部件,按照加热方式分间热式加热器和直热式加热器。间热式加热器的电热丝与保护套之间存在间隙,电热丝产生的热量辐射传递给护套,再将水加热,热效率低,耗电多且寿命较短;直热式加热器的电热丝与电热管之间用氧化镁粉(导热性和绝缘性好)填充,电热丝的热量通过填充材料直接传导至电热管并将水加热,热效率高、结构简单、寿命长、使用安全。

电热水器按贮热容积分为快速式和容积式两种类型。快速式电热水器无贮水容积,使用时不需预先加热,通水通电后即可得到被加热的热水,具有体积小、质量轻、热损失少、效率高、安装方便、易调节水量和水温等优点,但电耗较大。容积式电热水器具有一定贮水

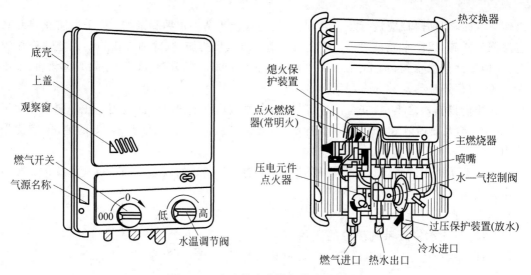

图 5-17 直流快速式燃气热水器构造

容积,使用前需预先加热到一定温度,可同时供应几个热水用水点在一段时间内使用。其耗电量小使用方便,但热损失较大,适用于局部热水供应系统。容积式电热水器的构造如图 5-18 所示。

3)太阳能热水器

太阳能热水器结构简单、维护方便、使用安全、费用低廉,但受天气、季节等影响不能连续稳定运行,需配贮热和辅助电加热设施,且占地面积较大。

太阳能热水器是将太阳能转换成热能并将水加热的装置。集热器是太阳能热水器的核心,由真空集热管和反射板构成,目前采用双层高硼硅真空集热管做集热元件,优质进口镜面不锈钢板做反射板,使太阳能的吸收率高达 92% 以上,同时具有一定的抗冰雹冲击的能力。

贮热水箱是太阳能热水器的重要组件,其构造同热水系统的热水箱。贮热水箱的容积按每平方米集热器采光面积配置。

太阳能热水器主要由集热器、贮热水箱、反射板、支架、循环管、给水管、热水管、泄水管等组成(图 5-19)。

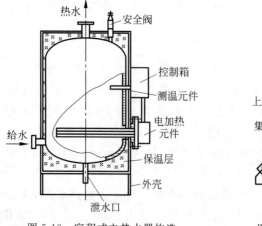

图 5-18 容积式电热水器构造

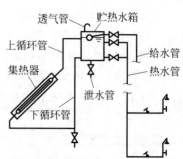

图 5-19 自然循环太阳能热水器

2. 集中加热和贮热设备

1) 燃油(燃气)热水机组

燃油(燃气)热水机组是以油、气为燃料,由燃烧器、水加热炉体和燃油(燃气)供应系统等组成的设备组合体。燃油(燃气)热水机组具备燃料燃烧迅速完全、构造简单、体积小、热效高、排污总量少、管理方便等优点。目前燃油(燃气)锅炉(图 5-20)的使用越来越广泛。

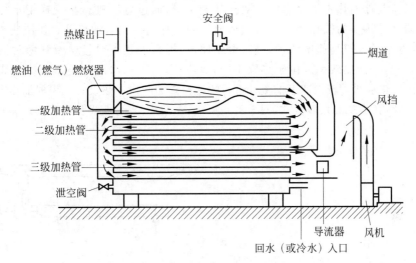

图 5-20　燃油(燃气)锅炉构造示意图

采用直接供应热水的燃油(燃气)热水机组,无须换热设备,有利于提高热效率、减少热损失,一般需要配置调节贮热用的热水箱。当热水箱不能设置在屋顶时,多与燃油(燃气)热水机组一并设置在地下层或底层的设备间,需另设热水加压泵。由于冷、热水供水压力来源不同,不易平衡系统中的冷、热水的压力。

采用间接供水方式时,由于增加了换热设备导致热损失增大。但热水系统能利用冷水系统的供水压力,无须另设热水加压泵,有利于平衡系统中的冷、热水的压力。

2) 容积式水加热器

容积式水加热器(图 5-21)是一种间接加热设备,内设换热管束并具有一定的贮热容积,既可加热冷水又可贮备热水,常用热媒为饱和蒸汽或高温水,分立式和卧式两种。容积式水加热器具有较大的储存和调节能力,被加热水流速低,压力损失小,出水压力平稳,水温

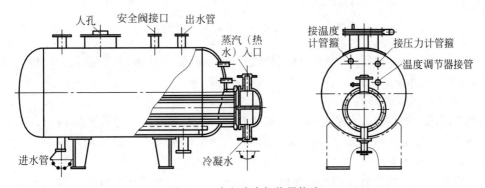

图 5-21　容积式水加热器构造

较稳定,供水较安全;缺点是传热系数小,热交换效率较低,体积庞大,U形盘管以下的水不能被加热,冷水滞水区占水加热器总容积的20%～30%。适用于用水量不均匀、热源供应不足或要求供水可靠性高、供水水温和水压平稳的热水供应系统。

3) 快速式水加热器

根据加热方式,水加热器有间接式水加热器、直接式水加热器两类。间接式水加热器的原理是载热体与被加热水被金属壁面隔开互不接触,通过管壁进行热交换把水加热。快速式水加热器就是热媒与被加热水进行快速换热的一种间接式水加热器。在快速式水加热器中,热媒与冷水通过较高速度流动,进行紊流加热,提高了热媒对管壁及管壁对被加热水的传热系数,提高了传热效率。由于热媒不同,有汽—水、水—水两种类型。快速式水加热器是热媒与被加热水通过较大速度的流动进行快速换热的间接加热设备。根据加热导管的构造不同分为单管式(图5-22)、多管式(图5-23)、板式、管壳式、波纹板式及螺旋板式等多种形式。

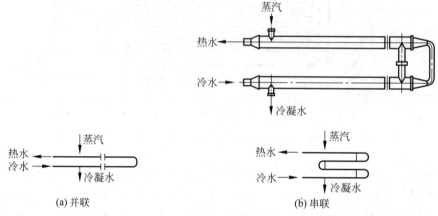

图5-22 单管式汽—水快速式水加热器

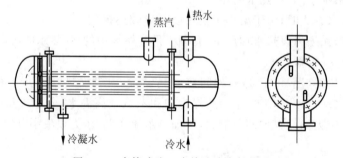

图5-23 多管式汽—水快速式水加热器

快速式水加热器体积小、安装方便、热效高,但不能储存热水,水头损失大,出水温度波动大,适用于用水量大且比较均匀的热水供应系统。

4) 半容积式水加热器

半容积式水加热器带有适量储存与调节容积。其贮水罐与快速换热器隔离,冷水在快速换热器内迅速加热后,进入热水贮罐,当管网中热水用水量小于设计用水量时,热水一部分流入罐底部被重新加热,其构造如图5-24所示。

半容积式水加热器装置的构造如图5-25所示。被加热水进入快速换热器后迅速加热,然后由下降管强制送到贮热水罐的底部,再向上流动以保持整个贮罐内热水温度相同。

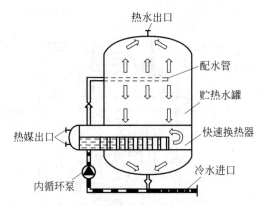

图 5-24 半容积式水加热器构造示意

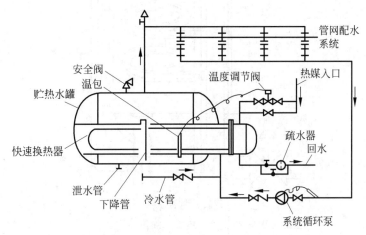

图 5-25 半容积式水加热器构造

半容积式水加热器有一定的调节容积,对温控阀的要求不高(温控阀的精度为±4℃),供水水温、水压较稳定;具有体型小、加热快、换热充分、供水温度稳定、罐体容积利用率高的优点,但设备用房占地面积较大。半容积式水加热器适用于热媒供应较充足(能满足设计小时耗热量的要求)或要求供水水温、水压较平稳的系统。

5) 半即热式水加热器

半即热式水加热器是带有超前控制,具有少量贮水容积的快速式水加热器(图 5-26)。

热媒由底部进入各并联盘管,冷凝水经立管从底部排出,冷水经底部孔板流入罐内,并有少量冷水经分流管至感温管。冷水经转向器均匀进入罐底并向上流过盘管得到加热,热水由上部出口流出,同时部分热水进入感温管开口端。冷水以与热水用水量成比例的流量由分流管同时进入感温管,感温元件读出感温管内冷、热水的瞬间平均温度,向控制阀发送信号,按需要调节控制阀,以保持所需热水温度。只要配水点有用水需要,感温元件就能在出口水温未下降的情况下,提前发出信号开启控制阀,即有了预测性。加热时多排螺旋形薄壁铜质盘管自由收缩膨胀并产生颤动,造成局部紊流区,形成紊流加热,增大传热系数,加快换热速度。由于温差作用,盘管不断收缩、膨胀,可使传热面上的水垢自动脱落。

半即热式水加热器传热系数大、热效高、体积小、加热速度快、占地面积小、热水储存容

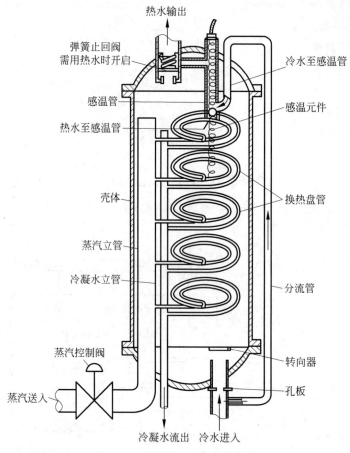

图 5-26 半即热式水加热器构造

量小,适用于热媒能满足设计秒流量所需耗热量、系统用水较为均匀的热水系统及各种机械循环热水供应系统。

6)加热水箱和热水贮水箱

加热水箱是一种直接加热的热交换设备,既可在水箱中安装蒸汽穿孔管或蒸汽喷射器,给冷水直接加热,也可在水箱内安装排管或盘管给冷水间接加热。加热水箱常用于公共浴室等用水量大且均匀的定时热水供应系统。

热水贮水箱(罐)是专门调节热水量的设施,常设在用水不均匀的热水供应系统中,用以调节水量、稳定出水温度。

3. 加热设备的选择

选择加(贮)热设备时应综合考虑热源条件、用户使用特点、建筑物性质、耗热量、供水可靠性、安装位置、安全要求、设备性能特点以及维护管理及卫生防菌要求等因素。

选用局部热水供应加热设备,需同时供给多个用水设备时,宜选用带贮容积的加热设备;热水器不应安装在易燃物堆放或对燃气管、表、电气设备产生影响及有腐蚀性气体和灰尘较多的场所;燃气热水器、电热水器必须带有保证使用安全的装置,严禁在浴室内安装直燃式燃气热水器;当有太阳能资源可利用时,宜选用太阳能热水器并辅以电加热装置。

选择集中热水供应系统的加热设备时,应选用热效率高、换热效果好、节能、节省设备用房、安全可靠、构造简单及维护方便的水加热器,要求生活热水侧阻力损失小,有利于整个系统冷、热水压力的平衡。

当采用自备热源时,宜采用直接供应热水的燃气、燃油热水机组,也可采用间接供应热水的自带换热器的热水机组或外配容积式、半容积式水加热器的热水机组,并具有燃料燃烧完全、消烟除尘、自动控制水温、火焰传感、自动报警等功能;当采用蒸汽或高温水为热源时,间接水加热设备的选择应结合热媒的情况、热水用途及水量大小等因素经技术经济比较后确定;有太阳能可利用时宜优先采用太阳能水加热器,电力供应充足地区可采用电热水器。

5.3 热水系统的管材及附件

5.3.1 热水供应系统的管材和管件

(1) 热水供应系统的管材和管件应符合现有国家和行业标准的要求。管道的工作压力和温度不得大于产品标准标定允许的工作压力和温度。热水管道应选用耐腐蚀、安装连接方便可靠的管材。如薄壁铜管、薄壁不锈钢管、塑料热水管、塑料和金属复合热水管等。

(2) 当采用塑料热水管或塑料和金属复合热水管材时,管道的工作压力应按相应温度下的允许工作压力选择。塑料质脆、怕撞击,故设备机房内的管道不应采用塑料热水管。

(3) 管道与管件宜为相同材质。由于塑料的伸缩系数大于金属的伸缩系数,如管道采用塑料管而管件为金属材质时,易在接头处出现胀缩漏水的问题。

(4) 定时供应热水系统内水温经常性发生冷热变化,不宜选用塑料热水管。

5.3.2 热水供应系统的附件

1. 自动温度调节器

为节能节水、安全供水,在水加热设备的热媒管道上应装设自动温度控制装置来控制和调节出水温度。水加热设备出水温度应根据贮热调节容积的大小采用不同级别的自动温度控制装置。自动温度调节器可按温度范围和精度要求查看相关设计手册。自动温度控制装置常采用直接式或间接式自动温度调节器,它由阀门和温包组成。温包放在水加热器热水出口管道内,感受温度自动调节阀门的开启及开启度大小。阀门放置在热媒管道上,自动调节进入水加热器的热媒量,其构造原理和安装如图 5-27 和图 5-28 所示。

水加热设备上部、热媒进出口管,贮热水罐和冷热水混合器等位置均应装温度计、压力表,便于工作人员观察和判断设备及系统运行情况;热水循环进水管应装温度计及控制循环泵开关的温度传感器;热水箱应装温度计、水位计。

密闭系统中的水加热器、贮水器、锅炉、分汽缸、分水器、集水器等各种承压设备,以及热水加压泵、循环泵的出水管均应装设压力表,以便操作人员观察其运行工况,减少和避免一些不安全事故。

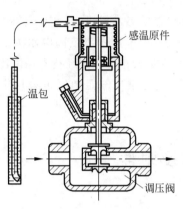
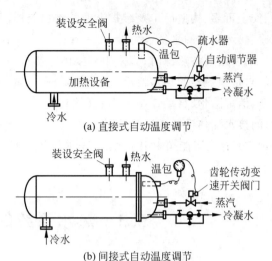

图 5-27　自动温度调节器构造原理

图 5-28　自动温度调节器安装示意

2. 疏水器

疏水器的作用是自动排出管道和设备中的凝结水，阻止蒸汽流失。为保证使用效果，疏水器前应装过滤器。以蒸汽为热媒的间接加热供水方式的管路中，应在每台用汽设备（如水加热器、开水器等）凝结水回水管上装设疏水器，每台加热设备各自装设疏水器是为了防止水加热器热媒阻力不同（背压不同）相互影响疏水器工作的效果。蒸汽立管最低处、蒸汽管下凹处的下部宜设疏水器。当水加热器换热能确保凝结水回水温度不大于80℃时，可不装疏水器。

疏水器按工作压力有低压和高压之分，热水系统通常采用高压疏水器，一般可选用浮筒式疏水器（图5-29）和热动力式疏水器（图5-30）。浮筒式疏水器属于机械型疏水器，它依靠蒸汽和凝结水的密度差工作。热动力式疏水器是利用相变原理靠蒸汽和凝结水热动力学特性的不同来工作的。

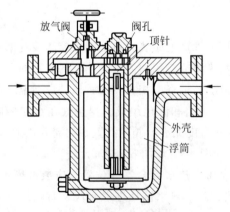
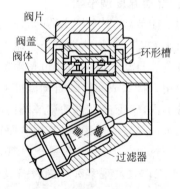

图 5-29　浮筒式疏水器构造

图 5-30　热动力式疏水器构造

疏水器的安装应符合以下要求。

（1）疏水器的安装位置应便于检修，并尽量靠近用汽设备，安装高度应低于设备或蒸汽管道底部150mm以上，以便凝结水排出。

（2）浮筒式或钟形浮子式疏水器应水平安装。

（3）疏水器一般不装设旁通管。对于特别重要的加热设备，如不允许短时间中断排除凝结水或生产上要求速热时，可考虑装设旁通管。旁通管应在疏水器上方或同一平面上安装，避免在疏水器下方安装。

（4）当采用余压回水系统、回水管高于疏水器时，应在疏水器后装设止回阀。

（5）当疏水器距加热设备较远时，宜在疏水器与加热设备之间安装回汽支管。

（6）当凝结水量很大，一个疏水器不能排除时，则需几个疏水器并联安装。并联安装的疏水器应同型号、同规格，一般适宜并联2个或3个疏水器，且必须安装在同一平面内。

3．减压阀

减压阀是通过启闭件（阀瓣）的节流调节介质压力的阀门。按结构不同分为弹簧薄膜式、活塞式、波纹管式等，常用于空气、蒸汽等管道。图5-31为Y43H-6型活塞式减压阀的构造示意图。

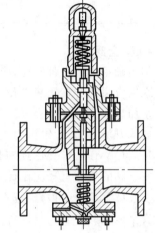

图5-31 Y43H-6型活塞式减压阀的构造

减压阀安装时应注意，蒸汽减压阀的阀前与阀后压力之比不应超过5～7，超过时应采用2级减压；活塞式减压阀的阀后压力不应小于100kPa，如必须送到70kPa以下时，则应在活塞式减压阀后增设波纹管式减压阀或截止阀进行二次减压；减压阀的公称直径应与管道一致，产品样本列出的阀孔面积值是指最大截面积，实际选用时应小于此值。

比例式减压阀宜垂直安装，可调式减压阀宜水平安装。安装节点还应安装阀门、过滤器、安全阀、压力表及旁通管等附件，如图5-32所示，安装尺寸见表5-1。

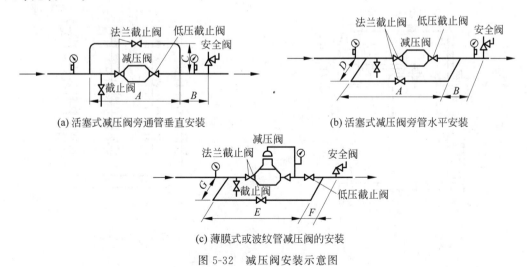

(a) 活塞式减压阀旁通管垂直安装

(b) 活塞式减压阀旁管水平安装

(c) 薄膜式或波纹管减压阀的安装

图5-32 减压阀安装示意图

表 5-1 减压阀安装尺寸 单位：mm

减压阀公称直径 DN	A	B	C	D	E	F	G
25	1 100	400	350	200	1 350	250	200
32	1 100	400	350	200	1 350	250	200
40	1 300	500	400	250	1 500	300	250
50	1 400	500	450	250	1 600	300	250
65	1 400	500	500	300	1 650	350	300
80	1 500	550	650	350	1 750	350	350
100	1 600	550	750	400	1 850	400	400
125	1 800	600	800	450			
150	2 000	650	850	500			

4. 安全阀

加热设备为压力容器时，应按压力容器设置要求安装安全阀（由制造厂配套提供）。闭式热水供应系统的日用热水量小于等于 $30m^3$ 时，可采用设置安全阀泄压的措施。

水加热器宜采用微启式弹簧安全阀，并设防止随意调整螺钉的装置；安全阀的开启压力一般为热水系统工作压力的 1.1 倍，但不得大于水加热器本体的设计压力（一般分为 0.6MPa、1.0MPa、1.6MPa 三种规格）。

安全阀的接管直径应比计算值放大一级，并应符合锅炉及压力容器的有关规定。安全阀的安装位置应便于检修，直立安装在水加热器的顶部，其排出口应设导管可将排泄的热水引至安全地点。安全阀与设备之间不得装设取水管、引气管或阀门。

5. 自动排气阀

自动排气阀用于排除热水管道系统中热水汽化产生的气体（溶解氧和二氧化碳），以保证管内热水畅通，防止管道腐蚀。一般在上行下给式系统配水干管最高处设自动排气阀。

自动排气阀及其安装位置如图 5-33 所示。

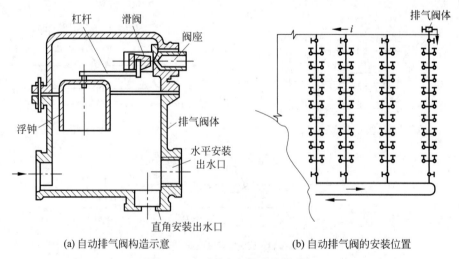

图 5-33 自动排气阀及其安装位置

6. 自然补偿管道和伸缩器

热水管道随水温变化会产生伸缩,因而承受内应力。如果伸缩量得不到补偿,当管道所承受的内应力超过自身的极限时就会发生弯曲、位移、接头开裂甚至破裂。因此,热水管道系统应采取补偿管道热胀冷缩的措施。常用的技术措施有自然补偿和伸缩器补偿。自然补偿是利用管道敷设自然形成的 L 形或 Z 形弯曲管段,来补偿管道的温度变形。当直线管段较长,不能依靠自然补偿作用时,需每隔一定距离设置伸缩器来补偿管道伸缩量。

管道的热伸长量的计算公式如下:

$$\Delta L = \alpha(t_2 - t_1)L \tag{5-1}$$

式中:ΔL——管道的热伸长(膨胀)量,mm;

α——线膨胀系数,mm/(m·℃),见表 5-2;

t_2——管道中热水最高温度,℃;

t_1——管道周围环境温度,℃,一般取 $t_1 = 5$℃;

L——计算管段长度,m。

表 5-2 不同管材的 α 值

管 材	α	管 材	α	管 材	α
PP-R	0.16(0.14~0.18)	ABS	0.1	钢管	0.012
PEX	0.15(0.2)	PVC-U	0.07	无缝铝合金衬塑	0.025
PB	0.13	PAP	0.025	薄壁不锈钢管	0.016 6
PVC-C	0.08	薄壁铜管	0.02(0.017~0.018)		

1)自然补偿管道

热水管道应尽量利用自然补偿,即利用管道敷设的自然弯曲、折转等吸收补偿管道的温度变形,在直线距离较短、转向较多的室内管段可采用这种方式。通常在转弯前后直线段上设置固定支架,让其伸缩在弯头处补偿,一般 L 形壁和 Z 形平行伸长壁不宜大于 20~25m。方形补偿器如图 5-34 所示。

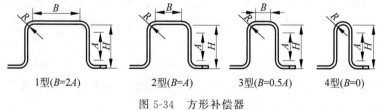

图 5-34 方形补偿器

2)伸缩器

当直线管段较长无法利用自然补偿时,应每隔一定的距离设置伸缩器,如塑料伸缩节、不锈钢波纹管、多球橡胶软管接头等,如图 5-35 所示。

不锈钢波形膨胀节是由一层或多层薄壁不锈钢管坯制成的环形波纹管,波形膨胀节的波数应按管道同等支架内管道长度和膨胀节的理论特性经计算伸缩量确定,选择波数时要

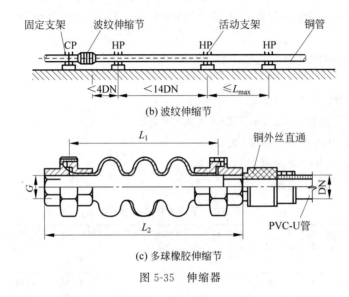

图 5-35 伸缩器

计算其弯曲变形、疲劳寿命和安全系数。

波纹伸缩节的安装位置应靠近固定支架处,其后的导向性活动支架可按安装图要求的尺寸布置,铜管固定支架每隔 10~20m 设置。立管的固定支架应设置在楼面或有钢筋混凝土梁、板处。横管的固定支架应设置在钢筋混凝土柱、梁、板处。波纹允许伸缩量可按 60% 值选用。

室内塑料伸缩节有多球橡胶伸缩节和伸缩塑料伸缩节,前者宜用于横管,后者宜用于立管。

7. 膨胀管、膨胀水箱和压力膨胀罐

在热水供应系统中,冷水被加热后,水的体积会膨胀,对于闭式系统,当配水点不用水时,会增加系统的压力,系统有超压的危险,因此要设膨胀管、膨胀水箱或膨胀水罐。

1) 膨胀管

膨胀管用于由高位冷水箱向水加热器供应冷水的开式热水系统,可将膨胀管引至同一建筑物除生活饮用水以外的其他高位水箱的上空,如图 5-36 所示。当无此条件时,应设置膨胀水箱。膨胀管的设置高度的计算公式如下:

$$h = H\left(\frac{\rho_1}{\rho_r} - 1\right) \tag{5-2}$$

式中:h——膨胀管高出生活饮用高位水箱水面的垂直高度,m;
H——锅炉、水加热器底部至生活饮用高位水箱水面的高度,m;
ρ_1——冷水的密度,kg/m³;
ρ_r——热水的密度,kg/m³。

膨胀管出口离接入水箱水面的高度不应小于100mm。

2) 膨胀水箱

热水供应系统如设置膨胀水箱,其容积的计算公式如下:

$$V_p = 0.0006 \Delta t V_s \tag{5-3}$$

式中:V_p——膨胀水箱的有效容积,L;

Δt——系统内水的最大温差,℃;

V_s——系统内的水容量,L。

当热水供水系统设有膨胀水箱时,膨胀水箱水面应高出系统冷水补给水面(常为生活饮用高位水箱)。两者水面的垂直高度也按式(5-2)计算,此时 h 是指膨胀水箱水面高出系统冷水补给水面的垂直高度。

膨胀管上严禁装设阀门,且应防冻,以确保热水供应系统安全。其最小管径应按表5-3确定。

表 5-3 膨胀管最小管径

锅炉或水加热器的传热面积/m²	<10	≥10 且<15	≥15 且<20	≥20
膨胀管的最小管径/mm	25	32	40	50

注:对多台锅炉或水加热器应分设膨胀管。

3) 膨胀水罐

日用热水量小于或等于30m³的热水供应系统,可采用安全阀等泄压的措施;日用热水量大于30m³的热水供应系统应设置压力式膨胀水罐(图5-37)。压力膨胀水罐用以容纳贮热设备及管道内水升温后的膨胀量,防止系统超压,保证系统安全运行。压力膨胀水罐宜设置在加热设备的热水回水管上,与压力膨胀水罐连接的热水管不得装阀门。

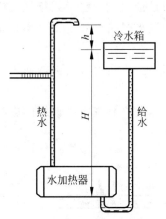

图 5-36 膨胀管安装高度示意图

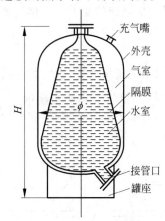

图 5-37 隔膜式压力膨胀水罐

膨胀水罐的总容积的计算公式如下:

$$V_e = \frac{(\rho_f - \rho_r) P_2}{(P_2 - P_1) \rho_r} V_s \tag{5-4}$$

式中:V_e——膨胀水箱的总容积,m³;

ρ_f——加热前加热、贮热设备内水的密度,kg/m³;

ρ_r——热水的密度,kg/m³;

P_1——膨胀水罐处管内水压力,MPa(绝对压力);为管内工作压力加0.1MPa;

P_2——膨胀水罐处管内最大允许水压力,MPa(绝对压力),其数值可取$1.10P_1$;

V_s——系统内的热水总容积,m³;当管网系统不大时,V_s可按水加热设备的容积计算。

5.4 热水系统的布置与敷设

热水管网布置与给水管网布置的原则基本相同,另外还需注意因水温较高而引起的体积膨胀、管道伸缩补偿、保温、防腐、排气等问题。热水管道敷设一般多为明装。明装时,管道应尽可能布置在卫生间、厨房或无居住人的房间。暗装不得埋于地面下,多敷设于地沟内、地下室顶部、建筑物最高层的顶板下或顶棚内及专用设备技术层内。热水管可以沿墙、梁、柱敷设,也可敷设在管道井及预留沟槽内。设于地沟内的热水管应尽量与其他管道同沟敷设。

管道穿过墙和楼板时应设套管,若地面有积水可能时,套管应高出室内地面5～10cm,以避免地面积水从套管缝隙渗入下层。

热水管网的配水立管始端、回水立管末端和支管上装设多于五个配水龙头的,支管始端均应设置阀门,以便于调节和检修。为了防止热水倒流或串流,水加热器或热水贮罐的进水管上、机械循环的回水管上、直接加热混合器的冷热水供水管上,都应装设止回阀。

为了避免热胀冷缩对管件或管道接头的破坏,热水干管应考虑自然补偿管道或装设足够的管道补偿器。

所有热水横管,均应有不小于0.003的坡度,以便排气和泄水。在上行下给式配水干管的最高点,应根据系统的要求设置排气装置,如自动放气阀、集气罐、排气管或膨胀水箱等。管网系统的最低点还应设置1/10～1/5倍管径的泄水阀或丝堵,以便检修时泄水,也可利用最低配水点泄水。

为集存热水中所析出的气体,防止被循环水带走,下行上给管网的回水立管,应在最高配水点以下约0.5m处与配水管连接。

热水立管与水平干管连接时,立管应加弯管,以免立管受干管伸缩的影响,连接方式如图5-38所示。

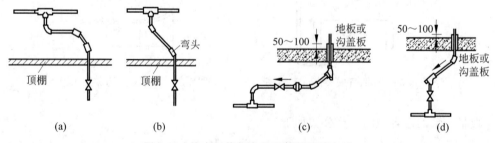

图5-38 热水立管与水平干管的连接方式

为了满足运行调节和检修的要求,在水加热设备、贮水器锅炉、自动温度调节器和疏水器等设备的进出水口的管道上,还应装设必需的阀门。

根据要求,管道上应设置活动与固定支架,其间距由设计决定。

管道防腐应在作管道保温层前进行。首先要对管道除锈,然后刷两道耐热防锈漆。对不保温的回水管及附件,除锈后刷一道红丹漆后,再刷两道沥青漆。

为减少热损失,热水配水、循环干管和通过不采暖房间的管道及锅炉、水加热器、热水箱等,均应保温。常用的保温材料有石棉、矿渣棉、蛭石类、珍珠岩、玻璃纤维等。保温层构造通常由保温层、保护层组成,保护层的作用是增加保温结构的机械强度和防水能力。

5.5 热水管道的防腐与保温

1. 管道的防腐

管道和设备在保温之前,应进行防腐蚀处理。为了增加绝热结构的机械强度及防湿功能,应在绝热层外作保护层。一般采用石棉水泥、麻刀灰、油毛毡、玻璃布、铝箔等作为保护层,用金属薄板作保护层较好。

2. 管道的保温

为减少热水制备和输送过程中无效的热损失,热水供应系统中的水加热设备、贮热水器、热水箱、热水供水干管及立管、机械循环的回水干管及立管、有冰冻可能的自然循环回水干管及立管均应保温。一般选择导热系数低、耐热性高、不腐蚀金属、密度小并有一定的孔隙率、吸水性低且有一定机械强度、易施工、成本低的材料作为保温材料。

对未设循环的供水支管长度 L 为 3~10m 时,为减少使用热水前泄放的冷水量,可采用自动调控的电伴热保温措施,电伴热保温支管内水温可按 45℃设计。

热水供(回)水管、热媒水管常用的保温材料为岩棉、超细玻璃棉、硬聚氨酯、橡塑泡棉等材料,其保温层厚度可参照表 5-4。蒸汽管用憎水珍珠岩管壳保温时,其厚度见表 5-5。水加热器、热水分集水器、开水器等设备采用岩棉制品、硬聚氨酯发泡塑料等保温时,绝热层厚度可为 35mm。

表 5-4 热水供(回)水管、热媒水管保温层厚度 单位:mm

项　　目	热水供(回)水管				热媒水、蒸汽凝结水管	
管径 DN	15~20	25~50	65~100	>100	≤50	>50
保温层厚度	20	30	40	50	40	50

表 5-5 蒸汽管保温层厚度 单位:mm

管径 DN	≤40	50~60	≥80
保温层厚度	50	60	70

不论采用何种保温材料,管道和设备在保温之前,均应进行防腐处理。保温材料应与管道或设备的外壁紧密相贴,并在保温层外表面加防护层。如遇管道转弯处,其保温应作伸缩缝,缝内填柔性材料。

3. 热水供应系统的试压

热水系统安装完毕,管道保温之前应进行水压试验,试验压力应符合设计要求。当设计未注明时,热水供应系统水压试验压力应为系统顶点的工作压力加 0.1MPa,同时在系统顶点的试验压力不小于 0.3MPa。

检验方法是钢管或复合管道系统试验压力下 10min 内压力降不大于 0.02MPa,然后降至工作压力检查,压力应不降,且不渗不漏;塑料管道系统在试验压力下稳压 1h,压力降不得超过 0.05MPa,然后在工作压力 1.15 倍状态下稳压 2h,压力降不得超过 0.03MPa,连接处不得渗漏。

热交换器应以工作压力的 1.5 倍作水压试验。蒸汽部分应不低于蒸汽压力加 0.3MPa,热水部分应不低于 0.4MPa。

检验方法是试验压力下 10min 内压力不下降,不渗不漏。

5.6 高层建筑热水供应

1. 高层建筑热水供应系统技术要求

高层建筑热水供应系统与给水系统相同,若采用同一系统供应热水,会使低层管道中静水压力过大,由此带来一系列弊端。为了保证良好的工况,高层建筑热水供应系统也要解决低层管道中静水压力过大的问题。

2. 高层建筑热水供应系统技术措施

高层建筑热水供应系统与给水系统相同,为解决低层管道静水压力过大的问题,可采用竖向分区的供水方式。热水供应系统分区的范围应与给水系统的分区一致,各区的水加热器、贮水器的进水均应由同区的给水系统供应。冷、热水系统分区一致,可使系统内冷、热水压力平衡,便于调节冷、热水混合龙头的出水温度,也便于管理。

3. 高层建筑热水供应系统与供水方式

高层建筑热水供应系统的分区供水方式主要有集中式和分散式两种类型。

1) 集中式

各区热水配水循环管网自成系统,加热设备、循环水泵集中设在底层或地下设备层,各区加热设备的冷水分别来自各区冷水水源(图 5-39)。各区供水自成系统,互不影响,供水安全可靠,设备集中设置,维修管理方便。但是高区水加热器需承受高压并且其制作要求和费用较高。所以该形式不宜多于三个分区,一般适用于建筑高度 100m 以下的高层建筑。

2) 分散式

各区热水配水循环管网自成系统,但各区的加热设备和循环水泵分散设备在各区的设备层中(图 5-40)。其优点是供水安全可靠、加热设备承压均衡、费用低;缺点是设备分散布置,占用建筑面积大,维修管理不方便,且热媒管线较长。所以该分区形式一般用在多于三个分区,建筑高度大于 100m 的超高层建筑。

高层建筑热水系统的分区应遵循以下原则。

(1) 应与给水系统分区一致,各区水加热器、贮水罐的进水均应由同区的给水系统专管供应。

(2) 当不能满足时,应采取保证系统冷、热水压力平衡的措施。

(3) 当采用减压阀分区时,除应满足给水系统的减压阀分区要求外,其密封部分材料应按热水温度要求选择,尤其要注意保证各分区热水的循环效果。

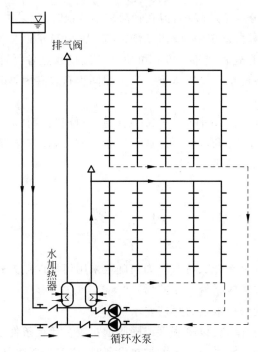

图 5-39 集中式供水方式

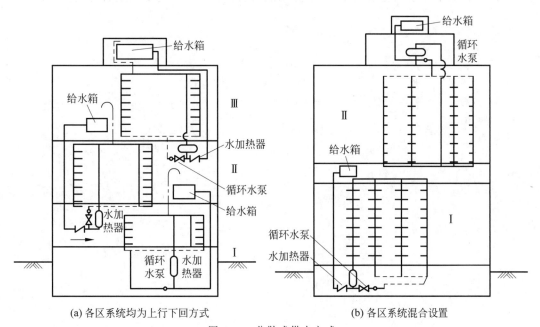

(a) 各区系统均为上行下回方式　　(b) 各区系统混合设置

图 5-40 分散式供水方式

4. 高层建筑热水管道的布置与敷设

一般高层建筑热水供应的范围较大,热水供应系统的规模也较大,为确保系统运行时的良好工况,进行管线布置时,应注意以下几点。

(1) 当分区范围超过 5 层时,为使各配水点可以随时得到设计要求的水温,应采用全循环或立管循环方式；当分区范围较小，但立管数多于 5 根时，应采用干管循环方式。

(2) 为防止循环流量在系统中流动时出现短流，影响部分配水点的出水温度，宜采用同程式管线布置方式。同程式管线布置方式可使循环流量通过各循环管路的流程相当，避免短流现象，有利于保证各配水点所需水温。当采用同程布置有困难时，应采取保证干管和立管循环效果的措施。

(3) 为提高供水的安全可靠性，尽量减小管道、附件检修时的停水范围，可充分利用热水循环管路提供的双向供水的有利条件，放大回水管管径，使它与配水管径接近，当管道出现故障时，可临时作配水管使用。

习 题

5.1 各种加热方式具有什么特点？如何确定采用何种加热方式？
5.2 试述常用热水供应系统有哪些形式？
5.3 热水供应系统管道敷设有哪些要求？
5.4 热水系统中为什么要设膨胀管或膨胀罐？应在什么条件下设置？
5.5 试述选用集中热水供应系统的加热设备时，应符合哪些基本要求？
5.6 在集中热水供应系统中，影响热水贮水器容积大小的主要因素有哪些？

第6章 居住小区给水排水、中水及雨水利用

6.1 居住小区给水排水

1. 居住小区的概念

居住小区指含有教育、医疗、文体、经济、商业服务及其他公共建筑的城镇居民住宅建筑区。成熟的居住小区具有较完整的、相对独立的给水排水系统。

我国城市居住用地组成基本构造单元,在大中城市一般由居住区、居住小区两级构成。在居住小区以下也可以分为居住组团和街坊等次级用地。

居住组团指居住户数为 300~800 户,居住人口数为 1 000~3 000 人;居住小区指居住户数为 2 000~3 500 户,居住人口数为 7 000~13 000 人;居住区指居住户数为 10 000~15 000 户,居住人口数为 3 万~5 万人。

在规划居住区的规模结构时,可根据实际情况采用居住区—小区—组团、居住区—组团、小区—组团以及独立组团等多种类型。

居住小区的给水排水工程设计既不同于建筑给水排水工程设计,也有别于室外城市给水排水工程设计。它是建筑给水排水和市政给水排水的过渡段,其水量、水质特征及其变化规律与其服务范围、地域特征有关。

居住小区的给水排水工程包括居住小区给水工程、排水工程、雨水工程以及小区中水工程。特定情况下,还包括小区热水供应系统、直饮水供应系统、环保工程供水系统等内容。

2. 系统的分类与组成

根据居住小区离城市的远近、城市管网供水压力的大小及水源状况不同,居住小区给水排水系统分为直接利用城市管网的给水排水系统、设有给水压和排水提升设施的给水排水系统、设有独立水源和污水处理站的给水排水系统。

1) 直接利用城市管网的系统

居住小区位于城市市区范围之内,城市给水管网通过居住小区,管网的自由水头较高,能满足多层建筑生活用水的水压要求,并且小区排水能够靠重力流入城市下水管道。

居住小区给水排水管道系统由接户管、小区支管、小区干管组成,如图6-1所示。

接户管:布置在建筑物周围,直接与建筑物引入管和排出管相接的给水排水管道。

小区支管:布置在居住组团内道路下,与接户管相接的给水排水管道。

小区干管:布置在小区道路或城市道路下,与小区支管相接的给水排水管道。

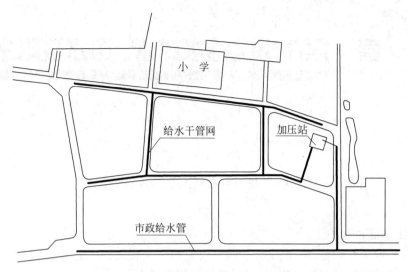

图 6-1 某小区给水管网布置图

2)设有给水加压和排水提升设施的系统

位于城市边缘的居住小区,给水系统水量充足、水压低。居住小区以城市给水管网为水源,由水池、水塔、加压泵房、给水管道组成给水系统。

污水在管道中依靠重力从高处流向低处。当管道坡度大于地面坡度时,管道埋深增加,地形平坦的地区尤其明显。小区污水排入城市下水道有困难时,应有小区加压站。

3)设有独立水源和污水处理站的系统

居住小区位于城市郊区,水压、水量很难满足要求,且有合适的水源(特别是地下水)时,小区给水可以建成独立于城市管网的小区取水、净水、配水工程。

如果小区污水不能进入市政管道由城市污水处理厂处理,则必须设置集中污水处理站,达标后排放。

6.1.1 居住小区给水

居住小区给水系统的给水水源既可以直接利用市政供水,也可以利用自备水源。位于市区或厂矿区的居住小区,采用市政或厂矿给水管网作为给水水源,可减少工程投资,利于城市集中管理。远离市区或厂矿区的居住小区,若难以铺设供水管线,在技术经济合理的前提下,采用自备水源。

1. 居住小区组成及给水方式

小区给水系统主要由小区(给水)引入管、管网(干管、支管、建筑引入管等)、室外消火栓、加压设施、调节与贮水构筑物(水塔、水池)、管道附件、阀门井、水源、管道系统、二次加压泵房和储水池等组成。

居住小区供水既可以生活和消防合用一个给水系统,也可以生活和消防给水系统各自独立。若居住小区中的建筑物不需要设置室内消防给水系统,火灾扑救仅靠室外消火栓或消防车时,可采用生活和消防共用的给水系统。若居住小区中的建筑物需要设置室内消防给水系统(如高层建筑),可将生活和消防给水系统各自独立设置。

居住小区供水方式应根据建筑物的类型、建筑高度、市政给水管网的水压和水量等因素综合考虑确定。选择供水方式时首先应保证供水的安全可靠,同时要做到技术先进合理、投资省、运行费用低、管理方便。居住小区供水方式分直接供水方式、调蓄增压供水方式、分压供水方式和分质供水方式。

1) 直接供水方式

直接供水方式是利用城市市政给水管网的水压直接向用户供水。城市市政给水管网的水压和水量能满足居住小区的供水要求时,尽量采用。直接给水方式能耗低、运行管理方便、供水水质好且接管施工简单。

2) 调蓄增压供水方式

城市管网压力过低,不能满足小区压力要求时,采用小区加压给水的方式。给水方式包括水池—水泵—水塔、水池—水泵、水池—水泵—水箱、管道泵直接抽水—水箱、水池—水泵—气压罐、水池—变频调速水泵、水池—变频调速水泵和气压罐组合。

3) 分压供水方式

在高层建筑和多层建筑混合的建筑小区内,高层建筑和多层建筑所需压力具有明显的差别,这样的混合建筑小区应采用分压供水系统,既可以节省动力消耗,又可以避免多层建筑供水系统的压力过高。

居住小区内所有建筑物的高度和所需水压都相近时,整个小区可集中设置一套加压给水系统。当居住小区内只有一幢高层建筑或幢数不多且各幢所需压力相差很大时,每一幢建筑物宜单独设调蓄增压设施。当居住小区内若干幢建筑的高度和所需水压相近且布置集中时,调蓄增压设施可以分片集中设置,条件相近的几幢建筑物共用一套调蓄增压设施。

4) 分质供水方式

在我国大部分水资源短缺地区,为使水资源充分利用,可建立单独的"中水"系统用于冲洗、绿化、浇洒道路等。对同一区域满足不同用水水质要求的供水系统,将成为今后发展的必然趋势。

各种给水方式都有优缺点,同一种方式用在不同地区或不同规模的居住小区中,其优缺点往往会发生转化。小区给水方式的选择需根据城镇供水条件、小区规模和用水要求、技术经济比较、社会和环境效益等综合评价确定。选择小区给水方式时,需充分利用城镇给水管网的水压,优先采用管网直接给水方式。采用加压给水时,城镇给水管网水压能满足的楼层仍可采用直接给水。

2. 小区给水设计用水量的计算

1) 设计用水量的内容及用水定额

居住小区给水设计用水量应包括居民生活用水量(Q_1)、公共建筑用水量(Q_2)、浇洒道路和广场用水量(Q_3)、绿化用水量(Q_4)、水景和娱乐设施用水量(Q_5)、公用设施用水量(Q_6)及管网漏失水量和未预见水量(Q_7)。消防用水量不计入正常用水量,仅用于校核管网计算。

居民生活用水指日常生活所需的饮用、洗涤、沐浴和冲洗便器等用水。居住小区综合生活用水定额及小时变化系数按表 6-1 和表 6-2 确定。

表 6-1　最高日综合生活用水定额　　　　　　　　　　单位：L/(人·d)

城市类型	超大城市	特大城市	Ⅰ型大城市	Ⅱ型大城市	中等城市	Ⅰ型小城市	Ⅱ型小城市
一区	250～480	240～450	230～420	220～400	200～380	190～350	180～320
二区	200～300	170～280	160～270	150～260	130～240	120～230	110～220
三区	—	—	—	150～250	130～230	120～220	110～210

表 6-2　平均日综合生活用水定额　　　　　　　　　　单位：L/(人·d)

城市类型	超大城市	特大城市	Ⅰ型大城市	Ⅱ型大城市	中等城市	Ⅰ型小城市	Ⅱ型小城市
一区	210～400	180～360	150～330	140～300	130～280	120～260	110～240
二区	150～230	130～210	110～190	90～170	60～160	70～150	60～140
三区	—	—	—	90～160	80～150	70～140	60～130

注：1. 超大城市指城区常住人口1 000万及以上的城市；特大城市指城区常住人口500万以上1 000万以下的城市；Ⅰ型大城市指城区常住人口300万以上500万以下的城市；Ⅱ型大城市指城区常住人口100万以上300万以下的城市；中等城市指城区常住人口50万以上100万以下的城市；Ⅰ型小城市指城区常住人口20万以上50万以下的城市；Ⅱ型小城市指城区常住人口20万以下的城市。以上包括本数，以下不包括本数。

2. 一区包括湖北、湖南、江西、浙江、福建、广东、广西、海南、上海、江苏、安徽；二区包括重庆、四川、贵州、云南、黑龙江、吉林、辽宁、北京、天津、河北、山西、河南、山东、宁夏、陕西、内蒙古河套以东和甘肃黄河以东的地区；三区包括新疆、青海、西藏、内蒙古河套以西和甘肃黄河以西的地区。

3. 经济开发区和特区城市，根据用水实际情况，用水定额可酌情增加。

4. 当采用海水或污水再生水等作为冲厕用水时，用水定额相应减少。

当缺乏实际用水资料时，最高日城市综合用水的时变化系数宜采用1.2～1.6，日变化系数宜采用1.1～1.5。当二次供水设施较多采用叠压供水模式时，时变化系数宜取大值。

公共建筑用水指医院、中小学、幼儿园、浴室、饭店、食堂、旅馆、洗衣房、菜场、影剧院等用水量较大的公共建筑用水。公共建筑的生活用水量定额及小时变化系数按建筑给水排水规范确定。

居住小区内浇洒道路和绿化用水量可按表6-3规定采用，绿化用水量根据居住小区绿化率确定，一般可按 $2L/m^2$，洒水时间为1h。

表 6-3　居住小区内浇洒道路和绿化用水量

项　目	用水量/(L/次)	浇洒次数
浇洒道路和场地	1.0～1.5	23
绿化用水	1.5～2.0	12

居住小区管网漏失水量包括室内卫生器具、屋顶水箱和管网漏失水量。未预见水量包括用水量定额的增长、临时修建工程施工用水量、外来临时人口用水量及其他未预见水量。

居住小区管网漏失水量与未预见水量之和，按小区最高日用水量的10%～20%计算。

2）设计用水量的计算

(1) 最高日用水量。居住小区内最高日用水量的计算公式如下：

$$Q_d = (1.1 \sim 1.2) \sum Q_{di} \tag{6-1}$$

式中：Q_d——最高日生活用水量，m^3/d；

　　Q_{di}——各住宅最高日生活用水定额，m^3/d；

　　1.1~1.2——小区内未预见用水和管网漏损系数。

（2）最大小时用水量。居住小区内最大小时用水量的计算公式如下：

$$Q_h = \frac{Q_d}{24} \cdot K_h \tag{6-2}$$

式中：Q_h——最大小时用水量，m^3/h；

　　Q_d——最高日用水量，m^3/d；

　　K_h——小区时变化系数。

小区内的时变化系数 K_h 取值应比城镇时变化系数大，但比建筑物室内时变化系数小。

最大小时用水量需要分别计算出居住区内各项设计用水量的最大时用水量然后叠加。如果资料齐全，可以列出小区内各项用水的24h变化表，然后提出最大小时用水量。

（3）生活用水的设计秒流量。居住小区内生活用水的设计秒流量计算可套用建筑物室内给水设计秒流量公式。

3．小区给水管网的设计计算

1）给水管材及管道的布置与敷设

居住小区给水管道的布置包括整个居住小区的给水干管及居住组团内的支管及接户管。定线原则是先布置干管，然后布置支管及接户管。

小区给水干管的布置参照城市给水管网的要求和形式。管网要遍布整个小区，保证每个居住组团都有合适的接水点。为保证供水安全可靠，小区干管应布置成环状或与城镇给水管道连成环网。

小区支管和接户管的布置通常采用枝状网。对于高层及用水要求高的组团宜采用环状布置，从不同侧的2个小区干管上接小区支管及接户管，以保证供水安全和满足消防要求。

给水管道应与道路中心线或与主要建筑物的周边呈平行敷设，尽量减少与其他管道的交叉；给水管道与建筑物基础的水平净距根据规范设定。

给水与其他管道平行或交叉敷设时的净距，应根据管道类型、埋深、施工检修的相互影响、管道上附属构筑物的大小和当地有关规定等因素按表6-4确定。

表6-4　地下管线（构筑物间最小净距）　　　　　　　　　　　单位：m

种类	给水管		污水管		雨水管	
	水平	垂直	水平	垂直	水平	垂直
给水管	0.5~1.0	0.1~0.15	0.8~1.5	0.1~0.15	0.8~1.5	0.1~0.15
污水管	0.8~1.5	0.1~0.15	0.8~1.5	0.1~0.15	0.8~1.5	0.1~0.15
雨水管	0.8~1.5	0.1~0.15	0.8~1.5	0.1~0.15	0.8~1.5	0.1~0.15
低压煤气管	0.5~1.0	0.1~0.15	1.0	0.1~0.15	1.0	0.1~0.15
直埋式热水管	1.0	0.1~0.15	1.0	0.1~0.15	1.0	0.1~0.15
热力管沟	0.5~1.0	—	1.0	—	1.0	—
乔木中心	1.0	—	1.5	—	1.5	—

续表

种　类	给水管		污水管		雨水管	
	水平	垂直	水平	垂直	水平	垂直
电力电缆	1.0	直埋 0.5 穿管 0.25	1.0	直埋 0.5 穿管 0.25	1.0	直埋 0.5 穿管 0.25
通信电缆	1.0	直埋 0.5 穿管 0.15	1.0	直埋 0.5 穿管 0.15	1.0	直埋 0.5 穿管 0.15
通信及照明电缆	0.5	—	1.0	—	1.0	—

注：1. 净距指管外壁距离，管道交叉设套管时指套管外壁距离，直埋式热力管指保温管壳外壁距离。
2. 电力电缆在道路的东侧（南北方向的路）或南侧（东西方向的路），通信电缆在道路的西侧或北侧。一般均应在人行道下。

生活给水管道与污水管道交叉时，给水管应敷设在污水管上面，且不应有接口重叠；当给水管道敷设在污水管下面时，给水管的接口离污水管的水平净距不宜小于 1m。

给水管道的埋深应根据土层的冰冻深度、外部荷载、管材强度及与其他管道交叉等因素确定。金属管道管顶覆土厚度不宜小于 0.7m。为保证非金属管道不被外部荷载破坏，管顶覆土厚度不宜小于 1.0～1.2m。布置在居住组团内的给水支管和接户管如无较大的外部动荷载时，管顶覆土厚度可减小，但对硬聚氯乙烯管管径小于或等于 50mm、管顶最小埋深为 0.5m，管径大于 50mm 时，管顶最小埋深为 0.7m。

在冰冻地区尚需考虑土层的冰冻影响，小区给水管道管径小于或等于 300mm 时，管底埋深应在冰冻线以下 $(d+200)$mm。

因居住小区内管线较多，特别是居住组团内敷设在建筑物之间和建筑物山墙之间的管线很多，除给水管外，还有污水管、雨水管、煤气管、热力管沟等，所以布置组团内的给水支管和接户管时，应注意和其他管线的综合协调问题。图 6-2 是某地区规定的建筑物周围管线综合布置图。

2）小区中给水管道设计流量确定原则

居住小区的室外给水管道的设计流量应根据管段服务人数、用水定额及卫生器具设置标准等因素确定，并应符合下列规定：

（1）住宅应按同时出流概率法计算管段流量；

（2）居住小区内配套的文体、餐饮娱乐、商铺及市场等设施应按综合出流系数法或同时给水百分数法计算节点流量；

（3）居住小区内配套的文化教育、医疗保健、社区管理等设施，以及绿化和景观用水、道路及广场洒水、公共设施用水等，均以平均时用水量计算节点流量；

（4）设在居住小区范围内、不属于居住小区配套的公共建筑节点流量应另计。

3）小区给水管网的水力计算

（1）居住组团内的给水支管和接户管。居住组团内的给水支管和接户管一般布置成枝状网，各设计管段确定后，可首先统计各管段负担的卫生器具当量总数，然后代入设计秒流量计算公式，可直接计算确定各设计管段的计算流量。

如果组团内有用水量较大的公共建筑，该建筑可以单独计算设计秒流量，然后以集中流量接出计入管网计算。

如果组团内给水支管布置成环状网，计算各设计管段流量时，可通过在节点对各管段卫

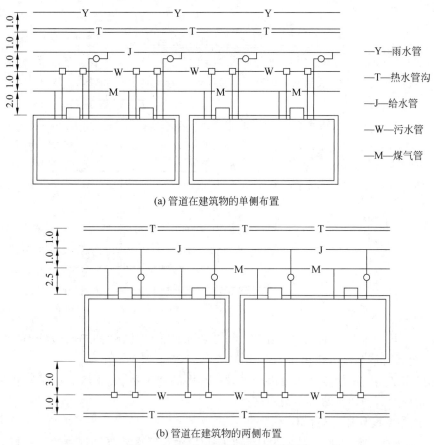

(a) 管道在建筑物的单侧布置

(b) 管道在建筑物的两侧布置

图 6-2 建筑物周围管线综合布置图

生器具的分配确定各管段的卫生器具当量总数,然后代入设计秒流量计算公式,计算确定各设计管段的计算流量。一般不再进行环状网的平差。

(2) 居住小区内给水干管。居住小区内的给水干管从供水安全可靠角度考虑,一般应布置成环状网。居住小区给水干管的设计应按最大时流量确定,这样小区内给水干管管段设计流量计算的方法与步骤与城镇干管相同。通过比流量、线流量、节点流量的计算,经过流量初步分配,平差处理,最后确定各管段的设计流量。

在计算小区给水干管时,如果小区内较大的公共建筑从干管上接出,可计算出该公共建筑的最大时流量作为集中流量,布置在管网节点上接出进行计算。

(3) 小区管网的水力计算。小区管网设计管段计算流量确定后,可按照城镇室外给水干管的计算方法步骤确定各设计管段的管径;根据各管段管径、管长、设计流量计算出各管段的水损失;选定管网控制点的自由水头,从而推出加压泵站的扬程和水塔的高度。

小区给水管网的水力计算一般按设计流量进行设计,并以生活给水设计流量和消防流量之和进行校核。

4. 小区给水加压泵站

1) 加压泵站的组成

加压站一般由泵房、蓄水池、塔和附属构筑物等组成,图 6-3 为某小区的给水加压站布置图。小区给水加压泵站按功能分给水加压站和给水调蓄加压站。给水加压站从城镇给水管

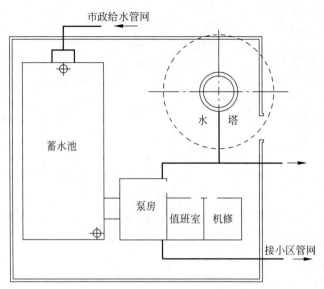

图 6-3　某小区给水加压站布置图

网直接抽水或从吸水井中抽水供给小区用户；给水调蓄加压站应布置蓄水池和水塔，除加压作用外，还有流量调蓄的作用。

小区给水加压站按加压技术可以分为设有水塔的加压站、气压给水加压站和变频调速给水加压站。后两种加压站可不设水塔。

2) 加压站的设计流量与扬程

(1) 居住小区内给水加压站的设计流量应和给水管网设计流量相协调。一般可按下列原则确定。

加压站服务范围为整个小区时，按小区最大小时流量作为设计流量。

加压站服务范围为居住组团或组团内若干幢建筑时，按服务范围内担负的卫生器具总数计算得出的生活用水设计秒流量作为设计流量。

有消防给水任务时设计流量应为生活给水流量和消防给水流量之和。

(2) 居住小区内加压站的设计扬程的计算公式如下：

$$H_p = H_c + H_z + \sum h_n + \sum h_s \tag{6-3}$$

式中：H_p——加压站设计扬程，kPa；

H_c——小区内最不利供水点要求的自由水头，kPa；

H_z——小区内最不利供水点与加压站内泵房吸水井最低水位之间所要求的静水压，kPa；

$\sum h_n$——小区内最不利供水点与加压站之间的给水管网在设计流量时的水头损失之和，kPa；

$\sum h_s$——加压站内水泵吸水管、压水管在设计流量时的水头损失之和，kPa。

5．加压与调节设施

1) 水泵的选择

小区内给水泵房的水泵多选用卧式离心泵，扬程高的可选用多级离心泵。泵房隔振消声要求高时,可选用立式离心泵。选择水泵时应考虑水塔或高位水箱的调节作用,水泵流量可以小于加压站的设计流量。

加压站服务范围为居住小区时,如果无水塔或高位水箱,则应按最大小时流量进行选泵;如果有水塔或高位水箱,应根据调节容积的情况,水泵流量可在最大小时流量和设计秒流量之间确定。

加压站同时担负有消防给水任务时,水泵流量应考虑生活给水流量和消防给水流量之和。

选择水泵时,水泵扬程一般应和加压站设计扬程相同。

2) 水池

水池的有效容积应根据居住小区生活用水的调蓄贮水量、安全贮水量和消防贮水量确定,即

$$V = V_1 + V_2 + V_3 \tag{6-4}$$

式中:V——水池的有效容积,m^3;

V_1——生活用水调蓄贮水量,m^3,按城镇给水管网的供水能力、小区用水曲线和加压站水泵运行规律确定,如果缺乏资料时,可按居住小区最高日用水量的15%~20%确定;

V_2——安全贮水量,m^3,要求最低水位不能见底,应留有一定水深的安全量,并保证市政管网发生事故时的贮水量,一般按2h用水量计算(重要建筑按最大小时用水量,一般建筑按平均时用水量,其中沐浴用水量按15%计算);

V_3——消防贮水量,m^3,按现行防火规范计算。

贮水池应设进水管、出水管、溢流管、泄水管和水位信号装置。溢流管排入排水系统应有防回流污染措施。水池贮有消防水量时,应有消防用水不被挪用的技术措施,如采用吸水管虹吸破坏法、溢流墙法等。

对于不允许间断供水或有效容积超过$1000m^3$的水池,应分设两个或两格,之间设连通管,并按单独工作要求布置管道和闸门。

6.1.2 居住小区排水

1. 小区排水体制及排水系统

1) 小区排水体制

居住小区排水体制根据城镇排水体制、环境保护要求等因素综合比较确定。排水体制选择主要取决于城镇市政总体排水体制和环境要求,也与居住小区是新建小区还是旧区改造以及建筑内部排水体制有关,以保证污水不污染当地环境为首要原则,考虑工程造价及技术合理性。

居住小区内的合流制是指同一管渠内接纳生活污水和雨水的排水方式;分流制是指生活污水管道和雨水管道分流的排水方式。分流制排水系统中,雨水由雨水管渠系统收集,就近排入附近水体或城镇雨水管渠系统;污水则由污水管道系统收集,输送到城镇或小区污水处理厂进行处理后排放。

从环保角度而言,排水体制主要是对生活污水和初降雨水的污染进行有效控制。当小区污水直接排入环境要求较高的受纳水体或暴雨对附近水体危害较大时,应采用分流制。

经济条件较好的小区、新建和扩建的小区、小区内或附近有合适的雨水受纳水体或市政排水系统为分流制的情况下,宜采用分流制排水系统。居住小区内需设置中水系统时,为简化中水处理工艺,节省投资和日常运行费用,还应将生活污水和生活废水分质分流。当居住小区设置化粪池时,为减小化粪池容积,也应将污水和废水分流,生活污水进入化粪池,生活废水直接排入城市排水管网、水体或中水处理站。

2) 小区排水系统

小区排水管布置应根据小区建设总体规划、道路和建筑物布置、地形标高、污废水和雨水的去向等实际情况,按照管线短、埋深小、重力自流排出原则布置。

小区排水管道系统,根据管道布置位置和在系统中的作用分接户管、小区排水支管和小区排水干管。一般按干管、支管、接户管的顺序进行。布置干管应考虑支管接入位置,布置支需考虑接户管的接入位置。小区污水管道布置如图 6-4 和图 6-5 所示。

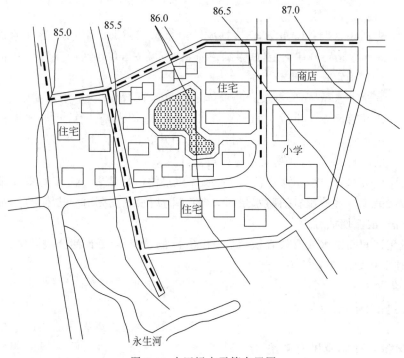

图 6-4 小区污水干管布置图

3) 居住小区排水管布置要求

(1) 排水管宜沿道路或建筑物的周边呈平行铺设,尽量减少转弯以及与其他管线的交叉。如不可避免,与其他管线及乔木之间的水平和垂直最小距离应符合表 6-4 中的要求。

(2) 排水管与建筑物基础之间的最小水平净距与管道的埋设深浅有关,但管道埋设于建筑物基础时,最小水平净距不应小于 1.5m,或最小水平间距不应小于 2.5m。

(3) 排水管应尽量布置在道路外侧人行道或草地下面,不允许平行布置在铁路和乔木的下面。干管应靠近主要排水建筑物并布置在连接支管较多的一侧。

(4) 排水管应尽量远离生活饮用水给水管,避免生活饮用水遭受污染。排水管与生活给水管不可避免地交叉时,排水管应敷设在给水管下面。

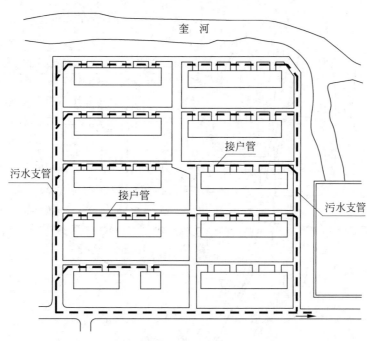

图 6-5　某组团内污水支管和接户管布置图

(5) 排水管转弯和交接处，水流转角应不小于 90°。当管径小于等于 300mm 且跌水水头大于 0.3m 时，可不受此限制。不同直径的排水管与检查井的连接宜采用管顶平接。

(6) 居住小区排水管的覆土厚度应根据道路的外部荷载、管材受压强度、地基承载力、土层冰冻等因素和建筑物排水管标高经计算确定。小区干道和小区组团道路下的管道，覆土厚度不宜小于 0.7m，否则应采取保护措施；生活污水接户管埋设深度不得高于土壤冰冻线以上 0.15m，且覆土厚度不宜小于 0.3m。当管道不受冰冻和外部荷载影响时，最小覆土厚度不宜小于 0.3m。

(7) 居住小区排水管与室内排出管连接处、管道交汇、转弯、跌水、管径或坡度改变处以及直线管段上一定距离应设检查井。小区内排水管管径小于等于 150mm 时，检查井间距不宜大于 20m；管径大于等于 200mm 时，检查井间距不宜大于 30m；居住小区内雨水管和合流管道上检查井的最大间距见表 6-5。

表 6-5　雨水管和合流管道上检查井的最大间距

管径/mm	最大间距/m	管径/mm	最大间距/m
150(160)	30	400(400)	50
200～300(200～315)	40	500(500)	70

注：括号内数据为塑料管的外径。

4) 小区雨水管渠系统布置特点

雨水管渠要求能通畅、及时排走暴雨径流量。根据城市规划要求，尽量利用自然地形坡度，以最短的距离靠重力流排入水体或城镇雨水管道。小区内雨水管道布置如图 6-6 和图 6-7 所示。

雨水口是收集地面雨水的构筑物，小区内雨水不能及时排除或低洼处形成积水往往是

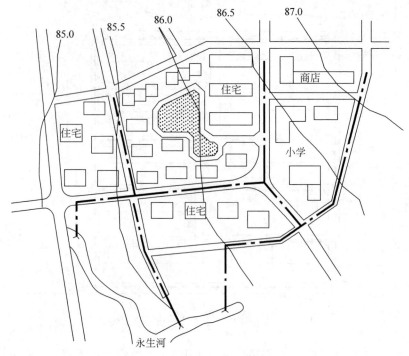

图 6-6 某小区雨水干管布置图

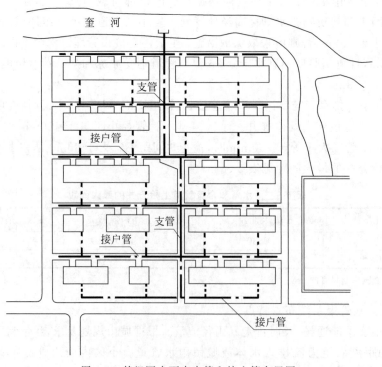

图 6-7 某组团内雨水支管和接户管布置图

由于雨水口布置不当造成的。小区内雨水口的布置一般根据小区地形、建筑物和道路布置情况确定,通常在道路交汇处、建筑物单元出入口附近、建筑物雨落管附近以及建筑物前后空地和绿地的低洼处设置雨水口。雨水口的数量根据汇水面积的汇水流量和选用的雨水口类型及泄水能力确定。雨水口沿街道布置间距一般为20~40m,雨水口连接管长度不超过25m。

2. 小区设计排水量

1) 污水设计排水量

污水管道的设计流量应按最大小时污水量进行计算。

(1) 生活排水最大小时流量应按住宅生活给水最大小时流量与公共建筑生活给水最大小时流量之和的85%~90%确定。

(2) 住宅和公共建筑的生活排水定额和小时变化系数应与其相应生活给水定额和小时变化系数相同。

2) 雨水设计排水量

降落到屋面和地面的雨水,由于地表覆盖情况不同,一部分渗透,一部分蒸发,还有一部分滞留到地面低洼处,而剩下的雨水则沿地面的自然坡度形成地面径流进入附近的雨水口,并在雨水管渠内继续流动,通过出水口排入附近水体。

雨水排水系统有合流制排水系统和分流制排水系统。合流制排水系统是指生活污水和雨水合流排水;分流制排水系统是指雨水有一套单独的排水系统,不和生活污水统一排放。

3) 合流制管道排水量

居住小区合流制管道的设计流量为生活污水量和雨水量之和。生活污水量取设计生活污水量(L/s);雨水量计算时重现期宜高于同一情况下分流制的雨水管道设计重现期。因为降雨时,合流制管道内同时排除生活污水和雨水,且管内常有晴天时沉积的污泥,如果溢出会对环境影响较大,故雨水流量计算时应适当提高设计重现期。

3. 水力计算及相关规定

1) 污水管道水力计算

污水管道水力计算的目的在于经济合理地选择管道断面尺寸、坡度和埋深,校核小区的污水能否重力自流排入城镇污水管道。对于圆管而言,水力计算就是确定各管段管径(D)、设计充满度(h/D)、设计坡度(i)和埋深(H)。

2) 污水管道水力计算相关规定

(1) 设计充满度。在设计流量下,污水在管道中的水深和管道直径的比值称为设计充满度(或水深比)。$h/D=1$ 时称为满流,$h/D<1$ 时称为非满流。污水管道应按非满流计算,其最大设计充满度按表6-6计算。

表6-6 污水管最大设计充满度

管径 D/mm	最大设计充满度(h/D)
150~300	0.55
350~450	0.65
≥500	0.70

(2) 设计流速。和设计流量、设计充满度相应的水流平均流速叫作设计流速;保证管道内不发生淤积的流速叫作最小允许流速(或叫作自清流速);保证管道不被冲刷损坏的流速叫作最大允许流速。污水管道在设计充满度下其最小设计流速为 0.6m/s。

(3) 最小设计坡度和最小管径。

与最小设计流速相对应的坡度叫作最小设计坡度,即保证管道不发生淤积时的坡度。最小设计坡度不仅和流速有关,而且与水力半径有关。

最小管径是从运行管理角度提出的。因为管径过小容易堵塞,小口径管道清通又困难,为了养护管理方便,做出了最小管径规定。如果按设计流量计算得出的管径小于最小管径,则采用最小管径的管道。

从管道内的水力性能分析,小流量时增大管径并不利。相同流量时,增大管径则流速减小,充满度降低,故最小管径规定应合适。根据上海等地的运行经验表明:服务人口为 250 人(70 户)之内的污水管采用 150mm 管径,按 0.004 坡度敷设,堵塞概率反而增加。故小区污水管道接户管的最小管径应为 150mm,相应最小坡度为 0.007。居住小区排水管道最小管径和最小设计坡度按表 6-7 选用。

表 6-7 最小管径和最小设计坡度

管别		位置	最小管径/mm	最小设计坡度
污水管道	接户管	建筑物周围	150	0.007
	支管	组团内道路下	200	0.004
	干管	小区道路、市政道路下	300	0.003
雨水管和合流管道	接户管	建筑物周围	200	0.004
	支管及干管	小区道路、市政道路下	300	0.003
雨水连接管			200	0.010

注:1. 污水管道接户管最小管径为 150mm,服务人口不宜超过 250 人(70 户),超过 250 人(70 户)时最小管径宜用 200mm。
2. 进化粪池前污水管道最小设计坡度,管径 150mm 为 0.010~0.012,管径 200mm 为 0.010。

(4) 污水管道的埋设深度。埋设深度是指管道内壁到地面的深度。覆土厚度是指管道外壁顶部到地面的垂直距离。

小区污水干管埋设在车行道下,管顶的覆土厚度不应小于 0.7m,如果小于 0.7m,应有防止管道受压损坏的措施。组团内的小区污水支管和接户管,一般埋设在路边或绿地下,管顶覆土厚度可酌情减少,但是不宜小于 0.3m。污水管道的埋深还应考虑各幢建筑的污水排出管能否顺利接入。

在冰冻地区污水管的埋深还应考虑冰冻的影响。

3) 雨水管渠水力计算

雨水管渠水力计算的目的是确定各雨水设计管段的管径(D)、设计坡度(i)和各管段埋深(H)。

4) 雨水管渠水力计算相关规定

(1) 设计充满度。雨水中主要含泥沙等无机物质,不同于污水,并且暴雨径流量大,相应设计重现期暴雨强度的降雨历时不会很长,故设计充满度按满流计算,即 $h/D=1$。

（2）设计流速。为避免雨水所挟带泥沙沉积和堵塞管道，要求满流时管内最小流速大于或等于0.75m/s，明渠内最小流速应大于或等于0.40m/s。

（3）最小设计坡度和最小管径。对于雨水和合流制排水系统起端的计算管段，当汇水面积较小，计算的设计雨水流量偏小时，按设计流量确定排水管径不安全，也应按最小管径和最小坡度进行设计。居住小区雨水和合流制排水管最小管径与最小设计坡度见表6-8。

表6-8 居住小区雨水和合流制排水管最小管径与最小设计坡度

管　别	最小管径/mm	最小设计坡度	
		铸铁管、钢管	塑料管
小区建筑物周围雨水接户管	200(225)	0.005	0.003
小区道路下干管、支管	300(315)	0.003	0.0015
雨水口连接管	200(225)	0.01	0.01

6.2 建筑中水系统

"中水"一词来源于日本，水质介于"上水（给水）"和"下水（排水）"之间，相应的技术称为中水技术。中水是指各种排水经处理后，达到规定的水质标准，可在生活、市政、环境等范围内杂用的非饮用水。

6.2.1 中水回用系统的分类

中水回用系统按供应范围大小和规模，一般分为建筑中水系统、小区中水系统、城镇中水系统。

1. 建筑中水系统

建筑中水系统是大型单体建筑或几幢相邻建筑物组成的中水系统，其中水水源一般为优质杂排水或杂排水，建筑物内的排水系统为清、浊分流制；给水系统中杂用水和其他用水分质供水。目前建筑中水系统主要在宾馆、饭店中使用。

2. 小区中水系统

小区中水系统是以居住小区内各建筑物排放的生活废水或污水为中水水源。目前比较常用的是以生活废水为水源。室内给排水系统设置要求：当以生活污水为水源时，与城镇中水相同；当以生活废水为水源时，与建筑中水相同。这种系统可用于住宅小区、学校以及机关团体大院。

3. 城镇中水系统

城镇中水系统是以城镇二级生物污水处理厂的出水和部分雨水为中水水源，经过中水处理站处理后，达到《城市污水再生利用　城市杂用水水质》（GB 18920—2020）和《城市污水再生利用　景观环境用水水质》（GB 18921—2019）的规定，供城镇杂用水使用。因规模较大，往往与城镇污水处理统筹考虑，同时，要求城镇内的建筑物给水系统中杂用水和其他用水分质供水，回水系统可不分流。

6.2.2 中水系统的组成及处理设施

1. 中水系统的组成

中水系统由中水原水系统、中水处理设施和中水供水系统组成。

中水原水是指选作中水水源而未经处理的排水。中水原水系统是指收集、输送中水原水到中水处理设施的管道系统和一些附属构筑物,其设计与建筑排水管道的设计原则和基本要求相同。

中水处理设施是中水系统的关键组成部分,任务是将中水原水净化为符合水质标准的回用中水。根据原水水量、水质和中水使用水质要求等因素,通过技术经济比较确定处理工艺,一般分为预处理设施、主要处理设施和后处理设施三类。

预处理设施一般包括化粪池、格栅、调节池和毛发聚集器等,其主要目的是用来截留较大的悬浮物和漂浮物。

2. 主要处理设施

中水处理设施包括沉淀池、生物接触氧化池、曝气生物滤池、生物转盘等。

沉淀池可改善生物处理构筑物的运行条件并降低其 BOD_5 负荷。接触氧化池在曝气提供充足的条件下,可使污水与附着在填料上的生物膜接触得以净化,其容积负荷高,停留时间短,有机去除效果好且占地面积小。生物转盘是由盘片、接触反应槽、转轴及驱动装置所组成,如图 6-8 所示。盘片串联成组,中心贯以转轴,转轴两端安设在半圆形接触反应槽两端的支座上。

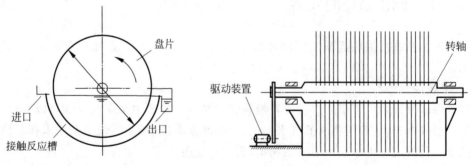

图 6-8 生物转盘构造图

6.2.3 中水水源、水质

1. 中水水源

建筑物内中水水源可取自生活排水和其他可利用的水源,根据原水水质、水量、排水状况和中水回用的水质、水量选定。原水水源要求供水可靠,原水水质经适当处理后能达到回用水的水质标准等。建筑屋面雨水可作为中水水源或其补充,但设计中应注意雨水量的冲击负荷及雨水的分流和溢流等问题。综合医院污水作为中水水源必须经过消毒处理,而且产出的中水只能用于独立的、不与人接触的系统,严禁将传染病医院、结核病医院污水和放射性污水作为中水水源。

建筑物内中水水源根据处理难易程度和水量大小,可选择种类和顺序如下:卫生间、公共浴室的盆浴和淋浴等的排水,盥洗排水,空调循环冷却系统排污水,冷凝水,游泳池排污水,洗衣排水,厨房排水,厕所排水。

中水水源可取自生活污水和冷却水,优先选用优质杂排水,其次选用杂排水,最后考虑生活污水。一般按下列顺序取舍:冷却水、沐浴排水、盥洗排水、洗衣排水、厨房排水、厕所排水,设计时可简化处理流程,节约工程造价,降低运转费用。

2. 中水原水水质

中水水源主要来自建筑物排水,原水水质随建筑物所在区域及使用性质的不同,其污染成分和浓度各不相同。在设计时原水水质一般应以实测资料为准。

3. 中水水质标准

用于厕所冲洗、绿化、清洁洒水和冲洗汽车等杂用的中水水质须符合《城市污水再生利用 城市杂用水水质》(GB/T 18920—2020)和《城市污水再生利用 景观环境用水水质》(GB/T 18921—2019)的规定,用于水景、工业循环冷却水等用途的中水水质标准还应有所提高。

6.2.4 中水的处理工艺

(1) 为了将污水处理成符合中水水质标准的出水,一般要进行预处理、主处理及后处理三个阶段。

① 预处理阶段主要有格栅和调节池两个处理单元,主要作用是去除污水中的固体杂质和均匀水质。

② 主处理阶段是中水回用处理的关键,主要作用是去除污水中的溶解性有机物。

③ 后处理阶段主要以消毒处理为主,对出水进行深度处理,保证出水达到中水水质标准。

(2) 中水处理工艺分为生物处理法、物理化学处理法及膜处理三类。

① 生物处理法是利用微生物吸附、氧化作用分解污水中有机物的处理方法,包括好氧和厌氧微生物处理,在中水回用一体化设备中大多采用好氧生物处理技术。

② 物理化学处理法采用混凝沉淀、气浮、微絮凝过滤和活性炭吸附等方法或其组合的方式。

③ 膜处理采用一体化膜生物反应器、超滤或反渗透膜处理。其优点是不仅 SS 的去除率很高,而且细菌及病毒也能得到很好的分离。

6.2.5 中水处理的工艺流程

中水水源的主要污染物为有机物,目前大多以生物处理为主要处理方法,已建工程多以接触氧化法为主,现已逐渐采用一体化处理设备和膜生物反应器。在工艺流程中消毒灭菌工艺必不可少,一般采用氯化消毒技术。

根据中水水源的水质状况,通常采用物化和生物处理工艺,几种典型的中水处理工艺流程如图 6-9 所示。

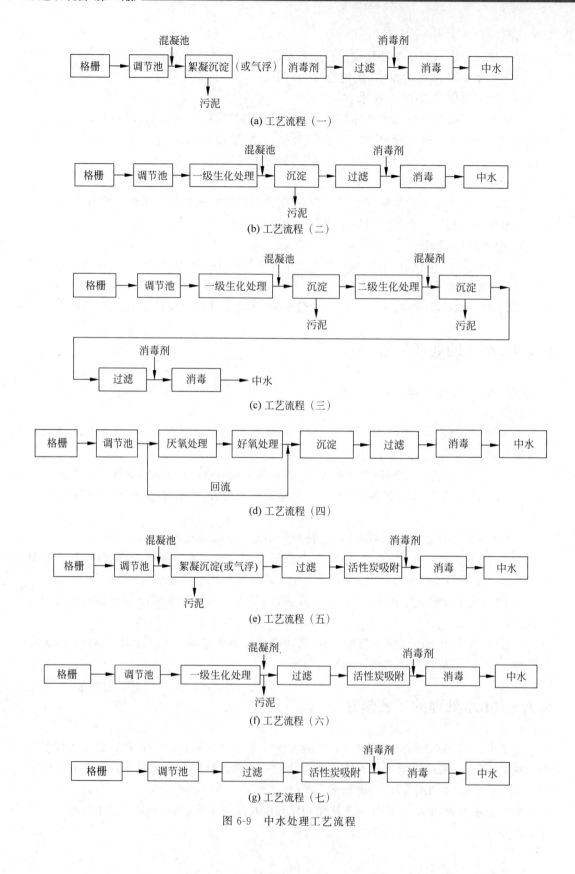

图 6-9 中水处理工艺流程

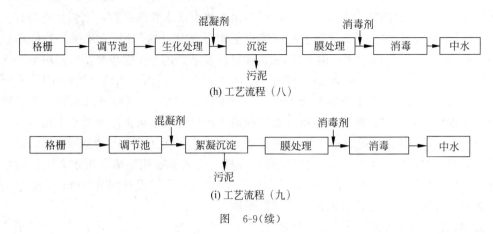

图 6-9（续）

工艺流程（一）仅适用于优质杂排水；工艺流程（二）适用于优质杂排水和杂排水；工艺流程（三）、（四）适用于生活污水。以上四种工艺流程为基本流程，适用范围较广，国内应用较多。工艺流程（五）、（六）主要增加了活性炭吸附，其作用是去除难降解的有机物（如蛋白质、单宁、杀虫剂、洗涤剂等）、色素和某些有毒的微量金属元素（如汞、铬、银等）以及回用水质要求较高的场合。工艺流程（八）、（九）增加了膜处理法，该流程的处理结果可进一步提高中水水质，不仅SS的去除率很高，而且排水中的细菌和病毒均得到很好的分离。但设备投资和处理成本均较高。

6.3 居住小区雨水利用

建筑与小区雨水利用是水综合利用中的一种新的系统工程。对于实现雨水资源化、节约用水、修复水环境与生态环境、减轻城市洪涝有十分重要的意义。设有雨水利用系统的建筑和小区，仍应设有雨水外排措施，当实际雨水量超过雨水利用设施的蓄水能力时，多余的雨水形成径流或溢流可通过雨水外排系统排出。

1. 系统类型及选用

雨水利用包括雨水入渗、收集回用、调蓄排放三种类型。在一个建设项目中雨水利用可采用以上三种系统中的一种，也可以是其中两种系统的组合。当采用两种雨水利用系统组合形式时，总利用规模（利用的总雨水量）应满足设计要求，各系统雨水利用量的比例应根据降雨量、降雨时间分布、下垫面（降雨受水面的总称，包括屋面、地面、水面等）的入渗能力、供用水条件等因素经技术经济比较后确定。

（1）雨水入渗系统是通过雨水收集设施把雨水引至渗透设施，使雨水分散并渗透到地下，将雨水转化为土层水，对涵养地下水、抑制暴雨径流的作用显著。地面上一部分雨水能够就地自然入渗，不需配置雨水收集设备，其他场地的雨水入渗系统由收集设施和渗流设施组成。雨水入渗系统还有削减外排雨水径流总量的作用。年均降雨量小于400mm的城市，可采用雨水入渗系统。

（2）雨水收集回用系统的作用是收集雨水并对储存的雨水进行水质净化处理，使其达到相应的水质标准后用于景观用水、绿化用水、循环冷却系统补水、汽车冲洗用水、路面地面冲洗用水、冲厕用水、消防用水等。雨水收集回用系统由雨水收集、储存、水质处理设施及回用水管网等组成。收集回用系统还有削减外排雨水径流总量的作用，宜用于年均降雨量大于400mm的地区。相对于地面雨水，屋面雨水的污染程度较小，是雨水收集回用系统优先考虑的水源。大型屋面的公共建筑或设有人工水体的小区，屋面雨水应采用收集回用系统。当收集回用系统的回用水量或储水能力小于屋面的收集雨量时，屋面雨水的利用可选用回用与入渗相结合的方式。收集回用系统的回用雨水严禁进入生活饮用水给水系统。

（3）雨水调蓄排放系统是通过雨水储存调节设施来减缓雨水排放的流量峰值、延长雨水排放时间。调蓄排放系统由雨水收集、储存和排放管道等设施组成。雨水调蓄排放系统具有快速排除场地地面雨水、削减外排雨水高峰流量的作用，但没有削减外排雨水总量的作用。调蓄排放系统宜用于有防洪排涝要求的场所。

2. 水质

建筑与小区的雨水径流水质的波动较大，受城市地理位置、下垫面性质、建筑材料、降雨量、降雨强度、降雨时间间隔、气温、日照等诸多因素的综合影响，应以实测资料为准。屋面雨水经初期径流弃流后的水质，无实测资料时可采用如下经验值：$COD_{cr}=70\sim100mg/L$，$SS=20\sim40mg/L$，色度为10～40度。

处理后的雨水水质标准根据用途确定，当处理后的雨水同时用于多种用途时，其水质应按最高水质标准确定。雨水回用供水管网中低水质标准水不得进入高水质标准水系统。建筑或小区中同时设有雨水和中水的合用系统时，原水不宜混合，出水可在清水池混合。

3. 水量与设计规模

降雨量根据当地近10年以上降雨量资料确定。雨水经处理后用于绿化、道路及广场浇洒、车库地面冲洗、车辆冲洗、循环冷却水补水、景观水体补水等用途时，各项最高日用水量按照现行国家标准《建筑给水排水设计规范》(GB 50015—2019)中的有关规定执行。景观水体补水量根据当地水面蒸发量和水体渗透量综合确定。

建设用地在开发之前处于自然状态，其地面的径流系数较小，一般为0.2～0.3。经硬化、绿化后地面的径流系数会增大，雨水排放总量和高峰流量都将大幅度增加。

4. 收集系统

雨水利用系统的三种类型均需设置屋面收集或地面收集组成的雨水收集系统。屋面雨水收集系统由雨水斗、集水沟和弃流装置等组成。屋面明水收集系统应独立设置，严禁与建筑污、废水排水管道连接，阳台雨水不应接入屋面雨水立管。严禁在室内设置敞开式检查口或检查井。

地面雨水收集系统主要收集硬化地面上的雨水和从屋面引流至地面的雨水。当收集的雨水排至地面雨水渗透设施（如下凹绿地、浅沟洼地等）时，雨水应经过地面组织径流或者明沟的方式进行收集和输送；当收集的雨水排至地下雨水渗透设施时，雨水应经过雨水口、雨水管道进行收集和输送。

屋面和地面的初期雨水径流中污染物浓度高、水量小，雨水利用时应考虑舍弃，以减小对后续设施的影响。按照安装方式，弃流装置分管道式、屋顶式和埋地式。埋地弃流装置有弃流井、渗透弃流装置等。屋面雨水收集系统的弃流装置应设于室外。当设在室内时应采用密闭装置，以防止装置堵塞，向室内灌水。地面雨水收集系统设置雨水弃流设施时，可集中或分散设置。

5. 雨水储存

常见的雨水储存设施有景观水体、钢筋混凝土水池、形状各异的成品水池或水罐等。雨水储存有效容积不宜小于集水面重现期 1~2 年的雨水设计总量扣除设计初期流量。当资料具备时,储存设备的有效容积可根据逐日用水量经模拟计算确定。以景观水体作为雨水储存设施时,其水面和水体溢流水位之间的容量可作为储存容积。

雨水蓄水池(罐)应设在室外地下。室外地下蓄水池(罐)的人孔或检查口应设置防止人员落入水中的双层井盖及溢流排水措施。设在室内且溢流水位低于室外地面时,应设置自动提升设备排除溢流雨水,溢流提升设备的排水标准应按 50 年降雨重现期 5min 降雨强度设计,并不得小于集雨屋面设计重现期降雨强度,同时应设溢流水位报警装置。蓄水池兼做自然沉淀池时,还应满足进水端均匀布水、出水端避免扰动沉积物、不使水流短路的要求。

6. 雨水调蓄设施

雨水调蓄排放系统由雨水收集管网、调蓄池及排水管道组成,调蓄设施应布置在汇水面下游,降雨设计重现期应取 2 年。调蓄池应尽量利用天然洼地、池塘、景观水体等地面设施。条件不具备时可采用地下调蓄池,可采用溢流堰式和底部流槽式。

习　　题

6.1　小区给水系统有哪几种?小区给水系统选择的原则是什么?

6.2　居住小区给水水源的选择有哪些?

6.3　试述什么是接户管、小区支管、小区干管?

6.4　简述居住小区供水方式的主要影响因素。

6.5　简述小区供水方式。如何选择小区供水方式?

6.6　居住小区设计用水量包括哪些?如何确定小区内生活排水的设计流量?

6.7　居住小区排水管道最小覆土深度应如何确定?

6.8　为什么在居住小区排水管道系统中应设置检查井?检查井设置的基本原则是什么?

6.9　简述建筑小区中水水源选择的一般原则。

6.10　建筑中水系统的组成与作用是什么?

6.11　如何选择建筑中水水源?建筑中水水源主要有几种组合,各种组合的特点是什么?

6.12　简述建筑小区雨水利用类型及选用方法。

第7章 建筑给排水施工图识读

7.1 常用给排水图例

7.1.1 图线

给排水图线的宽度 b 一般取 0.7mm 或 1.0mm，详见表 7-1 的规定。

表 7-1 建筑给排水工程制图常用线型

名称	线型	线宽	用途
粗实线	——————	b	新设计的各种排水和其他重力流管线
粗虚线	— — — —	b	新设计的各种排水和其他重力流管线的不可见轮廓线
中粗实线	——————	$0.75b$	新设计的各种给水和其他压力流管线；原有的各种排水和其他重力流管线
中粗虚线	— — — —	$0.75b$	新设计的各种给水和其他压力流管线；原有各种排水和其他重力流管线的不可见轮廓线
中实线	——————	$0.5b$	给排水设备、零(附)件及总图中新建的建筑物和构筑物的可见轮廓线；原有的各种给水和其他压力流管线
中虚线	— — — —	$0.5b$	给排水设备、零(附)件的不可见轮廓线；总图中新建的建筑物和构筑物的不可见轮廓线；原有的各种给水和其他压力流管线的不可见轮廓线
细实线	——————	$0.25b$	建筑的可见轮廓线；总图中原有的建筑物和构筑物的可见轮廓线；制图中的各种标注线
细虚线	- - - - -	$0.25b$	建筑的不可见轮廓线；总图中原有的建筑物和构筑物的不可见轮廓线
单点长画线	— · — · —	$0.25b$	中心线、定位轴线
折断线	—√—	$0.25b$	断开界线
波浪线	～～～～	$0.25b$	平面图中水面线；局部构造层次范围线；保温范围示意线等

7.1.2 常用给排水图例

为节省绘图时间、规范制图，图纸上的管道、卫生器具、附件设备等均使用统一的图例来表示。《建筑给水排水制图标准》(GB/T 50106—2010)列出了管道、管道附件、管道连接、管件、阀门、给水配件、消防设施、卫生设备及水池、小型给水排水构筑物、给水排水设备、仪表共11类图例。表7-2给出了一些常用的建筑给排水图例。

表 7-2　建筑给排水常用图例

序号	名　称	图　例	序号	名　称	图　例
1	生活给水管	——J——	15	排水明沟	坡向 →
2	热水给水管	——RJ——	16	套筒伸缩器	
3	热水回水管	——RH——	17	方形伸缩器	
4	中水给水管	——ZJ——	18	管道固定支架	
5	循环给水管	——XJ——	19	管道立管	XL-1　XL-1 平面　系统 L：立管 1：编号
6	热媒给水管	——RM——	20	通气帽	成品　铝丝球
7	蒸汽管	——Z——	21	雨水斗	YD-　YD- 平面　系统
8	废水管	——F——	22	圆形地漏	如为无水封，应加存水弯
9	通气管	——T——	23	浴盆排水件	
10	污水管	——W——	24	存水弯	
11	雨水管	——Y——	25	管道交叉	下方和后面管道应断开
12	多孔管		26	减压阀	左侧为高压端
13	防护套管		27	角阀	
14	立管检查口		28	截止阀	

续表

序号	名称	图例	序号	名称	图例
29	球阀		39	手提灭火器	
30	闸阀		40	淋浴喷头	
31	止回阀	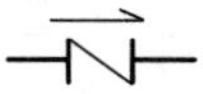	41	水表井	
32	蝶阀	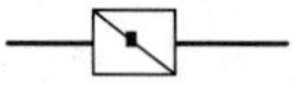	42	水表	
33	弹簧安全阀	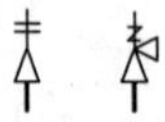 (左为通用)	43	立式洗脸盆	
34	自动排气阀	 平面 系统	44	台式洗脸盆	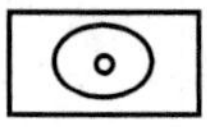
35	室内消火栓(单口)	平面 系统  (白色为开启面)	45	浴盆	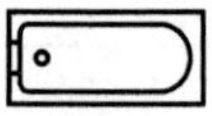
36	室内消火栓(双口)	平面 系统 	46	盥洗槽	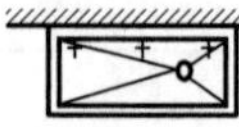
37	水泵接合器	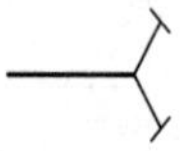	47	污水池	
38	自动喷洒头(开式)	平面 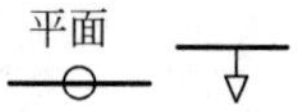 系统	48	坐便器	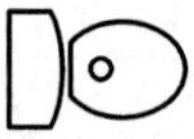

7.1.3 标高、管径及编号

1. 标高

室内工程应标注相对标高,室外工程应标注绝对标高。当无绝对标高资料时,可标注相对标高,但应与总图一致。

下列部位应标注标高:沟渠和重力流管道的起讫点、转角点、连接点、变尺寸(管径)点及交叉点,压力流管道中的标高控制点,管道穿外墙、剪力墙和构筑物的壁及底板等处,不同水位线处,构筑物和土建部分的相关标高。

压力管道应标注管中心标高,沟渠和重力流管道应标注沟(管)内底标高。

标高的标注方法应符合下列规定。

(1) 平面图中,管道标高应按图 7-1 所示的方式标注。

(2) 平面图中,沟渠标高应按图 7-2 所示的方式标注。

(3) 剖面图中,管道及水位的标高应按图 7-3 所示的方式标注。

(4) 轴测图中,管道标高应按图 7-4 所示的方式标注。

在建筑工程中,管道也可标注相对本层建筑地面的标高,标注方法为 $h+\times.\times\times\times$,$h$ 表示本层建筑地面标高(如 $h+0.250$)。

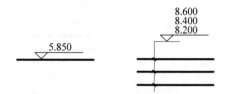

图 7-1 平面图中管道标高标注法

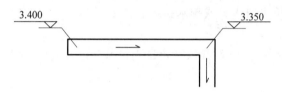

图 7-2 平面图中沟渠标高标注法

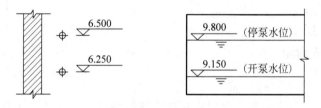

图 7-3 剖面图中管道及水位的标高标注法

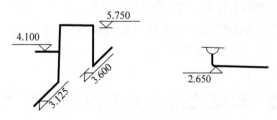

图 7-4 轴测图中管道标高标注法

2. 管径

管径应以 mm 为单位。水煤气输送钢管(镀锌或非镀锌)、铸铁管等管材,管径宜以公称直径 DN 表示(如 DN15、DN50);无缝钢管、焊接钢管(直缝或螺旋缝)、铜管、不锈钢管等管材,管径应以外径 $D\times$壁厚表示(如 $D108\times4$、$D159\times4.5$ 等);钢筋混凝土(或混凝土)管、陶土管、耐酸陶瓷管等管材,管径宜以内径 d 表示(如 $d230$、$d380$ 等);塑料管材,管径宜按产品标准方法表示。当设计均用公称直径 DN 表示管径时,应用公称直径 DN 与相应产品规格对照表。

管径的标注方法应符合下列规定。

(1) 单根管道时,管径应按图 7-5 所示的方式标注。

(2) 多根管道时,管径应按图 7-6 所示的方式标注。

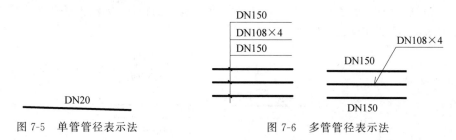

图 7-5　单管管径表示法　　　　图 7-6　多管管径表示法

3. 编号

(1) 当建筑物的给水引入管或排水排出管的数量超过 1 根时应进行编号,编号方法如图 7-7 所示。

(2) 建筑物穿越楼层的立管,其数量超过 1 根时应进行编号,编号方法如图 7-8 所示。

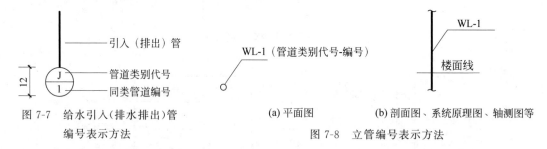

图 7-7　给水引入(排水排出)管编号表示方法　　　　图 7-8　立管编号表示方法

(3) 在总平面图中,当给排水附属构筑物的数量超过 1 个时应进行编号。编号方法为:构筑物代号-编号;给水构筑物的编号顺序应从水源到干管,再从干管到支管,最后到用户;排水构筑物的编号顺序为从上游到下游,先干管后支管。

(4) 当给排水机电设备的数量超过 1 台时应进行编号,并应有设备编号与设备名称对照表。

7.2　建筑给排水施工图的基本内容

建筑给排水施工图一般由图纸目录、主要设备材料表、设计说明、图例、平面图、系统图(轴测图)、施工详图等组成。

1. 图纸目录

图纸目录应作为施工图首页,在图纸目录中列出本专业所绘制的所有施工图及使用的标准图,图纸列表应包括序号、图号、图纸名称、规格、数量、备注等。

2. 主要设备材料表

主要设备材料表应列出所使用的主要设备材料名称、规格型号、数量等。

3. 设计说明

凡在图上或所附表格上无法清楚表达而又必须让施工人员了解的技术数据、施工和验收要求等均需写在设计说明中。一般小型工程说明部分直接写在图纸上，内容较多时则需另用专页编写。设计说明编制一般包括工程概况、设计依据、系统介绍、单位及标高、管材及连接方式、管道防腐及保温做法、卫生器具及设备安装、施工注意事项、其他需说明的内容等。

4. 图例

施工图应附有所使用的标准图例和自定义图例，一般通过表格的形式列出。对于系统形式比较简单的小型工程，如使用的均为标准图例，施工图中可不附图例表。

可以将上述主要设备材料表、设计说明和图例等绘制在同一张图上。

5. 平面图

平面图用于表明建筑物内用水设备及给排水管道的平面位置，是建筑给排水施工图的主要组成部分。建筑内部给排水以选用的给水方式确定平面布置图的张数，底层及地下室必绘；顶层若有高位水箱等设备，也必须单独绘出；建筑中间各层，如卫生设备或用水设备的种类、数量和位置都相同，绘一张标准层平面布置图即可，否则，应逐层绘制。在各层平面布置图上，各种管道、立管应标明编号。

6. 系统图（轴测图）

系统图（轴测图）是建筑内部给排水管道系统的轴测投影图，用于表明给排水管道的空间位置及相互关系，一般按管道类别分别绘制。系统图上应标明管道的管径、坡度，标出支管与立管的连接处，标明管道各种附件的安装标高。系统图中各种立管的编号应与平面布置图一致。系统图中用水设备及卫生器具的种类、数量和位置完全相同的支管、立管，可不重复完全绘出，但应用文字标明。当系统图立管、支管在轴测方向重复交叉影响识图时，可断开移到图面空白处绘制。

7. 施工详图

平面布置图、系统图中局部构造因受图面比例限制难以表示清楚时，必须绘出施工详图。通用施工详图系列，如卫生器具安装、排水检查井、雨水检查井、阀门井、水表井、局部污水处理构筑物等，均有各种施工标准图。施工详图应首先采用标准图。无标准设计图可供选择的设备、器具安装图及非标准设备制造图应绘制详图。

7.3 建筑给排水施工图识读举例

7.3.1 建筑给排水施工图的识读方法

建筑给排水施工图识读时应将给水图和排水图分开识读。

识读给水图时，按水源→管道→用水设备的顺序，首先从平面图入手，然后看系统（轴测）图，粗看储水池、水箱及水泵等设备的位置，对系统有一个全面的认识，分清该系统属于何种给水系统。最后综合对照各图，弄清各个管道的走向、管径、坡度和坡向等参数以及设备位置、设备的型号等参数内容。

识读排水图时,按卫生器具→排水支管→排水横管→排水立管→排出管的顺序,先从平面图入手,然后看排水系统(轴测)图,分清该系统的类型,将平面图上的排水系统编号(如立管序号)与系统图上的编号相对应,然后识读每个排水系统里的各个管段的管径、坡度和坡向等参数。

1. 建筑给排水平面图的识读

建筑内部给排水平面图主要表明建筑内部给排水支管横管(立管)管道、卫生器具及用水设备的平面布置,识读内容如下。

(1) 识读卫生器具、用水设备和升压设备(如洗涤盆、大便器、小便器、地漏、拖布池、淋浴器以及水箱等)的类型、数量、安装位置及定位尺寸等。

(2) 识读引入管和污水排出管的平面布置、走向、定位尺寸、系统编号以及与室外管网的布置位置、连接形式、管径和坡度等。

(3) 识读给排水立管、水平干管和支管的管径、在平面图上的位置、立管编号以及管道安装方式等。

(4) 识读管道配(附)件(如阀门、清扫口、水表、消火栓和清通设备等)的型号、口径大小、平面位置、安装形式及设置情况等。

2. 建筑给排水系统图的识读

识读建筑给水系统图时,可以按照循序渐进的方法,从室外水源引入处着手,顺着管路的走向依次识读各管路及所连接的用水设备。也可以逆向进行,即从任意一用水点开始(最好从最高用水点开始),顺着管路逐个弄清管道和所连接的设备的位置、管径的变化以及所用管件附件等内容。

识读建筑排水系统图时,可以按照卫生器具或排水设备的存水弯→器具排水管→排水横支管→排水立管→排出管的顺序进行识读,依次弄清存水弯形式、排水管道的走向、管路分支情况、管径尺寸、各管道标高、各横管坡度、通气系统形式以及清通设备位置等其他内容。

给水管道系统图中的管道一般都采用单线图绘制,管道中的重要管件(如阀门)用图例表示,而更多的管件(如补心、活接头、三通及弯头等)在图中并未做特别标注,这就要求熟练掌握有关的图例、符号以及各个代号的含意,并对管路构造及施工程序有足够的了解。

3. 建筑给排水工程施工详图(大样图)的识读

常用的建筑给排水工程的详图包括淋浴器、盥洗池、浴盆、水表节点、管道节点、排水设备、室内消火栓以及管道保温层等的安装图。各种详图中注有详细的构造尺寸及材料的名称和数量。需先识读并了解大样图的图例与说明,再根据图纸说明识读整个施工详图(大样图)。

7.3.2 室内建筑给排水施工图识读举例

此处以图 7-9～图 7-16 所示的给排水施工图中综合楼为例介绍其识读过程。

第7章 建筑给排水施工图识读 175

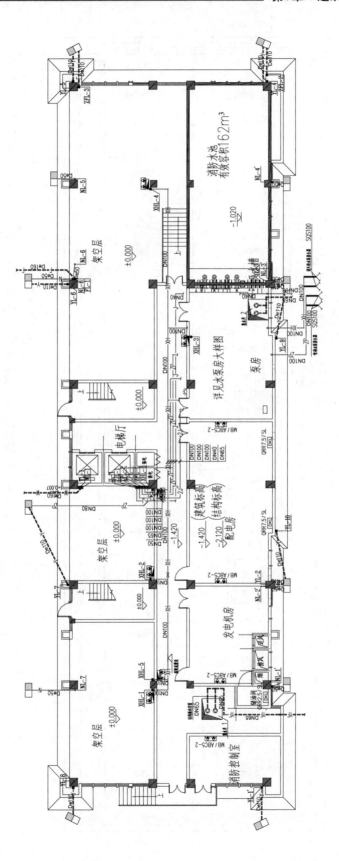

图 7-9 架空层给排水平面图

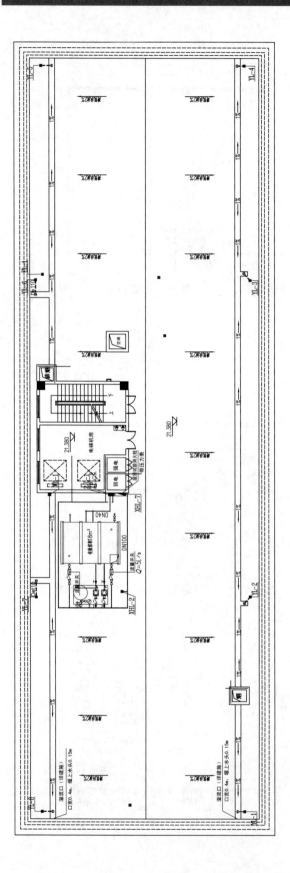

图 7-10 屋顶层给排水平面布置

第7章 建筑给排水施工图识读

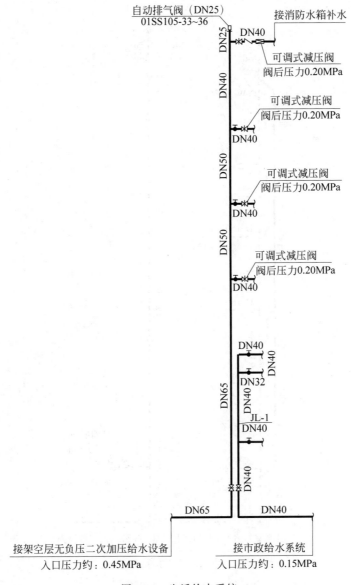

图 7-11　生活给水系统

1. 施工说明

本工程施工说明如下。

(1) 本建筑建筑面积 $4\,587.56\text{m}^2$，建筑高度 21.48m。框架剪力墙结构，建筑耐火等级为一级，多层公共建筑。水源来自城市自来水，常年稳定供水压力为 0.15MPa。供水管为环状网。本工程有两条引入管，管径为 150mm，并在小区四周形成 DN150 环状给水管网，供本小区的生活和消防用水。

(2) 生活给水竖向分为 2 个区，1~2 层为低区，由市政供水；3~5 层为高区，由架空层水泵无负压变频泵供水。室内给水主、干管采用内衬塑钢管，公称压力为 1.0MPa，螺纹连接。室内冷热水支管采用 PP-R 给水管，热熔连接。

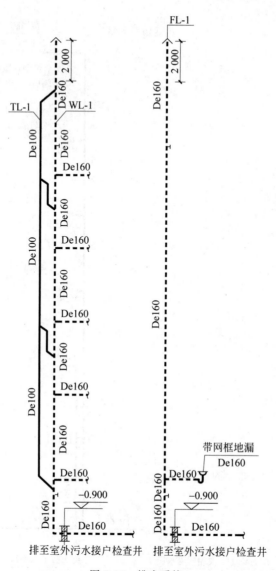

图7-12 排水系统

（3）生活污废水合流，污废水立管设伸顶通气立管，使用UPVC平壁排水管，承插联结。管道转换处及以下楼层采用橡胶密封圈柔性接口机制的排水铸铁管，管箍连接。

（4）消火栓采用低压给水系统，由市政给水管引入两路DN150mm进水管，在小区自成环路。消火栓系统给水由架空层水泵房消火栓泵供给，泵扬程为60m，屋顶设高位消防水箱，有效储水容积为$18m^3$，保证初期灭火。采用热浸锌镀锌钢管，管径小于等于50mm时采用螺纹和卡压连接，管径大于50mm时采用沟槽连接、法兰连接。消防水泵接合器按99S203和99（03）S203安装。

（5）建筑属于轻危险等级，喷水强度为$6L/(min·m^2)$，作用面积为$160m^2$，持续喷水时间为1h。喷淋给水由架空层设备房喷淋泵供给，泵扬程为60m，屋顶设高位消防水箱，有效储水容积为$18m^3$，保证初期灭火。

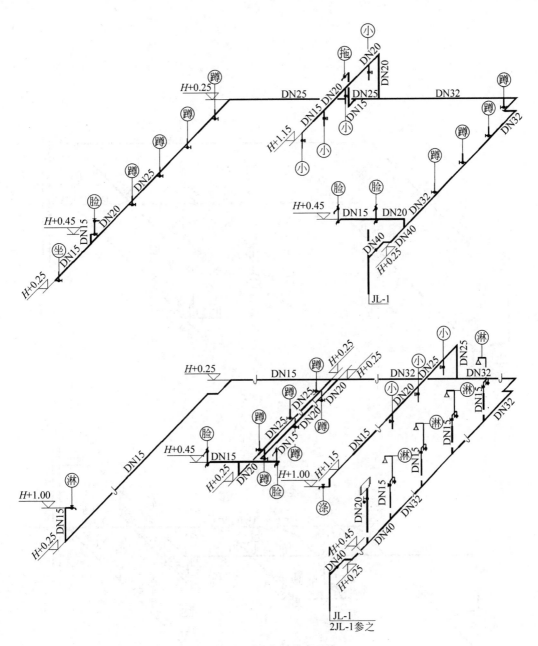

图 7-13　卫生间给水系统

(6) 地漏采用高水封地漏。所有给水阀门均采用铜质阀门。

(7) 排水立管在每层标高 250mm 处设伸缩节,伸缩节的做法见 98S1-156～158。

(8) 排水横管坡度采用 0.026。

(9) 安装完毕进行水压试验,试验工作严格按现行规范要求进行。

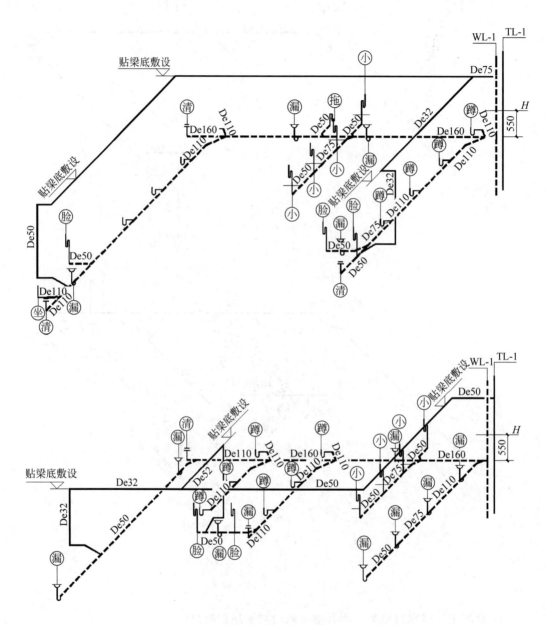

图 7-14 卫生间排水系统

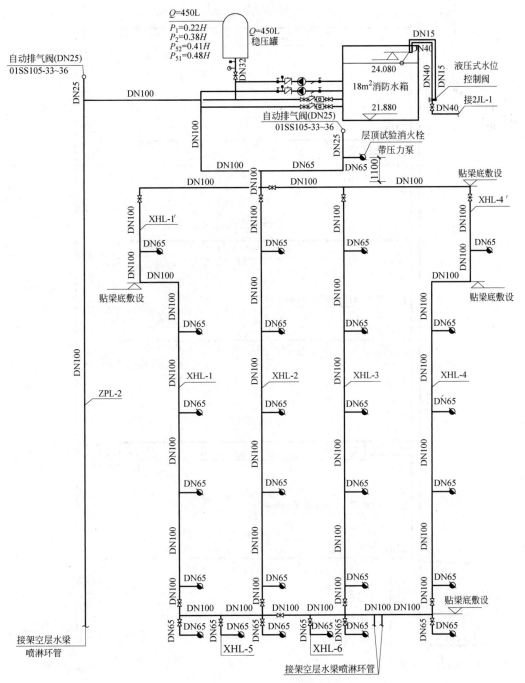

图 7-15 消火栓系统

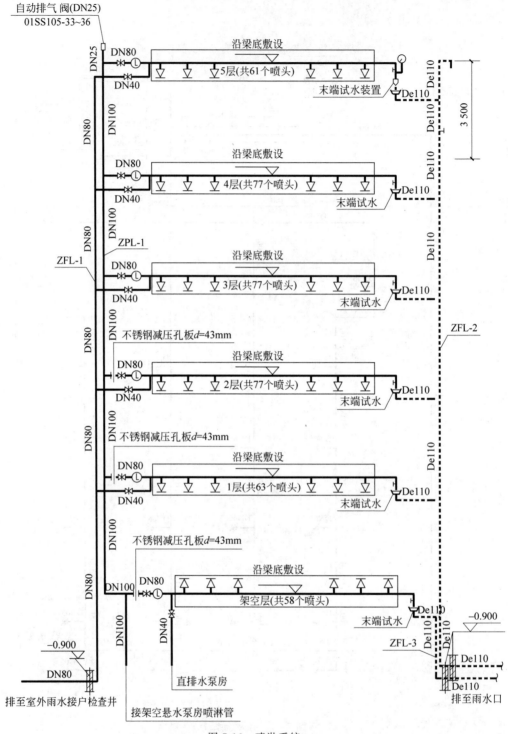

图 7-16 喷淋系统

2. 图例

本工程图例见表 7-3。

表 7-3 工程图例

图 例	名 称	图 例	名 称
——	给水管	— · —	排水管
⊥	截止阀	⌐	角阀
⌐ ↑	水嘴	⌐	喷头
↓ ⌐	存水管	▽ ◎	地漏
↑	检查口	⊕	通气帽

3. 给排水平面图识读

给排水平面图的识读一般从底层开始，逐层阅读。

1) 给水系统

整个建筑有两个给水系统。从图 7-9 中可以得知：给水系统 1 在架空层南边直接从外网引入水源接至立管 JL-1；给水系统 2 在架空层内，采用无负压变频泵直接从给水系统 1 的引入管中抽水。从图 7-11 中可以得知：给水系统 1 的立管 JL-1 从架空层穿过各层楼板至 1、2 层卫生间；给水系统 2 的立管 2JL-1 从架空层穿过各层楼板至 3~5 层卫生间。从图 7-10 和图 7-12 中可以看出 JL-1 供水至 1、2 层公共卫生间的各个卫生器具，立管 2JL-1 供水至 3~5 层公共卫生间的各个卫生器具，并在到达 6 层继续向上接消防水箱补水。

2) 排水系统

本系统共有两个排水系统，分别为生活污水排水系统 1、生活废水排水系统 2。从图 7-9 中可以得知：排水系统 1 接自立管 WL-1 并从架空层穿卫生间下的墙体出户；排水系统 2 接自立管 FL-1 并从架空层穿餐厅下墙体出户。图 7-12 则显示了立管 WL-1 和立管 FL-1。从图 7-14 中可以看出立管 WL-1 与各层卫生间的各个排水器具排污口相连，将污水沿排水系统 1 排出；立管 FL-1 与各层卫生间的各个排水器具排水口相连，将废水沿排水系统 2 排出。

3) 消火栓系统

从图 7-9 中可以看出，消火栓系统从架空层南面引入水源，引入管分为两支，一支直接供给架空层的消火栓，另一支供给消防水箱。从图 7-15 中可以看出，消火栓系统共有四根立管，每根立管均穿过各层楼板并在各层接出消火栓。立管直达 5 层天花板汇合成环后，穿出楼板达 6 层消防水箱。故可以看出此消火栓系统为水泵—水箱消火栓系统。

4) 喷淋系统

从图 7-9 中可以看出，喷淋系统从架空层南面引入水源，接入消防水箱；喷淋泵从消防水箱取水，供至两根喷淋立管，且在架空层出水处成环。从图 7-16 中可以看出，喷淋系统共有三根立管，即立管 ZPL-1、ZFL-1 和 ZFL-2。其中立管 ZPL-1 为自喷供水立管，从架空层出发，依次穿过每层楼板并在每层横梁下布置喷头；立管 ZFL-1 为排空喷淋系统，起到检查维护的作用，其布置同立管 ZPL-1，从 5 层天花板下依次穿过每层楼板，从架空层以下地基处穿出接至室外雨水接户检查井；立管 ZFL-2 起到系统试水、排水的作用，其布置同立管 ZFL-1，不同之处在于立管在最高处为开式连接大气进行排气，防止雨水井内有毒气体进入室内。

4. 给排水系统图识读

1) 给水系统

一般从各系统的引入管开始,依次看水平干管、立管、支管、放水龙头和卫生设备。从图 7-11 中可看出给水系统立管 JL-1 的引入管从穿墙入地下室后,向上穿过各层楼板至 1、2 层卫生间,立管 2JL-1 由架空层的加压设备加压供水,经立管穿过各层楼板至 6 层接消防水箱补水,其中在 3~5 层分别引出支管供每层卫生间。各楼层供水立管的管径变化情况以及标高如图 7-11 所示。

2) 排水系统

依次按卫生设备连接管、横支管、立管、排出管的顺序进行识读。从图 7-12 中可知,排水系统 1 管径为 De160,排水系统 2 管径为 De160,分别连接 WL-1 和 FL-1,两立管顶部穿出 6 层向上延伸,形成伸顶通气管进行通气,其中排水系统 1 在每层设环形通气管。各楼层排水立管的管径变化情况及标高如图 7-12 所示。

3) 消火栓系统

按从低层到高层的顺序进行识读。从图 7-15 中可以看出,消火栓系统在架空层天花板处成环;往上识读发现中间几层基本一样,均是立管在每层处接一个消火栓;识读至 5 层发现系统在 5 层梁底处又成环;后穿过 6 层楼板后与消防水箱相连。

4) 喷淋系统

先看系统共有几个报警阀组,然后按从低层往高层的顺序进行识读。从图 7-16 中可以看出,本系统仅有一个报警阀组;ZPL-1 从架空层出发,依次穿过各层楼板,并在每层引出喷头,至 5 层为止;考虑到系统的维修维护,故设置了立管 ZFL-1 来排空系统内水,ZFL-1 从 5 层出发穿过每层楼板,并与每层喷淋横管相连,最后到达地基处排至室外雨水接户检查井。

习　题

7.1　建筑给排水施工图由哪几部分组成?

7.2　建筑给水图识读遵循什么顺序?

7.3　建筑排水图识读遵循什么顺序?

7.4　建筑给排水平面图识读应了解哪些内容?

7.5　建筑给排水系统图识读应了解哪些内容?

第8章 供暖系统

8.1 供暖系统的组成与分类

冬季室外温度较低,室内的热量会不断地通过建筑围护结构向室外散失,同时建筑门窗固有的缝隙及门窗启闭过程也会使冷风侵入室内,使得室内温度降低。为维持室内相对较舒适的温度,需不断向室内提供热量,以创造一个满足人们日常生活和工作需要的人工环境。

供暖系统就是利用热媒(如水、水蒸气或空气等)作为载热介质将热量从热源通过管道输送到房间的工程设施。

8.1.1 供暖系统的组成

供暖系统一般由热媒制备(热源)、热媒输送和热媒利用(散热设备)三个主要部分组成,如图 8-1 所示。

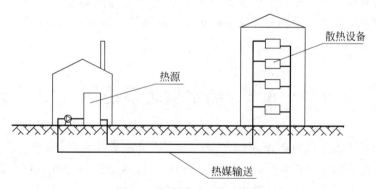

图 8-1 集中供暖系统示意图

1. 热媒制备(热源)

热源是指提供热能的设备,泛指锅炉、热电厂的供热机组等。煤、天然气、重油、轻油等燃料燃烧,化学能转化为热能,将水加热为热水或高温蒸汽。热能也可以由工业余热、太阳能、核能、地热能转化。

2. 热媒输送

热媒输送是指连接热源和室内散热设备的所有管道网络的统称。热源产生的热量被热媒带走,经供热管网输送分配到各散热设备,散热冷却后的热媒再返回至热源重新加热。

3. 热媒利用（散热设备）

散热设备是向供热房间放热的设备。

8.1.2 供暖系统的分类

供暖系统的形式是多种多样的，可根据热媒种类、作用范围等方式进行大致分类。

1. 根据热媒种类的不同分类

1) 热水供暖系统

热水供暖系统是以热水为热媒的供暖系统，主要用于民用建筑，在工业建筑中也有使用，是常见的供暖系统。

2) 蒸汽供暖系统

蒸汽供暖系统是以蒸汽为热媒的供暖系统，其供热温度较高，主要用于工业建筑。

3) 热风供暖系统

热风供暖系统是以空气为热媒的供暖系统，主要用于大型空间采暖。

2. 根据作用范围的不同分类

1) 局部供暖系统

局部供暖系统是热源和散热设备都布置在一起的供暖系统。

2) 集中供暖系统

集中供暖系统是指热源和散热设备分别设置，用热媒管道相连接，由热源向多个热用户供给热量的供暖系统。

3) 区域供暖系统

区域供暖系统是指热源和散热设备分别设置，热源通过热媒管道向一个行政区域或城镇内的许多建筑物供热的系统为区域供暖系统。该系统可以显著减少城市污染，是城市供暖的未来发展方向。

8.2 热水供暖系统

热水供暖系统以水作为热媒，因水的热容大，热量输送效率高，输送过程热损失较小；热水供暖系统的热媒温度相对较低，不易腐蚀管道及散热设备，卫生条件好。热水供暖系统广泛用于民用建筑及部分工业建筑中。

热水供暖系统按热媒温度不同可分为低温热水供暖系统（供水温度小于等于100℃）和高温热水供暖系统（供水温度大于100℃）。低温热水系统多用于民用建筑室内供暖，用于室内散热器供暖的系统供回水温度多采用75℃/50℃，且供水温度不宜大于85℃，供回水温差不宜小于20℃。用于地面辐射供暖系统时，供水温度多采用35～45℃（不应大于60℃，供回水温差不宜大于10℃，且不宜小于5℃）。高温热水供暖系统一般适用于生产厂房供热，供回水温度多采用120～130℃或70～80℃。

按热媒供回水方式不同可分为单管系统和双管系统。

(1) 热水经立管或水平管顺序流过多组散热器，并顺序地在各层散热器中冷却的系统，称为单管系统。如图 8-2 所示,单管系统各层散热器之间为串联关系,从上到下各楼层散热设备的进水温度不同,各组散热设备的热媒流量不能单独调节。

(2) 热水经供水立管或水平供水管平行地分配给多组散热器,冷却后的回水自每个散热器直接沿回水立管或水平回水管流回热源的系统,称为双管系统。如图 8-3 所示,双管系统每组散热器之间为并联关系,供水温度基本相同,各组散热器的热媒流量可自行调节,互不影响。

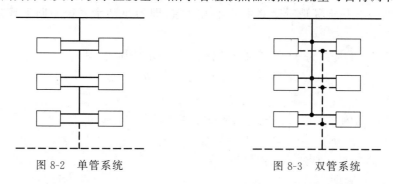

图 8-2　单管系统　　　　　　　图 8-3　双管系统

热水供暖系统按其循环动力不同,还可分为重力循环系统和机械循环系统。

8.2.1　重力循环热水供暖系统

重力循环热水供暖系统是利用供水与回水因温度差造成的密度差为循环动力的供暖系统。这种水循环不需要外界推动力,可在密度差的作用下自发进行,故也可称为自然循环热水供暖系统。

1. 重力循环热水供暖系统的工作原理及作用压力

图 8-4 所示为重力循环热水供暖系统的工作原理图。系统热源为热水锅炉,散热设备为散热器,用供水管和回水管将两者相连,形成一个循环系统。系统的最高处设置有一个膨胀水箱,其主要作用是容纳水系统因受热膨胀而增加的体积、向系统补水、稳定供热管网内的水压。

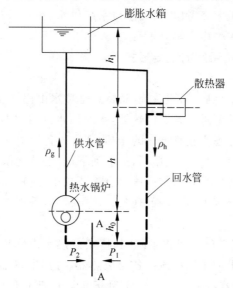

图 8-4　重力循环热水供暖系统的工作原理

系统工作前,其内部注满常温水,启动热水锅炉,水被加热后,密度减小,向上浮升,经供水管进入散热器。在散热器内热水被冷却,密度增大,受重力作用经回水管再流入热水锅炉被重新加热。图8-4中箭头所示的方向即为水系统循环流动方向。

分析该系统循环的作用压力时,可忽略水在管路中散热冷却的影响,假设循环环路内水温只在锅炉和散热器两处发生变化。在循环环路最低点设置一个A—A断面,A—A断面左侧所受的水柱压力与右侧所受的水柱压力之差,即为驱动水系统不断循环流动的作用压力。

设 P_1 和 P_2 分别表示 A—A 断面右侧和左侧的水柱压力,则

$$P_1 = g(h_0\rho_h + h\rho_h + h_1\rho_g)$$
$$P_2 = g(h_0\rho_h + h\rho_g + h_1\rho_g)$$

断面 A—A 两侧之差值为系统的循环作用压力,即

$$\Delta P = P_1 - P_2 = gh(\rho_h - \rho_g) \tag{8-1}$$

式中:ΔP——自然循环系统的作用压力,Pa;

ρ_h——回水密度,kg/m³;

ρ_g——供水密度,kg/m³;

h——散热设备中心至热源中心的垂直距离,m;

g——重力加速度,取 9.81m/s²。

由式(8-1)可见,系统循环动力取决于散热器中心和热水锅炉中心之间这段高度内的水密度差。在相同的供回水温度下,散热器中心与热水锅炉中心的高差越大,自然循环的动力就越强。以典型低温热水系统为例,当供回水温度为75℃/50℃时,每米高差可产生的作用压力为

$$gh(\rho_h - \rho_g) = 9.81 \times (988.25 - 975.06) \approx 129.4(Pa)$$

以上分析计算,均基于循环环路内水温只在锅炉和散热器两处发生变化的假设,忽略了热水在管路流动过程中的散热。实际上,即使管道外包裹了保温材料,管道的散热还是不可避免的,水的温度和密度沿着管路不断变化,从而影响了系统的循环作用压力。在工程计算中,常增加一个附加作用压力来考虑,其大小与系统供水管路布置情况、散热器中心与锅炉中心高度、散热器与锅炉水平距离等因素有关。

2. 重力循环热水供暖系统的主要形式

1) 双管上供下回式

图8-5(a)所示为双管上供下回式系统,其特点是热水由锅炉加热后,在总立管中向上流动,热水经供水干管由上而下进入各层散热器,水经回水立管、回水干管流回锅炉。各层散热器并联在立管上,如不考虑水在管道中的冷却,则进入各层散热器的水温相同。该系统由于各层散热器与锅炉之间形成了独立循环,从上到下,各层独立循环的散热器中心与锅炉中心的高差逐渐减小,因此各层循环的作用压力也逐渐减小,这将导致上层循环的热水流量大于下层循环的热水流量,出现上热下冷的现象。楼层越多,垂直水力失调现象越严重。

2) 单管上供下回式

图8-5(b)所示为单管上供下回式系统,其特点是热水由锅炉加热后,在总立管中向上流动,热水经供水干管从上向下顺序流过各层散热器,各层散热器串联在立管上,散热器进水水温逐层降低。该系统在立管方向上从上到下水温逐渐降低所产生的压力可以叠加作

用,形成一个总的作用压力,水力稳定性好,不存在垂直水力失调的问题。但由于各层散热器串联,从上到下各层散热器进水温度不同,且各层散热器的热水流量不可独立调节。

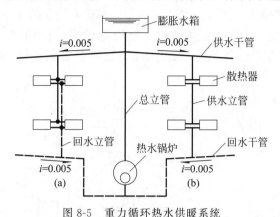

图 8-5 重力循环热水供暖系统

热水供暖系统在初次充水和运行时,常有气泡产生,气泡在管内聚集后将影响水流通过,造成"气堵"。由于重力循环热水供暖系统循环作用力较小,管内流速较慢,一般水平干管流速小于 0.2m/s,而在立管中空气气泡浮升速度约为 0.25m/s。因此,立管内的气泡可以逆水流方向浮升至供水干管。为使系统内的气泡顺利排出,供水干管必须有向膨胀水箱方向的向上坡度,回水干管应有向锅炉方向的向下坡度,坡度为 0.005。

重力循环热水供暖系统具有装置简单、无水泵耗电、无噪声、运行成本低、造价低等优点。目前已基本淘汰。通常只适用于作用半径不超过 50m 的单栋多层建筑。

8.2.2 机械循环热水供暖系统

1. 机械循环热水供暖系统的工作原理

机械循环热水供暖系统与重力循环热水供暖系统的主要区别在于增设了循环水泵,水泵提供动力使水在系统中强制循环,如图 8-6 所示。由于水泵的存在,因此增加了系统运行费用和维护费用。但系统循环作用压力大,管径小,供暖范围广,是目前应用最多的供暖系统。

在机械循环热水供暖系统中,为提高水泵的使用寿命,循环水泵一般安装在回水干管上,膨胀水箱位于系统最高点并接至水泵吸入端。由管路水力分析可知,水泵吸入端为系统压力最低点。因此膨胀水箱可保证整个供暖系统在稳定的正压下运行,避免了管内热水因压力低于大气压而汽化,产生气堵的现象。

机械循环热水供暖系统管内流速一般大于气泡在立管中的浮升速度,供水干管应按水力方向设上升坡度,坡度不小于 0.003,并在水平干管最高处设置排气装置以排除系统中的空气。回水干管的坡向与重力系统相同。

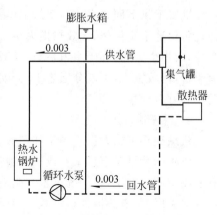

图 8-6 机械循环热水供暖系统

2. 机械循环热水供暖系统的主要形式

1) 机械循环双管上供下回式

机械循环双管上供下回式系统如图 8-7 所示。散热器连接的立管均为两根,一供一回,立管上散热器并联连接。整个系统的供水干管设于顶层,回水干管设于底层。形成上供下回的形式。该系统管道布置简单、排气顺畅、散热器流量可调,是最常见的一种布置形式。

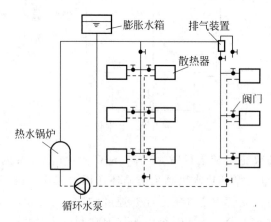

图 8-7 机械循环双管上供下回式系统

系统的循环动力主要依靠水泵所产生的压头。但由于供回水温差,系统同时也存在重力作用压头,重力作用压头的原理与双管上供下回式重力循环系统相同。当选用不同管径仍不能使各层阻力损失达到平衡时,流过上层散热器的水流量将多于实际需要量,流过下层散热器的水流量将少于实际需要量,从而造成上层房间温度偏高,下层房间温度偏低的"垂直失调"现象。楼层层数越多,垂直失调现象越严重。机械循环双管上供下回式一般适用于多层建筑。

2) 机械循环双管下供下回式

机械循环双管下供下回式系统如图 8-8 所示。供水干管和回水干管均设于系统底层,形成下供下回的形式。机械循环双管下供下回式一般适用于建筑设有地下室或室内吊顶难以布置供水管的场合。

双管下供下回式系统与双管上供下回式系统相比,供水干管可敷设于地下室内,其管道散热可给地下室供热,无效热损失小。虽然系统上层散热器环路重力作用压头大,但管路也长,阻力损失大,有利于水力平衡,可减轻双管上供下回式系统的垂直失调。建筑顶棚下没有干管,比较美观,可以分层施工,分期投入使用。其缺点是系统排气较困难,一般通过专设的空气管自动集中排气。

3) 机械循环下供上回式

机械循环下供上回式系统如图 8-9 所示。该系统供水干管设于顶层,回水干管设于底层。供水干管可设于地下室或一层地沟内,向室内散热,无效热损失小。相比于机械循环双管上供下回式系统,该系统供水方向由下而上,与管内空气浮升方向一致,有利于排气。底层供水温度高,散热器面积可减少,有利于布置,适用于底层房间热损失大的建筑。

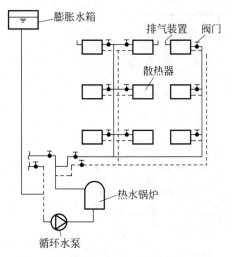
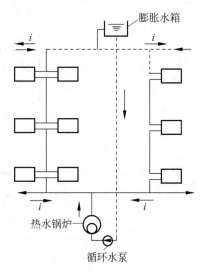

图 8-8 机械循环双管下供下回式系统　　图 8-9 机械循环下供上回式系统

4) 机械循环中供式

机械循环中供式系统如图 8-10 所示。系统供水干管位于系统的中部,供水干管将系统垂直分为两部分。下部系统为上供下回式,上部系统可采用下供下回式,如图 8-10(a)所示上部,也可采用上供下回式,如图 8-10(b)上部所示。中供式系统可减轻上供下回式楼层过多易出现垂直失调的现象,但计算和调节较为复杂。中供式系统适用于原有建筑物加建楼层或上部建筑面积明显少于下部建筑面积的场合。

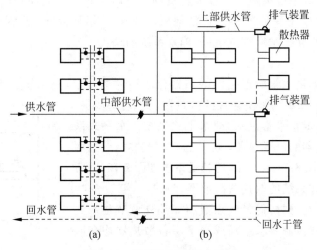

图 8-10 机械循环中供式系统

5) 同程式系统与异程式系统

双管式供暖系统按各并联环路水的流程不同,可分为同程式系统与异程式系统。环路水的流程是指热水从锅炉流出,经供水管到散热器,再由回水管流回到锅炉的路径。如果供暖系统中各环路水的流程长短基本相同,则称为同程式系统,如图 8-11(a)所示;如果供暖系统中各环路水的流程差别较大,则称为异程式系统,如图 8-11(b)所示。

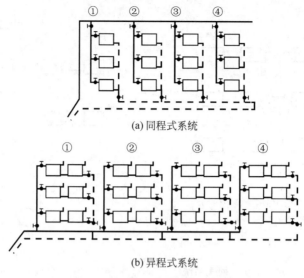

(a) 同程式系统

(b) 异程式系统

图 8-11　同程式系统与异程式系统

因机械循环系统作用半径大,所以系统上立管较多。在异程式系统中,由于各个环路的总长度可能相差很大,各立管环路的压力损失难以平衡。当靠近热源端的立管环路阻力明显小于远离热源端的立管环路阻力时,近端立管水流量会超过设计要求,远端立管水流量不足,出现水平方向上的水力失调、冷热不均,即"水平失调"现象。

而同程式系统的特点是各立管环路的总长都相等,压力损失易平衡。可消除或减轻水平失调现象。同程式系统更适用于较大建筑物的供暖系统。但应注意的是,同程式系统的管道布置相比于异程式系统,可能会需消耗更多的管材,增加造价。应对具体工程结合实际情况,进行水力计算和技术经济分析后,确定系统的选用。

6）水平式系统

供暖系统中,如供水管所连接的散热器位于不同的楼层,则系统管道布置形成立管供水,即垂直式系统;如供水管所连接的散热器位于同一楼层,则系统管道布置形成水平管供水,即水平式系统。水平式系统按供水管与散热器的连接方式又可分为顺流式和跨越式两类。顺流式系统如图 8-12(a)所示,跨越式系统如图 8-12(b)所示,水平单管跨越式系统的散热器组数不宜超过 6 组。

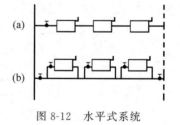

图 8-12　水平式系统

顺流式系统节约管材,但各散热器不能独立调节热水流量,只适用于对室温控制要求不高或水平层各散热器均在同一房间的场合。

跨越式系统是在散热器的供回水管之间增加了一根跨越管,这样的管道布置方式可以实现各散热器的独立调节。

水平式系统便于分层管理和分层调节,相比于垂直式系统,其具有以下优点。

（1）系统的总造价一般要低于垂直式系统。

（2）管路简单,便于快速施工。除了供、回水总立管外,无穿过各层楼板的立管,因此无须在楼板上打洞。

（3）有可能利用最高层的辅助空间架设膨胀水箱，不必在顶棚上专设安装膨胀水箱的房间。

（4）系统只有一对主立管，减少了管井的设置，不影响室内美观。

但对于较大的供暖系统，水平式系统串联的散热器较多，易出现水平失调现象。

总之，居住建筑室内供暖系统的制式宜采用垂直双管系统或共用立管的分户独立循环双管系统，公共建筑供暖系统宜采用双管系统。

8.3 蒸汽供暖系统

蒸汽供暖系统是以水蒸气作为热媒的供暖系统，图 8-13 所示为简单的蒸汽供暖系统原理图。水在蒸汽锅炉里被加热而形成具有一定压力和温度的蒸汽，蒸汽靠自身压力通过蒸汽管道进入散热器，在散热器内放出热量，蒸汽放热而凝结成水，凝结水经疏水器由凝结水管流入凝结水箱，再由凝水泵送入锅炉重新加热成蒸汽。

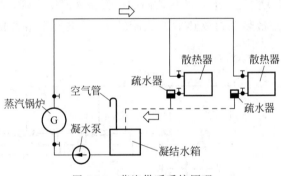

图 8-13 蒸汽供暖系统原理

蒸汽作为热媒，其携带的热量由两部分组成。一部分是水由常温水变沸腾所吸收的热量；另一部分是从沸腾的水变为饱和水蒸气所吸收的汽化潜热。汽化潜热所具有的热量大，蒸汽供暖系统中所利用的就是蒸汽的汽化潜热，故提供相同热量时，蒸汽流量比热水供暖系统所需的热水流量要少得多，可采用较小管径的管道，因此使蒸汽供暖系统节约管道和散热设备的初投资。

蒸汽供暖系统散热器内的热媒温度一般大于或等于100℃，高于热水供暖系统中的散热器温度，且蒸汽系统的传热系数也比热水系统的传热系数要高。因此，蒸汽供暖系统所用的散热器面积小于热水采暖系统。

综上所述，蒸汽供暖系统造价要低于热水供暖系统。但蒸汽供暖系统也存在一些不足。

（1）供汽的蒸汽与回流的凝结水在形态上变化较大，在设计和运行管理方面较为复杂。

（2）因蒸汽供暖系统的散热器温度较高，散热器上的有机灰尘易剧烈升华或被烘烤，影响室内卫生。因此，对于卫生要求较高的场合（如住宅、学校、医院等）并不适用。

（3）蒸汽供暖系统的蒸汽温度一般不可调节。在室外气温不低时或房间热负荷较小时，系统需不断启停，实行间歇运行。管道内易出现蒸汽和空气交替出现的情况，加剧了管道的腐蚀，降低了使用寿命。

(4) 蒸汽热媒的热惰性小,供汽时热得快,停止供汽时冷得也快。间歇运行时室内温度波动大,不适用于人员长期停留的场合。

基于上述特点,蒸汽供暖系统一般用于工业建筑及其辅助建筑。

蒸汽供暖系统按其供汽压力大小,可分为三类:供汽压力大于70kPa时,称为高压蒸汽供暖;供汽压力小于等于70kPa时,称为低压蒸汽供暖;供汽压力低于大气压力时,称为真空蒸汽供暖。

蒸汽供暖系统按回水动力不同,可分为重力回水和机械回水两类。高压蒸气供暖系统一般都采用机械回水方式。

8.3.1 低压蒸汽供暖系统

1. 重力回水低压蒸汽供暖系统

重力回水低压蒸汽供暖系统如图 8-14 所示。在系统运行前,锅炉中充水至Ⅰ—Ⅰ平面,加热后产生具有一定压力和温度的蒸汽,蒸汽在其自身压力作用下,克服供气管道阻力进入散热器,并将聚集在供气管道和散热器内的空气挤入凝结水管,经凝结水管末端的空气管 B 排入大气。蒸汽在散热器内放热后变成凝结水,靠重力作用沿凝结水管流入锅炉,重新加热成蒸汽。

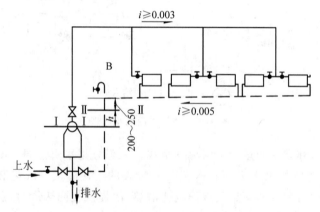

图 8-14 重力回水低压蒸汽供暖系统

重力回水低压蒸汽供暖系统形式简单,无须设置凝结水箱和凝水泵,运行时不消耗电能,适用于供热半径小的小型系统。

2. 机械回水低压蒸汽供暖系统

机械回水低压蒸汽供暖系统原理如图 8-13 所示。当低压蒸汽供暖系统的供热半径较大时,不应再采用重力回水方式,为便于凝结水回流,应设置凝结水箱。凝结水先进入凝结水箱,再由水泵将凝结水送入锅炉,不用于机械循环热水供暖系统,机械回水低压蒸汽供暖系统的供汽不依靠水泵提供动力,水泵只负责将散热后的凝结水从凝结水箱送回到锅炉中。在低压蒸汽供暖系统中,凝结水箱的凝结水干管应有顺流向下的坡度,凝结水箱的设置高度应低于散热器和凝结水管,使得凝结水能依靠重力流入凝结水箱。系统中的空气也经凝结水管流入水箱,再由水箱上的空气管排入大气。

8.3.2 高压蒸汽供暖系统

高压蒸汽供暖系统如图 8-15 所示,高压蒸汽供暖系统常用于厂区供热,供暖系统所需要的蒸汽压力主要取决于散热设备和其他附件的承压能力。该系统相比于低压蒸汽供暖系统,具有以下特点。

(1) 系统供汽压力高,流速大,可以增加系统的供热半径,供给相同的热负荷时需要的管径比较小,所需的散热器面积也小,经济性更好。

(2) 散热器表面温度高,易烫伤人和烧焦落在散热器表面的有机灰尘,卫生条件和安全性差。

(3) 凝结水温度高,易产生二次蒸汽。间歇工作噪声更大。

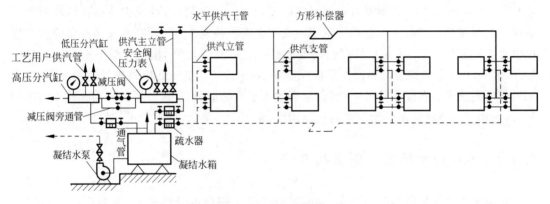

图 8-15 高压蒸汽供暖系统

高压蒸汽供暖系统一般采用双管上供下回式。当室内供暖系统较大时,应尽量采用同程式,以防止系统出现水平失调。

高压蒸汽供暖系统的设备要根据具体需求而定,除蒸汽锅炉、管道和散热设备几个基本组成部分外,当锅炉或室外管网的蒸汽压力超过室内系统承压能力时,需要设减压阀降低蒸汽供汽压力;当有不同的蒸汽用户或用户数量较多时,需要设分汽缸分配热媒;高压疏水装置疏水能力大,通常设在蒸汽干管末端;凝结水可利用其剩余压力送回锅炉房的凝结水箱。为了节约能源,可设置二次蒸发箱,分离出低压蒸汽供低压蒸汽用户使用。

8.4 辐射供暖系统

8.4.1 辐射供暖系统概述

辐射供暖是一种对室内吊顶、地面、墙面或其他表面进行加热供暖的系统。辐射供暖系统因具有卫生条件好、热舒适度高、不影响室内美观等优点,目前已得到广泛应用。

辐射供暖系统的散热设备通过辐射和自然对流换热的形式向室内散热,其中辐射散热量占总散热量的50%以上。辐射供暖的房间中,人体同时受到热辐射照度和室内空气温度的双重作用供热。因此,通常以实感温度作为衡量供暖效果的标准。实感温度也称为有效温度,是指综合考虑了不同空气温度、辐射强度等因素后的等量温度值。实感温度可用黑球温度计来测量,也可通过经验公式计算得出。在辐射供暖下,人体感受的实感温度可比室内实际环境温度高2~4℃,即在具有相同舒适性时,辐射供暖的房间设计温度可以比热风供暖时降低2~4℃,可以降低供暖热负荷,节约能源。

研究表明,在保持人体散热总量不变的情况下,适当地减少人体的辐射散热量,增加一些对流散热量,人会感到更舒适。辐射供暖时人体直接接收辐射热,减少了人体向外界的辐射散热量。而辐射供暖的室内空气温度又比对流采暖时低,正好可以增加人体的对流散热量,因此,辐射供暖具有最佳的舒适性。

但是,由于室内墙面、地面对表面温度的要求有一定限制,与建筑构造结合的辐射供暖系统供热温度不可过高。一般地面供暖时表面温度应控制在25~30℃,人员经常停留的地面温度上限值为29℃,人员短期停留的地面温度上限值为32℃,墙面供暖时表面温度应控制在35~45℃,吊顶供暖时表面温度应控制在28~36℃。在提供相同热量的情况下,低温辐射供暖系统需布置较多的散热面积,从而增大了系统造价,且这种系统需与土建专业密切配合,其加热管道常常需要预埋在建筑结构中,施工烦琐复杂,增大了维护检修的难度。

8.4.2 低温热水地板辐射供暖系统

辐射供暖系统按散热表面温度不同,可分为低温辐射供暖系统(表面温度小于80℃)、中温辐射供暖系统(表面温度一般为80~200℃)、高温辐射供暖系统(表面温度高于500℃)。

目前,应用较多的是低温辐射供暖系统,这种系统通常把加热管道埋设在建筑的顶棚、地面、墙面内而形成散热面。其中又以低温热水地板辐射供暖系统应用最为广泛,该系统的散热装置一般采用DN15~DN20的塑料管,材质和壁厚的选择应根据工程的耐久年限、管材的性能以及系统的运行水温、工作压力等条件确定。将管道以蛇形盘管的形状埋在室内地面中。具体做法是在建筑结构层上敷设保温隔热材料,再将管道以蛇形盘管的形状按一定管间距敷设并固定在保温材料上,然后回填细石混凝土并平整地面。埋管地面结构如图8-16所示。系统热媒采用低温热水,供水温度宜采用35~45℃,不应大于60℃。供回水温差不宜大于10℃,且不宜小于5℃。

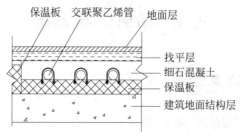

图8-16 地板热水辐射系统埋管结构

加热管的布置也有多种形式，不同的管道布置形式会导致地面温度分布不同。布管时，应本着保证地面温度均匀的原则进行，将高温管段优先布置于外窗、外墙侧，使室内温度分布尽可能均匀。管间距在人员长期停留区域最大不宜超过300mm。常用的几种布管形式如图8-17所示。

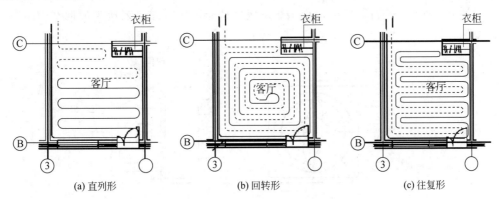

图 8-17　地板热水辐射系统埋管形式

8.5　热风供暖系统

热风供暖系统以空气为热媒，系统先将空气加热，然后将高于室内温度的空气送入室内，热空气与室内空气混合，从而提高了室内空气温度。加热空气的热源可采用热水、蒸汽、电加热设备或高温烟气。热风供暖系统具有热惰性小、升温快、室内温度均匀、设备简单、造价低等优点，适合间歇运行。

热风供暖系统适用于既需要供暖又需要通风的场合、室内热负荷大的高大厂房、需间歇供暖的大空间建筑。符合下列条件之一时，应采用热风供暖：

(1) 能与机械送风系统结合时；
(2) 利用循环空气供暖，技术经济合理时；
(3) 由于防火、防爆和卫生要求，需要采用全新的热风供暖时。

热风供暖系统按送风方式不同，可分为集中送风、风道送风、暖风机送风等形式。根据送风来源不同，又可分为直流式（送风全部来自室外新鲜空气）、再循环式（送风全部来自室内回风）、混合式（一部分室内回风、一部分室外新鲜空气）。

面积较大的厂房常用暖风机或风道送风的方式供暖。

暖风机由空气加热器、通风机和电动机组成，暖风机可加热并输送空气。当空气中不含粉尘和易燃易爆气体时，暖风机可用于加热室内循环空气。暖风机相比于散热器，具有作用范围大、散热效果好等优点，但暖风机需消耗较多电能，运行维护成本高。

暖风机分为轴流式（小型）和离心式（大型）两种。根据其结构特点及适用的热媒又可分为蒸汽暖风机、热水暖风机、蒸汽—热水两用暖风机和冷—热水两用暖风机等。轴流式暖风机主要有冷、热水两用的S型暖风机和蒸汽、热水两用的NC型、NA型暖风机。

图 8-18 所示为 NC 型轴流式暖风机。轴流式暖风机结构简单、体积小、出风射程远、风

速低、送风量较小,一般悬挂或支架在墙上或柱子上,可用来加热室内循环空气。

离心式暖风机主要有热水—蒸汽两用 NBL 型离心式暖风机(图 8-19),可用于集中输送大流量的热空气。离心式暖风机气流射程长,风速高,风量和散热量均较大,除了用来加热室内再循环空气外,还可用来加热一部分室外新鲜空气。工业建筑采用热风供暖时,运行装置不宜少于两台。一台装置的最小供热量应保持非工作时间工艺所需最低室内温度,且不得低于 5℃。

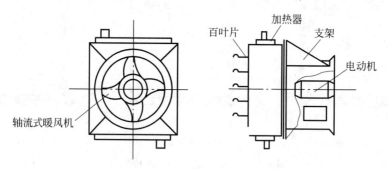

图 8-18 NC 型轴流式暖风机

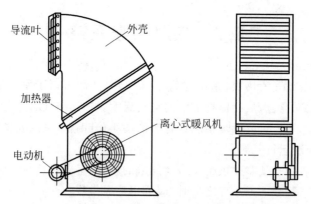

图 8-19 NBL 型离心式暖风机

8.6 供暖系统的设备与附件

8.6.1 供暖管道

供暖管道是管供暖系统输送热媒的主体部分。供热管道常采用钢管,钢管承压能力强、管道连接简便,但缺点是钢管易受高温热媒腐蚀。

室内供暖管道采用较多的是热镀锌钢管或塑料管。室外供热管道应采用无缝钢管、电弧焊或高频焊接钢管。管道及钢制管件所用的钢材钢号及适用范围见表 8-1。普通焊接钢管和无缝钢管规格见表 8-2。

表8-1　管道及钢制管件所用的钢材钢号及适用范围

钢号	设计参数	钢板厚度/mm
Q235-B	$P_g \leqslant 2.5\text{MPa}$；$t \leqslant 300℃$	$\leqslant 20$
10、20、低合金钢	蒸汽 $P_g \leqslant 1.6\text{MPa}$；$t \leqslant 350℃$ 热水 $P_g \leqslant 2.5\text{MPa}$；$t \leqslant 200℃$	不限
L290	$P_g \leqslant 200$	不限

表8-2　普通焊接钢管和无缝钢管规格

公称直径/mm	/in	普通焊接钢管 $P_g \leqslant 1.0\text{MPa}$				热轧无缝钢管 $P_g \leqslant 2.5\text{MPa}$			
		外径×壁厚/mm	质量/(kg/m)	外表面积/(m²/m)	容重/(L/m)	外径×壁厚/mm	质量/(kg/m)	外表面积/(m²/m)	容重/(L/m)
15	1/2	21.3×2.75	1.26	0.068	0.20	—	—	—	—
20	3/4	26.8×2.75	1.63	0.086	0.37	—	—	—	—
25	1	33.5×3.25	2.42	0.107	0.60	32×2.5	1.82	0.100	0.572
32	1 1/4	42.3×3.25	3.13	0.134	1.00	38×2.5	2.19	0.119	0.854
40	1 1/2	48×3.5	3.84	0.153	1.36	45×2.5	2.62	0.141	1.256
50	2	60×3.5	4.88	0.190	2.20	57×3.5	4.62	0.179	1.963
65	2 1/2	75.5×3.75	6.64	0.239	3.62	76×3.5	6.00	0.230	3.420
80	3	88.5×4	8.34	0.280	5.12	89×4	8.38	0.279	5.278
100	4	114×4	10.85	0.359	8.71	108×4	10.26	0.339	7.850
125	5	140×4	15.04	0.468	13.72	133×4	12.72	0.418	12.266
150	6	165×4.5	17.81	0.519	18.90	159×4.5	17.14	0.449	17.663
200	8	—	—	—	—	219×6	31.52	0.668	33.637
250	10	—	—	—	—	273×7	45.92	0.857	52.659
300	12	—	—	—	—	325×8	67.54	1.021	78.880

钢管的连接可采用焊接、法兰连接和丝扣连接。焊接连接可靠、施工方便，广泛用于无缝钢管管道的连接。法兰连接装卸方便，常用于管道与设备、阀门等附件的连接，以便拆卸检修。丝扣连接也称螺纹连接，常用于小管径（DN≤32mm）的室内镀锌钢管连接，一般通过三通、四通、管接头等管件进行丝扣连接。应注意，镀锌钢管因其表面有镀锌防腐层，不宜采用焊接连接。室内供热管道为塑料管时，常采用热熔连接。

8.6.2　通用阀门

本小节所介绍的阀门为供暖管道上的一些常见阀门。阀门是用来开闭管路和调节输送介质流量的管件。常用的阀门形式有截止阀、闸阀、蝶阀、止回阀和调节阀等。

（1）截止阀按介质流向可分为直通式、直角式和直流式（斜杆式）三种；按阀杆螺纹的位置可分为明杆和暗杆两种。图8-20是常用的直通式截止阀结构示意图。截止阀关闭严密性较好,但阀体长,介质流动阻力大。截止阀可用来调节流量和启闭管路,但密封可靠性不强。截止阀公称直径(DN)不大于200mm。

(2) 闸阀的结构形式有明杆和暗杆两种;按闸板的形状及数目,有楔式与平行式以及单板与双板的区分,图8-21是明杆平行式双板闸阀构造示意图。闸阀的优缺点正好与截止阀相反,闸阀不可用来调节流量,只作为开闭管路用。常用在公称直径(DN)大于50mm的管道上。

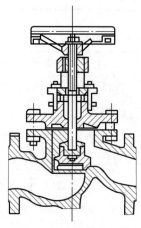 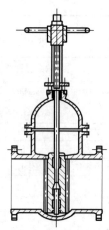

图 8-20　直通式截止阀　　　　图 8-21　明杆平行式双板闸阀

(3) 图8-22所示为蜗轮传动型蝶阀。阀板沿垂直管道轴线的立轴旋转,当阀板与管道轴线垂直时,阀门全闭;当阀板与管道轴线平行时,阀门全开。蝶阀阀体长度很小,流动阻力小,调节性能优于截止阀和闸阀,因此在热网工程中应用较多,但缺点是造价较高。

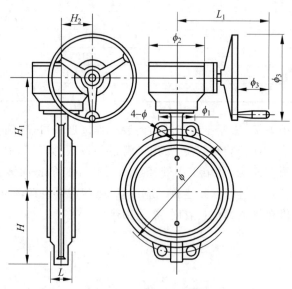

图 8-22　蜗轮传动型蝶阀

截止阀、闸阀和蝶阀的连接可采用法兰连接和螺纹连接,为便于检修,一般不采用焊接连接。阀门的传动方式可用手动(用于小口径)、齿轮、电动、液动和气动(用于大口径)等。

小知识：采暖系统中的阀门配置原则

关闭用阀门：热水和凝结水系统用闸阀，高、低压蒸汽系统用截止阀。
调节用阀门：截止阀、手动调节阀、蝶阀。
泄水、排气用阀门：热水温度小于100℃用旋塞；热水温度大于或等于100℃时用闸阀。

（4）止回阀是用来防止管道或设备中介质倒流的一种阀门。它利用流体的动能来开启阀门。在供热系统中，止回阀常安装于水泵出口、疏水器出口以及其他一些不允许流体反向流动的管路上。常见的止回阀形式主要有旋启式和升降式两种。

旋启式止回阀（图8-23）的阀瓣吊挂在阀体或阀盖上，当流体静止时，阀瓣严密地贴合在阀体连接管的孔口上。当流体向右流动时，流体将阀瓣冲开，阀瓣绕固定转轴转动到开启位置，与流体流动方向接近平行。当流体向左流动时，阀瓣自动落下，严密关闭。

升降式止回阀（图8-24）是由阀瓣、阀体和阀盖组成，当流体向右流动时，流体将阀瓣冲开，阀瓣抬起。当流体向左流动时，阀瓣在自身质量的作用下落到阀体的阀座上，阀门关闭。

升降式止回阀密封性较好，流体阻力系数较大，但必须安装于水平管道上，一般用于公称直径小于200mm的水平管道上。旋启式止回阀密封性相对较差，一般用于垂直向上流动或大直径的管道上。

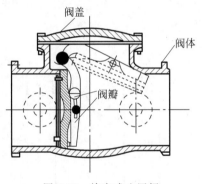

图8-23 旋启式止回阀

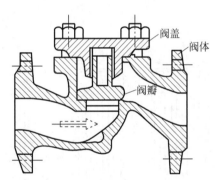

图8-24 升降式止回阀

8.6.3 散热器

散热器是设于供暖房间内的一种换热设备。热媒（热水或蒸汽）通过散热器将热量以对流换热和辐射的形式传入室内，以达到供暖的目的。目前常用的散热设备有散热器、暖风机和辐射板。暖风机和辐射板多用于大型公共建筑和工业车间的采暖系统中。在民用建筑特别是公共建筑中，供暖系统应用较多的散热设备为散热器。

散热器是供暖系统的重要设备和基本组成部分，散热器的性能直接影响到房间的供暖效果。合格的散热器应具有传热系数大、承压能力强、制造工艺简单、表面光滑、不积灰尘、易清扫、占地面积小、安装方便、耐腐蚀、外形美观等特点。

随着设计和制造技术的发展，散热器种类繁多，按其制造材质可分为铸铁、钢制、铝制等；按其结构形式可分为柱形、翼形、管形、平板形等；按其散热方式可分为对流型（对流换热占60%以上)和辐射型(辐射换热占60%以上)。

1. 散热器类型

1) 铸铁散热器

铸铁散热器是由铸铁浇铸而成,其结构简单,便于大规模加工制造,具有耐腐蚀、使用寿命长、水容量大、热稳定性好等优点,曾有较为广泛的应用。但铸铁材质生产能耗高、体形较为笨重、承压能力一般、换热效率不高,目前已逐步淘汰。工程中常用的铸铁散热器有柱形和翼形两种。

(1) 柱形散热器是呈柱状的单片散热器,一般可在工地施工现场,按设计所需散热面积,用对丝(图8-25)将单片散热器组对成一个完整的散热器。每片散热器各有几个中空的立柱相互连通,常用的有粗柱形和细柱形散热器两种(图8-26)。每组片数不宜过多,一般粗柱形不超过20片,细柱形不超过25片。我国目前常用的柱形散热器有带脚和不带脚两种片形。柱形散热器传热系数高,外形也较美观,占地较少,可组装出所需的散热面积,表面光滑易清扫,多用于住宅和公共建筑中。

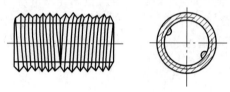

图8-25 散热器对丝示意图

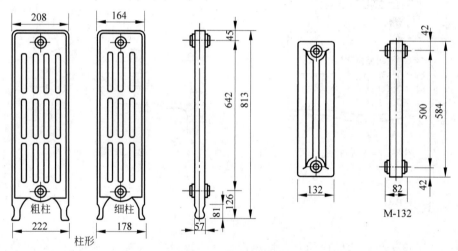

图8-26 柱形散热器示意图

(2) 翼形散热器又分为长翼形和圆翼形,外表面有许多肋片,如图8-27和图8-28所示。翼形散热器制造工艺简单、造价较低,但其承压能力低、散热效率低、易积灰,散热器为整体式,不易组成设计所需的散热面积,目前应用较少。圆翼形散热器多用于面积大而尘埃较少的工业车间和温室大棚。

2) 钢制散热器

钢制散热器相比于铸铁散热器,具有金属用量少、耐压强度高、外形美观整洁、体积小、占地少、易于布置等优点,但易受腐蚀、使用寿命短,多用于高层建筑和高温水采暖系统中,

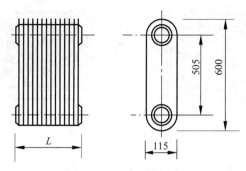

图 8-27　长翼形散热器示意

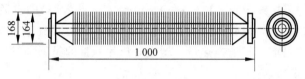

图 8-28　圆翼形散热器示意

不能用于蒸汽采暖系统，也不宜用于湿度较大的采暖房间内。钢制散热器的主要形式有闭式钢串片散热器、钢制板式散热器、钢制柱式散热器、钢管散热器、钢管对流散热器和钢制卫浴型散热器。钢制散热器最小工作压力应大于 0.4MPa，且应满足供暖系统的工作压力要求。

闭式钢串片散热器（图 8-29）由钢管、钢片、联箱和管接头组成，钢管上的串片采用 0.5mm 薄钢片，串片两端折边成 90°相互形成封闭空间，形成许多封闭的垂直空气通道，增强了对流换热效果。这种散热器的优点是承压高、体积小、质量轻、容易加工、安装简单和维修方便；缺点是薄钢片间距密，不宜清扫、耐腐蚀性差，串片容易松动，长期使用会导致传热性能下降。钢式串片散热器的规格以"高×宽"表示，其长度可按设计要求制作。

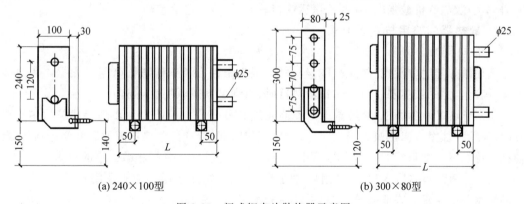

(a) 240×100型　　　　　　　　　　(b) 300×80型

图 8-29　闭式钢串片散热器示意图

钢制板式散热器（图 8-30）由面板、背板、进出水接头、固定套和上下支架组成，其面板、背板采用 1.2～1.5mm 厚的冷轧钢板冲压成型，在面板上直接压出圆弧形或梯形的散热器水道。水平联箱压制在背板上，经复合滚焊形成整体。为增大散热面积，在背板后面可焊上 0.5mm 厚的冷轧钢板对流片。

钢制柱式散热器在构造上与铸铁柱形散热器相似，这种散热器采用 1.25～1.5mm 厚

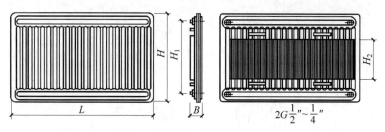

图 8-30　钢制板式散热器示意

冷轧钢板冲压形成半柱形,将两片半柱形经压力滚焊组合成单片,单片之间通过气焊连接成整体散热器。

钢管对流散热器采用 52mm×11mm×1.5mm(宽×高×厚)的水通路扁管叠加焊接在一起,扁管两端由联箱支撑,扁管散热器有单板、双板、单板带对流片和双板带对流片四种形式。增设板面的目的是增加辐射换热量。增设对流片的目的是增加对流换热量。

3) 铝合金散热器

铝合金散热器散热性能好、质量轻、造型美观大方、线条流畅、占地面积小,富有装饰性;其质量约为铸铁散热器的 1/10,便于运输安装;其金属热强度高,约为铸铁散热器的 6 倍;节省能源,采用内防腐处理技术。

4) 复合型铝制散热器

复合型铝制散热器是普通铝制散热器发展的一个新阶段。随着制造技术的进步,铝制散热器迈向主动防腐。主动防腐主要有两种方法:一种方法是规范供热运行管理,控制水质,对钢制散热器主要控制含氧量,停暖时充水密闭保养;对铝制散热器要控制水的 pH。另一种方法是采用耐腐蚀的材质,如铜、钢、塑料等。铝制散热器已发展到复合材料型,如铜—铝复合、钢—铝复合、铝—塑复合等。这些复合材质的散热器耐腐蚀性强、质量轻、承压能力大,但散热器机械强度不高,长途运输容易变形,并且造价较高。

2. 散热器的选用与安装要求

1) 散热器的选用

选用散热器时,应从其热工性能、经济性、卫生条件和美观等方面考量。根据工程具体情况,确定合适的散热器。设计选择散热器时,应满足下列原则性规定。

(1) 当热媒为热水时,散热器承压不能超过其自身的承压能力。在高层建筑的热水供暖时,应特别注意。当热媒为蒸汽时,系统启停或间歇运行时,散热器内的温度变化剧烈,易使接口等处发生变形渗漏。应尽量选用承压能力高、接口少、热膨胀系数小的材质。

(2) 采用钢制散热器时,因其耐腐蚀性差,供暖系统热水循环应采用闭式系统,并满足产品对水质的要求。在非供暖季节,系统应充水保养;蒸汽供暖系统不得采用钢制散热器。

(3) 采用铝制散热器时,应选用内防腐型铝制散热器,并满足产品对水质的要求。

(4) 在民用建筑中,宜选用外形美观、易于清扫的散热器。

(5) 在具有腐蚀性气体的生产厂房或相对湿度较大的房间,宜采用耐腐蚀的散热器。

(6) 安装有热量表和恒温阀的热水供暖系统不宜采用水流通道内含有粘砂的铸铁散热器。

(7) 高大空间供暖不宜单独采用对流型散热器。

2) 散热器的布置

室内的散热器通常首先考虑设置在外窗窗口下方,经散热器加热后的空气会沿外窗上升,能防止外窗缝隙渗入的室外冷空气直接进入室内,使室内温度分布均匀,舒适性好。对于要求不高的房间,散热器也可靠内墙布置。

散热器在室内布置时,还应尽量少占建筑使用面积,避免影响房间的正常使用,并与室内装修协调。一般情况下,散热器宜明装,以便散热器有效散热,且易于清扫。幼儿园、老年人和特殊功能要求的建筑的散热器必须暗装或加防护罩。另外,在蒸汽供暖系统中的散热器因温度较高,可以也可加围挡,以免烫伤。

在热水供暖系统中,支管与散热器的连接应尽量采用上进下出的形式,且进出水管尽量布置于散热器一侧,这样传热效果好且节约管材;下进下出的接管方式传热效果差,但有利于散热器排气。

8.6.4　热水供暖系统附属设备

1. 膨胀水箱

膨胀水箱的作用是储存热水采暖系统加热后的膨胀水量,并控制水位高度。在自然循环系统中,还起着排气作用。在机械循环系统中膨胀水箱的另一个作用是恒定系统的压力。

膨胀水箱一般用钢板制成,通常是圆形或矩形。箱上连有膨胀管、溢流管、信号管、排水管及循环管等管路,并需要保温。

膨胀管与采暖系统管路的连接点,在自然循环系统中,应接在供水总立管的顶端,除了能容纳系统的膨胀水量外,它还是系统的排气设备。在机械循环系统中,一般接至循环水泵吸入口前。该点处的压力在系统不工作或不运行时都是恒定的,此点称为定压点。

膨胀水箱在系统中的安装位置如图 8-31 所示。膨胀水箱安装大样图如图 8-32 所示。

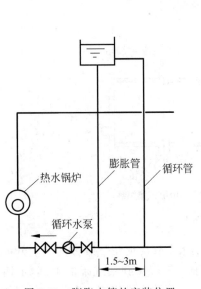

图 8-31　膨胀水箱的安装位置

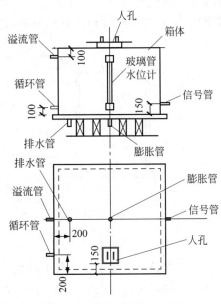

图 8-32　膨胀水箱安装大样图

(1) 膨胀管。膨胀水箱设在系统最高处，系统的膨胀水通过膨胀管进入膨胀水箱。自然循环系统膨胀管接在供水总立管的上部；机械循环系统膨胀管接在回水干管循环水泵入口前。膨胀管不允许设置阀门，以免偶然关断使系统内压力增高，发生事故。

(2) 循环管。为了防止水箱内的水冻结，膨胀水箱需设置循环管。在机械循环系统中，连接点与定压点应保持 1.5～3.0m 的距离，以使热水能缓慢地在循环管、膨胀管和水箱之间流动。循环管上也不应设置阀门，以免水箱内的水冻结。

(3) 溢流管。其用于控制系统的最高水位，当水的膨胀体积超过溢流管口时，水溢出并就近排入排水设施中。溢流管上也不允许设置阀门，以免偶然关闭，水从人孔处溢出。

(4) 信号管。其用于检查膨胀水箱水位，决定系统是否需要补水。信号管控制系统的最低水位，应接至锅炉房内或人们容易观察的地方，信号管末端应设置阀门。

(5) 排水管。其用于清洗、检修时放空水箱，可与溢流管一起就近接入排水设施，其上应安装阀门。

膨胀水箱的容积的计算公式如下：

$$V_p = \alpha \Delta t_{max} \cdot V_c \tag{8-2}$$

式中：V_p——膨胀水箱的有效容积，L；

α——水的体积膨胀系数，$\alpha = 0.0006(1/℃)$；

Δt_{max}——考虑系统内水受热和冷却时水温的最大波动值，一般以 20℃ 水温算起；

V_c——系统内的水容量，L。

例如，在 95℃/70℃ 低温水采暖系统中，$\Delta t_{max} = 75℃$，则

$$V_p = 0.045 V_c \tag{8-3}$$

2. 集气罐

集气罐一般是用直径 $\phi 100～250$mm 的钢管焊制而成的（图 8-33）。集气罐顶部连接直径 $\phi 15$ 的排气管，排气管应引至附近的排水设施处，排气管另一端装有阀门，排气阀应设在便于操作处。集气罐可分为立式和卧式两种，立式集气罐容纳的空气比卧式多，一般情况下采用立式。当安装空间受限时，宜选用卧式集气罐。

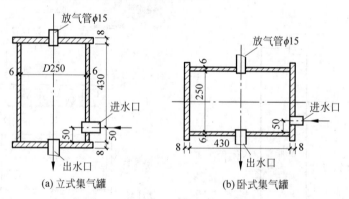

图 8-33 集气罐示意

集气罐一般设于系统供水干管末端的最高处，供水干管应向集气罐方向设上升坡度，以使管中水流方向与空气气泡的浮升方向一致，有利于空气聚集到集气罐的上部，定期排除。当系统充水时，应打开排气阀，直至有水从管中流出，方可关闭排气阀。系统运行期间，应定期打开排气阀排除空气。

3. 自动排气阀

自动排气阀大都是依靠水对浮体的浮力,通过自动阻气和排水机构,使排气孔自动打开或关闭,达到排气的目的。

自动排气阀的种类很多,图 8-34 所示为立式自动排气阀。当阀内无空气时,阀体中的水将浮子浮起,通过杠杆机构将排气孔关闭,阻止水流通过。当系统内的空气经管道汇集到阀体上部空间时,空气将水面压下去,浮子随之下落,排气孔打开,自动排除系统内的空气。空气排除后,水又将浮子浮起,排气孔重新关闭。自动排气阀与系统连接处应设阀门,以便检修自动排气阀时使用。

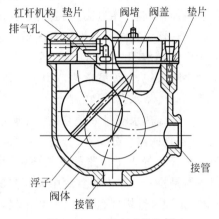

图 8-34 立式自动排气阀

4. 冷风阀

冷风阀是一种手动排气阀,又称放气旋塞。它的作用是以手动方式排出散热器中的空气。多用于水平式或下供下回式系统中,一般设于散热器上部,以手动方式拧开旋塞排气。

5. 除污器

除污器可以通过过滤、沉淀等方式截留管路中的杂质和污物,保证系统内水质洁净,减少阻力,防止堵塞调压板及管路。除污器一般设置于供暖系统入口调压装置前,或锅炉房循环水泵的吸入口前和热交换设备入口前。另外,在一些小孔口的阀门前(如自动排气阀)应设置除污器或过滤器。除污器的接管直径可取与所接管道相同的直径。

除污器的形式有立式直通、卧式直通和卧式角通三种。图 8-35 是供暖系统常用的立式直通除污器。除污器是一种钢制筒体,当水从进水管进入除污器内,因流速突然降低使水中污物沉淀到筒底,较洁净的水经带有大量过滤小孔的出水管流出。除污器前后应装设阀门,并设旁通管供定期排污和检修使用,除污器有安装方向要求,不应反装。

6. 散热器温控阀

散热器温控阀是一种自动控制进入散热器热媒流量的设备,它由阀体部分和感温元件控制部分组成。散热器温控阀如图 8-36 所示。

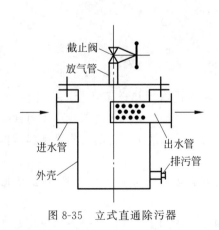

图 8-35 立式直通除污器

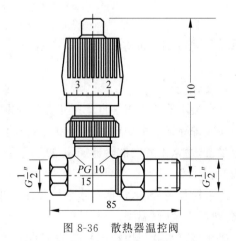

图 8-36 散热器温控阀

当室内温度高于给定的温度值时,感温元件受热,其顶杆压缩阀杆,将阀孔关小,进入散热器的水流量会减小,散热器的散热量也会减小,室温随之下降。当室温下降到设置的低限值时,感温元件开始收缩,阀杆靠弹簧的作用抬起,阀孔开大,水流量增大,散热器散热量也随之增加,室温开始升高。温控阀的控温范围在13~28℃,控温误差为±1℃。

散热器温控阀具有恒定室内温度、节约热能等优点,主要用于双管式热水供暖系统中,应用广泛,但其阻力较大,阀门全开时,局部阻力系数可达18.0左右。新建和改扩建散热器室内供暖系统,应设置散热器恒温控制阀或其他自动温度控制阀进行室温调控。

7. 分、集水器

在低温热水辐射采暖系统中,常用分水器和集水器(图8-37)来连接各路供暖盘管的供、回水管回路。分、集水器是一种分配、汇集热水的装置。分水器的作用是将低温热水平稳地分开并导入每一路敷设于地板中辐射供暖盘管内,实现分室供暖和调节温度的目的。集水器是将每一路供暖盘管中换完热的低温水汇集到一起。一般分、集水器由主体、接头、丝堵、排气阀等构件组成。分、集水器一般采用铜制,也有部分采用复合塑料制成。

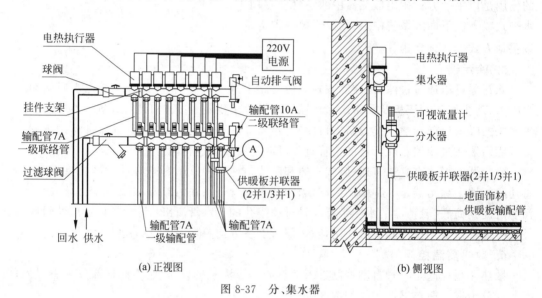

图 8-37 分、集水器

8.6.5 蒸汽供暖系统附属设备

1. 疏水器

蒸汽疏水器的作用是自动阻止蒸汽逸漏而且迅速地排除用热设备及管道中的凝结水,同时还能排除系统中积留的空气和其他不凝性气体。疏水器是蒸汽供暖系统中不可缺少的重要设备,通常设置在散热器回水支管或系统凝结水管上,对系统运行的可靠性和经济性影响极大。

疏水器种类较多,根据疏水器的作用原理不同,可大致分为机械型疏水器、热动力型疏水器、热静力型(恒温型)疏水器。

机械型疏水器利用蒸汽和凝结水的密度不同,形成凝结水液位,以控制凝结水排水孔自动启闭工作的疏水器。其主要产品有浮筒式疏水器(图 8-38)、钟形浮子式疏水器、自由浮球式疏水器、倒吊筒式疏水器等。浮筒式疏水器的工作原理是:凝结水由阀门右侧流入疏水器外壳内,当壳内水位升高时,浮筒向上浮升,将阀孔关闭。凝结水继续进入浮筒。当凝结水即将充满浮筒时,浮筒下沉,阀孔打开,凝结水利用蒸汽压力排到凝结水管去。当凝结水排出一定水量后,浮筒总质量减轻,浮筒再度浮起,又将阀门关闭,如此反复。这种疏水器的优点是漏气量小、适用于压力较高的蒸汽供暖系统。其缺点是体积大、排水量小、活动部件多、维修复杂。

热动力型疏水器是利用蒸汽和凝结水热动力学(流动)特性的不同来工作的疏水器。其主要产品有脉冲式疏水器、圆盘式疏水器(图 8-39)、孔板疏水器和迷宫式疏水器等。圆盘式疏水器的工作原理是:当凝结水从阀门右侧流入孔 A 时,靠圆盘形阀片上下的压差顶开阀片,水经环形槽 B 从向下开的小孔排出。由于凝结水比热容几乎不变,凝结水流动通畅,阀片常开,可连续排水。

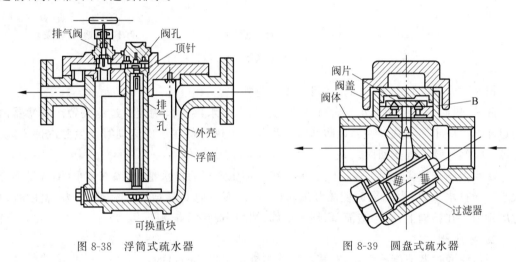

图 8-38　浮筒式疏水器　　　　图 8-39　圆盘式疏水器

热静力型(恒温型)疏水器是利用蒸汽和凝结水的温度不同引起恒温元件膨胀或变形来工作的疏水器。其主要产品有波纹管式疏水器、双金属片式疏水器和液体膨胀式疏水器等。应用在低压蒸汽采暖系统中的恒温型疏水器属于这一类型的疏水器。这种疏水器的优点是体积小、质量轻、结构简单易维修。其缺点是易漏气,当凝结水量或疏水器前后压差过小时,会发生连续漏气;当凝结水流量小时,排水困难。

疏水器通常为水平安装,与管路的连接方式如图 8-40 所示。

疏水器前后需设置阀门,以便检修。当疏水器本身无止回功能时,应在疏水器后的凝结水管上设置止回阀。疏水器前后还应设置冲洗管和检查管。冲洗管位于疏水器前阀门的前面,用来排气和冲洗管路;检查管位于疏水器与后阀门之间,用来检查疏水器工作情况。图 8-40(a)所示为带旁通管的安装方式。旁通管可水平安装或垂直安装(旁通管在疏水器上面绕行),其主要作用是在开始运行时排除大量凝结水和空气,运行中不应打开旁通管,以防蒸汽窜入回水系统,影响其他用热设备和凝结水管路的正常工作并浪费热量。实践表明装旁通管极易产生副作用。因此,对小型采暖系统和热风采暖系统,可考虑不设旁通管[图 8-40(b)],对不允许中断供汽的生产用热设备,为了进行检修疏水器,应安装旁通管和阀门。当多台

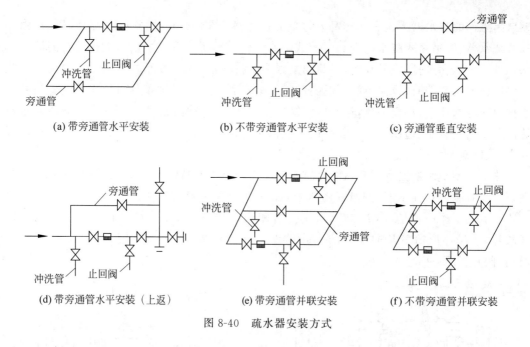

图 8-40 疏水器安装方式

疏水器并联安装[图 8-40(e)]时，也可不设旁通管[图 8-40(f)]。

此外，供暖系统的凝结水常含有杂质、水垢，在疏水器入口端应有过滤装置。过滤器内的过滤材料应定期清洗、更换，以防堵塞。为防止用热设备在下次启动时产生蒸汽冲击，疏水器出口端还需设置止回阀。

疏水器的选用应注意，在性能上，要求在单位压降下的排水量大、漏气量小（漏气量不应大于实际排水量的 3%），同时能顺利地排除空气，而且应对凝结水的流量、压力、温度波动适应性强。在结构上，应构造简单、便于维修、体积小、使用寿命长。

2．减压阀

减压阀通过调节阀孔大小，对蒸汽进行节流达到减压的目的。

减压阀能自动地将阀后压力维持在一定范围内、工作时无振动、完全关闭后不漏气。由于供汽压力的波动和用热设备工况的改变，减压阀前后的压力是可能经常变化的。使用节流孔板和普通阀门也能减压，但当蒸汽压力波动时普通阀门无法自动恒定阀后压力，造成阀后压力也随之波动，影响系统运行。因此，除非在特殊情况下，如供暖系统的热负荷较小、散热设备的耐压程度高，或者外网供汽压力不高于用热设备的承压能力时，可考虑采用截止阀或孔板来减压。在一般情况下还应采用减压阀减压。

减压阀根据其工作原理，可分为活塞式减压阀、波纹管式减压阀、薄膜式减压阀等。

活塞式减压阀（图 8-41）是由阀门前后的压力差控制进行工作的。主阀由活塞上面的阀前蒸汽压力与下面弹簧的弹力相互作用而上下移动，由此调节阀孔的流通面积。当阀前压力增大时，主阀因压力差向上移动，阀孔通路变小，流通阻力增大，即起到减压作用。活塞式减压阀工作可靠，适用的工作温度和压力较高，应用广泛。

波纹管式减压阀（图 8-42）阀门开启的大小靠通至波纹箱的阀后蒸汽压力和阀杆下的调节弹簧的弹力相互平衡来调节。波纹管式减压阀的调节范围大，控制的压力波动范围小，特别适用于高压转为低压的低压蒸汽供暖系统。

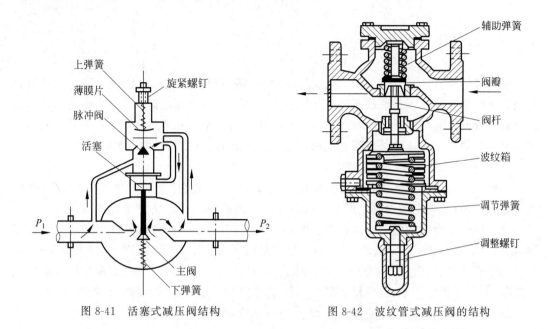

图 8-41 活塞式减压阀结构　　图 8-42 波纹管式减压阀的结构

减压阀前后应设置关断阀门，用以截断检修，同时还需设置旁通管，以便检修时临时通过旁通管供汽。减压阀两侧还需分别设置高压和低压压力表，以便检测减压量。另外，考虑到减压阀阀后设备、管道的安全运行，防止减压阀失效后对低压侧设备造成冲击，减压阀后还应设置一个安全阀，以便低压侧超压时，排汽泄压。

3. 凝结水箱

凝结水箱用以收集蒸汽放热后的凝结水，主要有开式(无压)和闭式(有压)两种。

水箱容积一般应按各用户的 15~20min 最大小时凝水量设计。当凝水泵无自动启动和停车装置时，水箱容积应适当增大到 30~40min 最大小时凝水量。在热源处的总凝水箱也可做到 0.5~1.0h 最大小时凝水量容积。水箱一般只做一个，用 3~10mm 钢板制成。

4. 二次蒸发箱

二次蒸发箱的作用是将用户内各用汽设备排出的凝水在较低的压力下分离出一部分二次蒸汽，并靠箱内一定的蒸汽压力输送二次蒸汽至低压用户使用。二次蒸发箱的构造简单，是一个圆形耐压罐。高压含汽凝水沿切线方向的管道进入箱内，由于速度降低及旋转运动的分离作用使水向下流动进入凝水管，而蒸汽被分离出来，在水面以上引出去加以利用。

8.7 供暖管道敷设

供暖管道的布置与敷设是否合理，直接影响到系统运行效果和造价。布置供暖管道之前，应先确定供暖系统的热媒种类及系统形式，再根据建筑类型及构造确定引入口位置，系统引入口应尽量靠近建筑的负荷中心，且应与室外热力管网协调。管道布置原则力求短、直、顺，尽量使各并联环路压力损失易于平衡，便于调节热媒流量、排气、泄水。同时管道敷设还应考虑安装、维护的方便性，并应与环境相协调。

8.7.1 室外供暖管道

室外管道通常是指从锅炉房或热交换站出来,接至建筑物之间的供暖管道。室外供热管网是集中供热系统中投资最多、施工最繁重的部分,所以合理地选择供热管道的敷设方式以及做好管网平面的定线工作,在节省投资、保证热网安全可靠地运行和施工维修方便等方面都具有重要的意义。室外供暖管道的敷设方式可分为架空敷设、埋地敷设两种。

1. 架空敷设

一般民用建筑的室外供暖管道宜采用地下敷设,只有在地下敷设受到客观条件限制时,才采用架空敷设,架空敷设在工厂区和城市郊区应用较多。它是将供热管道敷设在地面上的独立支架或带纵梁的桁架以及建筑物的外墙、屋顶上。架空敷设的管道不受地下水的侵蚀,因而管道寿命长;由于敷设空间通畅,故管道坡度易于保证,所需放气与排水设备较少,而且通常有条件使用工作可靠、构造简单的方形补偿器;架空敷设只需支撑结构基础的土方工程,故施工土方量小、造价低;在运行中,易于发现管道破损、泄漏情况,便于维修,是一种比较经济的敷设方式。架空敷设的缺点是占地面积较大、管道热损失大、保温材料易损坏、在民用建筑中不够美观。

管道架空敷设时应考虑建筑物、支架对管道荷载的支承能力,较长直管段应进行管道推力计算,并与土建专业密切配合。供热管道的保温层厚度应经计算确定,保温层外需设置保护层,以防日晒雨淋的影响。

架空敷设所用的支架按其材质可分为砖砌、毛石砌、钢筋混凝土、钢结构等类型。目前,国内使用较多的是钢筋混凝土支架,它坚固耐久,能承受较大的轴向推力,而且节省钢材,造价较低。架空敷设的支架按其高度不同,可分为下列三种形式。

1) 低支架敷设

在不妨碍交通、厂区和街区扩建的地段,供热管道可采用低支架敷设(图 8-43)。低支架敷设通常沿工厂的围墙或平行于公路、铁路来布置。

低支架可节约大量土建材料而且管道维修方便,是一种经济的敷设方式。为了避免地面雨雪的侵袭,管道保温层外壳底部距地面的净距不宜小于 0.3m,一般为 0.5~1.0m。当遇到障碍,如与公路、铁路等交叉时,可将管道局部升高并敷设在桁架上跨越,这种管道走向等同于方形补偿器,可起到伸缩补偿的作用。

低支架可使用毛石或砖砌结构,节约工程造价,方便施工和检修,经济性较好。但低支架敷设的管道影响通行,在建筑供暖系统中应用较少。

2) 中支架敷设

当室外供热管道需要跨越在行人及非机动车频繁通行的地段时,应采用中支架敷设(图 8-44)。中支架管道保温层外壳底部距地面的净距离为 2.5~4.0m。相比低支架敷设,中支架的安装高度增大,其工程造价增大,在施工和检修方面较为不便。

3) 高支架敷设

高支架管道保温层外壳底部距地面的净距离为 4.5~6.0m,一般在跨越公路、铁路或其他障碍物时采用。

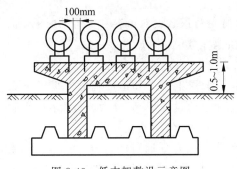

图 8-43　低支架敷设示意图

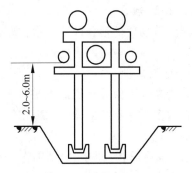

图 8-44　中支架敷设示意图

管道支架按其结构形式分为独立式支架和组合式支架，图 8-43 和图 8-44 即属于独立式支架，其支架结构较为可靠。但实际工程中，常常将供热管道和其他管道敷设在同一支架上，以节约造价、方便检修。此时，为加大支架间距，可采用各种形式的组合式支架。图 8-45 给出了梁式[图 8-45(a)]、桁架式[图 8-45(b)]、悬索式[图 8-45(c)]和桅缆式[图 8-45(d)]等支架的原理简图，后两种适用于较小管径的管道敷设。在厂区内，架空管道应尽量利用建筑物的外墙或其他永久性的构筑物，把管道架设在埋于外墙或构筑物的支架上，这是一种最简便的方法，但在地震活动区，采用独立支架或地沟敷设比较可靠。

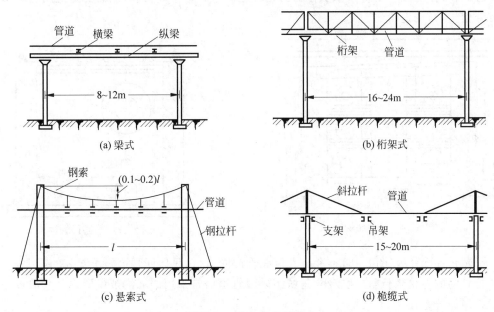

图 8-45　组合式支架形式

按照支架承受的荷载分为中间支架和固定支架。中间支架承受管道、管中热媒及保温材料等的质量以及管道发生温度变形伸缩时产生的摩擦力水平荷载。固定支架处的管道是不允许移动的，因此固定支架主要承受水平推力及管道等的重力，固定支架所承受的水平推力在管道因温度膨胀收缩时可能达到很大值。因此，固定支架通常做成空间的立体支架形状。中高支架地上敷设的管道，安装阀门等地方应设置操作平台，尺寸应保证维修人员的操作，周围应设置安全防护栏杆。

2．埋地敷设

当建筑物所处地区的地下水位较低时,为避免管道敷设对市容和交通的影响,常可采用地下敷设。地下敷设的主要形式有地沟敷设和地埋敷设。

1) 地沟敷设

地沟是地下敷设管道的围护构筑物,作用是承受土压力和地面荷载并防止水的侵入。地下管沟多采用砌筑的做法。根据管沟内人行通道的设置情况,分为通行管沟、半通行管沟和不通行管沟。

(1) 通行管沟(图 8-46)是工作人员可以在管沟内直立通行的管沟,可采用单侧或双侧两种布管方式。通行管沟人行通道的高度不低于 1.8m,人行通道宽度不小于 0.6m,并应允许管沟内管径最大的管道通过通道。管沟内若装有蒸汽管道,应每隔 100m 设一个逃生入口;无蒸汽管道,应每隔 200m 设一个逃生入口。沟内设自然通风或机械通风设备。沟内空气温度按工人检修条件的要求不应超出 40℃。安全方面还要求地沟内设照明设施,照明电压不高于 36V。通行管沟的主要优点是操作人员可在管沟内进行管道的日常维修,以致更换管道等大修,但是土方量大、造价高。

(2) 半通行管沟(图 8-47)是工作人员可在管沟内半蹲工作的地沟。半通行管沟是高度 1.2~1.4m,宽度不小于 0.5m 的人行通道。操作人员可在半通行管沟内检查管道和进行小型修理工作,但更换管道等大修工作仍需挖开地面进行。半通行管沟相比通行管沟,可减少土方开挖量,节约造价。

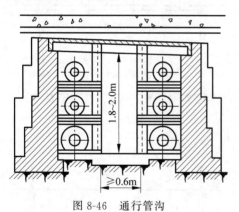

图 8-46 通行管沟

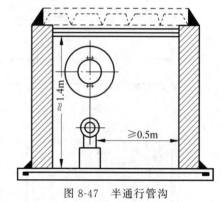

图 8-47 半通行管沟

(3) 不通行管沟(图 8-48)不考虑人员在管沟内通行,只保证管道施工安装的必要尺寸。不通行管沟的造价较低,占地较小,是城镇采暖管道经常采用的管沟敷设形式。其缺点是检修时必须掘开地面。

供热管道地沟有防水要求,地沟盖板与地沟墙壁之间要用水泥砂浆或沥青封堵,地沟盖板横向应有 0.01~0.02 的坡度;地沟底板应有纵向坡度,坡度应与供热管道坡向一致,坡度不宜小于 0.02,以便当地沟有水渗入时,积水可在坡度作用下流入集水坑,再由排污泵抽出,进入建筑物的管道宜坡向下等。如地下水位高于地沟底板,还应在地沟围护结构外表面敷设防水层,防水层采用沥青粘贴数层油毛毡

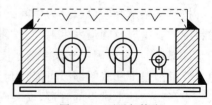

图 8-48 不通行管沟

并外涂沥青或在外层再增设砖护墙。

2）地埋敷设

地埋敷设常采用直埋敷设。它是将预制好的保温管道直接埋于地下,从而节省了大量建造地沟的材料、工时和地下空间。直埋敷设常用的预制保温管也称为管中管,多采用硬质聚氨酯泡沫塑料作为保温材料,保温层外设保护外壳,保护外壳采用高密度聚乙烯硬质塑料管。

直埋敷设根据管道补偿做法又分为无补偿直埋和有补偿直埋两种。

（1）常见的一种无补偿直埋做法是将管道在受热状态下埋入地下,具体做法是管道安装覆土前,将管道加热到一定温度,制造一个预应力,然后将管道焊接固定,使管道在保持伸长的状态下进行覆土（图8-49）。当管道通热媒工作时,随着温度的升高,管道应力为零,当继续升温时,管道的压应力增加,当温度升到工作温度时,管道的压应力（热应力）仍小于许用应力。这样,管道就可以不用补偿装置而正常工作。无补偿直埋对施工工艺要求很高,但减少了补偿器等管件的使用,可减少管路阻力损失,应用广泛。

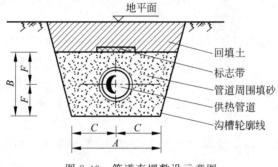

图8-49 管道直埋敷设示意图

（2）有补偿直埋是通过设置管道自然补偿和补偿器来吸收管道受热后的伸长量,从而使管道的热应力最小。采用有补偿直埋时,管道埋设深度只考虑由于地面荷载的作用会不会破坏管道的稳定便可,埋深一般浅于无补偿直埋管道。

无论无补偿直埋还是有补偿直埋,管道外表面的埋深均应满足表8-3的要求。

表8-3 直埋热水管道最小覆土深度

管径/mm	50～125	150～300	350～500	600～700	800～1 000	1 100～1 200
车行道下/m	0.8	1.0	1.2	1.3	1.3	1.3
非车行道下/m	0.7	0.7	0.9	1.0	1.1	1.2

8.7.2 室内供暖管道

室内供暖管道的布置应尽量保证各供暖管路的阻力损失易于平衡,并考虑系统调节和排除空气的可能性。室内供暖管道多使用焊接钢管。管径小于或等于DN32时,宜采用螺纹连接；管径大于DN32时,宜采用焊接或法兰连接。

1. 管道安装

室内供暖管道的安装方式分为明装和暗装两种,一般对装饰要求不高的场合,尽量采用明装,以便检修,有特殊要求时采用暗装。为有效排除管内空气,系统水平供水干管坡度宜采用0.003,不得小于0.002(坡向根据自然循环或机械循环而定)。如因条件限制,机械循环系统的热水管道也可无坡度敷设,但管中水流速不应小于0.25m/s。

供暖管道较长直管段应合理设置固定支架,并在两个固定支架间设置自然补偿或伸缩补偿器,以避免管道热胀冷缩造成的弯曲变形。立管穿越楼板和隔墙时,应设套管,套管内径应大于管道保温后的外径,并保证管道能自由伸缩而不会损坏楼板和隔墙。

室内供暖系统的安装顺序一般为先安装水平干管,后安装立管,再安装散热器,最后安装连接散热器的支管。也可先安装散热器,后安装干管,再安装立管,最后安装连接散热器的支管。具体应根据供暖系统形式和工程特点确定。供暖系统的安装应与土建、给排水、电气等专业密切配合协调,以降低施工返工率。

2. 管道支座

管道支座是供暖管道的重要构件,管道支座的作用主要是支撑管道并限制管道的变形和位移。管道支座一般分为活动支座和固定支座。

(1) 活动支座承受管道的重力,并保证管道在发生温度变形时能自由移动。活动支座有滑动支座、滚动支座、悬吊架等。

(2) 固定支座是管道固定在支撑结构上的点,且该点不能产生位移。固定支座除承受管道重力外,还承受其他作用力。室内供热管道常用卡环式固定支座,室外供热管道多采用焊接角钢固定支座、曲面槽固定支座;当轴向推力较大时,多采用挡板式固定支座。

供热管道通过固定支座分成若干段,分段控制伸长量,保证补偿器均匀工作。因此,两个补偿器之间必须有一个固定支座,两个固定支座之间必须设一个补偿器。另外,在管路中不允许有位移的地方也应该设置固定支座,如热力入口、设备进出口等。

3. 管道保温

管道保温的目的是减少热媒在输送过程中的热损失,保证供热温度的要求,节约能源。在高温蒸汽供暖系统中,保温还起到隔热作用,可以降低管壁外表面的温度,避免人员烫伤。

当热媒温度高于60℃时,供暖系统的热力管道、设备、阀门均应设置保温层。保温材料在系统平均工作温度下的导热系数不应大于0.12W/(m·℃),硬质保温材料密度不应大于250kg/m³,软质保温材料密度不应大于150kg/m³,保温材料应具有防潮、防腐、保温性好、耐久性好等特点,常用的管道保温材料有石棉、膨胀珍珠岩、岩棉、玻璃棉、聚氨酯硬质泡沫塑料等。

管道保温结构由保温层和保护层组成,保护层包覆于保温层外层,用于防止保温层划伤、破裂,同时可防止水分侵入保温材料,提高保温材料的耐久性。保护层材料应具有机械强度高、防水性好、施工方便的特点,常用的保护层材料有玻璃布、沥青油毡、铝板、玻璃钢等。保温结构表面温度不宜超过50℃。

8.8 锅炉与锅炉房设备

8.8.1 锅炉的原理与分类

锅炉通过燃料燃烧产生的热能对水进行加热,产生具有一定温度和压力的热水或蒸汽。锅炉整体的结构包括锅炉本体和辅助设备两大部分。锅炉本体由汽水系统(锅)和燃烧系统

(炉)组成,汽水系统(锅)吸收燃料燃烧释放出的热量,将进入锅炉的给水加热以使之形成具有一定温度和压力的热水或蒸汽。燃烧系统(炉)是使燃料在炉内燃烧,释放热量的装置。

锅炉是供暖系统的主要热源之一。根据锅炉制取的热媒不同,锅炉可分为蒸汽锅炉和热水锅炉;根据锅炉工作压力不同,可分为低压锅炉和高压锅炉,在蒸汽锅炉中,低压锅炉的蒸汽压力低于 0.7MPa,高压锅炉的蒸汽压力高于 0.7MPa;在热水锅炉中,当热水温度低于 100℃时,称为低温热水锅炉,当热水温度高于 100℃时,称为高温热水锅炉;按水循环动力不同,有自然循环锅炉和机械循环锅炉;按所用燃料不同锅炉还可分为燃煤锅炉、生物质锅炉、燃油锅炉、燃气锅炉、电锅炉等。

1. 燃煤锅炉

燃煤锅炉是以煤炭为燃料,燃煤在炉膛中燃烧释放热量,把燃煤加热到一定温度和压力的热能动力设备。锅炉的汽水系统由省煤器、汽包、下降管、联箱、水冷壁、过热器、再热器等组成,燃烧系统由炉膛、烟道、燃烧器、空气预热器等组成。燃煤锅炉还有较多附属设备,主要包括通风设备、燃料运输设备、制粉设备、给水设备、除尘除灰设备、烟气脱硫脱硝设备、水处理设备、测量及控制设备等。燃煤锅炉本体构造如图 8-50 所示。

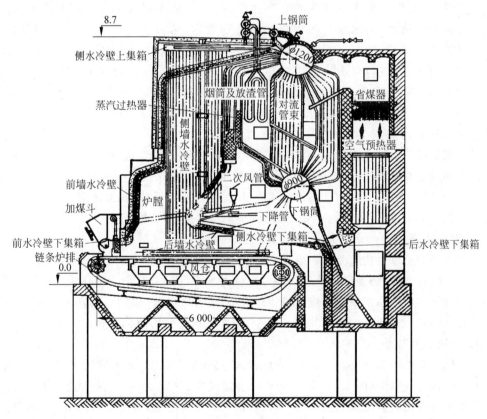

图 8-50 燃煤锅炉本体构造

燃煤锅炉的工作过程可分为三部分,即燃料的燃烧过程、高温烟气向水传递热量的过程和水的受热、汽化过程。

1) 燃料的燃烧过程

燃料在加煤斗中借自重下落到炉排面上,炉排借链轮来带动,犹如皮带运输机,将燃料带入炉内。燃料一面燃烧,一面向后移动;燃烧需要的空气是由风机送入炉排腹中风仓后,向上穿过炉排到达燃料层,进行燃烧反应形成高温烟气。燃料最后烧尽成灰渣,在炉排末端被除渣板(俗称老鹰铁)铲除于灰渣斗后排出。

2) 高温烟气向水传递热量的过程

由于燃料的燃烧放热,炉内温度很高。在炉膛的四周墙面上都会布置一排水管以降低炉墙温度,俗称水冷壁。高温烟气与水冷壁进行强烈的辐射换热,将热量传递给管内工质。继而烟气受引风机、烟囱的引力作用而向炉膛上方流动。烟气出炉膛并掠过防渣管后,就冲刷蒸汽过热器(一组垂直放置的蛇形管受热面),使汽锅中产生的饱和蒸汽在其中受烟气加热而得到热量。烟气流经过热器后又掠过上、下锅筒间的对流管束,在管束间设置了折烟墙使烟气呈S形曲折地横向冲刷,再次以对流换热方式将热量传递给管束内的工质。沿途烟气的温度降低,最后进入尾部烟道,与省煤器和空气预热器内的工质进行热交换后,以经济的较低烟气温度排出锅炉。

3) 水的受热、汽化过程

水的受热、汽化过程就是蒸汽的生产过程,包括水循环和汽水分离两个方面。经过水质处理合格的给水,由水泵打入省煤器而得到预热,然后进入上锅筒。上锅筒内的炉水不断沿处在烟气温度较低区域的对流管束进入下锅筒。下锅筒的水一部分进入连接炉膛水冷壁管的下集箱,在水冷壁内受热不断汽化,形成汽水混合物上升至上集箱或进入上锅筒。另一部分进入烟气温度较高的对流管束,部分炉水受热汽化,汽水混合物升至上锅筒。进入上锅筒的蒸汽经汽水分离后,经出气管进入蒸汽过热器继续受热,成为过热干蒸汽送到用户。

燃煤锅炉因其运行成本低、燃烧安全等特点,曾广泛应用于城市集中供暖和工业供热中。但燃煤锅炉效率较低,其效率一般在 $70\%\sim85\%$,且燃煤锅炉烟气中含有大量粉尘、硫化物、氮化物等大气污染物,严重恶化空气质量,污染环境。目前,我国已淘汰 10t 蒸发量以下的工业燃煤锅炉,蒸发量在 35t 以下的燃煤锅炉也在逐步淘汰。

2. 生物质锅炉

生物质锅炉是以生物质为燃料提供热量的锅炉,生物质是以锯末、玉米秸秆、花生壳、稻草、棉柴秆、树枝、食用菌废料以及牛粪为原料经过粉碎、挤压、烘干后制作成的高密度具有可燃性的物质。生物质锅炉对环境污染相对较小,生物质能源可再生,燃烧后产物可作为肥料。生物质锅炉一般效率可在 80% 以上,燃煤锅炉经改造后可成为生物质锅炉。

3. 燃油燃气锅炉

燃油锅炉以燃油(如柴油、汽油等)为燃料,燃气锅炉以燃气(如天然气、水煤气、沼气等)为燃料。燃油燃气锅炉(图 8-51)的主要部件有燃烧器、盘管受热面(换热器)、炉膛等。燃油经雾化配风或燃气经配风后,在燃烧器喷雾锅炉炉膛内燃烧,火焰及高温烟气不断加热盘管换热器内的水,产生具有一定温度和压力的热水或蒸汽。

燃油锅炉需将燃油雾化后才可进行燃烧,因此其燃烧器设有雾化器。燃气锅炉因燃气可直接燃烧,其燃烧器不配雾化器,仅配风即可。目前已经有锅炉设备可实现既能燃油又能燃气,称为燃油燃气锅炉。

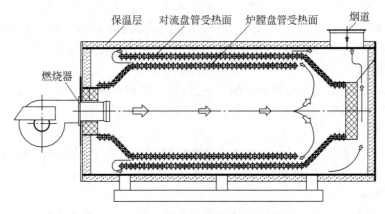

图 8-51 卧式盘管式燃油燃气锅炉结构示意

燃油燃气锅炉的优点是在燃气不足或压力过低时能用燃油让锅炉继续运行，不会影响用户使用；燃油燃气锅炉相比燃煤锅炉，无须场地堆放燃料、无须除灰除渣、设备简单、运行维护费用低。缺点是该类锅炉对锅炉房的防火防爆要求高，须注意运行安全。燃油燃气锅炉的热效率可达 90% 以上，油、气燃烧后不产生灰尘，硫化物、二氧化碳排放很少，属于环保型锅炉。目前，在民用建筑供热中已有非常广泛的应用。

4. 电锅炉

电锅炉是将电能转化为热能，产生热水或蒸汽的一种设备。不同于常规燃料锅炉，该锅炉只有锅，没有炉，无须燃料燃烧产热，没有烟囱。其结构紧凑，保温性好，热损失小，热效率可达 95% 以上。电锅炉运行过程自动化程度高、无明火、无烟气污染、无噪声。但电锅炉所用的能源是二次能源（电能），电能由煤炭发电所来的，煤电转换效率很低，故电锅炉的一次能源利用率非常低，一般不超过 30%。在有其他一次能源可利用的情况下，一般不应采用电锅炉供热。

8.8.2 锅炉的常用指标

锅炉常用蒸发量、产热量、热媒温度、锅炉效率、工作压力、受热面发热率等指标来表示锅炉的性能和经济性。

1. 蒸发量和产热量

对于蒸汽锅炉，每小时产生的额定蒸汽量称为锅炉蒸发量。它表明锅炉容量的大小，又常称为锅炉的出力。蒸发量用 D 来表示，单位是 t/h。蒸汽锅炉的蒸发量有 0.2t/h、0.4t/h、0.5t/h、0.7t/h、1t/h、1.2t/h、2t/h、4t/h、6.5t/h、10t/h 等多种规格。

对于热水锅炉，则用每小时产生热量的多少来表明其容量大小，称为锅炉的产热量。产热量用 Q 表示，单位是 MW 或 10^4 kcal/h。目前生产的热水锅炉有 60kcal/h、120kcal/h、250kcal/h、360kcal/h、600×10^4 kcal/h 等多种规格。

2. 热媒温度

对于热水锅炉，其出口处水温用 T 表示，单位是℃。

对于蒸汽锅炉,由于饱和蒸汽的温度和压力是一一对应的,只要知道了饱和蒸汽的压力,就可以查到它的饱和温度。因此,生产饱和蒸汽的锅炉只标明锅炉的工作压力,而无须注明温度;但生产过热蒸汽的锅炉,除标明工作压力外,还应注明过热蒸汽温度。

3. 锅炉效率

锅炉效率是指燃料的热量被利用的百分比,即燃料的有效利用率。该值直接反映了锅炉运行的经济性。锅炉效率用 η 表示,一般工业锅炉的效率为 60%~85%。

4. 工作压力

蒸汽锅炉出气管处蒸汽的额定压力或热水锅炉出水管处热水的额定压力,称为锅炉的工作压力,用 P 表示,单位是 MPa。

5. 受热面发热率

受热面是指烟气与水或蒸汽进行热交换的表面,受热面发热率是指每平方米受热面每小时所产生的蒸发量(或热量),其单位为 $kg/(m^2 \cdot h)$ 或 MW/m^2。该值的大小反映了锅炉传热性能的好坏,受热面发热率越大,说明锅炉传热性能好,结构紧凑。

8.8.3 锅炉房

1. 锅炉房的位置

锅炉房可分为区域性集中供热的锅炉房和单体建筑供热的锅炉房,锅炉房位置的选择应配合建筑总图专业的规划安排,锅炉房排烟应满足锅炉大气污染物排放标准,布置应符合国家相关防火规范和安全规范。

锅炉房的位置选择应根据以下因素综合确定。

(1)一般应尽量靠近热负荷比较集中的区域,以节约管材,减少管道压力损失和管道散热损失。

(2)燃煤锅炉房的位置应便于燃料储运和灰渣的排送,并宜使人流和燃料、灰渣运输的物流分开,并考虑足够的煤场和灰渣场面积。

(3)燃油锅炉房应考虑储油罐的位置,燃气锅炉房应考虑尽量靠近供气管网和燃气调压站。

(4)锅炉房应尽量减少烟尘、有害气体、噪声和灰渣对居民区和主要环境保护区的影响,全年运行的锅炉房应设置于最小频率风向的上风侧,季节性运行的锅炉房应设置于该季节最大频率风向的下风侧。

(5)锅炉房,特别是锅炉房操作间一般应布置成南向或东向,避免西晒造成室内温度过高。

(6)锅炉房一般应设置在地上独立建筑内,并与其他建筑保持一定的防火间距(表8-4)。当确有困难时,锅炉房可与其他建筑(住宅建筑除外)相连或设置在其内部,但严禁设置在人员密集场所和重要部门的上一层、下一层、贴邻位置以及主要通道、疏散口的两旁,应设置在首层或地下室一层靠建筑物外墙部位。

(7)新建工业锅炉房应考虑有扩建的可能。

(8)应有利于凝结水的回收。

表 8-4　锅炉房与其他建筑物的最小防火间距　　　　　　　　单位：m

锅炉房耐火等级	高层建筑				一般民用建筑			工厂建筑或乙、丙、戊类库房		
	一类		二类		耐火等级					
	主体建筑	群房	主体建筑	群房	1～2级	3级	4级	1～2级	3级	4级
1～2级	20	15	15	13	10(6)	12(7)	14(9)	10	12	13
3级	25	20	20	15	12(7)	14(8)	15(9)	12	14	15

注：括号内数值表示只适用于单台锅炉蒸发量小于或等于4t/h，总蒸发量不小于12t/h的锅炉房。

2. 锅炉房的布置

锅炉房平面布置首先应按锅炉工艺流程要求和规范要求合理安排，保证设备安装、运行、检修安全方便，锅炉房面积和体积应紧凑。

锅炉房应根据锅炉的容量、类型和燃烧、除灰方式确定采用单层建筑还是多层建筑。一般小容量的燃油燃气锅炉采用单层建筑，容量大的、设有机械化运煤除渣的燃煤锅炉，应采用多层建筑。

新建区域锅炉房的厂前区规划应与所在区域规划相协调。锅炉房的主体建筑和附属建筑宜采用整体布置。锅炉房区域内的建筑物主立面宜面向主要道路，且整体布局应合理、美观。

工业锅炉房的建筑形式和布局应与所在企业的建筑风格相协调；民用锅炉房、区域锅炉房的建筑形式和布局应与所在城市（区域）的建筑风格相协调。

锅炉房出入口不应少于2个，分别设在相对的两侧。对于独立锅炉房，当炉前走道总长度小于12m，且总建筑面积小于200m²时，其出入口可设1个；锅炉间出入口必应有1个直通室外。锅炉房为多层布置时，其各层的人员出入口不应少于2个。楼层上的人员出入口应有直接通向地面的安全楼梯。

锅炉的水汽系统和燃气燃油系统可能存在爆炸危险，锅炉房的外墙、楼地面或屋面应有相应的防爆措施，并应有相当于锅炉间占地面积10%的泄压面积，泄压方向不得朝向人员聚集的场所、房间和人行道，泄压处也不得与这些地方相邻。地下锅炉房采用竖井泄爆方式时，竖井的净横断面积应满足泄压面积的要求。泄压面积可将玻璃窗、天窗、质量小于或等于60kg/m²的轻质屋顶和薄弱墙等包括在内。

锅炉房应预留能通过设备最大搬运件的安装洞，安装洞可与门窗洞或非承重墙结合考虑。

新建的单个燃煤锅炉房只可设置一根烟囱，烟囱高度应根据锅炉房装机总容量确定，见表8-5。燃油燃气锅炉房的烟囱不应低于8m。新建锅炉房的烟囱周围半径200m距离内有建筑物时，其烟囱应高出最高建筑物3m以上。

表 8-5　燃煤锅炉房最低烟囱允许高度

热水锅炉容量/MW	<0.7	0.7～1.4	1.4～2.8	2.8～7	7～14	≥14
蒸汽锅炉容量/(t/h)	<1	1～2	2～4	4～10	10～20	≥20
烟囱最低允许高度/m	20	25	30	35	40	45

锅炉房的面积应根据锅炉的台数、型号、锅炉及附属设备的安装、检修空间而定。在初步设计时，可以根据经验值估算确定，锅炉房面积约为供暖建筑物建筑面积的1%。锅炉房高度应根据锅炉设备高度、锅炉房内管道布置情况而定，当锅炉设备上部设有检修口需人员操作和通行时，锅炉上方应有不小于2m的净空高度，当锅炉上方不需要人员操作和通行时，其净空高度可取0.7m。

习　题

8.1　自然循环热水供暖系统与机械循环热水供暖系统的主要区别是什么？

8.2　同程式供暖系统与异程式供暖系统的主要区别是什么？为何要采用同程式系统？

8.3　膨胀水箱在热水供暖系统中起什么作用？

8.4　室外供热管道的埋地敷设做法有哪些？

8.5　锅炉房为何要设置泄压口？泄压口的面积和朝向有什么规定？

第 9 章 建筑通风系统

9.1 建筑通风概述

9.1.1 建筑通风的目的

通风就是用自然或机械的方法向某一房间或区域送入室外空气和由该房间或区域排出空气的过程,送入的空气可以是经过处理的,也可以是不经处理的。

建筑通风的首要目的是使室外新鲜空气连续不断地送入室内,并及时排出和稀释空气中的有害污染物,创造良好的室内空气环境,满足人们在室内生活和工作的需要。

建筑通风可用于室内降温,将室内的人员、设备散发的热量及时排到室外,并引进室外空气。

建筑通风在消防安全中也有应用,当室内发生火灾时,通风系统应及时排除火灾场所产生的有毒烟气,即排烟。建筑通风除了排烟外,建筑的疏散通道和避难场所(楼梯间、前室、避难层等)还需有送风措施,防止烟气侵入,向逃生人员提供必需的空气,保护人员疏散和避难。

多数情况下,建筑可以利用建筑本身的门窗进行自然通风换气,当自然通风换气不能满足设计要求时,应采用机械通风的方法。

9.1.2 建筑通风的分类

建筑通风根据换气方式不同可分为排风和送风。排风是将室内空气直接或经过处理后排至室外;送风是把新鲜或经过处理后的空气送入室内。为排风和送风而设置的管道及设备等装置分别称为排风系统和送风系统,统称为通风系统。

(1) 建筑通风根据其驱动力可分为自然通风和机械通风。

① 自然通风是依靠室内外温差和建筑高度产生的热压使室内空气自下而上地流动,也可以利用室外风力提供的风压使室内空气流动。这种通风不需要风机驱动,但利用热压通风时,通风量一般较小;利用自然风压通风时,通风效果不稳定。

② 机械通风是依靠风机提供动力,使室内空气流动。机械通风系统一般由风机、风管和风口组成。

(2) 机械通风系统按系统作用范围的大小又可以分为全面通风和局部通风。

① 全面通风是指对整个房间进行通风换气,用送入室内的新鲜空气把房间里的空气污

染物浓度稀释到卫生标准允许的范围以下,同时把室内污染的空气直接或经过净化处理后排放到室外大气中去。

② 局部通风是采用局部气流使局部工作点不受空气污染物的污染,保证良好的局部环境。和全面通风相比,局部通风在满足室内环境要求的情况下,避免了污染物在全室扩散,大大减少了排除污染物所需的通风量,是一种经济的通风方式。

9.2 自 然 通 风

9.2.1 自然通风的原理

自然通风借助于室外风力提供的风压或室内外温差及建筑物高度产生的热压来促使空气流动,在住宅、污染物和散热量较少的工业厂房中应用较多。自然通风方式无须风机,不消耗能源,是一种经济的通风方式,是建筑通风设计中首要考虑的通风方式。

当建筑外墙的窗户两侧存在压力差时,压力较高一侧的空气将通过窗户流向压力低的一侧,设空气流过窗户的阻力为 ΔP,根据伯努利方程可得

$$\Delta P = \xi \frac{\rho v^2}{2} \tag{9-1}$$

式中:ΔP——窗户两侧的压差,Pa;
　　　ξ——窗户的局部阻力系数;
　　　ρ——空气密度,kg/m^3;
　　　v——空气通过窗户时的流速,m/s。

通过窗户的风量为

$$L = vF = F\sqrt{\frac{2\Delta P}{\xi\rho}} \tag{9-2}$$

式中:L——通过窗孔的风量,m^3/s;
　　　F——窗孔的面积,m^2。

上式中,窗户面积 F、空气密度均较容易获得,窗户的局部阻力系数可由窗户构造查表获得,这些参数对于已确定的建筑物均为定值。所以,窗户的通风量 L 随 ΔP 的增大而增大,分析 ΔP 的具体大小是确定窗户通风量(自然通风效果)的关键。

9.2.2 风压通风

当风吹过建筑物时,在建筑的迎风面一侧,动压降低,静压升高,相对于原来大气压力而言,形成了正压;在建筑背风面及侧面由于产生涡流,静压降低,相对原来的大气压力而言,形成了负压,如图 9-1 所示。

建筑物四周的风压分布主要与建筑物的几何形

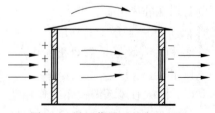

图 9-1　风压作用下的自然通风

状、室外风向和风速有关。当风向一定时,建筑外围护结构上各点的风压值可按下式计算,即

$$P_f = k\rho_w \frac{v_w^2}{2} \tag{9-3}$$

式中：P_f——某点风压值,Pa；

ρ_w——室外空气密度,kg/m³；

v_w——室外空气流速,m/s；

k——空气动力系数,其中,k 值为正时,则该点风压为正压；k 值为负时,则该点风压为负压。

空气在风压作用下,将在正压侧进入建筑内,并从负压侧排出,这就是在风压作用下的自然通风。通风强度与正压侧和负压侧的开口面积、风力大小有关。如图 9-1 所示,当建筑物在迎风的正压侧有窗,当室外空气进入建筑物后,建筑物内的压力水平也将升高,而在背风侧室内压力大于室外,空气将从室内流向室外,这就是我们通常所说的"穿堂风"。

9.2.3 热压通风

热压是由于室内外空气温度不同而形成的重力压差。如图 9-2 所示,当室内空气温度高于室外空气温度时,室内热空气因其密度小而上升,造成建筑内上部空气压力大于当地大气压,空气从建筑物上部的孔洞(如天窗等)处逸出；下部空气压力低于当地大气压,室外较冷而密度较大的空气不断从建筑物下部的门、窗补充进来。这种以室内外温度差引起的压力差为动力的自然通风称为热压差作用下的自然通风。热压作用产生的通风效应也称为"烟囱效应"。"烟囱效应"的强度与建筑上下窗孔的高差、形式、面积和室内外温差有关,建筑物上下窗孔高差越大,室内外温差越大,"烟囱效应"越强烈。

如图 9-3 所示,建筑外墙开设有低位窗 a 和高位窗 b,两窗孔中心的高差为 h,窗孔室内侧静压为 P'_a、P'_b,窗孔室外侧静压为 P_a、P_b,室内外的空气温度和密度分别为 t_n、ρ_n 和 t_w、ρ_w,由于 $t_n > t_w$,所以 $\rho_n < \rho_w$。

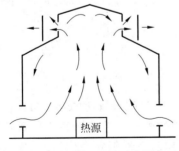

图 9-2 热压通风示意图

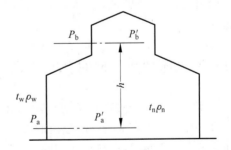

图 9-3 热压作用下的自然通风

如果首先关闭窗孔 b,仅开启窗孔 a,不管最初窗孔 a 两侧压差(室内外压差)如何,由于空气流动,窗孔内外压终将相等。当窗孔 a 内外的压差 $\Delta P_a = P'_a - P_a = 0$ 时,空气将停止流动。根据流体静力学原理,窗孔 b 内外压差为

$$\begin{aligned}\Delta P_b &= P_b - P'_b = (P'_a - gh\rho_n) - (P_a - gh\rho_w) \\ &= (P'_a - P_a) + gh(\rho_w - \rho_n) \\ &= \Delta P_a + gh(\rho_w - \rho_n) \\ &= \Delta P_a + gh(\rho_w - \rho_n)\end{aligned} \quad (9\text{-}4)$$

式中：ΔP_a——窗孔 a 内外两侧压差，Pa；

ΔP_b——窗孔 b 内外两侧压差，Pa。

当 $\Delta P>0$ 时，窗孔排风；当 $\Delta P<0$ 时，窗孔进风。

由式(9-4)可知，在 $\Delta P_a = 0$ 时，只要 $\rho_n < \rho_w$（即 $t_n > t_w$），则 $\Delta P_b > 0$。因此，如果窗孔 b 和窗孔 a 同时开启，空气将从窗孔 b 流出。随着室内空气的向外流动，室内静压逐渐降低，窗孔 a 两侧压差 $\Delta P_a = P'_a - P_a$ 将由等于零变成小于零。这时室外空气就由窗孔 a 流入室内，直到窗孔 a 的进风量等于窗孔 b 的排风量时，室内静压才保持稳定。由于窗孔 a 进风，$\Delta P_a < 0$，窗孔 b 排风，$\Delta P_b > 0$，则根据式(9-4)可得

$$\Delta P_b + (-\Delta P_a) = \Delta P_b + |\Delta P_a| = gh(\rho_w - \rho_n)$$

上式表明，进风窗孔和排风窗孔两侧压差的绝对值之和与两窗孔的高度差 h 和室内外的空气密度差 $(\rho_w - \rho_n)$ 有关，因此把 $gh(\rho_w - \rho_n)$ 称为热压。

由上式可看出，如果室内外没有温度差或者窗孔之间没有高差，就不会产生热压作用下的自然通风。但实际上，如果只有一个窗孔也仍会形成自然通风，这时窗孔的上部排风，下部进风，相当于两个窗孔紧挨在一起。

在自然通风中，把室内某一点的压力和室外同标高处未受扰动的大气压力的差值称为该点的余压。仅有热压作用时，窗孔内外的压差即为窗孔的余压，余压为正，窗孔排风；余压为负，窗孔进风。在热压作用下窗孔两侧的余压与两窗孔间的高差呈线性关系(图 9-4)，且从进风窗孔 a 的负值沿高度方向逐渐变为排风窗孔 b 的正值，则在某一高度处(0—0 面)，室内外压差为零，这个面称为中和面。位于中和面处的窗孔是没有空气流动的。位于中和面以下的窗孔均为进风窗，中和面以上的窗孔均为排风窗。

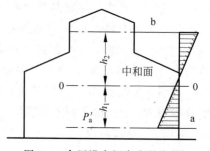

图 9-4 余压沿房间高度的变化

9.2.4 风压和热压同时作用下的自然通风

在实际工程中，建筑物常常受到风压和热压的共同作用，且很难量化区分。当建筑受到风压和热压共同作用时，在建筑外围护结构各窗孔上作用的内外压差等于其所受到风压和热压之和。一般情况下，热压作用的变化较小，风压的作用随室外气候变化很大，非常不稳定。为了保证自然通风的设计效果，计算时通常仅考虑热压的作用，风压一般不予考虑，但必须定性地考虑风压对自然通风的影响。在一些发热量很大的车间，如铸造热处理车间、冶炼炉车间，这些车间室内外温差大，热压作用明显，如在上部排风窗外设置一些挡风措施(图 9-5)，保持挡风板与天窗的空间内在任何风向情况下均处于负压状态，有效利用自然通风。

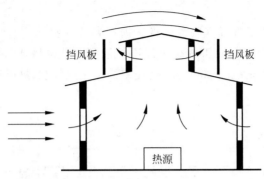

图 9-5 热压作用下的自然通风

9.3 机械通风

9.3.1 全面通风

全面通风是机械通风常用的一种形式,即在房间内全面地进行通风换气,利用机械送风系统将室外新鲜空气经过风道、风口不断送入整个房间,来稀释空气污染物浓度。

全面通风包括全面送风和全面排风。两者可同时使用,也可单独使用。单独使用时需与自然进风、自然排风方式相结合。

1. 全面送风系统

全面送风系统即利用机械送风系统向整个房间全面均匀地进行送风,其排风可利用设于外墙的窗户或百叶风口自然排风(图 9-6)。当室内对送风有所要求或邻室有污染源不宜直接自然进风时,可采用这种机械送风系统。室外新鲜空气经空气处理装置预处理,达到室内卫生标准和工艺要求后,由送风机、送风道、送风口送入室内。此时室内处于正压状态,室内空气可从建筑外围护结构上的门窗或排风口排出。因系统运行时室内呈正压状态,邻室有污染的空气不会经房间门窗渗透进入室内,适用于洁净度要求较高、邻室有污染源的场合。

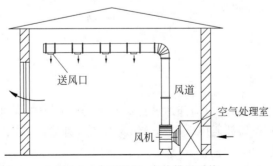

图 9-6 全面送风、自然排风系统

2. 全面排风系统

全面排风系统即利用机械排风系统将室内有害气体排出室外,其进风常为自然进风(图9-7)。为了使室内产生的有害物尽可能不扩散到其他区域或邻室,可以在有害物比较集中产生的区域或房间采用全面机械排风,使室内呈负压状态,进风来自不产生有害物的邻室和室外。

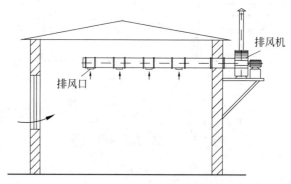

图 9-7　全面排风、自然进风系统

3. 全面送、排风系统

全面送风和全面排风相结合即为全面送、排风系统(图 9-8)。室外新鲜空气在送风机作用下,经空气处理设备预处理后由送风机、送风道和送风口进入室内,室内污浊空气在排风机的作用下,直接排到室外或经净化处理后排放。全面通风房间的门窗应密闭,通过调节送风量和排风量的大小,可使室内根据需要保持正压或负压状态。

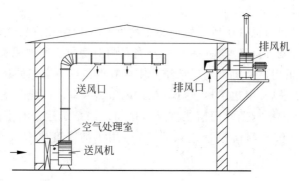

图 9-8　全面送、排风系统

9.3.2　局部通风

利用局部的送、排风控制室内局部地区污染物的传播或控制局部地区污染物浓度达到卫生标准要求的通风叫作局部通风。局部通风又分为局部排风,局部送风,局部送、排风。

1. 局部排风系统

局部排风是将有害物质在产生的地点就地排除,并在排除之前不与工作人员相接触(图 9-9)。与全面通风相比较,局部排风既能有效地防止有害物质对人体的危害,又能控制污染物在室内的扩散,大大减少了通风量,适用于局部工作区散发有害物质的场合。

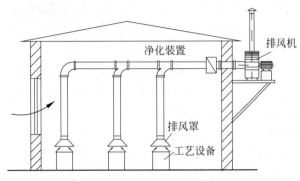

图 9-9　局部排风系统

局部排风系统由局部排气罩、风管、净化设备和风机组成（图 9-9）。排风罩是用于捕集空气污染物的装置，是局部排风系统中必备的部件；通风机是机械排风系统中提供空气流动动力的设备；风管是空气输送的通道，根据污染物的性质，其加工材料可以是钢板、玻璃钢、聚氯乙烯板、混凝土、砖砌体等；空气净化设备用于对排风进行净化处理，防止对大气造成污染，当排风中污染物浓度超过允许规范的排放浓度时，必须进行净化处理，如果不超过排放浓度可以不设净化设备；排风口即排风的出口，有风帽和百叶窗两种。

排气罩的形式及性能对局部排风系统的效果有直接影响，其形式较多，设计合理的排气罩应能以最小的局部排风量将工作区域产生的空气污染物和热量有效排走。而设计不合理的排气罩即使风量很大，也可能无法有效排除工作区域的空气污染物和热量。

排气罩的形式应根据污染物特性、散热规律来确定，并应熟悉生产工艺过程的特点和生产设备构造，在不妨碍生产操作的前提下，应使排气罩尽量靠近污染源，开口朝向污染物散发出来的方向。选用的排风罩应以最小的风量有效而迅速地排除工作地点的有害物，常用局部排风罩有密闭罩、外部吸气罩、吹吸式排风罩和接收式排风罩等。

2．局部送风系统

局部送风是将符合要求的空气直接送到局部工作区域，改善工作区域的环境条件（图 9-10）。在一些大型的车间中，尤其是有大量余热的高温车间，采用全面通风已经无法保证室内所有地方都达到适宜的程度。在这种情况下，可以向局部工作地点送风，形成对工作人员温度、湿度、清洁度合适的局部空气环境。相比全面通风降温，局部送风系统只需很小的风量便可保证人员工作的环境，有利于节能。

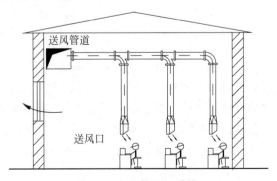

图 9-10　局部送风系统

局部送风系统设计时应充分考虑送风射流的运动规律、射程和工作人员的工作特点，保证工作区域送风的有效性，不得将空气污染物或热气流吹向人体。

局部送风系统根据其系统形式，可分为分散式送风和系统式送风。分散式送风一般是采用轴流风扇或喷雾风扇来增加工作区域的风速、降低温度，其特点是不同工作区域可根据各自需要独立调节。系统式送风是将室外空气进行预处理，达到卫生标准后经送风道、送风口送入工作区域，不同工作区的送风均为相同参数。

3. 局部送、排风系统

局部送、排风系统是对局部工作区域送入新鲜空气，改善工作环境，又使有害物质通过排风系统排出的系统。有时设置局部送风是为了提高局部排风效率。

在商业厨房中，烹饪中产生的高热、高湿及油烟等有害物质会危及操作人员的身体健康，高温环境下人体出汗也影响食品卫生。在此类场合，采用全面通风需要很大风量，还容易造成热菜降温过快，此时采用局部送、排风系统便较为合理。如图 9-11 所示，在厨房灶台上方设置排气罩收集灶台产生的高温热气和油烟，利用局部排风系统经净化后及时排到室外。同时，对工作岗位人员上方设置局部送风系统，通过送风口将新鲜的冷空气送至人员上方，在灶台工作区域形成气帘，既能有效控制油烟扩散，又能保证工作区域的良好工作环境。

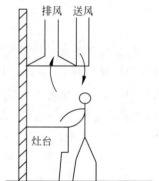

图 9-11　局部送、排风系统

9.4　通风系统的主要设备和构件

自然通风的设备装置比较简单，只需用进、排风窗以及附属的开关装置即可，但其他各种通风方式，包括机械通风系统和管道式自然通风系统，则由较多的构件和设备组成。在这些通风方式中，除利用管道输送空气以及机械通风系统使用风机造成空气流通外，一般的机械排风系统是由有害物收集和净化除尘设备、风管、风机、排风口或风帽等组成；机械送风系统由进气室、风管、风机、进气口组成。在机械通风系统中，为便于调节通风量和启闭通风系统，还应设置各类阀门。

9.4.1　风机

风机是通风系统中提供空气流动动力的设备，按风机结构和工作原理可分为离心风机和轴流风机。风机材质可采用钢制、塑料、玻璃钢等。钢制风机适合输送空气等无腐蚀性的气体，塑料和玻璃钢风机适合输送具有腐蚀性的各类废气；当输送具有爆炸危险的气体时，风机可用特种金属分别制成机壳和叶轮，同时通风系统还应有可靠的接地措施除静电，以确保当叶轮和机壳摩擦时无任何火花产生，此类风机称为防爆风机。

1. 离心风机

离心风机由叶轮、机壳、机轴、吸气口、排气口以及轴承、底座等部件组成（图 9-12 和

图9-13)。离心风机的进风口与出风口呈90°角,进风可以是单侧吸入,也可以是双侧吸入,但出风口只有一个。离心式风机的工作原理与离心式水泵相同,当叶轮旋转运动时,叶片间的空气随叶轮旋转,在离心力的作用下被抛出叶轮甩向机壳,获得了动能与压能,由出风口排出。当叶轮中的空气被压出后,叶轮中心处形成负压,此时室外空气在大气压力作用下由吸风口吸入叶轮,再次获得能量后被压出,形成连续的空气流动。

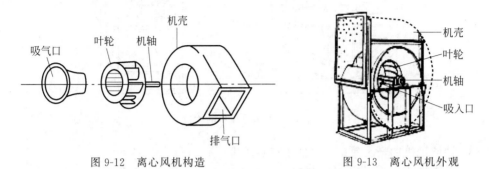

图9-12 离心风机构造　　　图9-13 离心风机外观

离心风机根据所提供的风压大小,可分为低压、中压、高压三种。一般将风压小于1kPa的风机称为低压风机;风压在1~3kPa的风机称为中压风机;风压大于3kPa的风机称为高压风机。相同风量下,风压越高,能耗越大,应根据风机所接风管系统的阻力大小来确定风机风压。

> **注意**
>
> 离心式通风机安装应符合以下施工技术要求:通风机的基础各部位尺寸应符合设计要求;预留孔灌浆前应清除杂物,灌浆应用碎石混凝土,其强度等级应比基础的混凝土高一级,并捣固密实,地脚螺栓不得歪斜;通风机的传动装置外露部分应有防护罩;通风机的进风口或进风管路直通大气时,应加装保护网或采取其他安全措施;其进风管、出风管等应有单独的支撑,并与基础或其他建筑物连接牢固;风管与风机连接时,法兰不得硬拉和别劲,机壳不应承受其他机件的质量,防止变形;如果安装减振器,要求各组减振器承受荷载的压缩量应均匀,不得偏心;安装减振器的地面应平整,安装完毕,在使用前应采取保护措施,以防损坏。

2. 轴流风机

轴流风机主要由叶轮、机壳、风机轴、进风口、电动机等部分组成。如图9-14所示,轴流风机的叶轮安装在圆筒形机壳内,当叶轮叶片旋转时将气流吸入并向前方送出。风机的叶轮在电动机的带动下转动时,空气由机壳一侧吸入,从另一侧送出。这种空气流动平行于叶轮旋转轴的风机称为轴流风机。

轴流风机结构简单、体积小、占地少。能提供的风压也较低,单级式轴流风机的风压一般低于300Pa,常用于风管较短、系统阻力较小的通风系统中。

轴流风机相比于离心风机,具有以下特点。

(1) 轴流风机安装简单、运行噪声小、成本低。

(2) 轴流风机的允许调节范围(经济使用范围)很小。

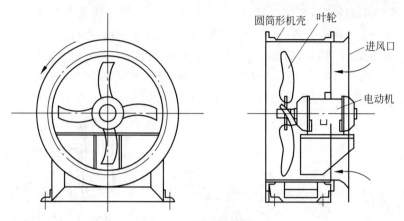

图 9-14 轴流风机的构造

(3) 轴流风机的最大效率普遍低于离心风机。

(4) 离心风机改变了风管内介质的流向,而轴流风机不改变风管内介质的流向。

轴流风机多用在炎热的车间或卫生间中作为排风的设备。在实际应用中选择风机时,首先应根据被输送气体的成分和性质选择不同类型的风机。输送含有爆炸、腐蚀性气体的空气时,需选用防爆、防腐性风机;输送含尘浓度高的空气时,需用耐磨通风机;对于输送一般性气体的公共民用建筑,可选用离心风机。

风机选型应根据通风系统的设计风量和风道系统的阻力损失来确定风机风量及风压,同时应对风量、风压考虑一定的富裕系数。富裕系数根据工程具体情况取 1.10～1.15。

3. 风机的主要性能参数

(1) 风量(L):风机在标准状况下工作时,单位时间内所输送的气体体积,m^3/h。

(2) 全压(或风压 P):每立方米空气通过风机应获得的动压和静压之和,Pa。

(3) 轴功率(N):电动机施加在风机轴上的功率,kW。

(4) 有效功率(N_x):空气通过风机后实际获得的功率,kW。

(5) 效率(η):风机的有效功率与轴功率的比值。

(6) 转数(n):风机叶轮每分钟的旋转数,r/min。

9.4.2 风道

风道是通风系统中的主要部分之一,其作用是用来输送空气。制作风道的材料很多,一般工业、民用建筑的通风系统常用薄钢板制作风道,有时也根据防爆、卫生要求选择铝板或不锈钢板制作。输送腐蚀性气体的通风系统,常采用硬质聚乙烯塑料板或玻璃钢板制作;地埋敷设的风道常采用混凝土板做底板和顶板,两边砌砖,风道内表面抹平,当地下水位较高时,风道还需设置防水层。一般工程上除砖石砌筑的风道外,其余材料制作的风道称为风管。

民用建筑中常用的通风管道的断面有圆形和矩形两种。同样截面积的风管,以圆形截面最节省材料,而且其流动阻力小。但圆形风管的尺寸随风量的增大而明显增大,考虑到风管吊装敷设时节约空间、便于施工,可采用矩形风管。圆形风管和矩形风管分别以外径 D

和外边长 $A \times B$（宽度×高度）表示，矩形风管长、短边之比不应超过10，不宜大于4，单位是毫米（mm）。通风管道除了直管之外，还要根据工程的实际需要配设弯头、乙字弯、三通、四通、变径管（天圆地方）等管件。

风道截断面面积的大小一般根据管内允许风速确定，而风道中允许风速的确定应通过全面的技术经济比较综合考虑，使初投资和运行费用的总和最小。同时，风管风速的大小还应考虑应用场合对噪声的要求。风管推荐风速见表9-1。

表9-1 风管中推荐的空气流速　　　　　　　　　　　　　　　单位：m/s

类　　别	管道材料	干　管	支　管
工业建筑机械通风	金属及非金属风管	6～14	2～8
工业辅助及民用建筑	砖、混凝土等	4～12	2～6
自然通风	—	0.5～1	0.5～0.7
机械通风	—	2～5	2～5

风道的布置应和通风系统的总体布局相统一，并与土建、生产工艺和给排水等专业互相协调、配合，应使风道少占建筑空间，风道布置应尽量缩短管线、减少转弯和局部构件，这样可减少阻力。风道布置应避免穿越建筑的沉降缝、伸缩缝和防火墙等；对于埋地管道，应避免与建筑物基础或生产设备底座交叉，并应与其他管线综合考虑；风道在穿越火灾危险性较大房间的隔墙、楼板以及和水平风道垂直的交接处时，均应符合防火设计规范的规定。风道布置应力求整齐美观，不影响工艺和采光，不妨碍生产操作。

9.4.3 风阀

通风系统中的阀门主要是用来启闭风道和风口、调节风量、平衡系统阻力、防止系统火灾蔓延。风阀一般安装于风机出入口的风管上、支管上和风口前，而防火阀一般设于风管穿越防火隔墙处。风阀根据功能可分为调节阀、止回阀和防火阀等。

1. 调节阀

调节阀是用来对风量进行调节的阀门。常用的调节阀有多叶调节阀、蝶阀、定风量阀、三通调节阀、余压阀等。用于调节通风系统风量的阀门中使用最多的是多叶调节阀（图9-15），该阀门安装简单、操作方便、调节性能好、阻力特性优。多叶调节阀通过转动驱动轴来控制叶片角度，连杆又带动所有叶片一同转动，当叶片处于水平位置时，阀门全开；当叶片处于垂直位置时，阀门全闭。

2. 止回阀

止回阀的作用是当风机停止运转时，阻止风管中的气流倒流。止回阀根据所接风管界面形状主要分为圆形和方形两种。如图9-16所示，止回阀的上下两片阀板均绕中间的弯轴转动，当气流由左至右流动时，阀门被气流冲开，阀板角度接近水平，阀门开启；当气流由右向左流动时，阀板在气流作用下回到垂直角度，阀门关闭。止回阀必须动作灵活、阀板关闭应严密，下阀板可通过调节坠锤位置来调节阀门动作灵敏度。阀板常用铝板制成，因为铝板质量轻、启闭灵活、能防止火花及爆炸。止回阀适宜安装在风速大于8m/s的风管内。

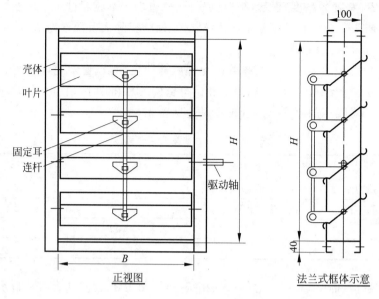

图 9-15 平行式多叶调节阀

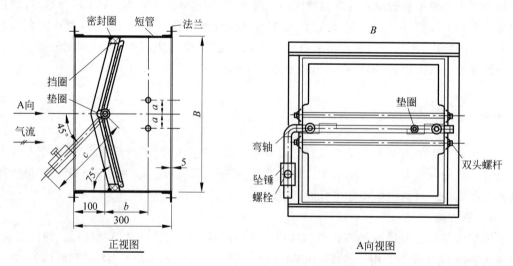

图 9-16 止回阀的构造

3. 防火阀

防火阀的作用是当发生火灾时,能自动关闭管道,切断气流,防止火势通过通风系统蔓延。防火阀也有方形、矩形之分,由阀体、阀片和易熔管组成。防火阀是建筑通风空调系统中不可缺少的部件。防火阀根据其动作温度可分为 70℃防火阀和 280℃排烟防火阀。70℃防火阀即气流温度达到 70℃时阀门自动关闭,常用于通风空调系统上,以防止烟气扩散。280℃排烟防火阀即气流温度达到 280℃时自动关闭,该阀用于排烟系统上,以防止烟气夹带的火星扩散。还有一种控制温度为 150℃防火阀,适用于厨房通风系统中。图 9-17 所示为典型的重力式防火阀构造示意图,阀板可绕主轴自由转动,阀片左端由高温易熔材料拉住,阀片右端设有重锤。正常情况下,气流由右向左流动,当通过的气流达到一定温度时,易熔管受热熔断，阀片在重锤的作用下，自动回到垂直状态，阀门关闭。这种防火阀的安装对气流方向有要求，图 9-17 所示的防火阀气流方向为由右向左，切不可装反。

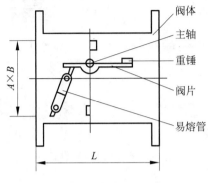

图 9-17 重力式防火阀的构造

9.4.4 室内送、排风口

室内送风口是送风系统中的风管末端装置，其任务是将各送风口所要求的风量按一定的方向、一定的流速均匀地送入室内。室内送、排风口的位置和形式决定了室内的气流组织形式。

室内送风口的形式较多，在民用建筑中常用的送风口有百叶风口、散流器、旋流风口和喷口等。百叶送风口可以在风道上、风道末端或墙上安装，其中双层百叶风口既可以调节送风方向，也可以调节出口气流速度。散流器是一种向下送风的送风口，一般只安装在顶棚处，向下送风，其形状有方形、圆形、矩形等。

室内排风口是全面排风系统的一个组成部分，室内被污染的空气经由排风口进入排风管。室内排风口一般没有特殊要求，种类较单一，通常做成单层百叶式。

9.4.5 室外进、排风口

室外进风口是通风和空调系统采集新鲜空气的入口。一般设于建筑外墙上[图 9-18(a)]，也设于独立的风井上[图 9-18(b)]。

室外进风口的位置应满足以下要求。

(1) 设置在室外空气较为洁净的地点，在水平和垂直方向上都应远离污染源。

(2) 室外进风口下缘距室外地坪的高度不应小于 2m，并须装设百叶窗，以免吸入地面上的粉尘和污物，同时可避免雨、雪的侵入。设置在绿化带时，不宜小于 1m。

(3) 用于降温的通风系统，其室外进风口宜设在背阴的外墙侧。

(4) 室外进风口的标高应低于周围的排风口，宜设在排风口的上风侧，以防吸入排风口排出的污浊空气；对于一般通风系统，进、排风口的水平间距一般不宜小于 10m 时，进风口宜比排风口至少低 3m，以避免气流短路。

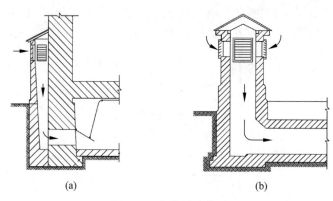

图 9-18 室外风口设置

(5) 屋顶进风口应高出屋面 0.5～1m,以防吸进屋面上的积灰和被积雪埋没。

室外排风口即排风系统排除室内污浊空气的室外出口。室外排风口与室外进风口的安装方式类似,可设于建筑外墙或独立风井上。室外排风口的设置应尽量避开人员活动区,下缘距地不应小于 2.5m。

室外排风口和室外进风口一般都采用防雨百叶风口,风口内部应设置钢丝网防止虫鸟进入。防雨百叶风口(图 9-19)的形式与百叶风口类似,但其叶片端部多了个折板,起到挡雨作用。室外进风口风速不宜过大,一般不大于 4.5m/s,以防止雨水被吸入通风系统。

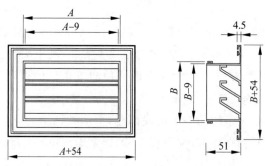

图 9-19 防雨百叶风口设置

9.5 建筑防排烟

9.5.1 建筑火灾烟气的危害

建筑物发生火灾后会产生大量烟气并在建筑物内不断地流动传播,易引起人员恐慌、中毒,影响疏散与扑救,是造成人员伤亡的主要原因。烟气的危害主要有以下几方面。

1. 烟气的毒害性

烟气中 CO、HCN、NH_3 等都是有毒性的气体,另外大量的 CO_2 气体会引起人体缺氧而窒息,可吸入的烟粒子被人体的肺部吸入后也会造成伤害。研究表明,空气中含氧量≤6%,或

CO_2 浓度≥20%，或 CO 浓度≥1.3%时，都会在短时间内致人死亡。有些气体有剧毒，少量即可致死，如聚氯乙烯塑料燃烧产生的光气 $COCl_2$，当空气中浓度≥220mg/m³ 时，在短时间内就能致人死亡。

2. 烟气的高温危害

火灾发生时物质燃烧产生大量热量，使烟气温度迅速升高。火灾初期（5~20min）烟气温度即可达 250℃，短时间内可达 500℃，使金属材料（钢筋混凝土中的钢筋及钢结构材料）强度降低，导致建筑物倒塌，人员伤亡。高温还会使人昏厥、烧伤。

3. 烟气的遮光作用

当光线通过烟气时，致使光强度减弱，能见距离缩短，称为烟气的遮光作用。能见距离是指人肉眼看到光源的距离。能见距离缩短不利于人员的疏散，使人感到恐慌，造成混乱，自救能力降低，同时也影响消防人员的救援工作。实际测试表明，在火灾烟气中，一般发光型疏散指示灯和窗户透入光的能见距离仅 0.2~0.4m，反光型疏散指示灯仅 0.07~0.16m。如此短的能见距离，不熟悉建筑物内部环境的人无法逃生。

4. 烟气的恐慌性

火灾发生后，弥漫的烟气使被困人员产生恐慌心理，常常造成疏散过程混乱，导致一些人失去活动能力，甚至失去理智。惊慌失措下造成人员挤压或踩踏伤亡的严重后果。

建筑火灾烟气是造成人员伤亡的主要原因。烟气中的有害成分可使人中毒或窒息死亡；烟气的遮光作用又造成人逃生困难而被困于火灾区。国内外大量火灾案例表明，在火灾伤亡者中，大多数是因烟害所致。在火灾中受烟害直接致死的占死亡总数的 1/3~2/3，而在火灾中烧死的大多数是先被烟毒晕倒而后烧死。烟气不仅造成人员伤亡，也给消防队员扑救带来困难。因此，火灾发生时应当及时对烟气进行控制并排除，在建筑物内创造无烟（或烟气含量极低）的水平和垂直的疏散通道或安全区，以保证建筑物内人员安全疏散或临时避难和保证消防人员及时到达火灾区扑救。

9.5.2 烟气的流动规律

建筑防排烟设计的主要目的是要控制烟气流动，尽快排除火灾区域的烟气，同时阻止烟气进入逃生通道和未着火区域。要有效地排除或阻止烟气扩散就必须掌握火灾烟气在建筑中的流动规律，引起烟气流动的因素主要有以下几点。

1. 烟囱效应引起的烟气流动

在民用建筑中，烟囱效应是指由于室内外存在温差而引起室内外空气密度差，在密度差的作用下在建筑内的空气沿着垂直通道（楼梯间、电梯井）向上（或向下）流动，从而携带烟气向上（或向下）传播，其原理即为热压自然通风的原理。

图 9-20 反映了在建筑垂直剖面上烟气在烟囱效应下的流动规律，上下连通的空间代表建筑楼梯间。图 9-20(a)表示室外温度 t_0 小于楼梯间内的温度 t_s，室外空气密度 ρ_0 大于楼梯间内的空气密度 ρ_s，当着火层在中和面以下时，火灾烟气将传播到中和面以上各层中去，而且随着温度较高的烟气进入垂直通道，烟囱效应使烟气的传播增强。如果层与层之间没有缝隙渗漏烟气，中和面以下除了着火层以外的各层是无烟的。当着火层向外的窗户开启或爆裂时，烟气逸出，并通过窗户进入上层房间。当着火层在中和面以上时，如无楼层间的

渗透,除了火灾层外其他各层基本上是无烟的。图 9-20(b)是 $t_0>t_s$,$\rho_0<\rho_s$ 的情况,建筑物内产生逆向烟囱效应。当着火层在中和面以下时,如果不考虑层与层之间缝隙的传播,除了着火层外,其他各层都无烟。当着火层在中和面以上时,火灾开始阶段烟气温度较低,则烟气在逆向烟囱效应的作用下传播到中和面以下的各层中去;一旦烟气温度升高,密度减小,浮力的作用超过了逆向烟囱效应,烟气转而向上传播。建筑的层与层之间、楼板上总是有缝隙(如管道通过处),则在上下层房间压力差作用下烟气也将渗透到其他各层中去。

2. 浮力引起的烟气流动

当着火房间温度升高时,室内空气和烟气混合物的密度减小,与室外或邻室的空气形成密度差,也会引起烟气流动。如图 9-21 所示,由于着火房间与走廊、邻室或室外形成了热压差,导致着火房间内的烟气与走廊、邻室或室外的空气相互流动,中和面的上部烟气向走廊、邻室或室外流动,而走廊、邻室或室外的空气从中和面以下进入。这是烟气在室内水平方向流动的原因之一。

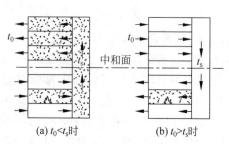

图 9-20 烟囱效应引起的烟气流动

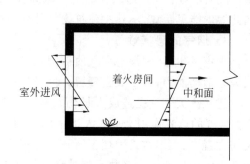

图 9-21 浮力引起的烟气流动

3. 热膨胀引起的烟气流动

着火房间随着烟气的流出,温度较低的外部空气流入,空气的体积因受热而迅速膨胀。对于门窗关闭的房间,将会产生很大压力,从而使烟气向着非着火区域扩散。这也是烟气水平流动的原因之一。

4. 风力作用下的烟气流动

根据风压通风原理,建筑物在风力作用下迎风侧将产生正压,而在建筑侧部或背风侧将产生负风压。当着火房间在正压侧时,将引导烟气向负压侧的房间流动。反之,当着火房间在负压侧时,风压将引导烟气向室外流动。

5. 通风空调系统引起的烟气流动

通风空调系统的风管、风道是烟气流动的通道。当系统运行时,空气流动方向也是烟气可能流动的方向,烟气可能从回风口、新风口等处进入系统。当系统不工作时,由于浮升力、热膨胀和风压的作用,各房间的压力不同,烟气可通过房间的风口、风道传播,也将使火势蔓延。根据消防规范,通风空调系统风管穿越各类防火隔墙处均应设 70℃ 防火阀,火灾时应切断一般通风空调系统用电。这在一定程度上可阻止此类烟气流动。

建筑物内火灾的烟气是在上述多因素共同作用下流动、传播的。各种作用有时互相叠加,有时互相抵消,而且随着火势的发展,各种作用因素都可能变化。另外,火灾的燃烧过程也有差异,因此要确切地用数学模型来描述烟气在建筑物内动态的流动是相当困难的。但是了解这些因素作用下的规律,有助于正确地采取防烟、防火措施。

9.5.3 烟气的控制原则

烟气控制的主要目的是在建筑物内创造无烟或烟气含量极低的疏散通道或安全区,以便疏散和救援。其主要手段有隔断或阻挡、防烟、排烟。

1. 隔断或阻挡

墙、楼板、门等都具有隔断烟气传播的作用。为了防止火势蔓延和烟气传播,建筑中必须划分防火分区和防烟分区。所谓防火分区,是指在建筑内部采用防火墙、楼板及其他防火分隔设施分隔而成,能在一定时间内防止火灾向同一建筑的其余部分蔓延的局部空间。防火分区的隔断可以采用耐火极限不小于3小时的防火墙或防火卷帘,其也对烟气起了隔断作用。所谓防烟分区,是指在设置排烟措施的过道、房间中,用隔墙或其他措施(可以阻挡和限制烟气的流动的装置)分隔出多个区域。防烟分区应在防火分区中划分。防火分区、防烟分区的大小及划分原则可参考《建筑设计防火规范》。防烟分区分隔的方法除隔墙外,还有顶棚下凸不小于500mm的梁、挡烟垂壁和吹吸式空气幕。图9-22所示为用梁或挡烟垂壁阻挡烟气流动。

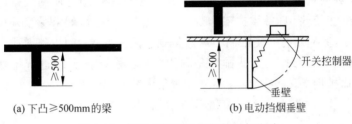

图 9-22 用梁或挡烟垂壁阻挡烟气流动

2. 防烟

防烟一般是利用风机将室外新鲜空气送入建筑内应该保护的疏散区域,如前室、楼梯间、封闭避难层(间)等,以提高该区域的室内压力,阻挡烟气的侵入,故也称为加压防烟。实现加压防烟的通风系统称为正压送风系统。如图9-23所示,当房间门关闭时,房间内保持一定正压值,空气从门缝或其他缝隙处流出,防止了烟气的侵入。当门开启时,送入加压区的空气以一定风速从门洞流出,阻止烟气流入。当流速较低时,烟气仍可能从上部流入室内。因此,为了使烟气在任何情况下都不会流入加压的房间,应同时满足以下要求。

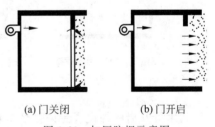

图 9-23 加压防烟示意图

(1) 门开启时,门洞有一定向外的风速(不小于0.7m/s)。

(2) 门关闭时,房间内有一定正压值(前室、避难层正压值为25~30Pa,防烟楼梯间正压值为40~50Pa)。

以上两条要求应经计算确定,再与《建筑设计防火规范》的限定值进行比较,取三者之间的最大值来确定正压送风量。

根据《建筑设计防火规范》要求,建筑的下列场所或部位应设置防烟设施。

（1）防烟楼梯间及其前室。
（2）消防电梯间前室或合用前室。
（3）避难走道的前室、避难层（间）。

对于建筑高度不大于50m的公共建筑、厂房、仓库和建筑高度不大于100m的住宅建筑，当其防烟楼梯间的前室或合用前室符合下列条件之一时，楼梯间可不设置防烟系统。

（1）前室或合用前室采用敞开的阳台、凹廊。
（2）前室或合用前室具有不同朝向的可开启外窗，且可开启外窗的面积满足自然排烟口的面积要求（前室可开启外窗面积不小于$2m^2$，合用前室可开启外窗面积不小于$2m^2$）。

对于建筑高度大于50m的公共建筑、厂房、仓库和建筑高度大于100m的住宅建筑，高层室外风力常常较大，风压作用可能会使房间内的烟气难以从外窗排出。因此，其防烟楼梯间、前室、合用前室、消防电梯前室不应采用自然排烟形式，而必须设置机械送风防烟。

3. 排烟

排烟是利用自然或机械作用力将烟气排到室外。排烟根据其作用力不同分为自然排烟和机械排烟。

自然排烟是利用热烟气产生的浮力、热压或其他自然作用力使烟气排出室外。这种排烟方式设施简单，投资少，日常维护工作少，操作容易；但排烟效果受室外很多因素的影响与干扰，并不稳定，其应用有一定限制。自然排烟有两种方式：利用外窗或专设的排烟口排烟和利用竖井排烟（图9-24）。竖井排烟是利用"烟囱效应"的原理进行排烟。但由于烟囱效应热压很小，而排烟量又很大，常常需要设置很大截面的竖井（一般不小于$6m^2$）和排烟风口（一般不小于$4m^2$），在实际工程中很难满足，因此较少采用。

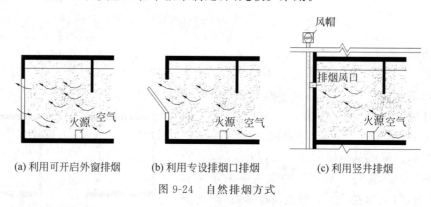

(a) 利用可开启外窗排烟　　(b) 利用专设排烟口排烟　　(c) 利用竖井排烟

图9-24　自然排烟方式

利用可开启的外窗或专设排烟口自然排烟的做法，造价低廉、无维护费用、不占用建筑面积，在民用建筑中应用广泛。根据防火规范要求，民用建筑中采用自然排烟的部位，其开窗面积应满足以下规定。

（1）采用自然通风方式的封闭楼梯间、防烟楼梯间，应在最高部位设置面积不小于$1.0m^2$的可开启外窗或开口，防烟楼梯间前室、消防电梯间前室可开启外窗面积不应小于$2m^2$，共用前室、合用前室不应小于$3m^2$。

（2）当建筑高度大于10m时，靠外墙的防烟楼梯间每五层可开启外窗总面积不应小于$2m^2$，且布置间隔不大于3层。

（3）长度不超过60m的内走廊可开启外窗面积不应小于走廊面积的2%。

(4) 需要排烟的房间可开启外窗面积不应小于该房间面积的 2%。

(5) 净空高度小于 12m 的中庭可开启的天窗或高侧窗的面积不应小于该中庭地面积的 5%。

虽然自然排烟方式有众多优点，但自然排烟效果常常受外界因素干扰，存在较多不确定性。当建筑需排烟的区域不能满足自然排烟时，就应设置机械排烟。

机械排烟是利用风机做动力向室外排烟。机械排烟系统实质上就是排风系统的一种。机械排烟相比于自然排烟，不受外界环境因素影响，可保证稳定的排烟量。但机械排烟系统的造价高于自然排烟，且需定期保养维护。

机械排烟的设置需考虑建筑房间的火灾危险等级、疏散情况，要根据《建筑设计防火规范》确定。对于民用建筑，下列部位如不满足自然排烟条件，则应设置机械排烟。

(1) 长度超过 20m 且不能直接对外采光和自然通风的走廊；或虽有直接采光和自然通风，但自然排烟口距室内最远点超过 30m。

(2) 公共建筑内面积超过 100m^2，且经常有人停留的地上房间（如办公室等）。

(3) 公共建筑内建筑面积大于 300m^2 且可燃物较多的地上房间（如储存较多可燃物的库房）。

(4) 中庭。

(5) 设置在 1、2、3 层且房间建筑面积大于 100m^2 的歌舞、娱乐、放映、游艺场所，设置在 4 层以上楼层、地下或半地下的歌舞、娱乐、放映、游艺场所。

(6) 地下或半地下室、地上建筑内的无窗房间，当总建筑面积大于 200m^2 或一个房间建筑面积大于 50m^2，且经常有人停留或可燃物较多时。

机械排烟系统通常负担多个房间或防烟分区的排烟任务。排烟系统的总风量不像其他排风系统那样将所有房间风量叠加起来计算，对于建筑空间净高小于 6m 的场所（或单个防烟分区）的排烟量，按防烟分区面积乘以 60$m^3/(h \cdot m^2)$ 来确定；当排烟系统负担两个以上防烟分区排烟时，系统排烟量按同一防火分区中任意两个相邻防烟分区排烟量之和的最大值计算。

由此可知，机械排烟系统的排烟量是大致考虑满足最大防烟分区的两倍来确定，这是因为机械排烟只是火灾初期控制烟气的设施，系统虽然负担很多房间（或防烟分区）的排烟，但实际着火区可能只有一个房间（或防烟分区），最多再波及邻近房间。因此系统只要考虑可能出现的最不利情况——两个房间（或防烟分区）存在火灾烟气。机械排烟系统大小与布置应考虑排烟效果、可靠性与经济性。系统服务的房间过多（即系统大），则排烟口多、管路长、漏风量大、最远点的排烟效果差，水平管路太多时，布置困难；如系统小，虽然排风效果好，但却不经济。

习　题

9.1　简述热压自然通风原理及其影响因素。

9.2　全面通风与局部通风各有何特点？分别适用于哪些场合？

9.3　引起烟气流动的因素有哪些？

9.4　建筑中哪些部位应有防烟措施？

9.5　民用建筑中，采用可开启外窗自然排烟需满足哪些条件？什么情况下不可采用自然排烟？

第 10 章 建筑空调系统

10.1 空调系统的组成与分类

空调系统的任务是通过技术手段把室内空气环境控制并维持在一定温度、湿度、气流速度、洁净度和噪声等状态参数中,以使室内环境能够满足人们生活或生产工艺的要求。空调系统是通风系统的高级形式,从温度、湿度控制的角度来说,通风系统只能通过空气流动来使室内温度、湿度接近于室外环境。而空调系统通过送入一定温度、湿度的空气,以空气流动的形式将室内温度、湿度控制在所需的任意设定值上。

10.1.1 空调系统的组成

一个完整的空调系统通常由空调区、空气处理设备、空气输配系统、冷热源组成,如图 10-1 所示。

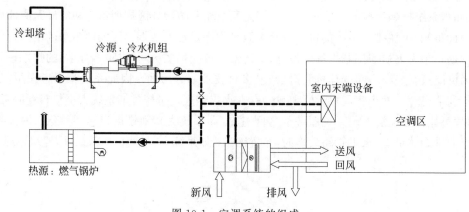

图 10-1 空调系统的组成

1. 空调区

空调区也称工作区,是空调系统工作的服务对象。空调区可以是一个房间,也可以是多个房间。

2. 空气处理设备

空气处理设备是空调系统的核心设备,其内部主要包括过滤器、加热器、表面式冷却器、加湿器、风机等部件,其作用是将室内空气和室外新鲜空气抽入设备中,根据设计要求对空气进行加热、冷却、加湿、除湿、净化等处理,使空气达到要求的温度、湿度、洁净度等空气状态参数后,再送入室内。空气处理设备的形式有很多种,主要根据室内环境要求和空调系统的形式来确定,常用的空气处理设备有空调机组、风机盘管、新风机组等。

3. 空气输配系统

空气输配系统可分为送风系统和回风系统,送风系统的主要作用是将经过空气处理设备处理后的空气送入空调区,回风系统的主要作用是将室内空气抽回空气处理设备再处理。空气输配系统主要包括送风机、回风机(系统较小时不用设置),风管系统,送、回风口及必要的风量调节装置。

4. 冷热源

冷热源也是空调系统的核心设备,其作用是向空气处理设备提供冷量和热量。常见的冷源设备为制冷机组;常见的热源设备为锅炉;也有冷源、热源为一体的设备,如热泵机组。

10.1.2 空调系统的分类

随着技术的不断发展,空调系统的类型多种多样。空调系统有以下几种分类。

1. 按空调系统的用途分类

空调系统根据用途的不同可分为工艺性空调和舒适性空调。

(1) 工艺性空调主要是为工业生产、科研、医药医疗、食品卫生等行业服务的空调,该类系统以满足生产设备工作环境、产品质量和精度为主,同时兼顾人体热舒适性要求。工艺性空调常用于制药车间、精密电子厂房、科研实验室、手术室等场合。工艺性空调系统需控制的室内空气参数较多,控制精度要求常常也较高,具体根据生产工艺和使用条件的要求而不同。例如:精密电子厂房对空气中含尘浓度要求非常高,主要控制室内空气的洁净度。棉纺厂对空气中相对湿度要求很高,主要控制室内空气的相对湿度,一般在70%~75%。手术室对空气温度、湿度、含尘浓度、细菌浓度均有较高的要求。

(2) 舒适性空调则主要考虑创造一个满足人体热舒适性的室内空气环境。该类空调系统需控制的室内空气参数一般只有温度、湿度,且控制精度要求不高。常用于酒店、商场、写字楼、公寓等民用建筑。舒适性空调室内设计参数一般夏季室内温度为24~28℃,相对湿度为40%~60%,风速不大于0.3m/s;冬季室内温度为18~22℃,相对湿度大于或等于30%,风速不大于0.2m/s。具体根据房间功能确定。

2. 按空气处理设备的位置情况分类

1) 集中式空调系统

集中式空调系统是指空气处理设备集中设置于空调机房内,空气在经处理后,由送风管、送风口输送分配到各个空调区。空调送风在房间完成热湿交换后,再由回风管、回风口到空气处理设备再处理,如图10-2所示。

集中式空调系统控制管理较为方便、室内噪声小。其缺点是机房占地面积大、风管常占据较多吊顶空间、风管系统布置复杂;适用于室内空气设计参数较为一致、层高较高的大空间场合,如商场、超市、影剧院、体育馆、生产车间等场所。

2) 半集中式空调系统

半集中式空调系统是将空气处理设备(也称为室内末端装置)分别设置于各个空调房间,室内末端可采用风机盘管,风机盘管就地对室内空气进行处理,同时又对新风进行集中处理后,通过送风管送入各个空调房间,如图 10-3 所示。这种系统占用的空调机房面积少、占用吊顶空间少、各个空调房间可独立对室内温度、湿度进行调节。其缺点是水系统相对较复杂,管理维护不方便,室内末端设备形式简单,温度、湿度调节能力有限,室内末端设备对室内有噪声影响。

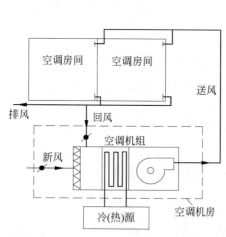

图 10-2　集中式空调系统

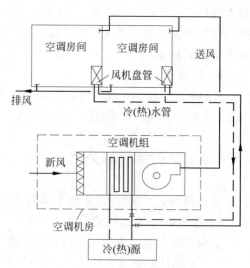

图 10-3　半集中式空调系统

半集中式空调系统适用于吊顶空间有限,需要独立控制室内温度、湿度的场合,如办公楼、宾馆等建筑。

3) 分散式空调系统

分散式空调系统又称为局部空调系统,是指将空调系统所有部件(冷热源、空气处理设备、风机)组成一个整体的空调机组,根据需要,分别布置在空调房间内或空调房间附近。

分散式空调系统布置灵活、安装方便,几乎不占用吊顶空间和空调机房,各空调房间可独立控制调节。但该类空调系统常常无新鲜空气的引入措施,室内空气质量较差。常用的有立柜式空调器、壁挂式空调器、吊顶式空调器等,是家用空调的常见形式。

3. 按承担室内空调负荷的介质来分类

1) 全空气系统

全空气系统是指空调房间的热、湿负荷全部由空气来承担,经过空气处理设备处理后的空气由风管送入空调区,用于消除室内余热、余湿。经过热湿交换后的空气再抽回空气处理设备再处理。集中式空调系统(图 10-2)常常会设计成这种形式。由于空气的比热较小,单位流量能携带的热量(或冷量)有限,常需要较多的空气量才能消除室内余热、余湿,所以这种系统送、回风管尺寸一般比较大,会占据较多的吊顶空间。

2) 全水系统

全水系统是指空调房间的热、湿负荷全部由水来承担,经过冷热源机组处理后的水由水管送入空调区的各个末端设备,换热完成后再回到冷热源机组再处理。热水供暖系统就是典型的全水系统。在空调系统中的全水系统常常为全水风机盘管系统。

由于水的比热较大,相同负荷下所需水量远小于空气量,水管尺寸小,占用的吊顶空间也少。但全水系统没有通风换气功能,室内空气质量不高,不宜用于对室内空气质量要求较高的场合。

3) 空气—水系统

空气—水系统是指空调房间的热、湿负荷由水和空气共同来承担,该系统典型的形式是在全水系统的基础上增加新风集中处理系统,将室外新鲜空气由空气处理设备(新风机组)集中处理后,由风管送至各个空调区域(房间)。以水为媒介的风机盘管设备在各个空调区(房间)承担部分室内余热、余湿,同时新风系统的送风也承担部分室内余热、余湿。半集中式空调系统(图10-3)常常采用这种形式。该系统解决了全水系统没有通风换气的缺点,也解决了全空气系统占用机房面积、占用吊顶空间的缺点。

4) 冷剂系统

冷剂系统以制冷剂为介质,通过制冷剂的蒸发或冷凝对室内空气进行冷却、除湿或加热。家用空调就是采用这种形式,在公共建筑中经常采用的多联机系统也属于冷剂系统。这种系统一般由室内机和室外机组成,室外机由室外侧换热器、压缩机和其他制冷附件组成,室内机由直接蒸发式换热器和风机组成,输送制冷剂的管道常常采用铜管。

相比于全空气系统和空气—水系统,该系统各空调区可独立控制、安装方便简单、几乎不占用空调机房。由于制冷剂在各空调区就地制冷、制热,冷热量的输送损失小,相同负荷条件下制冷剂管道也比水管尺寸小,特别适用于改造建筑。目前在办公建筑、中小型商业建筑中也有非常广泛的应用。

但受到机组本身技术条件的限制,制冷剂管道不便于长距离敷设。系统对室内外机距离、高差均有较多要求。

10.2 空气处理设备

空调系统通过送入一定温度、湿度、风速、洁净度的空气来控制房间的空气状态,而用于处理空气、对空气进行热、湿处理和净化的设备,称为空气处理设备。根据空气处理的要求不同,空气处理设备有多种形式。

10.2.1 空气过滤器

空气过滤器是用来对空气进行净化处理的设备,它通过过滤的形式来去除室外新风、室内回风中的灰尘,使室内空气的洁净度满足设计要求。根据过滤器对不同尘埃粒径的过滤效率不同,过滤器可大致分为粗效过滤器、中效过滤器、高中效过滤器、亚高效过滤器四类。具体分类及主要性能指标见表10-1。

对于一般民用建筑的舒适性空调系统,以控制室内温度、湿度为主,对空气洁净度的要求并不高。采用一般净化即可,即使用粗效过滤器设于回风管道或新风进风管道上对空气进行滤尘。

表 10-1 过滤器分类及性能指标

性能类别	代号	额定风量下的效率 $E/\%$		额定风量下的初阻力/Pa	额定风量下的终阻力/Pa
亚高效	YG	粒径$\geqslant 0.5\mu m$	$95\leqslant E<99.9$	$\leqslant 120$	240
高中效	GZ		$70\leqslant E<95$	$\leqslant 100$	200
中效1	Z1		$60\leqslant E<70$	$\leqslant 80$	160
中效2	Z2		$40\leqslant E<60$		
中效3	Z3		$20\leqslant E<40$		
粗效1	C1	粒径$\geqslant 0.2\mu m$	$E\geqslant 50$	$\leqslant 50$	100
粗效2	C2		$20\leqslant E<50$		
粗效3	C3	标准人工尘计重效率	$E\geqslant 50$		
粗效4	C4		$10\leqslant E<50$		

对于工艺性空调系统,当室内空气洁净度有一定要求时(一般室内含尘浓度控制在 $0.15\sim 0.25mg/m^3$,且无粒径大于或等于 $10\mu m$ 的尘粒),这类净化属于中等净化。应先采用粗效过滤器过滤后,再通过中效过滤器二次过滤。当室内空气洁净度要求更高时,属于超净净化,应分别依次采用初效、中效、高效过滤器进行净化。

在净化空调系统中,粗效过滤器一般安装于新风入口处,以过滤较大粒径的尘埃,如回风也需过滤时,粗效过滤器可安装于新风与回风的混合段后面。中效过滤器则一般安装于送风机之后的正压段,以防止外界空气侵入,污染中效过滤后的空气。高效过滤器则一般紧贴室内送风口前端设置,以免二次污染。空气过滤器随着收集的尘埃颗粒增多,其过滤能力会下降,阻力增大,送风量减小。因此,过滤器应分别设置测压装置,当过滤器前后的压差大于表 10-1 规定的终阻力时,应对滤料进行清洗更换。

空调系统中常见的过滤器多为干式过滤器,干式过滤器的滤料是纤维材料制成的滤纸或滤布。干式过滤器的结构有两种:一种是在金属框架中填装纤维滤料的抽屉式过滤器(图 10-4);另一种是呈袋状结构的无纺布过滤器(图 10-5)。过滤器的过滤机理除了滤筛作用,还利用了尘埃颗粒的惯性作用、扩散作用、静电作用等原理来滤除不同粒径的尘埃颗粒。

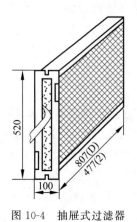

图 10-4 抽屉式过滤器

图 10-5 无纺布过滤器

10.2.2 空气加热器

空气加热器的作用是对空气进行加热处理,空调系统中常用的加热器有表面式空气加热器和电加热器两种。

1. 表面式空气加热器

表面式空气加热器是将热媒(热水或热蒸汽)流过管内,对管外流过的空气加热,热媒与管外空气只进行热交换而不直接接触。空气加热器可分为光管式和肋片管式。肋片管式空气加热器是在光管上增加了肋片以增强传热效果(图10-6)。肋片管式空气加热器在空调系统中应用非常广泛。

2. 电加热器

电加热器是利用电流通过电阻丝发出的热量来加热空气。电加热器结构紧凑、加热均匀稳定、控制精确灵敏,但电加热能耗较大,不经济。一般只用于加热量较小的小型空调系统和小型空调装置中。在控制精度要求较高的恒温恒湿空调系统中,也常常使用电加热器作为控制送风温度的手段。

图10-6 肋片管构造

10.2.3 空气冷却器

空气冷却器的作用是对空气进行冷却处理。空调系统中常用的空气冷却器有表面式空气冷却器、喷水室和直接蒸发式空气冷却器。

1. 表面式空气冷却器

表面式空气冷却器简称表冷器。其构造与肋片管式空气加热器(图10-7)相同,管内流过由冷源提供的低温冷水,对管外流过的空气进行冷却。表冷器可通过设定供水温度来决定在冷却过程中是否需要对空气进行除湿。当表冷器管外表面温度低于流过空气的露点温度时,空气中的水蒸气将会凝结在表冷器肋片管上,在冷却的同时,实现了对空气的除湿。对于常规空调,冷水机组夏季标准工况提供的冷水温度一般为7℃,低于多数室内空气的露点温度,是一个典型的冷却除湿过程。

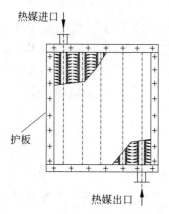

图10-7 肋片管式空气加热器

表冷器的安装应注意使肋片管上的肋片保持垂直状态,以使肋片管上的冷凝水及时流下,不至于影响肋片管换热。同时,表冷器下部应设置冷凝水盘以收集冷凝水,再通过冷凝水管排至固定地点。冷凝水的收集及流动均为重力流,冷凝水盘及水管的设置应保证一定的坡度。

表冷器是空调系统中最常使用的一种空气冷却器,其构造简单、运行安装可靠。

2. 喷水室

喷水室是一种将水和空气直接接触来实现空气处理的设备,可实现对空气的冷却、加热、除湿、加湿处理。

喷水室由喷嘴、排管、挡水板、集水池和外壳等组成,集水池设有供水、溢水、补水和泄水四种管路,如图 10-8 所示。需处理的空气以一定的速度经前挡水板进入喷水空间,空气与喷嘴喷出的雾状水滴直接接触进行复杂的热、湿交换。然后经过后挡水板,后挡水板将空气中夹带的水滴截留下来,而处理后的空气通过后挡水板流出喷水室。通过控制喷嘴喷出的水温,即可完成对空气的升温、降温、加湿、减湿处理。

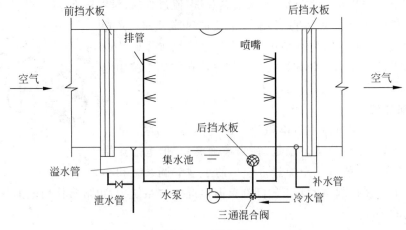

图 10-8 喷水室

喷水室相比于表冷器,可实现多种空气处理过程,且喷水过程可去除空气中的部分尘埃,具有一定的净化功能。但喷水室管理不当时容易滋生细菌、设备占地面积大、系统较为复杂、耗水量较大。喷水室在舒适性空调系统中应用较少,多用于工艺性空调,如对室内相对湿度要求较高的纺织车间。但因喷水室卫生条件难以控制,在洁净度要求较高的空调系统中不可采用。

3. 直接蒸发式空气冷却器

直接蒸发式空气冷却器是以制冷剂为冷媒的表面式空气冷却器,其构造与表面式空气冷却器相同,但因为管内冷媒为制冷剂,管道多采用铜管。直接蒸发式空气冷却器其实就是制冷循环中的蒸发器(详见 10.3.2 小节),制冷剂在管内吸收管外空气的热量而发生蒸发过程。相比于管内为冷水的表冷器,其换热效率较高,结构紧凑,一般用于多联式空调系统中。

10.2.4 空气加湿设备

空气加湿设备的原理是向被处理的空气中加入水蒸气,以增加空气含湿量来维持室内所需要的湿度。加湿的方法有很多种,以下介绍几种常见的加湿方法。

1. 喷水室加湿

喷水室通过喷嘴喷出的雾状水滴与被处理的空气接触而进行热、湿交换,当喷水的水温高于被处理空气的露点温度时,水滴会在空气中蒸发,使空气达到对应水温下的饱和状态,实现空气的加湿过程。

2. 喷蒸汽加湿

喷蒸汽加湿是通过喷管向被处理空气中喷入蒸汽的方法对空气加湿,蒸汽可来自锅炉产生的蒸汽,也可来自水泵高压下产生的喷雾。喷管设备构造简单、经济节能,但喷管内的蒸汽因冷却而产生凝结水,导致喷嘴喷出的水雾中夹带凝结水滴,造成细菌繁殖,腐蚀风管,影响空调系统的卫生条件。

为避免这种现象,目前空调系统中广泛采用的喷蒸汽加湿设备都是干蒸汽加湿器(图10-9)。其原理是在喷管外设置一个蒸汽保护套管,蒸汽经套管进入分离室,在分离室挡板和凝结水滴的惯性作用下将凝结水滴分离。一次分离后的蒸汽进入干燥室,在干燥室外的高温蒸汽加热作用下,蒸汽中的残余水滴再汽化,实现二次分离。最后蒸汽进入喷管,被蒸汽保护套管内的蒸汽再次加热,从而确保了最终喷出的蒸汽为干蒸汽。

3. 电加湿器

电加湿器的原理是通过电能就地对水加热以产生蒸汽,使蒸汽混入到空气中去。电加湿器根据工作原理不同,可分别为电热式和电极式。

电热式加湿器就是将电热元件置于水槽中,电热元件通电后产生热量对水加热,从而产生蒸汽。

电极式加湿器(图10-10)是将水直接作为电热元件,利用三根铜棒或不锈钢棒作为电极直接插入水槽中,当电极与三相电源接通后,电流在水中通过,水的电阻转化出热量而将水加热出蒸汽。由于水本身就是系统的电阻,水位越高、导电面积越大、通过的电流也就越多,产生的热量也越大。因此,电极加湿器可通过控制水槽水位来控制蒸汽发生量。电极加湿器结构紧凑、加湿量容易控制,但其耗电量大、电极易腐蚀,多用于加湿量较小的小型空调系统中。

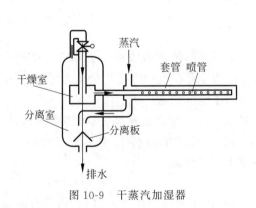

图 10-9　干蒸汽加湿器

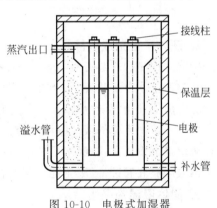

图 10-10　电极式加湿器

10.2.5　空气除湿设备

空气除湿的原理主要是通过凝结、吸收、吸附的手段来降低空气中的含湿量。空调系统中常用的除湿方法有以下几种。

1. 冷却除湿

冷却除湿常见的一种方法就是将制冷设备提供的低温水通过表冷器,使表冷器表面温度低于流过空气的露点温度。当被处理的潮湿空气流过冷却器表面时,湿空气中将有一部分水凝结在表冷器表面,并滴落到表冷器下部设置的冷凝水盘中,最终被收集排出。这样便实现了空气除湿的目的。除了表冷器冷却除湿,喷水室喷入低于空气露点温度的冷水也可实现除湿效果。但这种冷却除湿的方法会不可避免地降低空气温度,如仅需改变空气湿度而不降低温度时,常常会采用专用除湿机。

除湿机实际上就是一个小型的制冷装置(图 10-11),需要处理的空气首先流过制冷系统中的蒸发器,空气接触表面温度低于空气露点的蒸发器而析出冷凝水。在这个过程中,因为空气析出了冷凝水,空气处于饱和状态,虽然空气含湿量降低了,但相对湿度却非常高(接近 100%)。将已经冷却除湿后的空气再通过制冷系统中的冷凝器,制冷剂在冷凝器中冷凝放热。空气流过冷凝器时吸收冷凝器发出的热量,温度升高,含湿量不变,而相对湿度降低。

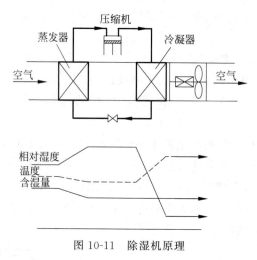

图 10-11 除湿机原理

2. 液体吸湿剂吸收除湿

吸收除湿是利用具有吸收盐类溶液对空气中水蒸气的强烈吸收性来去除空气中的水分。盐类溶液水分子浓度低,当盐水表面水蒸气分压力小于空气中水蒸气分压力时,空气中的水分子就会向盐溶液中转移(吸收过程),从而实现了空气的除湿。

空调系统中常见的液体吸湿剂有氯化锂、三甘醇等。溶液浓度越高,其吸湿能力越强。为使吸湿剂能重复利用,吸水后的吸湿剂需再生处理,去除其中的水分,提高溶液浓度。三甘醇溶液因其无腐蚀性、吸湿能力强而在空调系统中应用较多。

3. 固体吸湿剂吸附除湿

固体吸湿剂主要有两种类型:一种是具有大量微小孔隙的固体多孔材料,通过吸附的原理来吸收空气中的水蒸气,这种材料的吸湿过程是纯物理作用,吸湿后材料的形态不发生改变,常见的吸湿剂有硅胶、活性炭等;另一种是利用材料本身的物理化学性质来吸收空气中的水蒸气,这种材料的吸湿过程是物理化学作用,材料吸湿后会变成含有更多结晶水的水化物,如果继续吸湿,其形态会由固态变成液态,从而吸湿能力降低,常见的吸湿剂有氯化钙、氢氧化钠等。

固体吸湿剂的吸湿方法分为固定式和转动式。固定式是固体吸湿剂固定不动对空气吸湿,当吸湿剂饱和后,需再生而停止吸湿或更换设备,操作比较麻烦。转动式除湿是除湿剂在一定吸湿周期内轮换转动,一侧吸湿的同时另一侧再生,从而实现了吸湿剂的反复使用,达到连续除湿的目的。常见的转动式除湿机为转轮式除湿机(图10-12)。

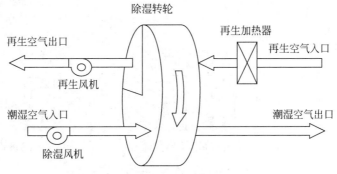

图 10-12　转轮式除湿机工作原理

10.2.6　空气处理机组

在空调系统中,将上述这种空气处理设备根据设计需要组合在一起的装置,即为空气处理机组,也称空调机组。空调机组根据其构造可分为组合式空调机组、整体式空调机组、风机盘管等。

1. 组合式空调机组

组合式空调机组是由各种空气处理段组合而成,空气处理段为各自独立的模块化产品,设计人员根据空气处理过程的需要将其按一定顺序组合在一起(图10-13)。常见的空气处理段有过滤段、回风段、混合段、加热段、冷却段、加湿段、消声段、送风段等。组合式空调机组空气处理过程复杂,一般多用于工艺性空调系统中。

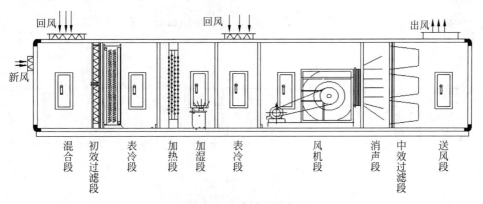

图 10-13　组合式空调机组

2. 整体式空调机组

在一般民用建筑的舒适性空调系统中,室内空气参数要求不高,精度也不如工艺性空调,其空气处理机组多采用整体式空调机组,这种机组主要由表冷器、风机、过滤器组成。根据其安装形式可分为立式、吊顶式和卧式三种类型,其构造如图10-14所示。

吊顶式空调机组和卧式空调机组的构造很接近,但吊顶式空调机组是安装在房间吊顶

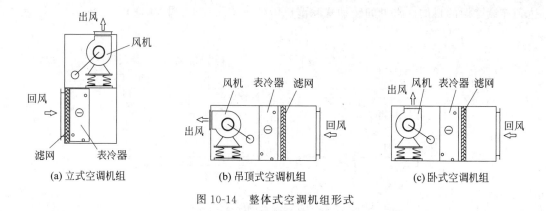

图 10-14 整体式空调机组形式

层内的,其机组高度一般不大于 1 000mm,机组风量不大于 15 000m³/h,空气处理量有限。而卧式空调机组和立式空调机组安装于地面,其高度不受吊顶空间限制,机组空气处理量可做到比较大。

吊顶式空调机组因其吊顶安装的特点,一般只有直进直出的进出风形式。立式空调机组和卧式空调机组则可根据机组安装位置与送回风管的关系选择不同形式的进出风形式。其进出风形式如图 10-15 所示。

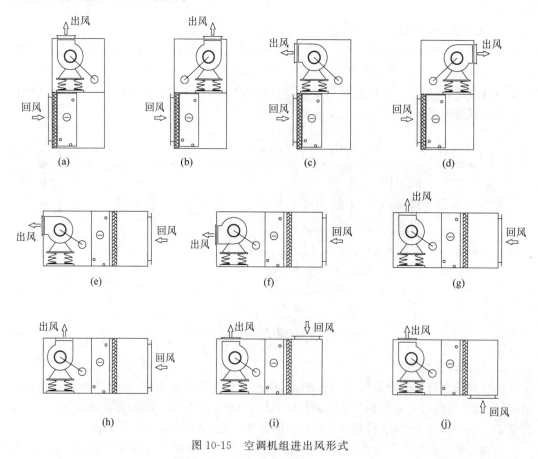

图 10-15 空调机组进出风形式

3. 风机盘管

风机盘管是一种设置于空调房间内,由冷热源设备供给冷水或热水,实现对房间供冷或供热的设备。风机盘管的原理与前述空调机组一样,但机型更小,适合设置于单个空调房间内。风机盘管常用于半集中式空调系统中,与新风系统合用,称为风机盘管+新风系统。

风机盘管主要由风机和肋片管换热器(盘管)组成。卧式风机盘管构造如图 10-16 所示。冷热源设备提供的冷、热水由风机盘管的进水口进入机组盘管,由出水口流出,借助风机的作用,使室内空气由回风口进入机组,通过盘管而被冷却或加热,在室内不断地循环,以保持空调房间要求的状态。卧式风机盘管一般暗装于房间吊顶层内,风机盘管除了卧式还有立式,立式风机盘管一般明装于房间地面上。

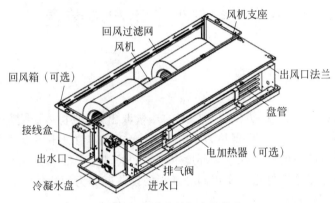

图 10-16 卧式风机盘管构造

风机盘管由于分别设置于各个空调房间,并需在吊顶层内设有较复杂的供回水管、冷凝水管。空调系统的检修维护工作量较大,特别是冷凝水盘及冷凝水管坡度设置不合理时,会导致冷凝水排水困难,从而积水发霉,影响空调系统的卫生状况。此外,在噪声要求严格的空调房间,由于风机转速不能过高,机组余压较小,从而影响了机组的送风距离,气流分布受到限制。但风机盘管系统相比于全空气系统,其占用吊顶空间小,各房间可根据各自需要灵活控制,甚至可用于既需供冷又需供热的空调系统,目前广泛应用于办公建筑、宾馆建筑中。

10.2.7 空调机房的设置

空调机房是放置集中式空调系统或半集中式空调系统的空气处理设备的专用机房。空调机房的位置应尽量设置于空调负荷中心、便于取室外新风的地方,以便减少送回风管长度和阻力损失。

在一般的办公建筑、宾馆建筑中,为避免空调机组过大,导致送回风管过大而影响吊顶高度,可根据建筑层数或每层面积,每层设置或隔一层设置空调机房,但各层空调机房宜设置在每层相同位置,以便管道布置。

空调机房内的空调机组有一定的震动和噪声,应尽量远离对噪声要求较高的房间,如会议室、演播室、酒店客房等。考虑消防要求,空调风管尽量不要穿越防火分区,可在每个防火分区内单独设置空调机房。

空调机房的面积应根据空调机组的尺寸和台数确定,并在空调机房内预留满足产品技术要求的检修空间。当没有具体数据时,在建筑方案设计阶段可根据空调系统的形式估算,一般工艺性空调系统机房面积应为建筑空调面积的10%～20%;舒适性空调系统中的集中式系统机房面积应为建筑空调面积的5%～10%;半集中式空调系统新风集中处理用的新风机房面积应为建筑空调面积的1%～2%。

空调机房除对建筑的要求外,对结构也有要求。空调机组吊装于顶板或安装在地板上时,结构的承重应按机组的运行质量和基础尺寸计算。机组的运行质量包括机组本体质量和机组中充注的冷媒质量。在初步设计阶段,当无具体参数时,空调机房的荷载可按800～1 000kg/m³考虑。

10.3 空气调节用制冷装置

10.3.1 制冷的本质及冷源

制冷的本质就是用人工的方法将物体中的热量取出来,使物体温度降到低于环境温度并维持这一低温状态的过程。根据热力学第一定律,能量守恒且不可能消失,为实现制冷的目的,就应不断地将物体的热量转移到环境中去。而将热量从低温转移到高温处是一个非自发过程,需消耗能量进行补偿。实现制冷过程的设备就称为制冷机组,制冷机组中使用的工作介质通常称为制冷剂。

冷源就是空调系统冷量的来源,冷源主要分为天然冷源和人工冷源。

1. 天然冷源

天然冷源是指低于环境温度的天然物质,如地下水、深湖水等。夏季这些地方的水的温度较低,可用于空调系统的喷水室、表冷器等空气处理设备,以获得低温空气。应用地下水时,使用过后的地下水应全部回灌到同一水层,并不得造成污染。

2. 人工冷源

人工冷源即采用人工制冷的方法提供冷量的设备。目前空调工程中较多使用的人工制冷方法主要有蒸汽压缩式制冷和吸收式制冷两种,还有蒸汽喷射式制冷、热电制冷、磁制冷等。

10.3.2 常见制冷原理及设备

1. 压缩式制冷

1) 压缩式制冷原理

压缩式制冷是利用制冷剂蒸发吸热、冷凝放热的原理来实现热量的转移。制冷剂工作压力提高时,其冷凝温度也随之升高,使其能在相对较高的环境温度(如室外环境温度)下实现冷凝放热;而制冷剂工作压力降低时,其蒸发温度也随之降低,使其能在相对较低的环境温度(如室内环境温度)下实现蒸发吸热。

压缩式制冷系统主要由压缩机、蒸发器、膨胀阀、冷凝器四个主要部件组成,并用管道相互连接成一个封闭的循环系统,如图10-17所示。

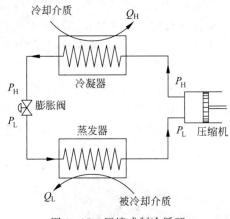

图 10-17 压缩式制冷循环

系统工作时,低温低压的制冷剂蒸气被压缩机吸入,压缩成高温高压的制冷剂蒸气,进入冷凝器内。

在冷凝器内高温高压的制冷剂蒸气被冷却介质(如水、空气)冷却,释放热量冷凝成高压制冷剂液体,完成冷凝过程的高压制冷剂液体流过膨胀阀,经膨胀阀节流后压力降低变成低温低压制冷剂液体,再进入蒸发器。

在蒸发器内,低温低压的制冷剂液体吸收被冷却介质(如水、空气)的热量而蒸发成低温低压的制冷剂蒸气,低温低压的制冷剂蒸气被压缩机吸入,开始下一个相同循环。蒸发器内流过的被冷却介质因失去热量而温度降低,实现了对水或空气的制冷。

压缩式制冷循环中常用的制冷剂有氨和氟利昂等。氨价格便宜,制冷系数高,放热系数大,相同温度及相同制冷量时,氨压缩机尺寸最小。氨制冷剂在大型冷库、超市食品陈列柜中有广泛应用。但是氨具有强烈的刺激性且易燃易爆,氨液对铜及铜合金有腐蚀作用,应用时应有完善的密封措施和泄漏报警措施。

氟利昂制冷剂是饱和碳氢化合物的卤族衍生物的统称,是目前制冷系统中最常用的制冷剂。其种类很多,一般将不含氢原子的称为氯氟烃类(CFC),含氢原子的称为氢氯氟烃类(HCFC),不含氯原子的称为氢氟烃类(HFC)。

氟利昂制冷剂一般都无毒、无臭、化学性质稳定。以前常用的 R11(CHF_2Cl)、R12(CF_2Cl_2)、R22($CFCl_3$)等,由于其泄漏到空气中后不易分解,扩散到大气上空后经太阳紫外线照射,会分解出游离态的氯原子,氯原子(Cl)会与臭氧分子(O_3)发生反应而破坏臭氧层。臭氧层是保护地球不被过强太阳紫外线照射的一道屏障,臭氧层被破坏后,还会造成温室效应。因此,该类制冷剂被《蒙特利尔议定书》列为一类受控物质,已不再使用。

目前我国常用的替代制冷剂(无氯)主要有 R134a(替代 R12)、R410a(替代 R22)、R407C(替代 R22)等。

在压缩式制冷系统中,使制冷剂连续实现制冷循环的是压缩机,因此该类制冷设备主要依靠电能驱动。

2)压缩式制冷机组分类

压缩式制冷根据所采用压缩机形式不同,可分为活塞式冷水机组、螺杆式冷水机组和离心式冷水机组。

(1) 活塞式冷水机组。活塞式制冷压缩机又称往复式制冷压缩机,是应用最为广泛的一种制冷压缩机。其利用曲柄连杆机构带动活塞在汽缸中做往复运动,以实现制冷剂的吸入→压缩→排气过程。活塞式冷水机组造价低、技术成熟,但其调节性能不佳、工作时震动较大、单台制冷量不大。

(2) 螺杆式冷水机组。螺杆式冷水机组装配的是螺杆式压缩机(图10-18),压缩机缸体内设有一对平行的、相互啮合的螺旋形转子,通常把具有凸齿的转子称为阳转子或阳螺杆,把具有凹齿的转子称为阴转子或阴螺杆。阳转子与电动机相连,阳转子带动阴转子转动。

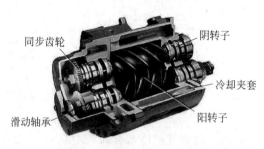

图 10-18 螺杆式压缩机构造

当阴、阳转子的齿沟空间转至吸气侧时,转子齿沟空间最大,且与吸气口相通,齿沟空间充满制冷剂蒸气,完成吸气过程[图10-19(a)]。转子继续旋转,齿沟空间离开吸气口并形成封闭空间,阴阳转子啮合面向排气侧移动。在此过程中,阴、阳转子啮合面与排气口之间的齿沟空间逐渐减小,制冷剂蒸气逐渐被压缩,完成压缩过程[图10-19(b)]。当转子的啮合端面与排气侧相通时,被压缩的制冷剂蒸气开始排出,直至齿尖与齿沟的啮合面移至排气口端面,完成排气过程[图10-19(c)]。

螺杆式冷水机组零部件少、使用寿命长、调节方便,可实现无级调节。但其造价相比活塞式冷水机组稍高,润滑油系统复杂。

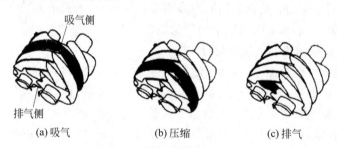

图 10-19 螺杆式压缩工作原理

(3) 离心式冷水机组。离心式冷水机组装配的是离心式压缩机,其示意图如图10-20(a)所示。它是利用叶轮高速转动,将制冷剂蒸气由叶轮中心吸入,在叶轮叶片的作用下跟着叶轮高速旋转,制冷剂蒸气由于受到离心力的作用以及在叶轮里的扩压流动而提高其压力和速度后,由叶轮边缘引入扩压室。在扩压室中,高速制冷剂蒸气的动能转化为势能(压力),最后汇集在蜗壳中并由排气口排出。

离心式冷水机组叶轮转速高,单机制冷量大、可实现无级调节。但因为叶轮转速高,对

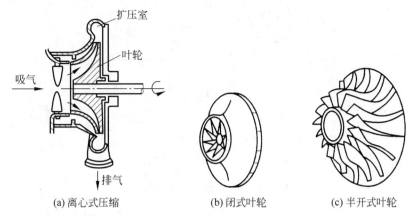

(a) 离心式压缩　　(b) 闭式叶轮　　(c) 半开式叶轮

图 10-20　离心式压缩机工作原理

设备的制造和安装精度、强度都有非常严格的要求。离心式冷水机组适用于制冷量较大的场合。

2. 吸收式制冷

吸收式制冷原理与压缩式制冷原理基本一样，都是利用液体蒸发吸热、冷凝放热的原理来实现制冷，但压缩式制冷系统依靠压缩机提供机械能来实现制冷剂的工作循环，而吸收式制冷系统依靠热能来驱动制冷循环的发生。可以理解为用发生器、吸收器和溶液泵替代了制冷压缩机。

在吸收式制冷系统中的工质是由两种沸点相差较大的物质组成的混合溶液。其中沸点低的物质为制冷剂，沸点高的物质为吸收剂。目前常用的工质主要有两种：一种是溴化锂—水溶液。水在大气压下的沸点为 100℃，为制冷剂，溴化锂在大气压下的沸点为 1 265℃，为吸收剂。溴化锂是一种具有强烈吸水能力的物质，溴化锂吸收式制冷系统的制冷温度为 0℃ 以上；另一种是氨—水溶液，氨在大气压下沸点为 −33.5℃，为制冷剂，水为吸收剂。氨吸收式制冷系统的制冷温度在 −45~1℃，多用于低温制冷。

以溴化锂吸收式制冷为例，其系统原理图如图 10-21 所示。溴化锂稀溶液在发生器中被工作蒸汽加热，蒸发温度较低的水首先蒸发，形成高温高压的水蒸气进入冷凝器。在冷凝器中水蒸气吸收冷却介质的热量而冷凝成高压液态水，然后通过膨胀阀节流降压，进入蒸发器内向被冷却介质吸热而蒸发成低温低压的水蒸气。与此同时，发生器内的溴化锂稀溶液因水分蒸发而变成高浓度的溴化锂浓溶液，溴化锂浓溶液通过减压阀降压后进入吸收器内。溴化锂浓溶液具有强烈的吸水特性，在吸收器中，溴化锂浓溶液与来自蒸发器的低温低压水蒸气将发生吸收效应，变成溴化锂稀溶液。吸收过程中产生的热量由冷却水带走，吸水后的溴化锂稀溶液再被溶液泵送入发生器加热，重新开始循环过程。

这种吸收式制冷的最大特点是基本无须电能驱动，只有热能驱动，热能可以来自工业废热、锅炉产生的高温蒸汽。吸收式制冷机组对大气臭氧层无危害、机组震动小、噪声小、不依赖电力、调节范围广、在有余热废热可利用的场合节能性显著，但这种系统一次能耗大、溴化锂溶液具有腐蚀性、机组寿命短。多用于制冷同时需要生活热水的酒店、医院和有余热废热可利用的钢铁、化工企业。

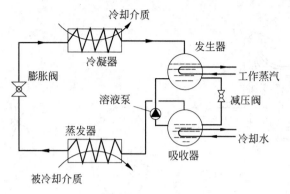

图 10-21 溴化锂吸收式制冷原理

10.3.3 制冷机房的设置

制冷机房是放置制冷机组及制冷系统相关附属设备的专用房间。

1. 制冷机房的位置

制冷机房应尽量靠近冷负荷中心，以减少冷冻水管和冷却水管路的敷设长度，节约造价、减少冷损失。

对于采用压缩式制冷机组的机房，考虑其用电量较大，一般应靠近供、配电房，以减少电缆敷设。

在民用建筑中，制冷机房多设置于建筑地下室内，机房设置在地下室内的优点是不占用地上建筑面积、减少结构荷载、防止设备噪声对周围环境的影响。但地下室较为潮湿，应做好通风换气措施。

对于采用吸收式制冷机组的机房，特别是燃气燃油吸收式制冷机组，因机组需设烟囱管向室外高空排放，机房的位置应尽量靠近烟囱井，避免水平烟囱管较长而影响机组排烟。同时，燃气燃油吸收式制冷机组机房的设置还应满足《锅炉房设计规范》，当机房和其他建筑物相连或设置在其内部时，严禁设置在人员密集场所和重要部门的上一层、下一层、贴邻位置以及主要通道、疏散口的两旁，并应设置在首层或地下室一层靠建筑物外墙部位。

2. 制冷机房的布置

制冷机房内设备的布置应考虑工艺流程的合理性，尽量避免因管路交叉过多而影响层高和检修。

制冷机房内设备的布置还需预留各设备自身的检修空间。特别是压缩式冷水机组一般都有拔管空间的要求，应予以考虑。制冷机房内一般还应规划出一条满足人员操作、设备运输和检修的通道，宽度不小于1.5m。

制冷机房内的制冷机组、水泵、集分水器等设备在检修时需泄水，机房内还要规划排水沟，排水沟应围绕设备基础布置，并有一定坡度排向集水坑。

大、中型制冷机房还应设置专用控制室，控制室与制冷机房设玻璃隔断，并做好隔声措施。

设于地下室的制冷机房一般应预留一堵墙，待制冷机组到位后再砌筑。如制冷机组不便从地下室推入制冷机房，可在地下室顶板上预留吊装孔洞，待制冷机组吊入机房后再封板。机组吊装孔尺寸可在机组外形尺寸的基础上长宽各加 1m。

制冷机房的高度应根据制冷机组的种类、型号确定，一般活塞式冷水机组和小型螺杆式冷水机组所需室内净高为 3~4.5m；离心式冷水机组和大、中型螺杆式冷水机组所需室内净高为 4.5~5m；吸收式制冷机组对室内净高的要求原则上与离心式冷水机组相同，但设备最高操作点距梁底不应小于 1.2m，以便检修维护。

制冷机房面积应根据制冷机组的形式、台数、型号及相关附属设备确定。制冷机房一般占建筑总面积的 0.5%~1.2%，建筑总面积大者取下限，建筑总面积小者取上限。制冷机房面积也可按图 10-22 确定。

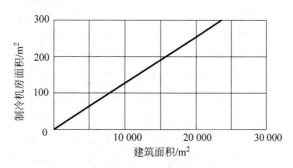

图 10-22　建筑面积与制冷机房面积的关系

10.4　风道系统的选择与设置

10.4.1　风道系统的选择

风道系统是输送和分布空气的管道系统，是空调系统的重要组成部分。用作风道的材料主要有普通钢板、镀锌钢板、硬聚氯乙烯塑料板、玻璃钢板、不锈钢板、复合板、铝板、砖等。风管材料的选择应根据风道所输送的气体性质确定。

普通钢板是一种冷轧板，其机械强度高、耐高温、不可燃、安装方便、造价低，但使用时表面应做防锈处理。这种材料适合输送含湿量小的一般性气体，目前在空调系统中应用较少。

镀锌钢板是将普通钢板经镀锌处理制成，具有普通钢板的优点，又具有一定的耐腐蚀性，是空调系统中常用的风管材料。

硬聚氯乙烯塑料板简称 PVC 板，PVC 板化学稳定性好，对酸、碱、盐类具有较好的防腐作用。多用于输送腐蚀性气体的场合。

玻璃钢板是玻璃纤维为结构主体，氯氧镁水泥为黏结剂。按一定成型工艺制作而成的复合材料。玻璃钢风管具有耐腐蚀、耐高温、不可燃、机械强度大、使用寿命长的优点，同时还具有一定的消声、隔热特性。但以氯氧镁水泥为黏结剂的玻璃钢风管受潮后，表面会出现反卤现象，易造成风管掉渣、塌陷，产生粉尘、滋生细菌而危害人体健康。一般不用作空调系统的风管，多用于石油、化工建筑的通风系统中，也可用于民用建筑的排烟系统。

不锈钢板具有耐腐蚀、耐高温、高强度、表面光洁的优点，常用于对室内洁净度要求高或需输送腐蚀性气体场合,如食品加工、医疗制药、石油化工、建筑等。

复合板是采用两种以上材料制成的板材,目前常用的复合风管有酚醛复合风管、玻镁复合风管、聚氨酯复合铝箔风管、挤塑铝箔复合风管、橡塑铝箔复合风管等。该类复合风管材料属于夹芯板构造,由保温材料外包保护层组成。如典型的酚醛复合风管内外表面均采用铝箔,中间层为酚醛泡沫材料(图10-23)。不同的复合风管其构造形式基本相同,只是保温材料和保护层有所不同。复合风管具有保温性好、消声性好、质量轻、施工安装方便等优点,但复合风管承压能力不高,不耐腐蚀,部分复合风管耐火性不高,常用于民用建筑空调系统中。

图10-23 酚醛复合风管构造

铝板风管具有可塑性强、密封性好、导电性好、摩擦不易产生静电火花等特点,常用于工业建筑通风系统中输送粉尘气体、易燃易爆气体的场合。

砖砌筑的风道一般不称为风管,而是以风井、风道表示。土建砌筑的风道阻力较大,易漏风,但牢固可靠。一般用于建筑内、外竖向风井的设置。土建风井砌筑后其内表面水泥砂浆抹平处理,以减少漏风、降低井道阻力。土建风井常用于各类工业、民用建筑的排烟、通风、空调系统中。土建风井用于空调送回风时,不可直接使用,应在风井内衬风管,以保证送风洁净度并防止结露现象。土建风井用于排除高温烟气时,应做好保温措施。

除以上材质的风管外,目前还有一种新型的纤维织物风管,又称布风管。其风管由特殊织物纤维织成,通过风管上的纤维渗透和专设小孔送风。布风管出风量大、送风均匀、风管不结露、噪声低、质量轻、易清洗,适用于商场、超市、工业厂房及体育场馆的送风。

风管的厚度选择应根据风道系统的应用类型、风道截面尺寸、风道材质及风道系统的承压条件确定,其厚度要求应满足《通风与空调工程施工质量验收规范》。

10.4.2 风道系统的布置

1. 风管的布置

风管的布置应结合系统送风口、排风口、空气处理设备(或风机)的位置和建筑条件综合考虑。

风管布置应遵循"短、直、顺"的原则,即风管主管应尽量走最短路程,尽量少占用吊顶空间。风管弯头、三通的设置应顺应气流流向,尽量避免不必要的拐弯和复杂的局部管件,力求顺直,以减少风管系统阻力、降低风管噪声。

当通风空调系统服务于多个空调区域时,应根据各空调区域的室内空气设计参数、工作使用时间、功能分区、建筑防火分区等情况,科学划分系统。

风管吊顶安装时,应充分考虑风管断面尺寸对建筑层高的影响。

当风管输送含有蒸汽的气体时,风管应保证不小于0.005的坡度,坡向排水口,排水口应位于风管系统的最低点和通风机的底部,并在出口设置水封。风管系统的主干支管应设置风管测定孔、风管检查孔和清洗孔。

当风管输送含粉尘的气体时,风管宜垂直或倾斜敷设。倾斜敷设时,与水平面的夹角宜大于45°。水平敷设的管段不宜过长。

2. 风管尺寸的选型

风管的断面形状主要有圆形和矩形两种。在风管流通断面积相同的情况下,圆形风管阻力小、节约板材、风管结构强度高。但其相比于矩形风管更占用吊顶空间、不易加工。圆形风管常用于除尘通风系统中,可避免风管积尘。

在一般的民用建筑通风空调系统中,应用更多的还是矩形风管。矩形风管在保证风管流通断面积不变的情况下,可调整风管高度,有利于节约室内吊顶空间。矩形风管的宽高比可以做到8:1,但宽高比增大时,风管阻力也随之增大。一般矩形风管的宽高比不宜大于4:1。

3. 风口的布置

风口是风道系统的重要组成部分。风口形式多种多样,常见的室内风口有方形散流器、单层百叶风口、双层百叶风口、条缝风口、旋流风口、喷口等。风口形式主要根据送回风的功能及应用场合确定,室内风口的布置应根据气流组织计算后确定。常见风口形式及应用特点见表10-2。

表 10-2 常见风口形式及应用特点

序 号	风 口 形 式	风口名称	应 用 特 点
1	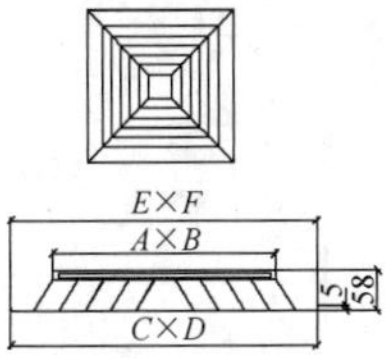	方形散流器	作为送风口使用。四面分散出风,适用于层高较低的房间吊顶安装
2	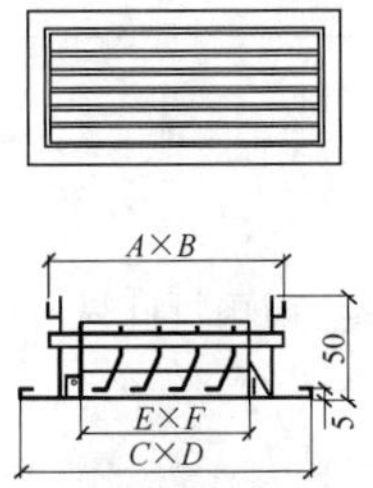	单层百叶风口	作为送风口、回风口使用。适用于侧墙安装或吊顶安装
3	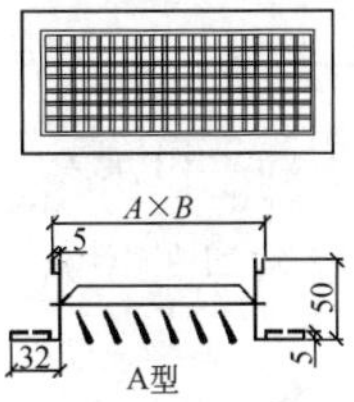	双层百叶风口	作为送风口使用。叶片可调节风量和送风方向。适用于侧墙安装或吊顶安装
4	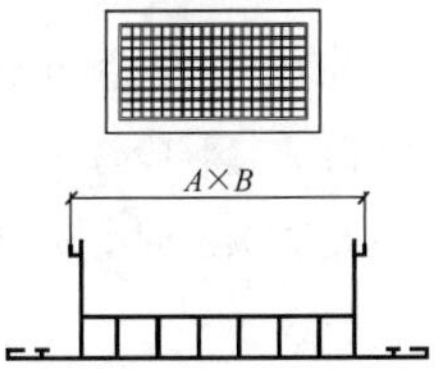	蛋格风口	作为送风口使用。送风方向不可调,适用于侧墙安装或吊顶安装

续表

序　号	风口形式	风口名称	应用特点
5		直片式条缝风口	作为送风口使用。适用于公共建筑吊顶安装
6		旋流风口	作为送风口使用。叶片可调，适用于层高 4m 以上的高大吊顶空间安装
7		球形喷口	作为送风口使用。送风方向可在±30°范围内调节。送风距离较远，适用于大空间公共场所、高大车间的远距离送风
8		防雨百叶风口	做外室外进、排风口用。具有防止雨水侵入的功能，适用于建筑外墙侧墙安装

室外风口一般都采用防雨百叶风口，其设置应满足以下条件。

（1）进风口应设于室外空气较清洁的地点，进风口处室外空气的有害物浓度不应大于室内空气最高允许浓度的 30%。

（2）进风口与排风口应保持一定距离，排风口应设于当地全年主导风向的下风侧，以避免进风、排风短路。排烟系统室外排风口与消防补风系统室外进风口水平距离不应小于 10m，当水平距离不足 10m 时，排风口应高出进风口，并不应小于 3m；事故通风系统的室外进、排风口水平距离不应小于 20m，当水平距离不足 20m 时，排风口应高出进风口，并不应小于 6m。

（3）进风口设于室外地面附近时，风口底部距室外地坪不宜小于 2m，当设在绿化地带时,不宜小于 1m。进风口设于建筑屋面时,风口底部应高出屋面 0.5～1m,以免吸入灰尘和被积雪堵塞。

(4) 排风口开向人员活动区且距离小于 10m 时,排风口底部距地不宜小于 2.5m。当排风口设于建筑屋面时,风口底部应高出屋面 1m 以上。

(5) 设于室外的风口应有防雨侵入的措施,风口还应设置钢丝防虫网,以免鼠、鸟进入。

习 题

10.1 空调系统与通风系统有何主要区别？

10.2 舒适性空调与工艺性空调有何主要区别？各适用于什么场所？

10.3 表面式空气冷却器何种情况下可实现对空气的除湿？

10.4 风机盘管有何优缺点？

10.5 吸收式制冷相比压缩式制冷有何优缺点？

10.6 消防排烟系统可采用哪些材质作为风管材料？

10.7 矩形风管尺寸与管道阻力有何关系？

第 11 章 暖通空调施工图识读

11.1 常用暖通空调图例

暖通空调施工图是反映本专业相关设备、管道设计及施工安装做法的图纸,是工程造价、施工的根本依据。正确理解和识读设计施工图是工程技术人员必须具备的基本能力。暖通空调系统常常较为复杂,附属设备及管道繁多,为了提高暖通施工图的识读效率,国家制订了《房屋建筑制图统一标准》《暖通空调制图标准》《供热工程制图标准》等规范以统一暖通专业施工图的表达方式。

11.1.1 暖通空调制图的一般规定

1. 比例

施工图的比例应根据图纸的种类及图面复杂程度综合确定,一般总平面图、平面图的比例可与主导专业(建筑)一致,但暖通平面图比例一般不宜超过1:150。机房剖面图、机房大样图的比例一般可采用1:50、1:100。索引图、详图等反映细部节点做法的图纸,其比例可采用1:10、1:20。施工图比例可按表11-1选用。暖通专业的系统图、流程图、原理图、轴测图则一般可不必按比例绘制。

表 11-1 施工图比例

图 名	常用比例	可用比例
剖面图	1:50、1:100	1:150、1:200
局部放大图、管沟断面图	1:20、1:50、1:100	1:25、1:30、1:150、1:200
索引图、详图	1:1、1:2、1:5、1:10、1:20	1:3、1:4、1:15

2. 图线

为便于辨认不同图线的含义,施工图图线应有粗细之分,施工图的线宽组成称为线宽组。线宽组是在基本线宽 b 的基础上按一定比例组合而成的。基本线宽和线宽组应根据图纸的比例、图纸的复杂程度和使用方式确定,暖通施工图基本线宽 b 一般可采用 0.18mm、0.35mm、0.5mm、0.7mm、1.0mm。常用线宽为 $0.25b$、$0.5b$、$0.7b$、b。暖通专业施工图采用的各种线型及用途见表11-2。

表 11-2 线型及其用途

名称		线型	线宽	一般用途
实线	粗	——————	b	单线表示的供水管线
	中粗	——————	$0.7b$	本专业设备轮廓、双线表示的管道轮廓
	中	——————	$0.5b$	尺寸、标高、角度等标注线及引出线；建筑物轮廓
	细	——————	$0.25b$	建筑布置的家具、绿化等；非本专业设备轮廓
虚线	粗	– – – – – –	b	回水管线及单根表示的管道被遮挡的部分
	中粗	– – – – – –	$0.7b$	本专业设备及双线表示的管道被遮挡的部分
	中	– – – – – –	$0.5b$	地下管沟、改造前风管的轮廓线；示意性连线
	细	– – – – – –	$0.25b$	非本专业虚线表示的设备轮廓等
波浪线	中	～～～～	$0.5b$	单线表示的软管
	细	～～～～	$0.25b$	断开界线
单点长画线		—·—·—·—	$0.25b$	轴线、中心线
双点长画线		—··—··—··	$0.25b$	假想或工艺设备轮廓线
折断线		——⌇——	$0.25b$	断开界线

3. 标高

在暖通施工图中，无法标注垂直尺寸时，可用标注标高方法来表示风管、水管、设备的安装高度。标高符号以等腰直角三角形表示，如图 11-1(a)所示。当标准层较多时，可只标注与本层楼(地)板面的相对标高，如图 11-1(b)所示，也可将标高数据放于管径标注后的括号内。标高的单位一般默认为 m，精度应精确到 cm 或 mm。水、汽管道所注标高未予说明时，一般默认表示为管中心标高。如果所标注的标高为管外底标高或顶标高时，应在数字前加"底"或"顶"的字样，如图 11-1(c)所示。矩形风管所注标高应表示管底标高；圆形风管所注标高应表示管中心标高。当不采用此方法标注时，应进行说明。

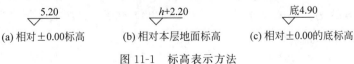

(a) 相对±0.00标高 (b) 相对本层地面标高 (c) 相对±0.00的底标高

图 11-1 标高表示方法

4. 系统编号

一个工程设计中同时有供暖、通风、空调等两个及以上的不同系统时,应进行系统编号。系统编号由系统代号和顺序号组成。系统代号由大写拉丁字母表示,一般以系统名称的第一个拼音字母作为代号名,顺序号则采用阿拉伯数字表示,如"N-01"表示1号供暖系统,具体系统代号见表11-3。

表11-3 系统代号

序号	字母代号	系统名称	序号	字母代号	系统名称
1	N	(室内)供暖系统	9	H	回风系统
2	L	制冷系统	10	P	排风系统
3	R	热力系统	11	JS	加压送风系统
4	K	空调系统	12	PY	排烟系统
5	S	送风系统	13	P(Y)	排风兼排烟系统
6	J	净化系统	14	RS	人防送风系统
7	C	除尘系统	15	RP	人防排风系统
8	X	新风系统			

系统代号在施工图上的表示方法如图11-2(a)所示,当该系统有两个以上分支时,应再对分支进行编号,如图11-2(b)所示。系统编号的位置应标注于系统总管处。

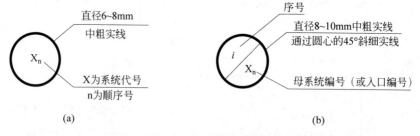

图11-2 系统代号标注方法

5. 管径标注

暖通空调系统的水管管径标注默认都以 mm 为单位,输送低压流体的无缝钢管、螺旋缝或直缝焊接钢管、铜管、不锈钢管用"D(或ϕ)外径×壁厚"表示。如 $D159×4.5$ 或 $\phi159×4.5$。输送低压流体的焊接管道、镀锌钢管用工程通径"DN"表示,如 DN25、DN70 等。塑料管道则采用外径"De"表示,如 De25、De32 等。对于单根水平管道,水管管径标注位置一般位于管道上方,对于单根垂直管道一般标注于垂直管道左侧,识读方向逆时针旋转90°,如图11-3所示;对于多根管路并列通过时,单独标注常常容易引起误读,可采用引出标注的方法标注,如图11-4所示,图中管径标注括号内的数据为管道中心距地标高,即管道中心距地3.5m。

矩形风管管道尺寸一般以风管截面尺寸"$A×B$"表示,如图10-5所示。A 为视图投影面的边长尺寸,B 为另一边的尺寸,如 $400×320$、$800×400$。A、B 的单位均为 mm。圆形风管的管道尺寸则以其直径"ϕ"表示。

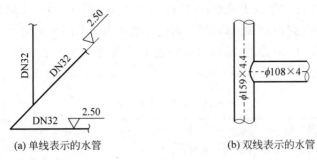

图 11-3 单管管径标注

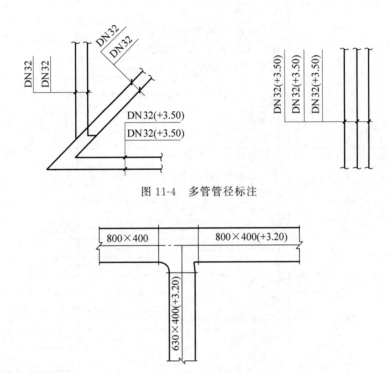

图 11-4 多管管径标注

图 11-5 风管尺寸标注

6．风口标注

风口标注一般应反映风口形式、尺寸、同一系统上相同风口数量及单个风口风量等参数。其表示方法如图 11-6 所示。

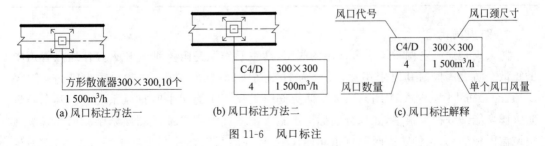

图 11-6 风口标注

风口标注的第二种方法较为简明,风口代号含义一般参照《暖通空调制图标准》的统一表示方法,见表11-4。如自定义风口代号,则应在施工图中专门列表说明,且不与表11-4中的代号矛盾。以图11-6(b)为例,其风口标注表示该系统共有 4 个带风量调节阀的四面出风方形散流器,散流器颈部尺寸为 300mm×300mm,风口风量为 1 500m³/h。

表 11-4 风口及附件代号

序号	代号	图例	备注
1	AV	单层格栅风口,叶片垂直	
2	AH	单层格栅风口,叶片水平	
3	BV	双层格栅风口,前组叶片垂直	
4	BH	双层格栅风口,前组叶片水平	
5	C*	矩形散流器,* 为出风面数量	
6	DF	圆形平面散流器	
7	DS	圆形凸面散流器	
8	DP	圆盘形散流器	
9	DX*	圆形斜片散流器,* 为出风面数量	
10	DH	圆环形散流器	
11	E*	条缝形风口,* 为条缝数	
12	F*	细叶形斜出风散流器,* 为出风面数量	
13	FH	门铰形细叶回风口	
14	G	扁叶形直出风散流器	
15	H	百叶回风口	
16	HH	门铰形百叶回风口	
17	J	喷口	
18	SD	旋流风口	
19	K	蛋格形风口	
20	KH	门铰形蛋格式回风口	
21	L	花板回风口	
22	CB	自垂百叶	
23	N	防结露送风口	冠于所用类型风口代号前
24	T	低温送风口	冠于所用类型风口代号前
25	W	防雨百叶	
26	B	带风口风箱	
27	D	带风阀	
28	F	带过滤网	

7. 防火阀代号

防火阀是通风空调系统中最常用的阀门,其主要作用是阻挡烟气和火势在通风管道中的扩散。防火阀根据其使用用途,可分为 70℃防火阀(70℃关闭)、150℃防火阀(150℃关闭)、280℃防火阀(280℃关闭)。150℃防火阀一般仅用于厨房平时排风系统上。其余防烟防火阀功能细分种类很多,如果分别标注于施工图图面上容易造成图面繁杂。因此,《暖通空调制图标准》为各种防火阀制订了阀体代号,标注时只需标注几个简单字母即可,然后根据防烟防火阀功能表查找即可了解阀门功能。防烟防火阀功能见表11-5。

表 11-5 防烟防火阀功能

符号	说明
▭ ─•─	防烟防火阀功能表
*** ***	防烟防火阀功能代号

阀体中文名称	阀体代号	1 防烟防火	2 风阀	3 风量调节	4 阀体手动	5 远程手动	6 常闭	7 电动控制一次动作	8 电动控制反复动作	9 70℃自动关闭	10 280℃自动关闭	11 阀体动作反馈信号
70℃防烟防火阀	FD	✓	✓		✓					✓		
	FVD	✓	✓	✓	✓					✓		
	FDS	✓	✓		✓					✓		✓
	FDVS	✓	✓	✓	✓					✓		✓
	MED	✓	✓		✓			✓		✓		✓
	MEC	✓	✓		✓		✓	✓		✓		✓
	MEE	✓	✓		✓				✓	✓		✓
	BED	✓	✓		✓	✓		✓		✓		✓
	BEC	✓	✓		✓	✓	✓	✓		✓		✓
	BEE	✓	✓		✓	✓			✓	✓		✓
280℃防烟防火阀	FDH	✓	✓		✓						✓	
	FVDH	✓	✓	✓	✓						✓	
	FDSH	✓	✓		✓						✓	✓
	FVSH	✓	✓	✓	✓						✓	✓
	MECH	✓	✓		✓		✓	✓			✓	✓
	MEEH	✓	✓	✓	✓				✓		✓	✓
	BECH	✓	✓		✓	✓	✓	✓			✓	✓
	BEEH	✓	✓		✓	✓			✓		✓	✓
板式排烟口	PS	✓		✓	✓	✓					✓	✓
多叶排烟口	GS	✓		✓	✓	✓					✓	✓
多叶送风口	GP	✓			✓					✓		
防火风口	GF	✓			✓					✓		

11.1.2 暖通空调常用图例

1. 水、汽管道代号及图例

水、汽管道可用线型区分,也可用代号区分。代号文字一般标注于管道中心,代号采用大写字母表示,取管道内介质名称拼音的首个字母,如有代号重复,则依次取第 2、3 个字母表示,见表 11-6。水、汽管道阀门和附件图例见表 11-7。

表 11-6　水、汽管道代号

序号	代号	管道名称	备注
1	RG	采暖热水供水管	可附加1、2、3等表示一个代号、不同参数的多种管道
2	RH	采暖热水回水管	可通过实线、虚线表示供、回关系,省略字母G、H
3	LG	空调冷水供水管	
4	LH	空调冷水回水管	
5	KRG	空调热水供水管	
6	KRH	空调热水回水管	
7	LRG	空调冷、热水供水管	
8	LRH	空调冷、热水回水管	
9	LQG	冷却水供水管	
10	LQH	冷却水回水管	
11	LN	空调冷凝水管	
12	PZ	膨胀水管	
13	BS	补水管	
14	X	循环管	
15	LM	冷媒管	
16	YG	乙二醇供水管	
17	YH	乙二醇回水管	
18	BG	冰水供水管	
19	BH	冰水回水管	
20	ZG	过热蒸汽管	
21	ZB	饱和蒸汽管	可附加1、2、3等表示一个代号、不同参数的多种管道
22	Z2	二次蒸汽管	
23	N	凝结水管	
24	J	给水管	
25	SR	软化水管	
26	XS	泄水管	
27	F	放空管	

表 11-7　水、汽管道阀门和附件图例

序号	图例	名称	备注
1	─▶◀─	截止阀	
2	─▶◁─	闸阀	
3	─▶•◀─	球阀	
4	─▶•◀─	柱塞阀	
5	─▷◁─	快开阀	
6	蝶阀图例	蝶阀	

续表

序 号	图 例	名 称	备 注
7		旋塞阀	
8		止回阀	
9		浮球阀	
10		三通阀	
11		平衡阀	
12		定流量阀	
13		定压差阀	
14		调节止回关断阀	水泵出口用
15		节流阀	
16		膨胀阀	
17		自动排气阀	
18		集气罐、放气阀	
19		排入大气或室外	
20		安全阀	
21		角阀	
22		底阀	
23		漏斗	
24		地漏	

续表

序 号	图 例	名 称	备 注
25		明沟排水	
26		向上弯头	
27		向下弯头	
28		法兰封头或管封	
29		上出三通	
30		下出三通	
31		变径管	
32		活接头或法兰连接	
33		固定支架	
34		导向支架	
35		活动支架	
36		金属软管	
37		可屈挠橡胶软接头	
38		Y形过滤器	
39		疏水器	
40		减压阀	左高右低
41		直通型（或反冲型）除污器	
42		除垢仪	
43		补偿器	
44		矩形补偿器（方形补偿器）	

续表

序 号	图 例	名 称	备 注
45	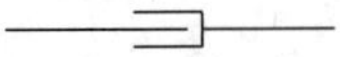	套管补偿器	
46	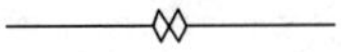	波纹管补偿器	
47		弧形补偿器	
48	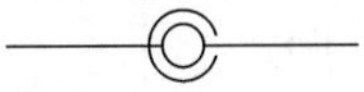	球形补偿器	
49		伴热管	
50	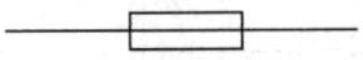	保护套管	
51		爆破膜	
52		阻火器	
53	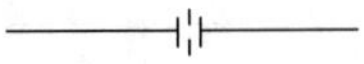	节流孔板、减压孔板	
54	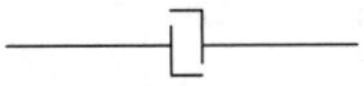	快速接头	
55	→ 或 ⇒	介质流向	在管道断开处,流向符号宜标注在管道中心线上,其余可同管径标注位置
56	$i=0.003$ 或 $i=0.003$	坡度及坡向	坡度数值不宜与管道起、止点标高同时标注。标注位置同管径标注位置

2. 风道代号及图例

风道代号的命名取管道功能名称拼音的首个字母,如有代号重复的,则依次取第2、3个字母表示,最多不超过3个,见表11-8。风道、阀门和附件图例见表11-9。

表11-8 风道代号

序 号	代 号	管道名称	备 注
1	SF	送风管	
2	HF	回风管	一、二次回风可附加1、2区别
3	PF	排风管	
4	XF	新风管	
5	PY	消防排烟风管	
6	ZY	加压送风管	
7	P(Y)	排风排烟兼用风管	
8	XB	消防补风风管	
9	S(B)	送风兼消防补风风管	

表 11-9　风道、阀门及附件图例

序　号	图　　例	名　　称	备　注
1		风管向上	
2		风管向下	
3		风管上升摇手弯	
4		风管下降摇手弯	
5		天圆地方	左接矩形风管，右接圆形风管
6		软风管	
7		圆弧形弯头	
8		带导流片的矩形弯头	
9		消声器	
10		消声弯头	
11		消声静压箱	
12		风管软接头	
13		对开多叶调节风阀	

续表

序 号	图 例	名 称	备 注
14	蝶阀图例	蝶阀	
15	插板阀图例	插板阀	
16	止回风阀图例	止回风阀	
17	DPV 余压阀图例	余压阀	
18	*** 防烟防火阀图例	防烟防火阀	*** 表示防烟防火阀名称代号,代号说明见表11-5
19	方形风口图例	方形风口	
20	条缝形风口图例	条缝形风口	
21	矩形风口图例	矩形风口	
22	圆形风口图例	圆形风口	
23	侧面风口图例	侧面风口	
24	J J 风道检修门图例	风道检修门	
25	B	远程手控装置	防排烟用
26	↑	防雨罩	

11.2 供暖施工图及其识读

11.2.1 供暖施工图的组成

室内供暖施工图主要包括图纸目录、设计及施工说明、设备材料表、平面图、系统图、详图等。

1. 图纸目录

图纸目录是识图前首先需要了解的图纸,类似于书本的目录。根据图纸目录可了解本工程大致的信息、图纸张数、图纸名称和组成,以便根据需要抽调所需图纸。

2. 设计及施工说明

设计及施工说明是用文字来反映设计图纸中无法表达却又需向造价、施工人员交代清楚的内容。设计及施工说明一般分别编制,设计说明主要阐述本工程的供暖设计方案、设计指标和具体做法,其内容应包括设计施工依据、工程概况、设计内容和范围、室内外设计参数、供暖系统设计内容(包括热负荷、热源形式、供暖系统的设备和形式、供暖热计量及室内温度控制方式、水系统平衡调节手段等)。

施工说明则主要反映设计中各类管道及保温层的材料选用、系统工作压力及试压要求、施工安装要求及注意事项、施工验收要求及依据等。施工说明是指导工程施工的重要依据。

在设计及施工说明的图纸中,一般还会附上图例表以指导识图。

3. 设备材料表

设备材料表是反映本工程主要设备名称、性能参数、数量等情况的表格,是造价人员进行概算、预算和施工人员采购的参考依据。

4. 平面图

供暖平面图主要是反映本建筑各层供暖管道与设备的平面布置,是施工图中的主要图纸,其内容主要包括以下几点。

(1) 建筑平面图、房间名称、轴号轴线、地面标高、指北针等。

(2) 供暖干管及立管位置、编号、走向及管路上相关阀门,管道管径及标高标注。

(3) 散热器及供暖系统附属设备的位置、规格等。

(4) 管道穿墙、楼板处预埋、预留孔洞的尺寸、标高标注。

5. 系统图

系统图是反映整个建筑供暖系统的组成及各层供暖平面图之间关系的一种透视图。系统图一般按 45°或 30°轴测投影绘制,系统图中管路的走向及布置宜与平面图对应。系统图可反映平面图不能清楚表达的部分,如管路分支与设备的连接顺序、连接方式、立管管径、各层水平干管与立管的连接方式等,是供暖施工图不可缺少的部分。

典型的供暖系统图主要包括以下几点。

(1) 供暖系统立管的编号、管径,水平干管管径、坡度、标高,散热器规格和数量。

(2) 散热器与管道的连接方式、水平干管与立管的连接方式等。

(3) 供暖系统阀件及附属设备的位置、规格标注等。

6. 详图

详图是反映供暖系统中局部节点做法的图纸。平面图因比例限制的关系,一些管道接法、设备安装做法无法表达清楚时,就会采用详图局部放大来表示。详图也称为大样图。

11.2.2 供暖施工图的识读

1. 平面图的识读

室内供暖平面图主要的识读步骤如下。

(1) 首先确认热力入口(或主立管)在建筑平面图中的位置,然后根据供回水管图例区分供回水管,确定热媒走向。

供暖系统的形式常常也能在平面图中被识别出来。若供暖系统为双管上供下回式,则水平供水干管会出现在顶层平面图中,回水干管会出现在建筑底层平面图中,而中间各层平面图中只有立管没有水平干管。

(2) 查看散热器的位置及其接管方式,根据其标注的文字确定散热器规格,根据散热器在建筑平面图中的位置确定其安装方式。散热器的标注方法根据散热器种类而不同,对于组装而成的柱型、长翼型散热器只标注散热器片数,单片散热器的规格在设计说明中专门说明;对于圆翼型散热器则采用"管径×管长×排数"的表示方法,如"D89×50×2";对于地暖盘管散热器则需标注环路管长、管间距。

图 11-7 所示为某办公楼供暖平面图,该办公楼共 4 层,其中二层、三层供暖平面一样,合用了一张图,即图 11-7(b)。由图 11-7(a)一层供暖平面图可以先找到热力入口引入管位于 B 轴交 18 轴处,根据回水管为粗虚线、供水管为粗实线的默认原则,可以判断一层管井接出的单根水平干管为回水管。结合图 11-7(b)和图 11-7(c),可知供水主立管(L13)进入暖通管井后并未在一层、二层、三层接出,供水立管只在四层(顶层)接出,由此可判断该系统为上供下回式供暖系统。根据各层平面图散热器与立管的连接只有一根立管,可确定此系统为单立管系统。综上所述,该供暖系统为单管上供下回式系统。

由平面图还可确定系统各分支立管的位置均靠近房间墙角设置,而散热器均靠外窗布置,部分散热器合用了一根分支立管。各分支立管旁的 Ⓛ* 标注表示立管编号为 L* 的立管(* 代表 1~13)。平面图中各散热器旁的阿拉伯数字"12"表示该散热器由 12 片散热片组成。由平面图的识读已经可以大致了解整个供暖系统的设计了,但各层散热器与立管的关系、供回水主干管与立管的关系在平面图中并不能很好地反映。

2. 系统图的识读

供暖系统图是供暖系统的概况,综合了各层平面图的内容。供暖系统图一般采用 45° 轴测图绘制。其识读步骤如下。

(1) 查找供回水干管起始段,确定热媒走向,明确供暖水系统形式。

(2) 根据各立管编号与平面图查找对应,以明确系统图与平面图的关系。

(3) 查看干管与立管的连接方式、散热器与支管的连接方式,查明整个水系统阀门的安装位置。

(4) 明确散热器规格尺寸及其在系统中的位置,并与平面图核对。

图 11-8 所示为某办公楼供暖系统图,该图与图 11-7 所示供暖平面图对应。由系统图可

278 建筑设备(第二版)

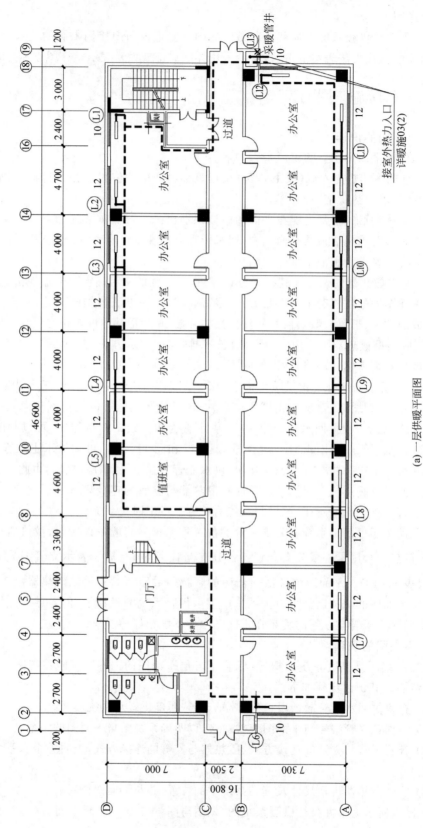

图 11-7 某办公楼供暖平面图
(a) 一层供暖平面图

第11章 暖通空调施工图识读

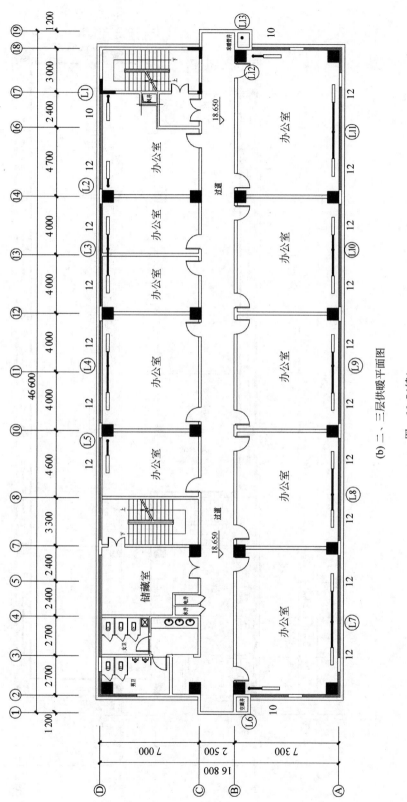

(b) 二、三层供暖平面图

图 11-7（续）

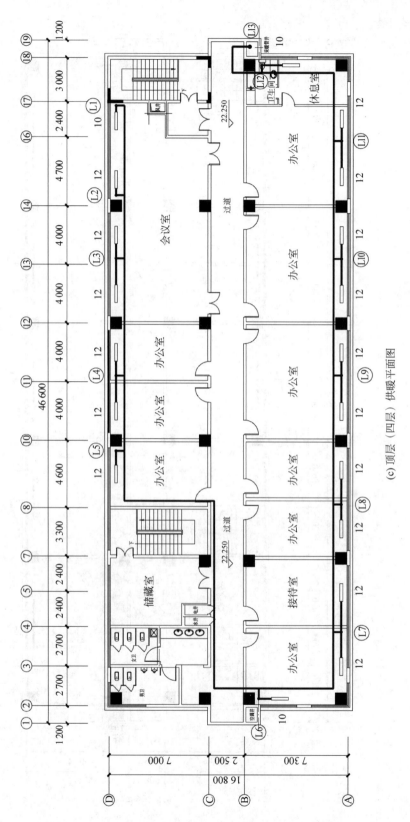

(c) 顶层（四层）供暖平面图

图 11-7（续）

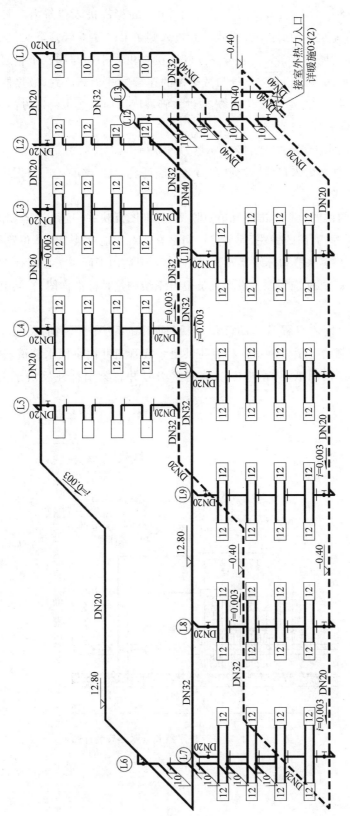

图 11-8 某办公楼供暖系统图

知系统供回水干管均为 DN40,供回水干管由 -0.4m 标高进入建筑内。回水干管在一层 -0.4m 标高处在室内逆时针布置,供水干管进入则由 L13 主立管升至 12.80m 标高进入室内,在四层吊顶高度顺时针布置。各分支立管连接在供水干管与回水干管之间,因此,各分支立管间的连接为同程式。分支立管与散热器的连接方式为顺流式,散热器片数标注于各散热器图块内。供回水干管坡度均为 3‰,供水管坡度坡向与热水流动方向相反,回水管坡向与热水流动方向相同,以便排气。

系统图中供回水干管的标注"接室外热力入口,详暖施 03(2)"表示供回水干管与室外热力入口相连,室外热力入口详图绘制在第 3 张暖通施工图上第(2)号详图中。

3. 详图的识读

供暖施工图的详图包括标准图和节点详图,标准图反映一些施工节点(如散热器连接方式、管道穿墙做法等)通用的做法,而节点详图是有针对性地对某个具体位置的做法的反映。图 11-9 为地暖系统集水器和分水器安装详图,此详图适用于同一工程所有 4 对环路集分水器的施工安装做法,即标准详图。设计人员也可不绘制这种标准详图,直接引用标准图集中的做法。

节点详图是针对本工程具体的部位,因平面图和系统图比例的关系,无法详细表达其做法而专门绘制的。图 11-10 所示为某供暖系统管道井内供回水管道安装做法。这种详图属于必须绘制的图纸,详图应专门编制索引号并将索引标注反映于平面图中,以便对应查找。

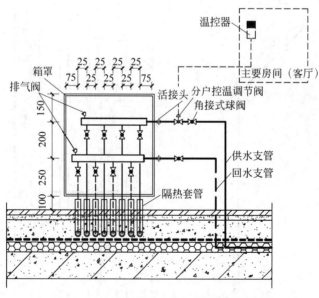

图 11-9 地暖系统集水器和分水器安装详图

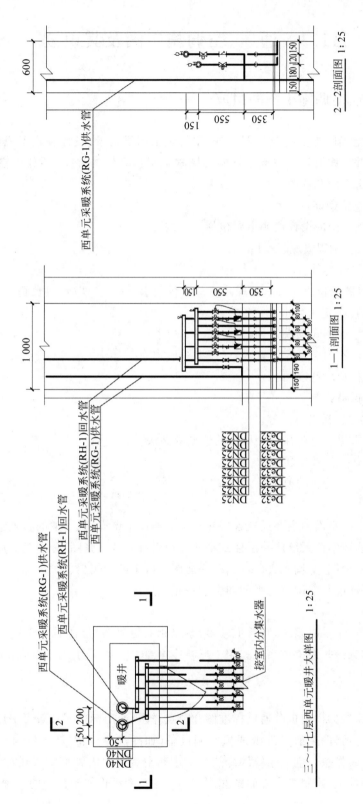

图 11-10 某供暖系统管道井内供回水管安装详图

11.3　通风、空调施工图及其识读

11.3.1　通风、空调施工图的组成

通风、空调施工图与供暖施工图一样，主要包括图纸目录、设计及施工说明、设备材料表、平面图、系统图、详图等。空调系统施工图根据空调系统的种类，还分为空调系统流程图、原理图及机房平面布置图。

1. 设计与施工说明

通风、空调施工图的设计说明主要包括以下内容。

（1）设计依据、工程概况、设计范围。

（2）室内外设计参数。

（3）冷源、热源设置情况，冷、热媒及冷却水供回水温度，空调冷、热负荷及冷、热负荷指标，系统水处理方式、定压补水方式等。

（4）空调水系统形式及平衡、调节手段。

（5）各空调区室内温度控制方式、气流组织形式等。

（6）建筑防排烟设计说明。

（7）节能环保措施等。

施工说明主要包括以下内容。

（1）本工程管道、风道、保温等材料的选型及做法。

（2）系统工作压力及试压要求。

（3）施工安装和验收的要求及注意事项。

2. 平面图

通风、空调系统平面图主要反映各层建筑平面通风空调设备、管道的布置情况。与供暖系统不同的是，通风空调系统同一层建筑平面一般会有两到三张图，分别是通风及防排烟平面图、空调风管平面图、空调水管（冷媒管）平面图。对于风管较少、较简单的空调系统，可将通风及防排烟平面图与空调风管平面图合为一张。

3. 系统图

空调系统相比于供暖系统，其管道较多，系统相对更复杂，常常需要通过多张系统图反映空调立管系统和冷热源工艺系统。用于反映冷热源工艺系统的图纸也可称为冷热源原理图或流程图。

4. 详图

通风、空调系统的详图也分通用标准图和节点详图，通用标准图一般可引用国家标准图集中的详图。节点详图一般是反映通风空调设备（如冷热源设备、新风机组、风机盘管、水泵、水箱等）的安装做法。空调系统的冷热源机房和空调机房内管道常常错综复杂，还需按一定比例将机房放大，绘制机房平面图和剖面图。这类图纸也属于详图的一种，称为机房大样图。

11.3.2 通风、空调施工图的识读

通风、空调施工图的阅读顺序一般为：图纸目录→设计及施工说明→系统图→原理图→平面图→机房大样图、详图。

1. 系统图

通风、空调系统图主要有立管系统图、正压送风系统图等。空调水系统多采用水平双管制，故系统图一般可不必像供暖系统一样绘制整套系统的轴测图，只需绘制立管系统图即可。水平层供回水管做法已在平面图中反映。立管系统图 11-11(a) 主要反映立管管径标注、各层水平干管安装标注、接管做法及水系统相关附属设备的安装位置（排气阀、泄水阀、水管调节阀等）。还有一种是通风防排烟系统图，通风防排烟系统图绘制时，常常将风井作为系统图的一部分绘入，主要反映整个垂直系统上风口、风井的安装位置及相互关系。图 11-11(b) 所示为正压送风系统图。

除以上系统图外，空调系统还需绘制原理图。原理图主要反映冷热源系统的工作原理，是空调设计的重要内容，也是冷热源机房平面图设计的依据。原理图主要表达空调系统中各设备之间的连接关系，一般可不按比例绘制。图 11-12 所示为某工程冷热源系统原理图。该系统以冷水机组为冷源，锅炉为热源。为保持图面简洁，原理图中各设备以阿拉伯数字为代号，然后专门编制机房设备表，将所有设备的性能参数、台数、备注说明表达在表格中并以代号表示。

空调系统常常会有两个以上工况，原理图的识读需要一定的专业基础，关键是查明不同工况下管内流体的流向。管内流体流向可通过以下方法来判断。

（1）根据水泵安装方向判断。以图 11-13 为例，水泵图例中实心三角沿管道方向的箭头即代表了水流方向，图 11-13 中水由左向右流动。

（2）根据 Y 形过滤器的安装方向判断。Y 形过滤器的作用是滤除空调水管中的铁锈等杂质，一般安装在制冷机组、水泵的入口端，以保护设备。Y 形过滤器下端的分支内设有滤芯，滤芯朝向与水流方向相同，可由此判断水流方向。

（3）根据止回阀安装方向判断。在空调系统中，止回阀设于水泵出口，用于防止水泵停机时"水锤"对水泵叶轮的伤害。止回阀上标有的方向箭头即为水流方向。

（4）根据集水器和分水器判断。集水器是汇集空调末端各环路回水，并将回水送回机组的容器，而分水器是将机组供往空调末端的水分流到各环路的容器。根据集水器和分水器的功能即可判断出其干管（最大管径的管道）内流体的流向。

识读系统原理图时，可先选定系统的工作状态（夏季制冷或冬季制热），以夏季制冷工况为例，首先应对照设备表熟悉系统中主要设备的名称和作用，然后从制冷机组冷却水管上的管道流向标注来确定冷却水流向，顺着冷却水的流向查明冷却水循环。如无法确定冷却水管路，可由设备表中查找冷却水泵的方式来确定冷却水流向及管路。

冷水循环的识读方法与冷却水类似，可由制冷机组蒸发器进出口来查找冷水供回水管路，也可通过查找冷水泵的方法来确定。还可以通过查找集水器和分水器的方法来确定冷水流向。

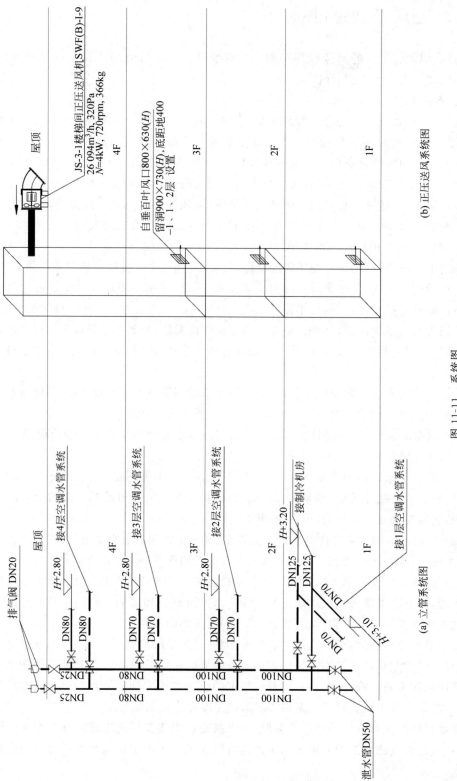

图 11-11 系统图

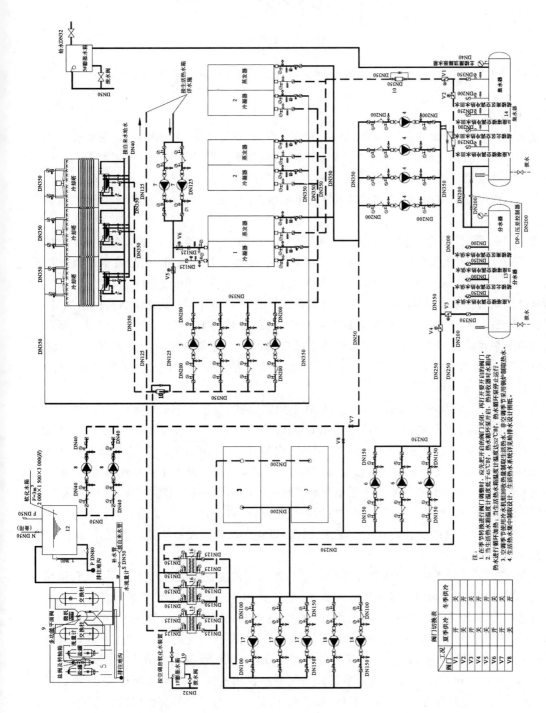

图 11-12 某工程冷热源系统原理图

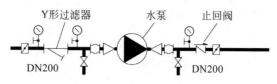

图 11-13 管路流向确定示意

系统原理图还需编制冷热源系统不同工况下的阀门控制表来明确系统的控制切换做法。

2. 平面图

通风、空调系统平面图是空调施工图的主要内容,包括空调风管平面图、空调水管平面图和防排烟平面图。空调水管平面图的识读步骤与供暖平面图的类似。风管平面图的识读一般应从空气处理设备(或通风机)开始。根据空气处理设备的形式确定送风、回风管道,然后顺着气流流向查明空调风系统的布置,然后根据风系统上的风口标注确定风口规格、数量及风量。

图 11-14 所示为某办公楼标准层空调风管平面图,图中室内空气处理设备采用了风机盘管,FP-170WA 为风机盘管型号。新风机组采用吊顶式空气处理机组,吊装于走道末端 17 轴处,机组进风口通过短风管接至外墙并开设了 1 250mm×400mm 的防雨百叶风口,机组新风经送风支管接入各空调房间,送风支管设有手动对开多叶调节阀调节各房间新风量。新风送风干管上还开设了 4 个带风阀的四面出风散流器(代号 C4/D)为走道送新风。新风送风口与风机盘管合用送风口,风口采用侧送风口的形式。建筑楼梯间均设置自垂百叶风口(风口代号 CB)作为正压送风口,前室及合用前室则设置了带讯号控制的多叶送风口(代号 GP)作为正压送风口。

图 11-15 所示为某办公楼标准层空调水管平面图,该图与图 11-14 所示对应,图中代号 LG 的管径标注表示该管道为空调冷水供水管,LH 表示空调冷水回水管,N 表示空调冷凝水管。空调冷水供回水管也可从管道的线型区分出来,粗实线表示供水管,粗虚线表示回水管。空调供回水立管及冷凝水立管设于 16 轴水管井内,供水管设置了一根同程管,即水平层空调水管采用了同程设计。在水平层空调水管两端还设置了冲洗管和排气阀。冲洗管的作用是将供回水管短接连通,在施工安装完成后系统调试前,打开冲洗阀,关闭各风机盘管上的检修阀,向系统冲水以冲洗管内残余的泥沙、锈渍,以免杂质进入设备堵塞换热器。

3. 详图

通风、空调系统详图中的标准图主要包括空气处理设备接管做法、管道保温做法、管道吊架做法、风管穿墙做法、风口安装做法的局部节点详图。图 11-16 所示为水管吊架安装详图。

除通用的标准图外,还有针对本工程的一些节点详图,特别是冷热源机房、空调机房内管道复杂,一般平面图很难清楚反映机房内设备和管道的布置。此时,可将机房平面局部放大成机房平面大样图,并辅以剖面图反映各重要断面上管道、设备的垂直关系,如图 11-17 和图 11-18 所示。机房平面大样图主要反映空气处理机组的定位尺寸和管道、静压箱等设备的定位。剖面图主要反映空气处理机组接管做法、静压箱与空气处理机组风管连接做法、风管和水管安装标高、静压箱安装标高等信息。

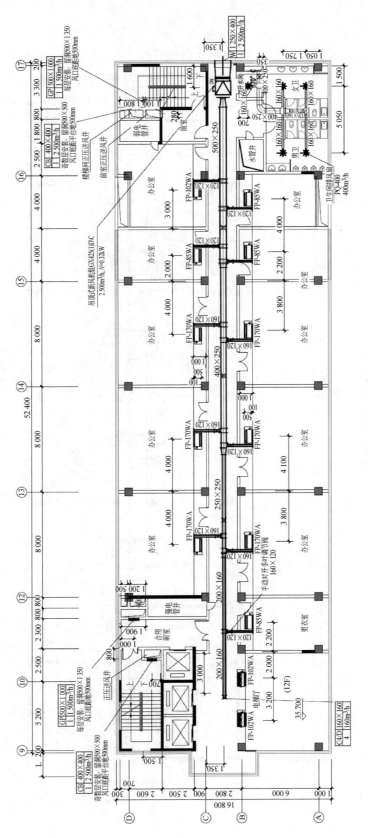

图 11-14 某办公楼标准层空调风管平面图

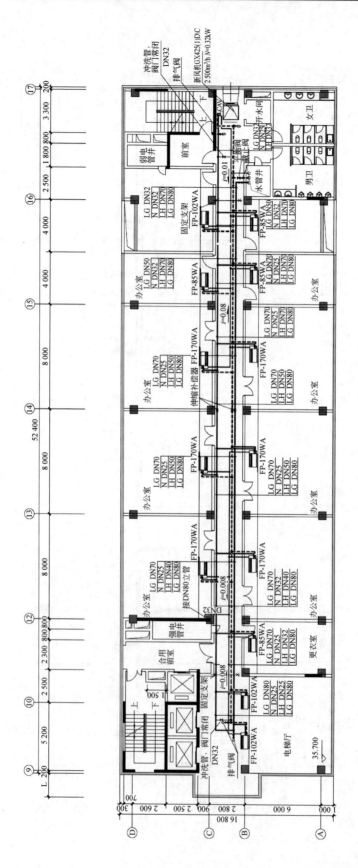

图 11-15 某办公楼标准层空调水管平面图

在冷热源制冷机房内,由于各种管道交错布置,管路复杂(图11-19),单靠剖面图有时难以清楚表达各管道、设备间的垂直关系,可采用轴测图来表示机房系统,如图11-20所示。轴测图主要反映机房内设备和管道的垂直关系,为尽量避免轴测图中管道、设备的交叉遮挡,可不必严格按照比例绘制。但设备、管道的走向应严格遵照平面图绘制。

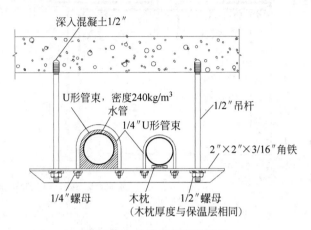

图 11-16　水管吊架安装详图

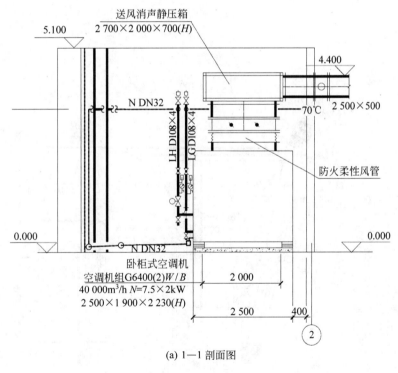

(a) 1—1 剖面图

图 11-17　空调机房平面图(1)

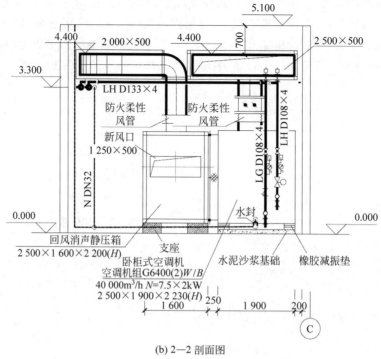

(b) 2—2 剖面图

图 11-17（续）

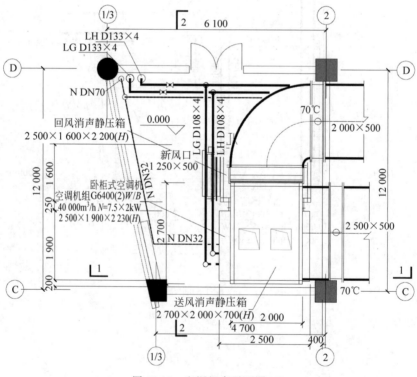

图 11-18　空调机房平面图（2）

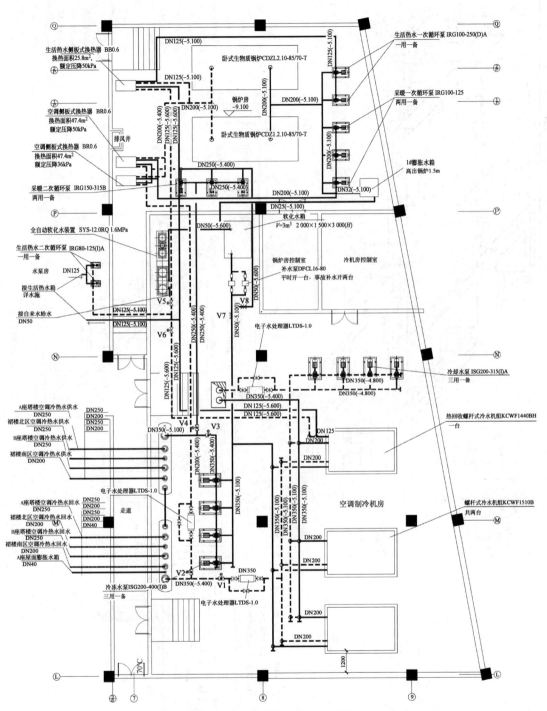

图 11-19 冷热源制冷机房平面图

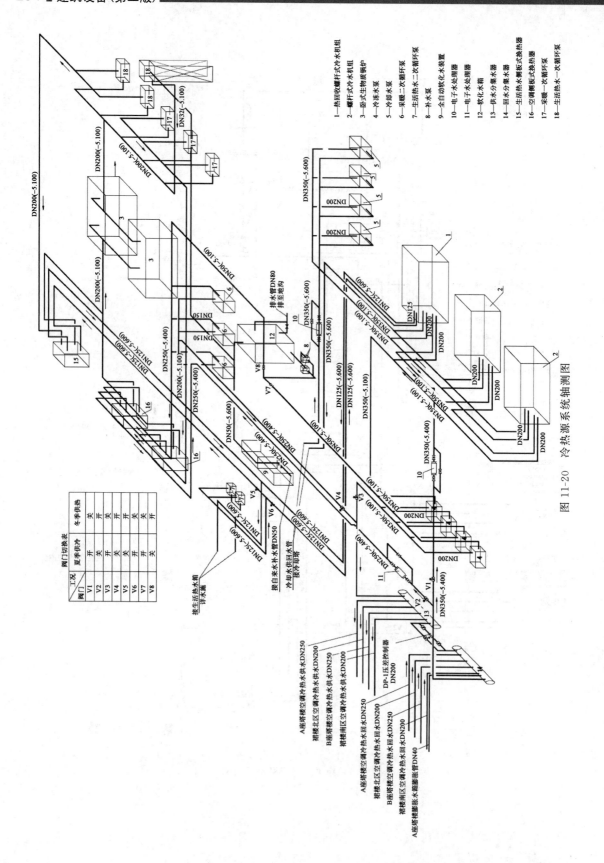

图 11-20 冷热源系统轴测图

习 题

11.1 代号为 BV/D 的风口是什么含义？
11.2 暖通专业施工图的平面图出图比例一般不宜大于多少？
11.3 通风、空调设计说明应包含哪几部分内容？
11.4 冷热源系统中可用哪些方法判断管内流体流向？

第12章 建筑供配电及防雷接地系统

12.1 供电系统概述

12.1.1 供电系统的组成

由发电、变电、配电和用电构成整体,通过电力线路将发电厂、变电所和电力用户联系起来的一个系统称为供电系统,如图 12-1 所示。

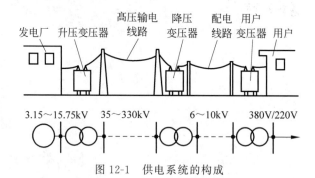

图 12-1 供电系统的构成

(1) 发电厂就是供电系统的电源,其作用是将自然界蕴藏的各种其他形式的能源转换为电能并向外输出。按其所利用的能源不同,可分为水力发电厂、火力发电厂、核能发电厂、风力发电厂、潮汐发电厂、地热发电厂和太阳能发电厂等,目前主要以水力发电厂和火力发电厂为主,核能发电是今后发展的方向。

(2) 供电线路是输送电能的通道。输电线路的形式主要有架空输电线路和电缆输电线路两种形式,目前我国主要以架空输电线路为主,只有在遇到繁华市区、河流湖泊等,才采用电缆输电线路的形式。为了节省能源,通常采用 35kV 以上的高压线路输电。由降压变电所分配给用户的 10kV 及以下的电力线路称为配电线路。目前,已出现少数的高压直流输电线路,它在性能上比交流输电线路提高了很多。

(3) 变配电所是进行电压变换以及电能接受、分配的场所,简称变电所。变电所有升压变电所和降压变电所之分。升压变电所是将低电压变成高电压,一般建立在发电厂厂区内;降压变电所是将高电压变成适合用户的低电压,一般建立在靠近用户的中心地点。变电所的作用就是接受电能和分配电能,而配电所的作用是分配电能。

(4) 供电系统的终端是电能用户,即消耗电能的电气设备。

12.1.2 电能质量

电压偏移和频率两项指标是衡量电能质量的最主要基本参数,电力系统的电压和频率直接影响电气设备的运行。

1. 电压偏移差

电压偏移是指在正常运行情况下,用电设备受电端的电压偏差允许值(以额定电压的百分数表示)。电压偏移主要是由各种电气设备、供配电线路的电能损失引起的,可通过改善线路、提高设备的效率、正确选择变压器的变比、合理设计变配电系统、尽量保持三相平衡和合理补偿无功功率等措施来减少电压偏移。35kV及以上供电电压正、负偏差的绝对值之和不超过标称电压的10%;20kV及以下三相供电电压偏差为标称电压的±7%;200V单向供电电压偏差为标称电压的+7%,-10%。

2. 频率

我国交流电力网的额定频率(俗称工频)是50Hz。电力系统正常频率偏差的允许值为±0.2Hz。当系统容量较小时,可放宽到±0.5Hz。

如果发电厂发出的有功功率不足,电力系统的频率会降低,不能保持额定50Hz的频率,使供电质量下降;如果电力系统中发出的无功功率不足,会使电网的电压降低,不能保持额定电压。如果电网的电压和频率继续降低,反过来又会使发电厂的电力降低,严重时会造成整个电力系统崩溃。

12.2 电力负荷的简易计算

计算负荷也称需要负荷或最大负荷。计算负荷是一个假想的持续负荷,其热效应与同一时间内实际变动负荷所产生的最大热效应相等。在配电设计中,通常采用30min的最大平均负荷作为按发热条件选择电器或导体的依据。

计算负荷是以原始的设备铭牌数据为依据,从发热角度出发,并且考虑到安全、经济、合理等因素,用科学的方法统计出的假想负荷。

12.2.1 电力负荷的分级

根据用电设备对供电可靠性的要求不同,可把供电负荷分为三级。

1. 一级负荷

一级负荷是指突然中断供电将引起人身伤害,造成重大损失或重大影响,将影响有重大政治、经济意义的用电单位的正常工作,或造成人员密集公共场所秩序严重混乱的负荷。例如,重要通信枢纽、重要交通枢纽、重要的经济信息中心、特级或甲级体育建筑、国宾馆、国家级及承担重大国事活动的会堂,经常用于重要国际活动的大量人员集中的公共场所等用电单位的重要电力负荷。

一级负荷的供电方式如下。

(1) 应由双重电源供电，当一个电源发生故障时，另一个电源不应同时受到损坏。

(2) 对于一级负荷中特别重要负荷，其供电应符合下列要求：

① 除双重电源供电外，尚应增设应急电源供电；

② 应急电源供电回路应自成系统，且不得将其他负荷接入应急供电线路；

③ 应急电源的切换时间，应满足设备允许中断供电的要求；

④ 应急电源的供电时间，应满足用电设备最长持续运行时间的要求；

⑤ 对于一级负荷中特别重要负荷的末端配电箱切换开关上端口宜设置电源监测和故障报警。

2. 二级负荷

二级负荷是指中断供电时，将造成较大损失或影响，影响较重要用电单位的正常工作或造成人员密集公共场所秩序混乱的电力负荷。二级负荷的供电系统宜由35kV、20kV和10kV两回线路供电。在负荷较小或地区供电条件困难时，二级负荷可由一回路35kV、20kV、10kV及以上专用的架空线路或电缆供电，应采用两个电缆组成的线路供电，其每根电缆应能承受100%的二级负荷。

3. 三级负荷

除了一级负荷、二级负荷之外，其他的都属于三级负荷，三级负荷在供电方式上没有特殊的要求，一般都采用单回路供电。

12.2.2 负荷计算的方法

负荷的大小不但是选择变压器容量的依据，而且是供配电线路导线截面、控制及保护电器选择的依据。负荷计算的正确与否，直接影响到变压器、导线截面和保护电器的选择是否合理，它关系到供电系统能否经济合理、可靠安全地运行。

目前较常用的负荷计算方法有需要系数法、利用系数法、二项式法、单位面积功率法和单位指标法，施工现场通常采用估算法。其中需要系数法用得较多，下面对需要系数法进行简单介绍。

需要系数法是考虑用电设备组不能同时工作、不能同时满载、不能在同一个工作制下工作、不能在同一个工作效率下工作四个因素，从而得出的计算系数，一般用 K_n 表示，通过查表获得。

有功计算负荷的公式为

$$P_C = K_n P_S \tag{12-1}$$

式中：P_C——有功计算负荷，kW；

K_n——负荷计算需要系数，通过查表获得；

P_S——设备功率，指的是设备的原始铭牌数据对应的有功功率，kW。

当设备为连续工作制时：

$$P_S = P_N$$

式中：P_N——设备的额定功率。

当设备为断续工作制时：

$$P_S = \sqrt{\frac{\varepsilon_N}{\varepsilon_{规}}} P_N$$

式中：ε_N——设备的铭牌额定暂载率；

$\varepsilon_{规}$——统一规定暂载率，其中，电焊机为100%，起重机为25%。

当设备为气体放电光源（荧光灯、高压汞灯等）

$$P_S = 1.2 P_N$$

无功计算负荷的公式为

$$Q_C = P_C \cdot \tan\varphi \tag{12-2}$$

式中：Q_C——无功计算负荷，kvar；

$\tan\varphi$——功率因数角的正切值。

视在计算负荷的公式为

$$S_C = \sqrt{P_C^2 + Q_C^2} \tag{12-3}$$

或者先根据公式 $S_C = \dfrac{P_C}{\cos\varphi}$（其中 S_C 为视在计算负荷，kV·A；$\cos\varphi$ 为功率因数）计算出视在计算负荷 S_C，然后根据公式 $Q_C = \sqrt{S_C^2 - P_C^2}$ 计算出无功计算负荷 Q_C。

计算电流的公式为

$$I_C = \frac{S_C}{U_N} \quad \text{（单相线路）} \tag{12-4}$$

$$I_C = \frac{S_C}{\sqrt{3} U_N} \quad \text{（三相线路，其中 } U_N \text{ 为线电压）} \tag{12-5}$$

式中：I_C——计算电流，A；

U_N——额定电压，V。

【例12-1】 已知某化工厂机修车间采用380V供电，低压干线上接有冷加工机床26台，其中11kW有1台，4.5kW有8台，2.8kW有10台，1.7kW有7台，试求该机床组的计算负荷。

【解】 该设备组的总设备功率为

$$P_S = 11 \times 1 + 4.5 \times 8 + 2.8 \times 10 + 1.7 \times 7 = 86.9 (\text{kW})$$

查表获得 $K_n = 0.16 \sim 0.2$（取0.2），$\tan\varphi = 1.73$，$\cos\varphi = 0.5$，则

有功计算负荷　　　$P_C = 0.2 \times 86.9 = 17.38 (\text{kW})$

无功计算负荷　　　$Q_C = 17.38 \times 1.73 = 30.07 (\text{kvar})$

视在计算负荷　　　$S_C = 17.38 \div 0.5 = 34.76 (\text{kV·A})$

计算电流　　　　　$I_C = 34.76 \div (\sqrt{3} \times 0.38) = 52.8 (\text{A})$

12.3　低压配电线路

建筑低压配电系统的设计应满足以下条件。

(1) 供电可靠性、安全性、电压质量的要求。

(2) 采用的技术标准和装备水平应与工程性质、规模、负荷容量、功能要求以及建筑环境设计相适应。

（3）系统接线不宜复杂，在操作安全、检修方便的前提下，应有一定的灵活性，配电系统以三级保护为宜。

1．低压配电线路的配电要求

低压配电线路的配电要求可以概括为以下五个原则。

1）安全

随着我国经济的迅速发展，工程质量的要求早已作了调整，安全是人们首先考虑的问题。对于低压配电线路来说，要保证安全的原则，应从以下方面考虑：配电线路的设计应严格按照国家有关规范进行，并且根据实际情况适当调整；配电线路的施工按照设计图纸进行，施工材料一定是正规厂家的合格产品，施工工艺应符合国家施工规范章程。

2）可靠

低压配电线路应满足民用建筑所必需的供电可靠性要求。所谓可靠性，是指供电电源、供电方式要满足负荷等级要求，否则会造成不必要的损失。

3）优质

低压配电线路在供电可靠的基础上，还应考虑到电能质量。电能质量的两个衡量指标是电压和频率。电压的质量除了跟电源有关之外，还与动力、照明线路的设计有很大关系。在设计线路时，低压线路供电的距离应满足电压损失要求。一般情况下，动力和照明宜共用变压器，当采用共用变压器严重影响照明质量时，可将动力和照明线路的变压器分别设置，以避免电压波动。我国规定工频为 50Hz，应由电力系统保证，与低压配电线路的设计无关。

4）灵活

低压配电线路还应考虑到负荷的未来发展。从工程角度看，低压配电线路应力求接线简单、操作方便、安全，并具有一定的灵活性。特别是近年大功率家用电器的迅速发展，如即热式电热水器、大屏幕电视机等普及很快，因此应在设计时进行调查研究，使设计在符合有关规定的基础上，适当考虑发展的要求。

5）经济

低压配电线路在满足上述原则的基础上，应当考虑节省有色金属、减少电能的消耗、降低运行费用等，满足经济的原则。

2．低压配电线路的配电方式

低压配电线路的基本配电方式有树干式、放射式和环形式三种，以下对常用的树干式和放射式配电系统进行说明。

1）树干式配电系统

树干式配电系统如图 12-2(a)所示，从供电点引出的每条配电线路连接几个用电设备或配电箱。

树干式配电系统比放射式配电系统线路的总长度短，可以节约有色金属，比较经济；因供电点的回路数量较少，配电设备也相应减少，配电线路安装费用也相应减少。

树干式配电系统的缺点是干线发生故障时，影响的范围较大，供电可靠性较差，导线的截面面积较大。这种配电方式在用电设备较少，且供电线路较长时采用，或用于用电设备的布置比较均匀、容量不大、又无特殊要求的场合。

2）放射式配电系统

放射式配电系统是指每一个独立负荷或集中负荷均由单独的配电线路供电，如

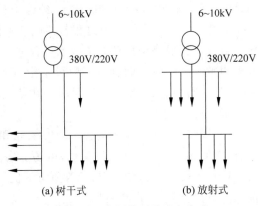

图 12-2 常用的两种配电方式

图 12-2(b)所示,它一般用于供电可靠性要求较高或设备容量较大的场所。如电梯,虽然容量不大,但供电可靠性要求高;大型消防泵、生活用水泵和中央空调机组等,供电可靠性要求高,单台机组容量大;这些设备都必须采用放射式专线供电。对于供电可靠性要求不高,用电量较大的楼层等,也必须采用放射式供电方案。

放射式配电系统配电可靠性高,但是所需设备及有色金属消耗量较大。在一般的建筑物中,由于设备类型多,供电可靠性要求不同,所以,多采用放射式和树干式结合的配电方式。

3. 低压配电线路的敷设

在配电系统中,用来传输电能的导线主要有电线和电缆两大类(室内传输大电流时也会采用各种母线或配电柜内采用的母排)。按其敷设地点不同又可分为室外线路和室内线路。

室外线路的敷设可采用电缆线路或架空线路。其中电缆线路又可分为直埋、电缆沟、电缆隧道、电缆排管(管块)等不同的敷设方式;架空线路则多采用杆塔。

1) 电缆线路

(1) 特点。电缆线路的优点:运行可靠、不易受外界环境影响、不需架设电杆、不占地面、不碍观瞻等,特别适合有腐蚀性气体和易燃易爆气体的场所;缺点:成本高、投资大、维修不方便等。

(2) 电缆的结构和类型。电缆是一种特殊的导线,它是将一根或几根绝缘导线组合成线芯,外面包上绝缘层和保护层。保护层又分为内护层和外护层。内护层用以保护绝缘层,外护层用以保护内护层免受机械损伤和腐蚀。

电缆的分类方式有很多,按电缆芯数可分为单芯、双芯、三芯、四芯等;按线芯的材料可分为铜芯电缆和铝芯电缆;按用途可分为电力电缆、控制电缆、同轴电缆和通信电缆等;按绝缘层和保护层的不同又可分为油浸纸绝缘铅包电缆、聚氯乙烯绝缘聚氯乙烯护套电缆和橡皮绝缘聚氯乙烯护套电缆等。

(3) 电缆线路的敷设。电缆线路的敷设方式很多,有直接埋地敷设、电缆沟敷设、沿管道敷设、沿构架敷设、沿桥架敷设等,其中最常用的方式有电缆沟敷设和沿桥架敷设。

2) 架空线路

(1) 特点。架空线路的优点:投资少、材料容易解决,安装维护方便,便于发现和排除故障;缺点:占地面积大,影响环境的整齐和美观,易受外界气候的影响。

(2) 架空线的结构。低压架空线路由导线、电杆、横担、绝缘子、金具和拉线等组成。

(3) 架空线的敷设。低压架空线路敷设的主要过程包括电杆测位和挖坑、立杆、组装横担、导线架设、安装接户线。敷设过程要严格按照有关技术规程进行，以确保安全和质量。

室内低压配线的方式有明敷设和暗敷设两种。明敷设是指沿墙壁、天花板、梁、柱子用塑料卡、瓷夹板等固定绝缘导线；暗敷设是指导线穿管埋设在墙内、地坪内或装设在顶棚内。目前常用的敷设方式是暗敷设。

在电气施工中，常用的电气线管是PVC管和钢管。PVC管可用于无特殊要求的场所。钢管用于高温、容易受机械损伤的场所。20世纪90年代，市场上出现了一种可挠性的金属线管，叫作普里卡金属套管，这种线管具有钢管和PVC管所有的优点，最大的特点是可自由弯曲，即可挠性，但是价位较高，目前还没有广泛使用。

室内低压线路除了以上介绍的敷设方式之外，还有金属线槽配线、钢索吊架配线等配线方式。在高层建筑中，由于线路复杂，一般都采用竖井内配线。电气竖井是指从建筑底层到顶层留一定截面的井道，可分为强电竖井和弱电竖井。竖井内配线经常采用封闭式母线、电缆线、绝缘线穿管三种形式。

常用导线的型号及其主要用途见表12-1。

表12-1 常用导线的型号及其主要用途

导线型号		额定电压/V	导线名称	最小截面/mm^2	主要用途
铝芯	铜芯				
LJ	TJ	—	裸铝导线、裸铜导线	25	室外架空线
BLV	BV	500	聚氯乙烯绝缘线	2.5	室内线路
BLX	BX	500	橡皮绝缘线	2.5	室内线路
BLXF	BXF	500	氯丁橡皮绝缘线	—	室外敷设
BLVV	BVV	500	塑料护套线	—	室外敷设
—	RV	250	聚氯乙烯绝缘软线	0.5	250V以下各种移动电器
—	RVS	250	聚氯乙烯绝缘绞型软线	0.5	
—	RVV	250	聚氯乙烯绝缘护套软线	—	250V以下各种移动电器

12.4 常见低压电器设备及配电箱

在建筑工程中常见的低压电气设备有低压刀开关、低压断路器、低压熔断器、接触器、继电器、低压配电屏、低压配电箱、低压配电柜等。

12.4.1 低压电器

1. 开关

1) 低压刀开关

低压刀开关按其结构形式分为单投(HD)刀开关和双投(HS)刀开关；按其极数分为单

极刀开关、双极刀开关和三极刀开关；按其操作机构分为中央手柄式刀开关、中央杠杆操作式刀开关；按其灭弧结构分为带灭弧罩的刀开关和不带灭弧罩的刀开关。图 12-3 所示为带灭弧罩的主面操作的 HD13 型低压刀开关。

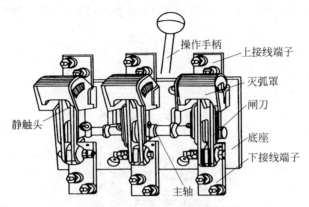

图 12-3　HD13 型低压刀开关

低压刀开关主要用于交流额定电压 380V、直流额定电压 440V、额定电流 1 500A 及以下成套配电装置中。对装有灭弧罩或者在动触刀上有辅助速断触刀的隔离刀开关，可作为不频繁手动接通和分断不大于其额定电流的电路。普通的隔离刀开关不可以带负荷操作，它和低压断路器配合使用时，低压断路器切断电路后才能操作刀开关。另外，低压刀开关还可用于隔离电源，形成明显的绝缘断开点，以保证检修人员的安全。

2）负荷开关

负荷开关因为有明显可见的断点，能隔离电源，所以可供通断电路用，也可用于不频繁地接通和分断照明设备和小型电动机的电路，但在电路断路时，不能用来切断巨大的短路电流。负荷开关由刀开关和熔断器串联而成。

图 12-4 所示为低压电路中常用的开启式负荷开关，由刀开关、熔体（保险丝）、接线座、胶盖和瓷质板等组合而成（又叫胶盖开关）。合闸时，胶盖可以把带电部分遮住，使手不能触及带电导体。胶盖的内表面有绝缘间隔把各相隔开。开启式负荷开关的额定电流有 15A、30A、60A 等。这种开关通常用于一般照明、电热等回路的控制开关或分支线路的配电开关。

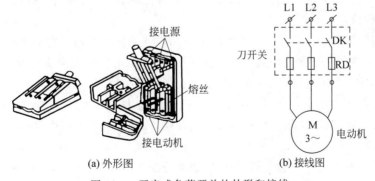

图 12-4　开启式负荷开关的外形和接线

图 12-5 所示为 HH3 系列铁壳封闭式开关。铁壳开关是由刀开关、熔断器、钢板外壳组

成的一种低压电器,它能快速地接通或分断电路。其操作机构装有机械联锁装置,以保证在箱盖打开时开关不能闭合,在开关闭合位置时箱盖不能打开,以免触电。额定电流为60A以下的铁壳开关,采用瓷插式熔断器做电路保护。

一般结构的刀开关通常不允许带负荷操作,但装有灭弧室的刀开关可做不频繁带负荷操作。

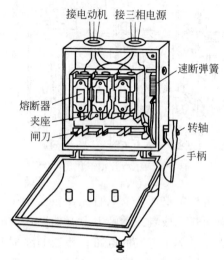

图 12-5　HH3 系列铁壳封闭式开关

2. 熔断器

熔断器是一种最简单且有效的保护电器。把熔断器串联在电路中,当电路或电气设备发生短路故障时,有很大的短路电流通过熔断器,使熔断器的熔体迅速熔断,切断电源,起到保护线路及电气设备的作用。它具有结构简单、价格低廉、使用和维护方便、体积小、质量轻、应用广泛等特点。

熔断器主要由熔体和安装熔体的熔管(或熔座)两部分组成。熔体是熔断器的主体,一般用电阻率较高的易熔合金制成,如铅锡合金、铅锑合金等。熔管是熔体的保护外壳,在熔体熔断时还起灭弧作用。

熔断器的选择要合理,只有正确选择熔断器,才能起到应有的保护作用。

3. 低压断路器

低压断路器属于一种能自动切断电路故障的控制兼保护电器。它能在正常工作时带负荷通断电路,又能在电路发生短路、严重超负荷以及电源电压太低或失压时自动切断电源,有效地保护串接其后的电气设备及线路,还可在远方控制跳闸。

低压断路器具有操作安全、动作值可调整、分断能力较强等特点,兼有多种保护功能。当发生短路故障后,故障排除一般不需要更换部件,因此在自动控制中得到广泛应用。

4. 继电器

继电器是一种传递信号的电器,用来接通和分断控制电路。继电器的输入信号可以是电流、电压等电量,也可以是温度、时间、速度、压力等非电量,而输出则都是触头的动作。继电器的动作迅速、反应灵敏,是自动控制用的基本元件之一。

继电器种类很多,有时间继电器、速度继电器、电流继电器和中间继电器等。继电器在电路中构成自动控制和保护系统。

12.4.2 配电箱(盘、柜)

前述低压电器均应安装在配电箱(盘、柜)内。所有的配电箱(盘、柜)均在建筑内占据一定的空间位置,或放置在专门的电气房间中。配电箱(盘、柜)可选用成套产品,也可现场制作安装。在现代民用建筑中,一般均根据设计图纸成套订购。

1. 配电箱(盘、柜)的设置需要考虑的因素

1) 经济性

配电箱(盘、柜)应尽量位于用电负荷的中心,以缩短配电线路,减少电压损失。一般规定,单相配电箱供电半径约为30m,三相配电箱供电半径为60~80m。

2) 可靠性

供电总干线中的电流一般为60~100A。每个配电箱(盘、柜)的单相分支线,不应超过9路,每路分支线上设一个自动空气开关。每个支路所接设备(如灯具和插座等)总数不应超过20个,每个支路的总电流不宜大于15A。

3) 技术性

在每个分配电箱的供电范围内,各项负荷的不均匀程度不应大于30%。在总箱供电范围内,各相负荷的不均匀程度不应大于10%。

4) 维护方便

多层或高层建筑标准层中,各层配电箱的位置应在相同的平面位置处,以利于配线和维护。配电箱应设置在操作维护方便、干燥通风、采光良好处,但又应注意不要影响建筑美观,并应和结构合理配合。

室内配电箱(盘、柜)的位置、数量主要由用户决定,即供电应尽量满足用电要求。

5) 漏电保护器

漏电保护器由放大器、零序互感器和脱扣装置组成。它具有检测和判断漏电的能力,可在几十到几百毫安的漏电电流下动作。将低压断路器和漏电保护器合二为一的情况比较常见。

6) 按钮

按钮是一种结构简单、应用广泛、短时接通或断开小电流电路的手动控制电器。

按钮一般由按钮帽、恢复弹簧、动触头、静触头和外壳等组成。按钮根据静态时触头的分合状况,分为常开按钮(动合按钮)、常闭按钮(动断按钮)及复合按钮(常开、常闭组合为一体的按钮)三种。按钮的特点是可以频繁操作。

7) 交流接触器

交流接触器用于接通和断开主电路。它具有控制容量大、可以频繁操作、工作可靠、寿命长等特点,在继电接触电路中应用广泛。

交流接触器由电磁机构、触头系统和灭弧装置三部分组成。电磁机构由励磁线圈、铁芯、衔铁组成。触头根据通过电流大小的不同分为主触头和辅助触头;主触头用在主电路中,用来通断大电流电路;辅助触头用在控制电路中,用来控制小电流电路。触头根据自身特点分为常开触头和常闭触头。

当交流接触器励磁线圈通入单相交流电时,铁芯产生电磁吸力,弹簧被压缩,衔铁吸合,带动动触头向下移动,使常闭触头先断开,常开触头后闭合。当励磁线圈失电时,电磁力消失,在弹簧弹力的作用下,使触点位置复原,常开触头先断开,常闭触头后闭合。

2. 配电箱(盘、柜)的安装

配电箱(盘、柜)的安装有明装和暗装两种。明装配电箱一般挂墙安装,明装配电柜一般落地安装;暗装配电箱(盘、柜)嵌在建筑物墙壁内安装,箱门与墙面取平,导线用暗管敷设,若不加说明,暗装时底口距地面的高度一般为 1.4m,明装为 1.2m。暗装配电箱(盘、柜)的部位在建筑设计中应预留洞口,洞口尺寸应比配电箱的尺寸稍大。

12.5 建筑物防雷及接地

12.5.1 雷电的危害

1. 触电的原因及危害

人体本身是电导体,当人体接触带电体承受过高电压形成回路时,就会有电流流过人体,由此引起的局部伤害或死亡现象叫作触电。

一般规定 36V 以下为安全电压。人体通过 30mA 以上的电流就具有危险性。但由于人体电阻值有较大的差异,即使同一个人,他的体表电阻也与皮肤的干燥程度、清洁程度、健康状况及心情等因素有很大的关系。当皮肤处于干燥、洁净和无损伤状态下,人体电阻在 4kΩ 以上;当皮肤处于潮湿状态,人体电阻约为 1kΩ。由此可见,安全电压也是因人而异的。

2. 触电方式

1) 直接触电

人体的某一部位接触电气设备的带电导体,另一部位与大地接触,或同时接触到两相不同的导体所引起的触电,叫作直接触电。此时加在人体的电压为相电压或线电压。

2) 间接触电

间接触电是指人体接触到故障状态的带电导体,而正常情况下该导体是不带电的。比如电气设备的金属外壳,当发生碰壳故障时就会使金属外壳的电位升高,这时人触及金属外壳就会发生触电。人体同时触到不同电位的两点时,会在人体加一电压,此电压叫作接触电压。减小接触电压的方法是等电位连接。

3) 跨步电压触电

在接地装置中,当有电流流过时,此电流流经埋设在土壤中的接地体向周围土壤中流散,使接地体附近的地表面任意两点之间都可能出现电压。如图 12-6 所示,当人走到附近时,两脚之间的电压 U 叫作跨步电压。当供电系统出现对地短路或有雷电流流经输电线入地时,都会在接地体上流过很大的电流,使接触电压大大超过安全电压,造成触电伤亡。因此,一般接地体的电阻应尽量小,以减小跨步电压。

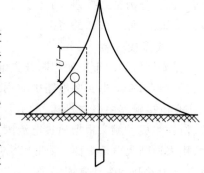

图 12-6 单一接地体附近的电位分布

3. 触电急救措施

1) 尽快使触电者脱离电源

可就近断开电源；若距离电源开关较远，应用干燥的不导电物体拨开电源线。

2) 现场急救

触电者脱离电源后需积极抢救，时间越早越好。若触电者失去知觉，但仍能呼吸，应立即抬到空气畅通、温暖舒适的地方平卧。若触电者已停止呼吸，心脏停止跳动，这种情况往往是假死，一般可通过人工呼吸和心脏按压的方法使触电者恢复正常。

4. 防止触电的主要措施

(1) 建立各项安全规章制度，加强安全教育和对电气工作人员的培训。

(2) 设立屏障，保证人与带电体的安全距离，并挂标示牌。

(3) 采用联锁装置和继电保护装置，推广使用漏电断路器进行接地故障保护。

12.5.2 建筑防雷系统

1. 雷电的基本知识

1) 雷电的形成及危害

空气中不同的气团相遇后，凝成水滴或冰晶，形成积云。积云在运动中分离出电荷，当其积聚到足够数量时，就形成带电雷云。在带有不同电荷雷云之间，或在雷云及由其感应而生的不同电荷之间发生击穿放电，即形成雷电。

雷电在放电过程中，可能出现静电效应、电磁效应、热效应和机械效应等。雷电电流泄入大地时，对建筑物或电气设备、设施会造成巨大危害；在接地体周围会有很高的冲击电流，会形成对人有危险的冲击接触电压和跨步电压，若人体直接遭受雷击，易造成伤亡。

(1) 静电效应危害。当雷电对地放电时，在雷击点主放电过程中，雷击点附近的架空电力线路、电气设备或架空金属管道上，由于静电感应产生静电感应过电压，过电压幅值可达几十万伏，能使电气设备的绝缘体被击穿，引起火灾或爆炸，造成设备损坏和人身伤亡。

(2) 电磁效应危害。当雷电对地放电时，在雷击点主放电过程中，雷击点附近的架空电力线路、电气设备或架空金属管道上，由于电磁感应产生电磁感应过电压，过电压幅值可达几十万伏，能使电气设备的绝缘体被击穿，引起火灾或爆炸，造成设备损坏和人身伤亡。

(3) 热效应危害。由于雷电电流很大，雷电电流通过导体时，在放电的一瞬间，其数值可达几十至几百千安，在极短的时间内导体温度可达几万度，造成金属熔化、周围易燃物起火燃烧或爆炸、电气设备损坏、电线电缆烧毁、人员伤亡和火灾等。

(4) 机械效应危害。强大的雷电电流在通过被击物时，由于电动力的作用以及被击物缝隙中的水分因急剧受热而蒸发为气体，体积瞬间膨胀，使建筑物、电力线路的杆塔等遭受劈裂损坏。

除上述几种形式的雷电损害以外，由于地理环境、建筑物不同等客观条件的差别，雷电对建筑物及电气设备设施造成的损害也不同。雷电电流的陡度越大，产生的过电压就越高，对设备绝缘体的破坏也越严重。一般感应雷过电压的幅值可达 300～400kV。

2）雷电的种类

(1) 直击雷。带电雷云直接对大地或地面凸出物放电，叫作直击雷。直击雷一般作用于建筑物顶部的凸出部分或高层建筑的侧面（又叫侧击雷）。

(2) 感应雷。感应雷分为静电感应和电磁感应两种。静电感应是雷云接近地面时，在地面凸出物顶部感应大量异性电荷；在雷云离开时，凸出物顶部的电荷失去束缚，以雷电波的形式高速传播。电磁感应雷是在雷击后，雷电流在周围空间产生迅速变化的强磁场，处在强磁场范围内的金属导体上会感应出超高的过电压形成。

(3) 雷电波侵入。雷电打击在架空线或金属管道上，雷电波沿着这些管线侵入建筑物内部，危及人身或设备安全的现象，叫作雷电波侵入。

2. 建筑物的防雷

1）建筑物的防雷分类

建筑物应根据其重要程度、使用性质、发生雷电事故的可能性和后果，按防雷要求分为三类。

(1) 第一类防雷建筑物。符合下列情况之一的建筑物，应划为第一类防雷建筑物。

① 凡制造、使用或储存炸药、火药、起爆药、火工品等大量爆炸物质的建筑物。

② 因电火花而引起爆炸，会造成巨大破坏和人身伤亡的建筑物。

③ 具有 0 区或 10 区爆炸危险环境的建筑物。

④ 具有 1 区爆炸危险环境的建筑物，因电火花而引起爆炸，会造成巨大破坏和人身伤亡的建筑物。

(2) 第二类防雷建筑物。符合下列情况之一的建筑物，应划为第二类防雷建筑物。

① 高度超过 100m 的建筑物。

② 国家级重点文物保护建筑物。

③ 国家级的会堂、办公建筑物、国家级档案馆、大型展览和博览建筑物；特大型、大型铁路旅客站；国际性的航空港、通信枢纽；国宾馆、大型旅游建筑物；国际港口客运站，大型城市的重要给水，水泵房等特别重要的建筑物。

④ 国家级计算中心、国家级通信枢纽等对国民经济有重要意义且装有大量电子设备的建筑物。

⑤ 年预计雷击次数大于 0.06 的部、省级办公建筑物及其他重要或人员密集的公共建筑物。

⑥ 年预计雷击次数大于 0.3 的住宅、办公楼等一般民用建筑物。

(3) 第三类防雷建筑物。符合下列情况之一的建筑物，应划为第三类防雷建筑物。

① 省级重点文物保护建筑物及省级档案馆。

② 省级大型计算中心和装有重要电子设备的建筑物。

③ 19 层及以上的住宅建筑和高度超过 50m 的其他民用建筑物。

④ 年预计雷击次数大于或等于 0.012 且小于或等于 0.06 的部、省级办公建筑物及其他重要或人员密集的公共建筑物。

⑤ 年预计雷击次数大于或等于 0.06 且小于或等于 0.3 的住宅、办公楼等一般民用建筑物。

⑥ 年预计雷击次数大于或等于 0.06 次的一般性工业建筑物。

⑦ 通过调查确认当地遭受过雷击灾害的类似建筑物；历史上雷害事故严重地区或雷害事故较多地区的较重要建筑物。

⑧ 在平均雷暴日大于 15d/a 的地区,高度大于或等于 15m 的烟囱、水塔等孤立的高耸构筑物;在平均雷暴日小于或等于 15d/a 的地区,高度大于或等于 20m 的烟囱、水塔等孤立的高耸构筑物。

2) 建筑物的防雷措施

根据三种雷电的破坏作用及建筑物防雷分类,可以采取如下措施:防直击雷的措施是在建筑物顶部安装避雷针、避雷带和避雷网;防感应雷的措施是将建筑物面的金属构件或建筑物内的各种金属管道、钢窗等与接地装置连接;防雷电波侵入的措施是在变配电所或建筑物内的电源进线处安装避雷器。

3) 建筑物的防雷装置

建筑物的防雷装置一般由接闪器、引下线、接地装置三个部分组成。

(1) 接闪器。接闪器即引雷装置,其形式有避雷针、避雷带、避雷网等,安装在建筑物的顶部。接闪器一般用圆钢或扁钢做成。避雷针主要安装在构筑物(如水塔、烟囱)或建筑物上;避雷带水平敷设在建筑物顶部凸出部分,如屋脊、屋檐、女儿墙、山墙等位置;避雷网是可靠性更高的多行交错的避雷带。

(2) 引下线。引下线是连接接闪器与接地装置的金属导体。引下线的作用是把接闪器上的雷电流连接到接地装置并引入大地。引下线有明敷和暗敷两种。另外,还可以利用金属物作引下线。

① 明敷引下线。专设引下线应沿建筑物外墙明敷,并经最短路径接地。引下线宜采用圆钢或扁钢,优先采用圆钢。圆钢直径不应小于 8mm;扁钢截面面积不应小于 $48mm^2$,其厚度不应小于 4mm。当烟囱上的专设引下线采用圆钢时,其直径不应小于 12mm;采用扁钢时,其截面面积不应小于 $100mm^2$,厚度不应小于 4mm。

② 暗敷引下线。建筑艺术要求较高者,专设引下线可暗敷,但其圆钢直径不应小于 10mm,扁钢截面面积不应小于 $80mm^2$。

③ 利用金属物作引下线。建筑物的消防梯、钢柱等金属构件宜作为引下线,但其各部分之间均应连成电气通路。如因装饰需要,这些金属构件可覆有绝缘材料。满足以下条件的建筑物立面装饰物、轮廓线栏杆、金属立面装饰物的辅助结构:a. 其截面不小于专设引下线的截面,且厚度不小于 0.5mm;b. 垂直方向的电气贯通采用焊接、卷边压接、螺钉或螺栓连接,或者各部件的金属部分之间的距离不大于 1mm,且搭接长度不小于 100cm。

根据建筑物防雷等级不同,防雷引下线的设置也不相同。一级防雷建筑物专设引下线时,其数量不应少于两根,间距不应大于 18m;二级防雷建筑物引下线的数量不应少于两根,间距不应大于 20m;三级防雷建筑物,为防雷装置专设引下线时,其引下线数量不应少于两根,间距不应大于 25m。

(3) 接地装置。接地装置由接地线和接地极组成,是引导雷电流安全入地的导体。接地极是指与大地做良好接触的导体。接地极分垂直接地极和水平接地极两种。

连接引下线和接地极的导体称为接地线。接地线通常采用直径为 10mm 以上的镀锌钢筋制成。当雷电流通过接地装置向大地流散时,接地极的电位仍然是很高的,人走近接地极时仍会有触电危险。因此,接地极应埋设在行人较少的地方,要求接地极距被保护的建筑物不小于 3m。

12.6 建筑电气系统的接地

12.6.1 接地概述

将电气设备的某一部分与地做良好的连接,叫作接地。接地通常是用接地体与土层相接触实现的。将金属导体或导体系统埋入地下土层中,就构成一个接地体。接地体除采用专门埋设外,也可以利用已有各种金属构件、金属井管、钢筋混凝土建(构)筑物的基础、非燃性物质用的金属管道和设备等兼做接地体,这种接地体称为自然接地体。用作连接电气设备和接地体的金属导线称为接地线。接地电阻指的是接地装置对地电压和通过接地体流入地中电流的比值。

12.6.2 接地的类型

根据接地目的的不同,接地类型主要有工作接地、保护接地、重复接地三种。

1. 工作接地

在正常或故障情况下,为了保证电气设备能安全工作,把电力系统(电网上)某一点(通常为变压器的中性点接地)称为工作接地,如图12-7所示。工作接地在减轻故障接地的危险、稳定系统的电位等方面起着重要的作用。

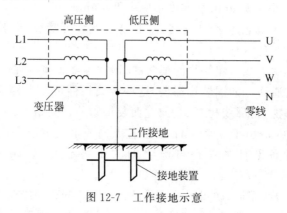

图 12-7 工作接地示意

2. 保护接地

将电气设备的金属外壳与大地做良好的电气连接,这种接地方式叫作保护接地,如图12-8所示。保护接地的形式有两种:一种是设备的外露可导电部分经各自的接地线分别直接接地;另一种是设备的外露可导电部分经公共的接地线或接零线接地。我国过去将前者称为保护接地,将后者称为保护接零。保护接地适用于中性点不接地的低压系统。

3. 重复接地

在低压电网中,零线除应在电源(发电机或变压器)的中性点进行工作接地以外,还应在零线的其他地方进行三点以上的接地,这种接地称为重复接地。重复接地既可以从零线上直接接地,也可以从接零设备外壳上接地。

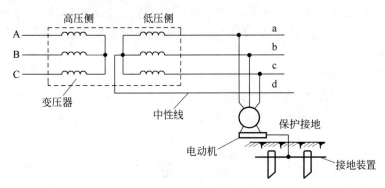

图 12-8　保护接地示意

12.6.3　等电位连接

1. 总等电位连接

将建筑物内所有电器外壳、金属管等用导线连接,再做统一接地。等电位连接的作用在于降低建筑物内间接接触电压和不同金属部件间的电位差,并消除自建筑物外经电气线路和各种金属管道引入的危险故障电压的危害。它的做法是通过进线配电箱近旁的总等电位连接端子板(接地母排)将导电部分互相连通,导电部分一般包括进线配电箱的 PE(PEN)母排;公用设施的金属管道,如上下水、热力、煤气等管道;如果可能,还应包括建筑物金属结构;如果做了人工接地,也包括其接地极引线,如图 12-9 所示。

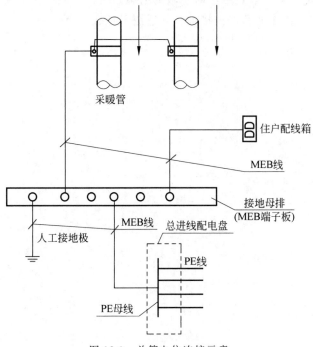

图 12-9　总等电位连接示意

2. 辅助等电位连接

在特别潮湿、危险性较大的场所,应将该场所内的所有金属构件、管道等部分用导线直接作等电位连接。如厨房、卫生间等场所,都需要做辅助等电位连接。在这些场所需设置等电位箱。

3. 局部等电位连接

在一局部场所范围内将各可导电部分连通,称为局部等电位连接。可通过局部等电位联结端子板将 PE 母线(或干线)、金属管道、建筑物金属体等相互连通。

习 题

12.1 供电系统由哪几部分组合而成?

12.2 什么是工频?我国供电系统的工频是多少?

12.3 供电负荷分为哪几类?每类负荷的供电要求是什么?

12.4 已知一小批生产的冷加工机床组,拥有电压 380V 的三相交流电动机 7kW 3 台, 4.5kW 8 台,2.8kW 17 台,1.7kW 10 台。试求其计算负荷。(由表可查得 $K_n = 0.17 \sim 0.2, \tan\varphi = 1.73$)

12.5 室内低压配线的方式都有哪些?

12.6 常用的低压电气设备有哪些?

12.7 雷电的危害形式有哪些?各种形式应分别采取什么样的防雷措施?

12.8 防雷装置的组成有哪些?各部分的作用分别是什么?

12.9 简述触电的类型以及触电时急救的措施。

12.10 什么叫工作接地和保护接地?各适用于什么场合?

第13章 建筑电气照明

13.1 基本概念

照明技术的实质是光的分配与控制,下面介绍光的基本概念。

1. 光的本质

现代物理学证实,关于光的本质有两种理论,即电磁理论和量子理论。光的电磁理论认为光是在空间传播的一种电磁波,而电磁波的实质是电磁振荡在空间传播。波长范围在380~780nm 的电磁波能使人眼产生光感,这部分电磁波称为可见光。其他波长的光则不能引起人的视觉反应。光的量子理论认为光是由辐射源发射的微粒流。

2. 光度量

1) 光通量

光通量的实质是通过人的视觉来衡量光的辐射通量。光源在单位时间内向周围空间辐射出的光能称为光源的光通量。

光通量用符号 Φ 表示,单位是 lm(流明)。

2) 照度

通常把物体表面所得到的光通量与这个物体表面积的比值叫作照度。

照度符号为 E,单位是 lx(勒克斯),公式为

$$E = \frac{\Phi}{S} \tag{13-1}$$

式中:E——照度,lx;

Φ——光通量,lm;

S——面积,m^2。

光通量主要用来表征光源或发光体发射光的强弱,而照度用来表征被照面上接收光的强弱。

表 13-1 列出了各种环境条件下被照面的照度。

表 13-1 各种环境条件下被照面的照度

被照表面	照度/lx	被照表面	照度/lx
朔日星夜地面	0.002	晴天采光良好的室内	100~500
望日月夜地面	0.2	晴天室外太阳散光下的地面	1 000~10 000
阴天采光良好的室内	>30	夏日中午太阳直射的地面	100 000

3) 发光强度

光源在空间某一方向上的光通量的空间密度,称为光源在该方向上的发光强度,用符号 I_ϕ 表示,单位是坎德拉(cd),公式为

$$I_\phi = \frac{\mathrm{d}\Phi}{\mathrm{d}\Omega} \tag{13-2}$$

式中：Φ——光源在立体角内所辐射出的光通量(lm),1 个立体角定义为球体表面积为 r^2 所对应的圆心角;

Ω——光源发光范围的立体角(sr),1cd=1lm/sr。

4) 亮度

亮度是指表面某一视线方向的单位投影面上所发出或反射的发光强度,常用符号 L 表示,单位为坎德拉每平方米(cd/m^2),又称尼特。亮度具有方向性。只有一定亮度的表面才可在人眼中形成视觉。

13.2 常用电光源及照明器

13.2.1 常用电光源

电光源是一种人造光源,它是将电能转换为光能,提供光通量的一种照明设备。常用的电光源按照其工作原理主要分为热辐射光源、气体放电光源和 LED 光源三大类。

1. 热辐射光源

热辐射光源是利用某种物质通电加热而辐射发光的原理制成的光源,如白炽灯和卤钨灯等。

1) 白炽灯

白炽灯是第一代电光源的代表。它主要由灯丝、灯头、玻璃支柱和玻璃壳等组成,工作原理是电流将钨丝加热到白炽状态而发光。

白炽灯的性能特点是结构简单、成本低、显色性好、使用方便、有良好的调光性能,但发光效率较低,寿命短。一般情况下,室内外照明不应采用白炽灯,在特殊情况下需采用时,其额定功率不应超过 100W。由于发光效率较低,白炽灯已基本被淘汰。

2) 卤钨灯

卤钨灯是一种较新型的热辐射光源,它是在白炽灯的基础上改进而来的。与白炽灯相比,它具有体积小、光效好、寿命长等特点,适用于电视转播照明,并用于绘画、摄影照明和建筑物投光照明等场所。卤钨灯管内充入适量的氩气和微量卤素(碘或溴)。由于钨在蒸发时和卤素形成卤化钨,卤化钨在高温灯丝附近又被分解,使一部分钨重新附着在灯丝上,从而提高灯丝的工作温度和寿命。

2. 气体放电光源

气体放电光源是利用汞或钠气体辐射的紫外线激活荧光粉发光的原理制成的光源。如荧光灯、高压汞灯和高压钠灯等。根据气体的压力,又分为低压气体放电光源和高压气体放电光源。低压气体放电光源包括荧光灯和低压钠灯,这类灯中气体压力低;高压气体放电

光源的特点是灯中气压高,负荷一般比较大,所以灯管的表面积也比较大,灯的功率也较大,也叫作高强度气体放电灯。

1) 荧光灯

荧光灯是常用的一种低压气体放电光源,依靠汞蒸气放电时发出可见光和紫外线,后者激励灯管内壁的荧光粉而发光,光色接近白色。荧光灯是低气压放电灯,工作在弧光放电区,当外电压变化时,工作不稳定,所以必须与镇流器一起使用,将灯管的工作电流限制在额定数值。它具有结构简单、光效高、显色性较好、寿命长、发光柔和等优点,一般用在家庭、学校、研究所、工业、商业、办公室、控制室、设计室、医院、图书馆等场所。

2) 高压汞灯

高压汞灯又叫作水银灯,是一种高压气体放电光源。高压汞灯的特点是结构简单、寿命长、耐振性较好,但光效低、显色性差,一般可用于街道、广场、车站、码头、工地和高大建筑的室内外照明,但不推荐应用。

3) 高压钠灯

高压钠灯是利用高压钠蒸气放电的原理进行工作的。其优点是光效比高压汞灯高,寿命长达 2 500～5 000h;紫外线辐射少;光线透过雾和水蒸气的能力强;缺点是显色性差,光源的色表和显色指数都比较低,常用在道路、机场、码头、车站、广场、体育场及工矿企业等场所,是一种理想的节能光源。

4) 低压钠灯

低压钠灯是电光源中光效最高的品种。其优点是光色柔和、眩光小、光效特高、透雾能力极强,适用于公路、隧道、港口、货场和矿区等场所的照明;缺点是其光色近似单色黄光,分辨颜色的能力差,不宜用于繁华的市区街道和室内照明。

5) 金属卤化物灯

金属卤化物灯是在高压汞灯的基础上为改善光色而研发的一种新型电光源。其特点是发光效率高、寿命长、显色性好,一般用在体育场、展览中心、游乐场所、街道、广场、停车场、车站、码头、工厂等。

6) 管形氙灯

管形氙灯又称长弧氙灯,放电时能产生很强的白光,接近连续光谱,和太阳光十分相似,故有"小太阳"之称,特别适用于大面积场所照明。其特点是功率大、发光效率较高、触发时间短、不需镇流器、使用方便,一般用在广场、港口、机场、体育场等照明和老化试验等要求有一定紫外线辐射的场所。

3. LED 光源

LED 光源是利用固体半导体芯片作为发光材料,在半导体中通过载流子发生复合放出过剩的能量而引起光子发射,直接发出红、黄、蓝、绿、青、橙、紫、白色的光。LED 照明产品就是利用 LED 作为光源制造出来的照明器具。随着电子技术的发展,目前这种光源在交通、汽车、建筑领域的应用也越来越广泛。

13.2.2 常用电光源的选用

照明质量的保证和基本条件就是电压保持正常和稳定。电压偏低与偏移会造成光线灰暗;电压过高会使电光源过亮,发出很强的眩光,严重时会造成灯具寿命缩短甚至当即烧毁。因此,电光源的选用应根据照明要求和使用场所的特点作以下考虑。

(1) 照明开闭频繁、需要及时点亮、需要调光的场所,或因频闪效应影响视觉效果的场所,宜采用白炽灯或卤钨灯。

(2) 识别颜色要求较高、视看条件要求较好的场所,宜采用日光色荧光灯、白炽灯和卤钨灯。

(3) 振动较大的场所,宜采用荧光高压汞灯或高压钠灯;有高挂条件并需要大面积照明的场所,宜采用金属卤化物灯或长弧氙灯。

(4) 对于一般性生产用工棚间、仓库、宿舍、办公室和工地道路等,应优先考虑选用价格低廉的白炽灯和荧光灯。

13.2.3 常用照明器

1. 照明器的作用

在照明设备中,灯具是把光源发出的光进行再分配的装置,其作用包括:合理布置电光源;固定和保护电光源;使电光源与电源安全可靠地连接;合理分配光输出;装饰、美化环境。

可见,照明设备中,仅有电光源是不够的。灯具和电光源的组合叫作照明器,有时候也把照明器简称为灯具。需要注意的是,在工程预算上不能混淆这两种概念,以免造成较大的错误。

2. 照明器的分类

灯具的类型很多,分类方法也很多,这里介绍几种常用的分类。

1) 按照灯具结构分类

(1) 开启型:光源裸露在灯具的外面,即灯具是敞口的,这种灯具的效率一般比较高。

(2) 闭合型:透光罩将光源包围起来,内外空气可以自由流通,透光罩内容易进入灰尘。

(3) 密闭型:这种灯具透光罩内外空气不能流通,一般用于浴室、厨房、潮湿或有水蒸气的厂房内等。

(4) 防爆型:这种灯具结构坚实,一般用在有爆炸危险的场所。

(5) 防腐型:这种灯具外壳用耐腐蚀材料制成,密封性好,一般用在有腐蚀性气体的场所。

2) 按安装方式分类

(1) 吸顶型:即吸附在顶棚上的灯具,一般适用于顶棚比较光洁而且房间不高的建筑物。

(2) 嵌入顶棚型:这种灯具除了发光面,大部分都嵌在顶棚内,一般适用于低矮的房间。

(3) 悬挂型:即吊挂在顶棚上的灯具。根据吊用的材料不同分为线吊型、链吊型和管吊型。悬挂可以使灯具离工作面更近一些,提高照明经济性,主要用于建筑物内的一般照明。

(4) 壁灯:即安装在墙壁上的灯具。壁灯不能作为主要灯具,只能作为辅助照明,并且富有装饰效果,一般多用小功率光源。

(5) 嵌墙型：即大部分或全部嵌入墙内，只露出发光面的灯具，一般用作走廊和楼梯的深夜照明灯。

3. 照明器的选择

灯具应根据周围的环境条件和使用要求，结合光强度、效率、遮光角、类型、造型尺度以及灯具的表观颜色等合理选择。另外，还应满足以下几方面的要求。

(1) 技术性要求：满足配光（使工作面有足够的照度和亮度，在视野中亮度应合理分布）和限制眩光（保证照明的稳定性等）方面的要求。

(2) 经济性要求：要全面考虑综合一次性投资和年运行管理费用，以达到在满足照度等技术要求的前提下，综合费用最少的目的，一般应选用光效高、寿命长的灯具。

(3) 适用性要求：灯具应符合环境条件、建筑结构等各种要求。如潮湿处（如厨房）可选保护式防水灯头，特别潮湿处（如厕所、浴室）可选密封式防水防尘灯。

(4) 功能性要求：根据不同的建筑功能，恰当确定灯具的光、色、型、体和布置，合理运用光照的方向性、光色的多样性、照度的层次性和光点的连续性等技术手段，可起到渲染建筑、美化环境的作用，并满足不同需要及要求。

4. 灯具的布置

合理布置灯具除了会影响到它的投光方向、照度均匀度、眩光限制等，还会关系到投资费用、检修是否方便等问题。在布置灯具时，应该考虑建筑结构形式和视觉要求等特点。一般灯具的布置方式有以下两种。

1) 均匀布置

灯具的均匀布置是指灯具按一定的规律（如正方形、矩形、菱形等形式）均匀布置，使整个工作面获得比较均匀的照度的布置方式。均匀布置适用于室内灯具的布置。

2) 选择布置

灯具的选择布置是指为满足局部要求的布置方式。

13.3 照明的基本要求

照明设计的最终目的是在建筑物内创造一个人工的照明环境，以满足人们生活、学习、工作的需要。在进行照明设计时，要正确规划照明系统，首先要确定所采用的照明方式和照明种类、数量，以达到照度标准的要求，在此基础上再考虑照明质量的问题。

13.3.1 我国的照度标准

为了限定照明数量，提高照明质量，需制定照度标准。制定照度标准需要考虑视觉功效特性、现场主观感觉和照明经济性等因素。制定照度标准的方法有多种：主观法，根据主观判断制定；间接法，根据视觉功能的变化制定；直接法，根据劳动生产率及单位产品成本制定。

随着我国国民经济的发展，各类建筑对照明质量要求越来越高，国家也制定了相关的照度标准，部分建筑的照度标准见表13-2 和表13-3。

表 13-2　住宅照明设计的照度标准

类别		参考平面及其高度	照度标准值/lx
起居室	一般活动区	0.75m 水平面	100
	书写、阅读	0.75m 水平面	300
卧室	一般活动区	0.75m 水平面	75
	床头阅读	0.75m 水平面	150
餐厅或厨房操作台		台面	150
厨房一般活动区		0.75m 水平面	100
卫生间		0.75m 水平面	100
楼梯间		地面	50
车库		地面	30

表 13-3　中小学建筑照明的照度标准

类别	参考平面及其高度	照度标准值/lx
教室	课桌面	300
实验室	实验课桌面	300
多媒体教室	0.75m 水平面	300
教室黑板	黑板面	500
美术教室	课桌面	500
阅览室	0.75m 水平面	300
办公室	0.75m 水平面	300
楼梯间	地面	100
学生宿舍	地面	150

13.3.2　照明种类

1. 正常照明

永久性安装的、正常情况下使用的照明叫作正常照明。正常照明又分为一般照明、分区一般照明、局部照明和混合照明四种方式。

2. 应急照明

在正常照明电源因故障失效的情况下,供人员疏散、保障安全或继续工作用的照明叫作应急照明。应急照明包括疏散照明、安全照明和备用照明。

在下列建筑场所应该装设应急照明:

(1) 需确保正常工作或活动继续进行的场所,应设置备用照明;

(2) 需确保处于潜在危险中的人员安全的场所,应设置安全照明;

(3) 需确保人员安全疏散的出口和通道,应设置疏散照明。

值得注意的是,应急照明光源应采用能瞬时点燃的照明光源,一般使用白炽灯、荧光灯、卤钨灯、LED 灯等。

3. 警卫值班照明

一般情况下,把正常照明中能单独控制的一部分或者应急照明的一部分作为警卫值班照明。警卫值班照明是在非生产时间内为了保障建筑及生产的安全,供值班人员使用的照明。

4. 障碍照明

在可能危及航行安全的建筑物或构筑物上安装的标志灯叫作障碍照明。障碍照明应该按交通部门有关规定装设,如在高层建筑物的顶端应该装设飞机飞行用的障碍标志灯;在水上航道两侧建筑物上装设水运障碍标志灯。障碍照明灯应采用能透雾的红光灯具,有条件时宜采用闪光照明灯。

5. 装饰照明

为美化和装饰某一特定空间而设置的照明,叫作装饰照明。装饰照明以纯装饰为目的,不兼用作工作照明。

13.4 电气照明供电

13.4.1 电气照明负荷的计算

1. 住宅照明负荷的计算

住宅用户的负荷可按以下方法估算。

(1) 普通住宅(小户型)。普通住宅面积 $60m^2$ 以下,负荷可按 4~5kW/户计算。

(2) 中级住宅(中户型)。中级住宅面积在 $60\sim100m^2$,负荷按 6~7kW/户计算。

(3) 高级住宅和别墅(大套型)。高级住宅和别墅面积在 $100m^2$ 以上,负荷按 8~12kW/户计算。

计算总负荷时,根据住宅用户的数量需用系数取值为 0.26~1。

2. 其他建筑物照明负荷的计算

其他照明负荷的计算方法一般采用需用系数法。当接于三相电压的单相负荷三相不平衡时,可按最大相负荷的 3 倍计算。

13.4.2 电气照明供电电源

1. 住宅照明供电电源

住宅照明的电源电压为 380V/220V,一般采用三相四线制系统供电。电源引入可采用架空进户和电缆埋地暗敷进户两种,其中架空进户标高应大于或等于 2.5m。

2. 办公楼、学校等建筑物照明供电电源

办公室照明的电源电压为 380V/220V,采用三相四线制系统供电,与住宅照明不同的是,办公室照明的电源引入线为 10kV 高压线。因此,需设置单独的变配电室,一般设在地下一层,采用干式变压器变压。电源引入方式为电缆埋地穿管引入。

3. 厂房照明供电电源

在我国电能用户中,工业用电量占电力系统总用电量的 70% 左右,而工厂的用电量大部分集中在动力设备中,照明只是其中很小一部分。对于大、中型工厂常采用 35~110kV 电压的架空线路供电,小型工厂一般采用 10kV 电压的电缆线路供电。工厂用电的负荷等级应为一级或二级。

工厂普通照明一般采用额定电压220V,由380V/220V三相四线制系统供电。在触电危险性较大的场所采用局部照明和手提式照明灯具,应采用50V及以下的安全电压;在干燥场所不大于50V,在潮湿场所不大于25V。

13.4.3 电气照明配电系统

1. 住宅照明供电电源

图13-1所示为典型的住宅照明配电系统。它以每一楼梯间作为一个单元,进户线引至楼的总配电箱,再由干线引至每一个单元的配电箱,各单元配电箱采用树干式(放射式)向各层用户的分配电箱馈电。

2. 多层公共建筑的照明配电系统

图13-2所示为多层公共建筑(如办公楼、教学楼等)的照明配电系统。其进户线直接进入大楼的传达室或配电间的总配电箱,由总配电箱采取干线立管式向各层分配电箱馈电,再经分配电箱引出支线向各房间的照明器和用电设备供电。

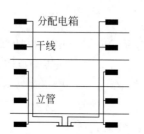

图13-1 典型的住宅照明配电系统

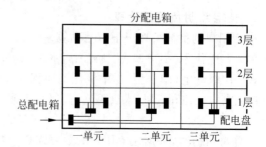

图13-2 多层公共建筑的照明配电系统

3. 智能建筑的直流配电系统

直流供电系统主要用于向智能建筑的电话交换机及其他需要直流电源的设备和系统供电,供电电压一般为48V、30V、24V和12V等。智能建筑中常采用半分散供电方式,即将交流配电屏、高频开关电源、直流配电屏、蓄电池组及其监控系统组合在一起构成智能建筑的交直流一体化电源系统。也可用多个架装的开关电源和AC-DC变换器组成的组合电源向负荷供电。这种由多个一体化电源或组合电源分别向不同的智能化子系统供电的供电方式,称为分散式直流供电系统。分散式直流供电系统如图13-3所示。

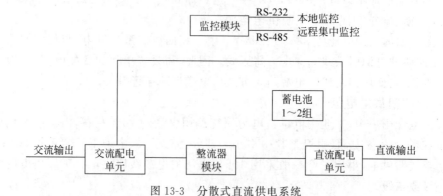

图13-3 分散式直流供电系统

习 题

13.1 光的度量有哪几个主要参数？它们的物理意义及单位是什么？
13.2 什么是照度标准？我国建筑物照度标准是如何规定的？
13.3 照明的种类有哪些？它们的特点各是什么？
13.4 试述常用几种电光源的特点及适用场所。
13.5 选择照明器的原则是什么？试举例说明。
13.6 常用照明配电系统有哪几种？

第14章 建筑弱电系统

在日常生活中,通常将建筑电气分成强电和弱电两大类。一般是把动力、照明这样基于"高电压,大电流"的输送能量的电力称为强电,包括供电、配电、照明、自动控制与调节,建筑与建筑物防雷保护等。弱电则是针对强电而言的,把以传输信号,进行信息交换的"电"称为弱电,具体包括:通信、有线电视、有线广播和扩声系统;呼叫信号、公共显示及时钟系统;火灾自动报警及消防联动控制系统;安全防范系统等。弱电工程是现代建筑中不可缺少的电气工程,建筑弱电工程是一个复杂的集成系统工程,它是多种技术的集成,多门学科技术的综合。

14.1 火灾自动报警及消防联动系统

火灾自动报警及消防联动系统是现代建筑中不可或缺的安全技术措施。火灾自动报警及消防联动系统一般包括火灾探测器、火灾自动报警器、消防联动装置及控制设备等部分。

14.1.1 火灾探测器

应对火灾的要诀在于能否在火灾初期就进行灭火、引导疏散,所以要求探测功能要敏锐,警报要准确,避免误报。

1. 火灾探测器的分类

火灾探测器按火灾探测的方法和原理,分为感烟式、感温式、感光式、可燃气体探测式和复合式等主要类型;按探测结构可分为点型和线型。

2. 火灾探测器的性能要求

(1) 火灾探测器必须在火灾发生的初期阶段,及时准确地将火灾信号传给控制器。

(2) 火灾探测器必须借助温度或烟浓度进行判断。

3. 火灾探测器的选择

1) 火灾燃烧特点与探测器的选择

根据燃烧物品的不同,火灾也有差别,但都经过焚熏、热辐射、引火、生焰、排烟、烈火等阶段,应根据火灾不同阶段选择不同的火灾探测器。

(1) 当火灾初期表现为阴燃,有烟少热无光,应选用感烟探测器。

(2) 当火灾发展迅速、伴有光热时,可选用感温、感烟、感光探测器中的一种或其组合安装。

(3) 当火灾发展迅速,产生强光,少热无烟时,可选用感光探测器。

(4) 若起火的原因和形成特点不可预测,可用模拟实验来确定。

2) 根据建筑物的特点及场合的不同选用探测器

（1）建筑物的室内高度不同,对火灾探测器的选择也有不同要求。当房间高度超过8m时,不宜采用感温探测器；当房间高度超过12m时,不宜采用感烟探测器,而只能采用感光探测器。

（2）在有粉尘、潮湿和正常情况下有烟雾的场所不宜采用感光及感烟探测器,而只能采用感温探测器。

（3）温度在0℃以下场合不宜采用感温探测器,风速较大的场所不宜采用感烟探测器。

（4）在有易燃易爆气体渗漏隐患的建筑物内,安装可燃气体报警控制器。

在复杂情况下,可采用几种探测器的组合,产生联动报警与控制等。

总之,火灾探测器应根据火灾发生期的特点及使用场合进行选择,以便早期发现,减少误报。

14.1.2 火灾自动报警系统

1. 火灾报警控制器的作用与分类

火灾探测器与火灾报警控制器对于火灾的早期发现和实施扑救是非常重要的。火灾探测器相当于传感器,它将探测的参数以模拟信号输出,传输给火灾报警控制器,由控制器对这些火灾信号进行处理,判断是否发生火灾,若确有火灾发生,火灾报警器声光报警并将火灾信号传送到上一级监控中心,同时控制其他消防联动设备动作。

火灾报警器按用途分为区域报警控制器、集中报警控制器和通用报警控制器。区域报警控制器是直接接收探测器发来的报警信号的多路火灾报警控制器；集中报警控制器是直接接收区域报警控制器发来的报警信号的多路火灾报警控制器；通用报警控制器既可作区域报警控制器又可作集中报警控制器的多路火灾报警控制器。目前国内外生产的报警控制器已无区域与集中之分,只有通用一类。

2. 火灾自动报警系统的分类

火灾自动报警系统按规模大小分为区域系统、集中系统、区域—集中系统和控制中心系统,如图14-1所示。

区域系统是对一块区域或一组设备进行保护,其报警器直接接收火灾探测器发来的报警信号进行报警,具有自检功能。

集中系统是针对某一些监控区域的消防系统。

区域—集中系统是接收报警器接收区域报警控制器发来的信号进行报警。它除了具有声光报警、自检及巡检、计时和电源等主要功能外,还具有火警电话、火灾事故广播、火灾事故照明、录音及控制联动装置进行灭火等扩展功能。

控制中心系统有两级集中控制器,最高级集中控制器能显示各消防室总体灭火的各项职能。

14.1.3 消防联动控制系统

消防系统主要包括两大部分：一部分为感应系统,即火灾自动报警系统；另一部分为

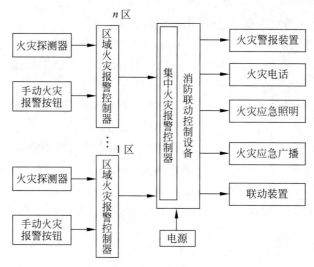

图 14-1 火灾自动报警系统

执行系统,即消防联动控制系统和灭火系统。灭火系统的灭火方式分为液体灭火和气体灭火两种,常用的方式为液体灭火,如国内经常使用的消火栓灭火系统和自动喷水灭火系统。

消防联动控制包括在起火时自动启动消防设备灭火、切断非消防电源、引导人员疏散等。

1. 消防供电

（1）火灾自动报警系统设置有主电源和 24V 直流备用电源。

（2）系统内的计算机要配 UPS 不间断电源。

（3）对于一、二类消防电力负荷需两回供电、自动切换。

2. 消防设备的联动控制

消防设备的联动控制包括在起火时切断非消防电源、自动启动水泵、自动喷水灭火、自动启动二氧化碳气体灭火系统、自动启动泡沫盒干粉灭火系统、自动启动相关的排烟风机和正压送风机,停止相关范围内的空调风机和其他送、排风机,强制所有电梯依次停于首层后切断其电源,但消防电梯除外。

3. 防火卷帘门和防火门联动控制

电动防火卷帘门通常设置于建筑物中防火分区通道口外,可形成门帘式防火、隔火。火灾发生时卷帘得到感烟探测器的信号后关闭至中位(1.8m)处停止,经一定延时后,卷帘得到感温探测器的信号后下落到底,目的是紧急疏散人员,将火灾区进行隔烟、隔火,防止燃烧产生毒气扩散及火势蔓延。

14.2 有线电视系统

14.2.1 有线电视系统概述

有线电视系统是指利用电视天线和卫星天线接收电视信号,并通过电缆系统将电视信号传输、分配到用户电视接收机的系统。有线电视系统的组成包括前端处理部分、干线传输部分、用户分配部分。在建筑密集区,选择最佳位置安装天线和前端设备,经传输分配系统送至各个用户的电视接收机,而且系统的信号源除了共用天线接收的电视信号外,还加入了一些自办的节目(如录像、电影),这样的系统就成为一个闭路的有线电视系统,称为共用天线电视系统,简称 CATV 系统。

14.2.2 有线电视系统的组成

有线电视系统的组成有三大部分,分别是前端信号处理部分、干线传输部分和用户分配部分,如图 14-2 所示。

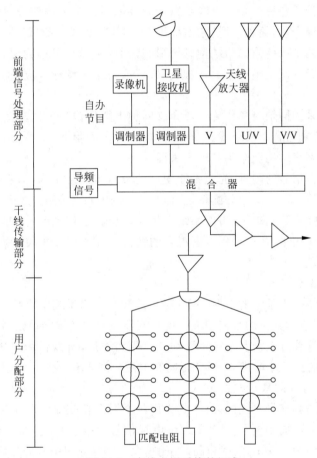

图 14-2 有线电视系统的组成

1. 前端信号处理部分

前端系统是有线电视系统重要的组成部分之一,这是因为如果前端信号质量不好,后面其他部分是较难补救的。

前端系统主要包括电视接收天线、频道放大器、卫星电视接收设备、自播节目设备、导频信号发生器、调制器、混合器以及连接线缆等部件。它的任务是把天线接收到的各种电视信号,经过处理后,送入分配网络。前端设备是根据天线输出电平的大小和系统的要求来设计的,其质量的好坏对整个系统的音像质量起着关键作用。

2. 干线传输部分

干线传输部分是把前端接收处理、混合后的电视信号传输给用户分配系统的一系列传输设备,主要有各种类型的干线放大器和干线电缆。为了能够高质量、高效率地传送信号,应当采用优质低耗的同轴电缆和光缆;同时,采用干线放大器,其增益正好抵消电缆的衰减,既不放大,也不减小。在主干线上应尽可能减少分支,以保证干线中串接放大器的数量最少。如果要传输双向节目,必须使用双向传输干线放大器,建立双向传输系统。

干线传输电缆一般有两种:一种是同轴电缆;另一种是光纤电缆。同轴电缆是指有两个同心导体,而导体和屏蔽层又共用同一轴心的电缆。最常见的同轴电缆由绝缘材料隔离的铜线导体组成,在里层绝缘材料的外部是另一层环形导体及其绝缘体,整个电缆由聚氯乙烯或特氟纶材料的护套包裹。光纤电缆是以光脉冲的形式来传输信号,材质以玻璃或有机玻璃为主的网络传输介质,简称光缆,它由纤维芯、包层和保护套组成。

有线电视系统的干线传输网络结构有树形、星形或树形和星形的混合形。同轴电缆和光缆各有其特别适合的网络结构形式,因此在进行网络结构设计时应当结合传输介质的特点来考虑。

树形网络通常采用同轴电缆作传输媒介。同轴电缆传输频带比较宽,可满足多种业务信号的需要,而且特别适合于从干线、干线分支拾取和分配信号,价格便宜,安装维护方便,所以同轴电缆树形网络结构至今仍被广泛采用。

由于分解和分支信号的困难,光缆不能使用树形分支网络结构,但它宜使用星形布局。星形网络结构特别适合用于用户分配系统,即在分配的中心点将用户线像车轮一样向外辐射布置。这种结构有利于在双向传输分配系统中实行分区切换,以减少上行噪声的积累。

在实际设计和应用中,往往采用两者混合的结构,以使网络结构更好地符合综合性多种业务和通信的要求。

3. 用户分配部分

分配系统是有线电视系统的最后一个环节,是整个传输系统中直接与用户端相连接的部分。它的分布面最广,其作用是使用成串的分支器或成串的串接单元,将信号均匀分给各用户接收机。由于这些分支器及串接单元都具有隔离作用,所以各用户之间相互不会有影响;即使有的用户端被意外短路,也不会影响其他用户的收看。

图 14-3 为用户分配的基本方式。

分配器是分配高频信号电能的装置,其作用是把混合器或放大器送来的信号平均分成若干份,送给几条干线,向不同的用户区提供电视信号,并能保证各部分得到良好的匹配。它本身的分配损耗约为 3.5dB,频率越高,损耗越大。实际应用中按分配器的端数分为二分配器、三分配器、四分配器及六分配器等。

分支器是从干线上取出一部分电视信号,经衰减后馈送给电视机所用的部件。分支器和分配器不同,分配器是将一个信号分成几路输出,每路输出都是主线;而分支器则以较小的插入损失从干线上取出部分信号经衰减后输送给各用户端,而其余的大部分信号,通过分支器的输出端再送入馈线中。

分配信号的方式应根据分配点的输出功率、负载大小、建筑结构及布线要求等实际情况灵活选用,以能充分发挥分配器和分支器的作用为原则。例如,应用分配器可将一个输入口的信号能量均等或不均等分配到两个或多个输出口,分配损耗小,有利于高电平输出。但分配器不适合直接用于系统输出口的信号分配,因为分配器的阻抗不匹配时容易产生反射,同时它无反向隔离功能,因此不能有效防止用户端对主线的干扰,而分支器反向隔离性能较好,所以采用分支器直接接于用户端,传送分配信号。

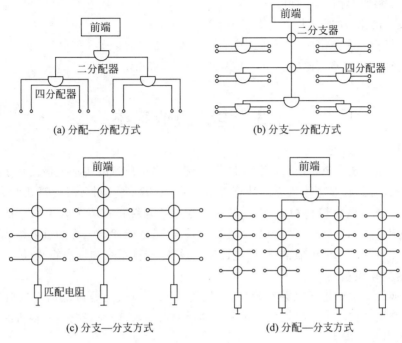

图 14-3 分配系统的四种分配方式

14.2.3 有线电视系统的技术要求

(1) 有线电视系统的设计应符合质量优良、技术先进、经济合理、安全适用的原则,并应与城镇建设规划和本地有线电视网的发展相适应。

(2) 系统设计的接收信号场强,宜取自实测数据。当获取实测数据确有困难时,可采用理论计算的方法计算场强值。

(3) 在新建和扩建小区的组网设计中,宜以自设前端或子分前端、光纤同轴电缆混合网(HFC)方式组网,或光纤直接入户(FTTH)。网络宜具备宽带、双向、高速及三网融合功能。

(4) 有线电视系统规模按用户终端数量分为下列四类。
- A 类:10 000 户以上。
- B 类:2 001~10 000 户。
- C 类:301~2 000 户。
- D 类:300 户及以下。

(5) 建筑物与建筑群光纤同轴电缆混合网,由自设分前端或子分前端、二级光纤链路网、同轴电缆分配网及用户终端四部分组成。

(6) 系统应满足下列性能指标。
① 载噪比(C/N)应大于或等于 44dB。

② 交扰调制比（CM）应大于或等于47dB(550MHz 系统)，可按式(14-1)计算：
$$CM = 47 + 10\lg(N_0/N) \tag{14-1}$$
式中：N_0——系统设计满频道数；
　　　N——系统实际传输频道数。
③ 载波互调比（IM）应大于或等于58dB。
④ 载波复合二次差拍比（C/CSO）应大于或等于55dB。
⑤ 载波复合三次差拍比（C/CTB）应大于或等于55dB。

14.3　电话通信系统

　　现代化的通信技术包括语言、文字、图像、数据等多种信息的传递。借助数字通信网络，可实现计算机联网，直接利用远方的计算机中心进行运算；将数据库、计算机和数字通信网络相结合就可进行联机情报检索，因此数字程控电话系统正在成为人类信息社会的枢纽。电话通信系统已成为各类建筑物内必须设置的系统，是智能建筑工程的重要组成部分。

　　电话通信系统有三个组成部分，即电话交换设备、传输系统和用户终端设备。

1. 电话交换设备

　　电话交换设备主要是指电话交换机，不同用户间的通话是通过电话交换机来完成的。早期的电话交换是依靠人工接线来满足用户通话要求的，这种人工电话交换机的保密性差，接线速度慢，劳动强度大。

　　1965年5月，美国贝尔系统开通世界上第一部程控电话交换机。程控交换机是利用电子计算机技术，用预先编好的程序来控制电话的接续工作。交换机在硬件上采用全模块化结构，具有高集成度、高可靠性、高功能、低成本的特点，图14-4为程控数字交换机硬件结构示意图。

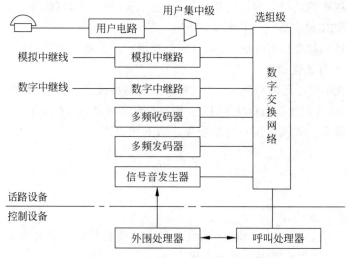

图14-4　程控数字交换机硬件结构

2. 传输系统

电话传输系统按传输媒介分为有线传输（明线、电缆、光纤等）和无线传输（短波、微波中继、卫星通信等）。

在电话通信网中，传输线路主要是指用户线和中继线。在图 14-5 所示的电话网中，A、B、C 为其中的 3 个电话交换局，局内装有交换机，交换可在一个交换局的两个用户之间进行，也可在不同交换局的两个用户之间进行，两个交换局用户之间的通信有时还需要经过第 3 个交换局进行转接。

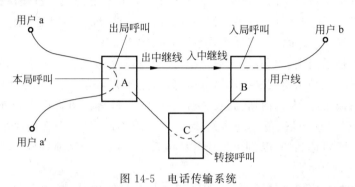

图 14-5 电话传输系统

常见的电话传输媒体有电话电缆、电话线、电话组线箱和电话出线口。

1）电话电缆

电话电缆是电话系统干线使用的导线。这里所说的干线，是指电话组线箱间的线路。电话电缆在室外埋地敷设时使用铠装电缆，架空敷设时使用钢丝绳悬挂普通电缆或使用全塑自承电话电缆，室内使用普通电缆。

2）电话线

电话线是连接用户电话机的导线。常用的电话线有 RVB 型塑料并行软导线或 RVS 型塑料双绞线，导线线芯为 $0.2\sim0.75\mathrm{mm}^2$。也可以使用其他型号的双绞线。

3）电话组线箱

电话组线箱是电话电缆连接时使用的配电箱，也叫电话分线箱或电话交接箱。在一般建筑物内，电话组线箱暗装在楼道墙体中；在高层建筑内，电话组线箱安装在电缆竖井中。电话组线箱的型号为 STO，有 10 对、20 对、30 对等多种规格，应按需要分接线的进线数量选择适当规格的电话组线箱。电话组线箱只用来连接导线，有一定数量的接线端子。在大型建筑物内，一般设置落地配线架，作用与电话组线箱相同。

4）电话出线口

电话出线口也叫用户出线盒，用来连接用户室内电话机。电话出线口面板分为无插座型和有插座型。无插座型电话出线口面板只是一个塑料面板，中间留直径 1cm 的圆孔。

有插座型电话出线口面板分为单插座型和双插座型，电话出线口面板上为通信设备专用 RJ-11 型插座，要使用带 RJ-11 型插头的专用导线与之连接。

3. 用户终端设备

用户终端设备是指电话机、传真机等，随着通信技术与交换技术的发展，又出现了各种新的终端设备，如数字电话机、计算机等。

14.4 广播音响系统

14.4.1 广播音响系统概述

广播音响系统是指单位内部或某一建筑物(群)自成系统的独立有线广播系统,是集娱乐、宣传和通信于一体的工具。该系统的特点是设备简单、维护和使用方便、听众多、影响面大、工程造价低、易普及。目前,广播音响系统已被广泛采用。

建筑物的广播系统主要是有线广播系统,按用途可分为语言扩声系统和音乐扩声系统两大类。语言扩声系统主要用来播送语言信息,多用于人口聚集、流动量大、播送范围广的场合,如火车站、候机厅、大型商场、码头、宾馆、厂矿、学校等。语言扩声系统的特点是声音传输距离远,附带多扬声器,覆盖范围大,对音质要求不高,只对声音的清晰度有一定的要求,声压级要求不高,达到70dB即可。语言扩声系统一般采用以前置放大器为中心的音响系统,如图14-6(a)所示。

音乐扩声系统主要用来播放音乐、歌曲和文艺节目等内容,以欣赏和享受为目的。因此,在声压级、传声增益、频响特性、声场不均匀度、噪声、失真度和音响效果等方面,比语言扩声系统要求更高。音乐扩声系统主要采用双声道立体声形式,有的还采用多声道和环绕立体声形式。音乐扩声系统多采用以调音台为控制中心的音响系统,如图14-6(b)所示。音乐扩声系统多用于音乐厅、歌厅、舞厅、卡拉OK厅、多功能厅、剧场、体育馆和大型文艺演出等场合。对于专业音响系统,使用的设备多、档次高,对声场的频响特性要求高,安装和调试比较复杂,需要有专业知识的人员进行调试和现场指导,才能使系统的音响效果达到理想状态。

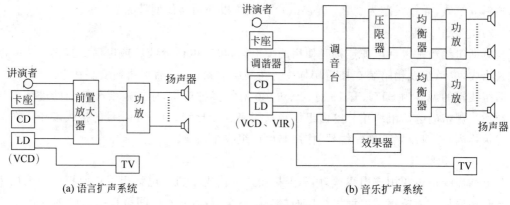

(a) 语言扩声系统　　　　　　　　(b) 音乐扩声系统

图14-6　两种扩声系统

14.4.2 广播音响系统的组成

一个完整的广播音响系统由音源设备、扩声设备、处理设备、传输线路和扬声器等组成。

1. 音源设备

相应的音源设备除了 FM/AM 调谐器、电唱机、激光唱机和录音机之外,还包括传声器(话筒)、电视伴音(包括影碟机、录像机和卫星电视的伴音)、电子乐器等。

2. 扩声设备

信号放大是指电压放大和功率放大,扩声设备主要有以下几类。

1) 功率放大器

功率放大器简称功放,它的作用是把来自前置放大器或调音台的音频信号进行功率放大,以足够的功率推动音箱发声。功放按照与扬声器配接的方式分为定压式和定阻式两种。对于传播距离远、音箱布局分散的广播系统,应选用定压式功放。歌舞厅、迪斯科舞厅等场所的主音箱系统应选用定阻式功放。

2) 音频变压器

音频变压器的作用是变换电压和变换阻抗。

3) 扬声器

扬声器是将扩音机输出的电能转换为声能的器件。

3. 处理设备

信号的处理设备即通过选择开关选择所需要的节目源信号。语言扩声系统对声音处理设备要求不高,但是对音乐扩声系统来讲,为了获得高保真度和各种艺术效果的声音,就必须对输入的各种音频信号进行适当的加工处理。声音处理设备主要有以下几种。

1) 调音台

调音台又称前级增音机,是扩声系统中的主要设备之一,起着指挥中心和分配信号的作用。调音台能接收多路不同电平的各种音源信号,在对其进行加工、处理和混合后,重新分配和编组,由输出端子输出多路音频信号,供其他设备使用。

2) 频率均衡器

频率均衡器是一种对声音频响特性进行调整的设备。通过均衡器可以对声音中某些频率的电平进行提升或衰减,以达到不同的音响效果,如表 14-1 所示。

表 14-1　音频信号频率对音质的影响

频　率	中心频率	带　宽	调 整 效 果
高频	10kHz	5～200kHz	可改变音色的表现力
中频	3kHz	350Hz～5kHz	中高频可改变音色的明亮度、清晰度,中低频可改变音色的力度
低频	100Hz	20～350Hz	可改变音色的丰满度、浑厚度

3) 移频器

移频器是用来控制扩音设备中声音反馈的设备。它可以实现频率补偿,抑制啸叫,改善重放品质。移频器主要用于语言扩声系统中,而以音乐和歌曲为内容的扩声系统,则不宜采用。

4) 激励器

音频信号在系统的传输过程中,损失最多的是中频和高频的谐波,使扬声器放出来的声音缺乏现场感、穿透力和清晰度,而激励器就是在原来音频信号中添加丢失的中频和高频谐波的设备。

5) 压限器

压限器的主要功能是对音频信号的动态范围进行压缩和扩张,即把音频信号的最大电平和最小电平之间的相对变化量进行压缩和扩张,达到保护设备、减小失真、降低噪声和美化音质的目的。

4. 传输线路

对于厅堂扩声系统,由于功率放大器与扬声器的距离不远,采用低阻抗式大电流的直接馈送方式。对于公共广播系统,由于服务区域广、距离长,为了减少传输线路引起的损耗,往往采用高压传输方式。

5. 扬声器

扬声器系统的扬声器在弱电工程的广播系统中有着广泛的应用,扬声器的布置方式有以下三种。

1) 集中式布置

集中式布置的扬声器指向性较宽,适用于房间形状和声学特性良好的场所。其优点是声音清晰、自然、方向性好;缺点是有可能引起啸叫。

2) 分散式布置

分散式布置的扬声器指向性较尖锐,适用于房间形状和声学特性皆不理想的场所。其优点是声压分布均匀,容易防止啸叫;缺点是声音的清晰度容易被破坏,使人感觉声音从旁边或者后边传来,有不自然的感觉。

3) 混合式布置

混合式布置的主扬声器的指向性较宽,辅助扬声器的指向性较尖锐,适用于声学特性良好,但房间形状不理想的场所。其优点是大部分座位的清晰度好,声压分布较均匀;缺点是有的座位会同时听到主、辅扬声器两个方向传来的声音。

14.5 安全防范系统

14.5.1 安全防范系统概述

国民经济的发展使得人们对建筑物及建筑物内部物品的安全性要求日益提高,无论是金融大厦、证券交易中心、博物馆及展览馆,还是办公大楼、高级商场及住宅小区,对安全防范系统均有相应的要求。因此,安全防范系统已经成为现代化建筑,尤其是智能建筑非常重要的系统之一。

早期安全防范系统的主要内容是保护财产和人身安全。随着科技的飞速发展,各单位的重要文件、技术资料和图纸的保护也越来越重要。在具有信息化和办公自动化的建筑内,不仅要对外部人员进行防范,而且要对内部人员加强管理。

安全防范系统分防盗系统和保安系统两大类。

14.5.2 防盗系统的种类及应用

防盗系统的种类很多,在此选取一部分加以介绍。

1. 防盗系统的种类

1) 玻璃破碎报警器

玻璃破碎报警器是一种探测到玻璃破碎时发出特殊信号的报警器。目前,国际上已有多种玻璃破碎报警器,有的是利用振动原理进行检测的,有的是利用声音进行检测的,如 BSB 型玻璃破碎报警器是利用探测玻璃破碎时发出的特殊声音来报警的。BSB 主要由报警器和探头两部分组成,报警器可安装在值班室内,探头设置在需要保护的现场,它的安装无严格的方向性要求。探头的作用是将声音信号转换为电信号,电信号经信号线传输给报警器。

玻璃破碎防盗报警器适宜设置在商场、展览馆、仓库、实验室、办公楼的玻璃橱柜和玻璃门窗处。这类报警装置对玻璃破碎的声音具有极强的辨别能力,而对讲话和鼓乐声却无任何反应。

2) 超声波防盗报警器

超声波防盗报警器是利用超声波来探测运动目标,探测室内有无异常人侵入的报警设备。当夜间有人侵入时,由发射机向现场发射的超声波射向入侵的运动目标,从而产生反射信号,使得远控报警控制器获得信号,并立即向值班人员发出报警声和光信号。这种报警器由三部分组成:发射机、接收机和远控报警器。发射机和接收机均安装于需要防范的现场,远控报警器安装在值班室内。它适于立体空间的监控,异常人或物不论是从外部侵入还是从天窗、地下钻出来,都在其监控范围内。

3) 微波报警防盗器

微波报警防盗器是利用微波技术进行工作的一种防盗装置,其实际上是一种小型化的雷达装置。这种报警器用于探测一定距离内的空间出现的人体活动目标,它能迅速报警、显示和记录数据。它不受环境、气候及温度的影响,能在立体范围内进行监控,而且易于隐蔽安装。

4) 红外报警控制器

红外报警控制器具有独特的优点:在相同的发射功率下,红外有极远的传输距离;它是不可见光,入侵者难以发现并躲避它;它是非接触警戒,可昼夜监控。

红外报警控制器分为主动和被动两种,主动式红外报警控制器是一种红外线光束截断型报警器。它由发射器、接收器和信息处理器三个单元组成。被动式红外报警控制器为一种室内型静默式的防入侵报警器,它不发射红外线,安装有灵敏的红外传感器,一旦接收到入侵者身体发出的红外辐射,即可报警。

图 14-7 所示为防盗报警系统简图。

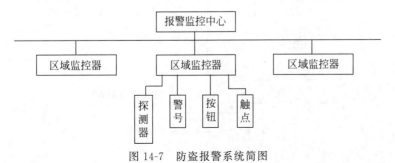

图 14-7 防盗报警系统简图

2. 防盗系统的应用举例

某大厦为一幢现代化的商务楼,根据大楼特点和安全要求,在首层4个入口处各配置一个红外探测器,2~8层的每层走廊进出通道各配置2个红外探测器,同时每层各配置4个紧急按钮,紧急按钮安装位置视办公室具体情况而定。保安中心设在二楼电梯厅旁,防盗报警系统采用4140XMPT2型装置,该主机有9个基本接线防区,构成总线式结构,可扩充多达87个防区,并具备多重密码、布防时间设定、自动拨号及"黑匣子"等功能。整个防盗报警系统如图14-8所示,其中4208为总线式8区(提供8个地址)扩展区,可以连接4线探测器,6149为LCD键盘。

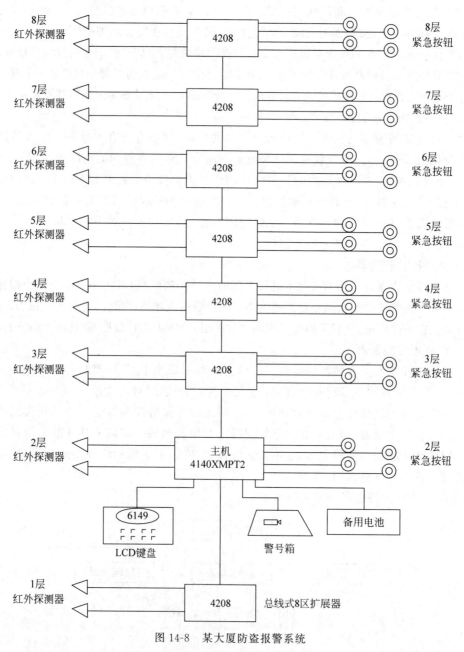

图 14-8 某大厦防盗报警系统

14.5.3 保安系统

1. 可视—对讲—电锁门保安系统

本系统在住宅楼入口设有电磁锁门，门平时是关闭的，在门外墙上设有对讲总控制箱，来访者必须按下探访对象的楼层和住宅号相对应的按钮，被访者家中的对讲机铃响，当主人通过对讲机问清来访者的身份，并同意探访时，按动话筒上的按钮，这时电磁门才打开；否则，探访者被拒之门外。若还希望能看清来访者的容貌及入口的现场，则在门外安装电视摄像机，将摄像机视频输出经同轴电缆接入调制器，再由调制器输出射频信号进入混合器，并引入大楼内公用天线系统，这就是可视—对讲—电锁门保安系统。

2. 闭路电视保安系统

在人们无法或者不可能直接观察的场合，闭路电视监视系统能实时、形象、真实地反映监控对象的画面，闭路电视保安系统已成为现代化管理中一种极为有效的监视工具。闭路电视监视系统通常由摄像、控制、传输和显示四部分组成。在重要场所安装摄像机，使保安人员在监控中心便可监视整个大楼内、外的情况。监视系统除起到正常的监视作用之外，在接到报警系统的信号后，可实行实时录像，以供现场跟踪和事后分析。

习　题

14.1　火灾探测器的选择依据有哪些？
14.2　消防联动控制的具体内容有哪些？
14.3　有线电视系统由哪几部分组成？各系统有何功能？
14.4　请画出分配系统的四种分配方式并说明它们的区别。
14.5　广播音响系统都由哪些部分组成？音乐扩声系统的特点是什么？
14.6　简述扬声器的布置原则。
14.7　红外报警系统都有哪些种类？它们有什么不同？
14.8　简述可视—对讲—电锁门保安系统的功能。
14.9　简述闭路电视保安系统的组成部分及功能。

第15章 建筑电气施工图识读

15.1 常用建筑电气图例

建筑电气工程图是阐述建筑电气系统的工作原理，描述建筑电气产品的构成和功能，用来指导各种电气设备、电气线路的安装、运行、维护和管理的图纸。它是沟通电气设计人员、安装人员、操作人员的工程语言，是进行技术交流不可缺少的重要手段。电气施工图是土建施工图的组成部分，建筑物的土建施工与电气安装施工之间有着密切的联系，土建施工人员也应该了解电气施工图的组成，会阅读简单的电气图纸。

15.1.1 电气图的基本概念

电气图是用各种电气符号、带注释的图框、简化的外形来表示的系统、设备、装置、元件等之间相互关系的一种简图。识读电气图时，应了解电气图在不同的使用场合和表达不同的对象时，所采用的表达形式。《电气制图国家标准》(GB/T 6988.1—2008)系列标准规定，电气图的表达形式分为四种。

1. 图

图是用图示法的各种表达形式的统称，即用图的形式来表示信息的一种技术文件，包括用图形符号绘制的图(如各种简图)以及用其他图示法绘制的图(如各种表图)等。

2. 简图

简图是用图形符号、带注释的图框或简化外形表示系统或设备中各组成部分之间相互关系及其连接关系的一种图。在不致混淆时，简图可简称为图。简图是电气图的主要表达形式。电气图中的大多数图种，如系统图、电路图、逻辑图和接线图等都属于简图。

3. 表图

表图是表示两个或两个以上变量之间关系的一种图。在不致混淆时，表图也可简称为图。表图所表示的内容和方法都不同于简图。常见的各种曲线图、时序图等都属于表图，之所以用"表图"，而不用通用的"图表"，是因为这种表达形式主要是图而不是表。国家标准把表图作为电气图的表达形式之一，也是为了与国际标准一致。

4. 表格

表格是把数据按纵横排列的一种表达形式，用以说明系统、成套装置或设备中各组成部分的相互关系或连接关系，或用以提供工作参数等。表格可简称为表，如设备元件表、接线表等。表格可以作为图的补充，也可以用来代替某些图。

15.1.2 电气施工图的图例符号及文字标记

电气施工图只表示电气线路的原理和接线,不表示用电设备和元件的形状和位置。为了使绘图简便、读图方便和图面清晰,电气施工图采用国家统一制定的图例符号及必要的文字标记来表示实际的接线、各种电气设备和元件。

为了能读懂电气施工图,施工人员必须熟记各种电气设备和元件的图例符号及文字标记的意义。目前,国家对于一些设备和元件还没有规定标准的图例符号,允许设计人员自行编制,所以在读图时,还要弄清设计人员自行编制的符号及其意义。

表 15-1 是目前国家标准规定的部分电气施工图的图例符号,表 15-2 是电气施工图中文字标注的意义,表 15-3 为灯具安装方式的标注,表 15-4 是常用弱电施工图的图例符号。

表 15-1 部分电气施工图图例符号

名 称	图例符号	名 称	图例符号
动力或动力照明配电箱		灯或信号灯一般符号	
多种电源配电箱		防爆灯	
信号板信号箱(屏)	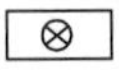	投光灯一般符号	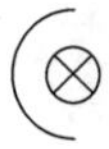
照明配电箱(屏)		聚光灯	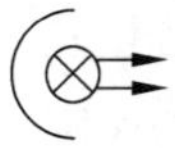
电流表	Ⓐ	荧光灯一般符号	
电压表	Ⓥ	多管荧光灯($n>3$)	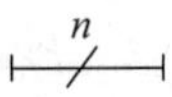
电铃	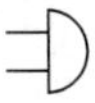	分线盒一般符号	
电源自动切换箱(屏)	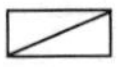	室内分线盒	
电阻箱	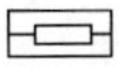	室外分线盒	

续表

名　称	图例符号	名　称	图例符号
自动开关箱		避雷针	
刀开关箱		弯灯	
带熔断器的刀开关箱		壁灯	
开关一般符号		应急灯	
双控开关(单极三线)		广照型灯(配照型灯)	
单极开关		双极开关	
单极暗装		双极暗装	
单极密闭(防水)		双极密闭(防水)	
单极防爆		双极防爆	
单相插座		顶棚灯	
单相暗装		防水防尘灯	
单相密闭(防水)		球形灯	
单相防爆		局部照明灯	
带保护接点的插座(带接地插孔的单相插座)		带接地插孔的三相插座密闭(防水)	
带保护接点的暗装		带接地插孔的三相插座防爆	
带保护接点的密闭(防水)		避雷器	
带保护接点的防爆			
带接地插孔的三相插座		安全灯	
带接地插孔的暗装			

表 15-2　电气施工图中文字标注的意义

类　　型	名　　称	代　号	
		旧代号	新代号
交流系统电源导体	电源		
	电源第一相	A	L1
	电源第二相	B	L2
	电源第三相	C	L3
交流系统电源导体保护导体	设备端第一相		U
	设备端第二相		V
	设备端第三相		W
	中性线		N
	保护导体		PE
敷设方式	电缆沟敷设		TC
	电缆桥架敷设		CT
	金属线槽敷设		MR
	用塑料线槽敷设	XC	PR
	穿水煤气管敷设		RC
	穿焊接钢管敷设	G	SC
	穿电线管敷设	DG	MT（JDG、KBG）
	穿聚氯乙烯硬质管敷设	VG	PC
	用塑料夹敷设	VJ	PCL
	穿金属软管敷设	SPG	CP
敷设部位	沿屋架敷设	LM	AB
	沿柱敷设	ZM	AC
	沿墙面敷设	QM	WS
	沿吊顶或顶板面敷设	PM	CE
	暗敷设在梁内	LA	BC
	暗敷设在柱内	ZA	CLC
	暗敷设在墙内	QA	WC
	暗敷设在地面内	DA	FC
	暗敷设在顶板内	PA	CC
	吊顶内敷设		SCE

表 15-3　灯具安装方式的标注

序　号	名　　称	代　号	
		旧代号	新代号
1	线吊式	X	SW
2	链吊式	L	CS
3	管吊式	P	DS
4	壁装式	B	W
5	吸顶式	D	C
6	嵌入式	R	R
7	顶棚内安装	DR	CR

续表

序 号	名 称	代 号	
		旧代号	新代号
8	墙壁内安装	BR	WR
9	支架上安装	J	S
10	柱上安装	Z	CL
11	座装	ZH	HM

表 15-4　常用弱电施工图的图例符号

名 称	图例符号	名 称	图例符号
电话插座	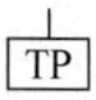 TP	放大器一般符号	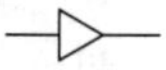 ▷—
电视插座	 TV	电视接收机	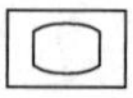 ◻
天线一般符号	Y	彩色电视接收机	 ◻
用户一分支器	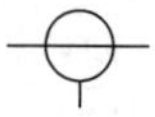 ⊖	电话机一般符号	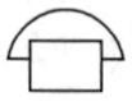 ⌒
用户二分支器	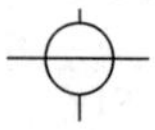 ⊕	壁盒交接箱	 ▶◀
用户三分支器	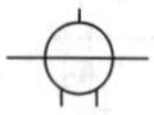 ⊕	落地交接箱	 ⊠
用户四分支器	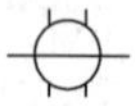 ⊕	分线盒一般符号	⌒
二路分配器	⊲	室内分线盒	⌒
三路分配器	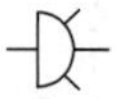 ⊲	室外分线盒	⌒

15.2　建筑电气图纸基本内容及识图方法

15.2.1　电气施工图纸的组成及内容

1. 首页

首页主要内容包括电气工程图纸目录、设备材料表和电气设计说明三部分。

电气设计说明是对图纸中不能用符号标明的、与施工有关的或对工程有特殊技术要求的补充，比如强弱电线路并排敷设时的线间距离要求、电气保护措施等。

2. 电气外线总平面图

电气外线总平面图以建筑总平面图为依据，绘出架空线路或地下电缆的位置，并注明有关做法。图中还注明了各幢建筑物的面积及分类负荷数据（光、热、力等设备安装容量），以及总建筑面积、总设备容量、总需要系数、总计算容量及总电压损失。此外，图中还标注了外线部分的图例及简要做法说明。对于建筑面积较小、外线工程简单或只是做电源引入线的工程，没有外线总平面图。

3. 电气系统图

电气系统图用以表示供电系统的组成部分及其连接方式，通常用粗实线表示。系统图通常不表明电气设备的具体安装位置，但通过系统图我们可以清楚地看到整个建筑物内配电系统的情况与配电线路所用导线的型号与截面、采用管径以及总的设备容量等，可以了解整个工程的供电全貌和接线关系。

4. 各层电气平面图

电气平面图详细标注了所有电气线路的具体走向及电气设备的位置、坐标，并通过图形符号将某些系统图无法表达的设计意图表达出来，从而指导施工。它包括动力平面图、照明平面图、防雷平面图、弱电（电话、广播等）平面图等。在图纸上主要标明电源进户线的位置、规格、穿管管径，各种电气设备的位置，各支路的编号及要求等。

5. 原理图

原理图用来表示电气设备的工作原理，各电器元件的作用及相互之间的关系，并将各电气设备及电气元件之间的连接方式，按动作原理用展开法绘制出来，便于看清动作顺序。原理图分为一次回路（主回路）和二次回路（控制回路）。二次回路包括控制、保护、测量、信号等线路。一次回路通常用粗实线绘制，二次回路通常用细实线绘制。原理图是指导设备制作、施工和调试的主要图纸。

6. 接线图（表）

接线图（表）宜包括电气设备单元接线图（表）互动接线图（表）、端子接线图（表）电缆图（表）。

7. 安装图

安装图又称安装大样图，用来表示电气设备和电气元件的实际接线方式、安装位置、配线场所的形状特征等。对于某些电气设备或电气元件在安装过程中有特殊要求或无标准图的部分，设计者绘制了专门的构件大样图或安装大样图，并详细地标明施工方法、尺寸和具体要求，指导设备制作和施工。

15.2.2 识读方法

首先，看图上的文字说明。文字说明的主要内容包括施工图图纸目录、设备材料表和电气设计说明三部分。比较简单的工程只有几张施工图纸，往往不另编制设计说明，一般将文字说明内容表示在平面图、剖面图或系统图上。

其次，看图上所画的电源从何而来，采用哪些供电方式，使用多大截面的导线，配电使用哪些电气设备，供电给哪些用电设备等。不同的工程有不同的要求，图纸上表达的工程内容一定要搞清。

当看比较复杂的电气图时,首先看系统图,了解由哪些设备组成,有多少个回路,每个回路的作用和原理,然后再看安装图,各个元件和设备安装在什么位置,如何与外部连接,采用何种敷设方式等。

另外,要熟悉建筑物的外貌、结构特点、设计功能和工艺要求,并与电气设计说明、电气图纸一起配套研究,明确施工方法。尽可能地熟悉其他专业(给水排水、动力、采暖通风等)的施工图或进行多专业交叉图纸会审,了解有争议的空间位置或相互重叠现象,尽量避免施工过程中的返工。

15.3 电气照明和弱电施工图识读

15.3.1 电气照明施工图识读

电气照明施工图有电气照明系统图、电气照明平面图和照明设计说明。阅读电气照明施工图时要将系统图和平面图对照起来读,才能弄清设计意图,指导正确施工。现在分别介绍这三种施工图的内容。

1. 电气照明系统图

从电气照明系统图上可以读懂以下几个问题。

(1) 供电电源。从系统图上可以看出电源是三相还是单相供电,表示方法是在进户线上画短撇数,如果不带短撇则为单相。也可以从标在线路旁边的文字看出。

(2) 接线方式。从系统图上可以直接看出配线方式是树干式还是放射式或混合式,还可以看出支线的数目及每条支路供电的范围。

(3) 导线的型号、截面、穿管直径、管材以及敷设方式和敷设部位。导线的型号、截面、穿管直径及管材可以从导线旁的文字标记看出。电气线路文字标记的形式为

$$ab\text{-}c(d \times e + f \times g)i\text{-}jh \tag{15-1}$$

式中:a——线缆编号;

b——线缆型号;

c——线缆根数;

d——电缆线芯数;

e——线芯截面;

f——PE 及 N 导体根数;

g——PE 及 N 导体截面;

i——导线敷设方式,参见表 15-2 中"敷设方式"项;

j——导线敷设部位,参见表 15-2 中"敷设部位"项;

h——导线敷设高度。

住宅内部均采用绝缘线,各户内支线一般使用 $2.5\sim4\text{mm}^2$ 的绝缘铜线。所谓绝缘线是在裸导线外面加一层绝缘层的导线,主要有塑料绝缘电线、橡皮绝缘电线两大类,其型号和特点见表 15-5。导线型号中第 1 位字母 B 表示布置用导线;第 2 位字母表示导体材料,铜芯不表示(省略),铝芯用"L";后几位为绝缘材料及其他。

表 15-5　绝缘电线的型号和特点

名称	类型	型号 铝芯	型号 铜芯	主 要 特 点
塑料绝缘电线	聚氯乙烯绝缘线 普通型	BLV、BLVV(圆形)、BLVVB(平形)	BV、BBV(圆形)、BVVB(平形)	这类电线的绝缘性能良好,制造工艺简便,价格较低。缺点是对气候适应性能差,低温时变硬发脆,高温或日光照射下增塑剂容易挥发而使绝缘老化加快。因此,在未具备有效隔热措施的高温环境、日光、经常照射或严寒地方,宜选择相应的特殊类型塑料电线
	聚氯乙烯绝缘线 绝缘软线		BVR、RV、RVB(平形)、RVS(双绞形)	
	聚氯乙烯绝缘线 阻燃型		ZR-RV、ZR-RVB(平形)、ZR、RVS(双绞形)、ZRRVV	
	聚氯乙烯绝缘线 耐热型	BLV105	BV105、RV-105	
	丁腈聚氯乙烯复合绝缘软线 双绞复合物软线		RFS	它是塑料绝缘线的新品种,这种电线具有良好的绝缘性能,并具有耐寒、耐油、耐腐蚀、不延燃、不易老化等性能,在低温下仍然柔软,使用寿命长,远比其他型号的绝缘软线性能优良。适用于交流额定电压 250V 及以下或直流电压 500V 及以下的各种移动电器、无线电设备和照明灯座的连接线
	丁腈聚氯乙烯复合绝缘软线 平型复合物软线		RFB	
橡皮绝缘电线	棉纱编织橡皮绝缘线	BLX	BX	这类电线弯曲性能较好,对气温适应较广,玻璃丝编织线可用于室外架空线或进户线。但是由于这两种电线生产工艺复杂,成本较高,已被塑料绝缘线取代
	玻璃丝编织橡皮绝缘线	BBLX	BBX	
	氯丁橡皮绝缘线	BLXF	BXF	这种电线绝缘性能良好,且耐油、不易霉、不延燃、适应气候性能好、光老化过程缓慢,老化时间约为普通橡皮绝缘电线的两倍,因此适宜在室外敷设。由于绝缘层机械强度比普通橡皮线弱,因此不推荐用于穿管敷设

(4) 配电箱中的设备。配电箱中的开关、保护、计量等设备只能在系统图中表示,平面图中看不出来。照明配电箱的标注格式为

$$\frac{a}{b} \tag{15-2}$$

式中：a——设备型号；

b——额定容量。

2. 电气照明平面图

电气照明平面图中,按规定的图形符号和文字标记表示出电源进户点、配电箱、配电线路及室内灯具、开关、插座等电气设备的位置和安装要求。同一方向的线路不论有几根导线,都可以用单线表示,但要在线上用短撇表示导线根数。多层建筑物的电气照明平面图应分层来画,标准层可以用一张图纸表示各层的平面。从电气照明平面图上可以读懂以下几

个问题。

(1) 进户点、总配电箱和分配电箱的位置。

(2) 进户线、干线、支线的走向,导线根数,导线敷设位置,敷设方式。

(3) 灯具、开关、插座等设备的种类、规格、安装位置、安装方式及灯具的悬挂高度。照明灯具的标注方式一般为

$$a\text{-}b\frac{cd\text{L}}{e}f \tag{15-3}$$

式中：a——灯具的数量；

　　　b——灯具的型号或代号；

　　　c——每盏灯具的灯泡数；

　　　d——每个灯泡的瓦数,W；

　　　e——灯泡安装高度,m；

　　　L——光源的种类。白炽灯为 LN、荧光灯为 FL、碘钨灯为 I、水银灯为 Hg；

　　　f——灯具安装方式,参见表 15-3。

如标注有 $5\text{-}\frac{60}{2.5}\text{CS}$,表明共有 5 盏灯,每盏灯内有 1 个 60W 的灯泡,链吊式安装,安装高度为距地 2.5m。

除特殊情况外,在平面图上一般不标注哪个开关控制哪盏灯具,电气安装人员在施工时,可以按一般规律根据平面图连线关系判断出来。

对图线和结构比较简单的电气施工平面图,经常将照明线路和弱电(电话、电视)线路画在一张图纸上。

3. 照明设计说明

在照明系统图和平面图中表达不清楚而又与施工有关系的一些技术问题,往往在照明设计说明中加以补充。如配电箱安装高度,灯具及插座的安装高度,图上不能注明的支线导线的型号、截面、穿管直径、敷设方式,接地方式及重复接地电阻要求,防雷装置施工要求等。因此,在阅读照明施工图时,还要仔细阅读照明设计说明。

15.3.2 弱电施工图的识读

弱电施工图包括图纸目录、设计说明、系统图、平面图、剖面图、各弱电项目供电方式等。

1. 首页

首页包括设计说明、设备材料表及图例。其中设计说明包括施工时应注意的主要事项,各弱电项目中的施工要求,建筑物内布线、设备安装等有关要求。

2. 系统图

系统图包括电话、电视等各分项工程系统图。

1) 电话系统图

电话系统图包括主干电缆和分支电缆,图中应注明电缆编号、电缆线序,并标明分线箱的型号和编号。电话线选用一般导线时,应注明导线的对数。选择电话线时,应留出余量,以备今后发展的需要。

2）电视系统图

电视系统图是在各分配系统计算完毕的情况下绘制的。系统图中包括主干电缆和分支电缆，应将电视天线、天线放大器、混合器、主放大器、分配器、分支器、终端匹配电阻等一一画出来并标识清楚。系统图是示意图，可不按比例绘制。

3. 平面图

平面图包括电话、电视平面图等。图线和结构比较简单的电气施工平面图，往往将弱电平面图和照明平面图画在一张图纸上。

1）电话平面图

先描绘土建专业的建筑平面图，并标明主要轴线号、各房间名称，绘出有关设备的位置及平面布置，并标出有关尺寸，标明设备、管线编号、型号规格，说明安装方式等。绘出地沟、支架、电缆走向布置，并标出有关尺寸。平面图上还需注明预留管线、孔洞的平面布置及标高。对于不能表达清楚的，还应加注文字说明。

2）电视平面图

电视平面图应标注线路走向、线路编号、各房间名称。一般应采用穿管暗敷设。前端箱（电视系统控制器）在平面图上应标清楚布设的位置，距交流电源配电箱应始终不少于0.5m。电视平面图上的管线敷设，应避免与交流电源线路交叉，并应沿最短的线路布置，图形符号应按国家标准绘制。

15.3.3 识图举例

该工程为某交警大队指挥分控中心。图15-1～图15-5所示为部分电气设计施工图，包括照明系统图和平面图、火灾自动报警系统图和平面图以及配电房、发电机房的设备布置图。

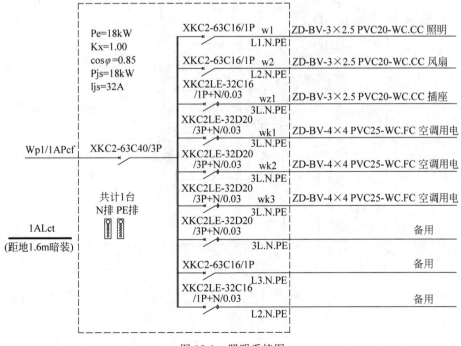

图15-1 照明系统图

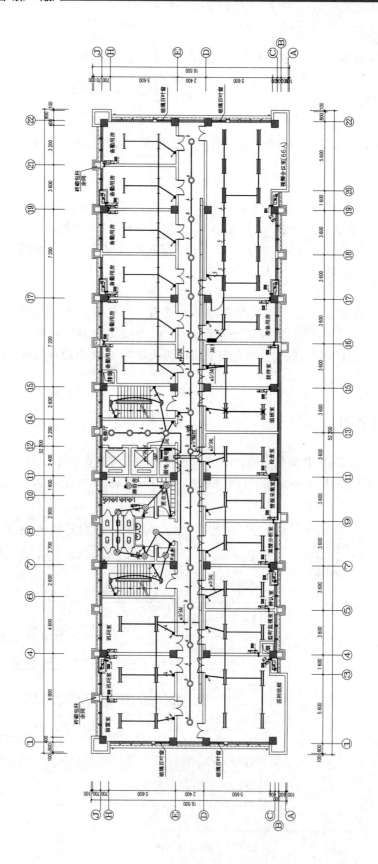

图15-2 照明系统平面图

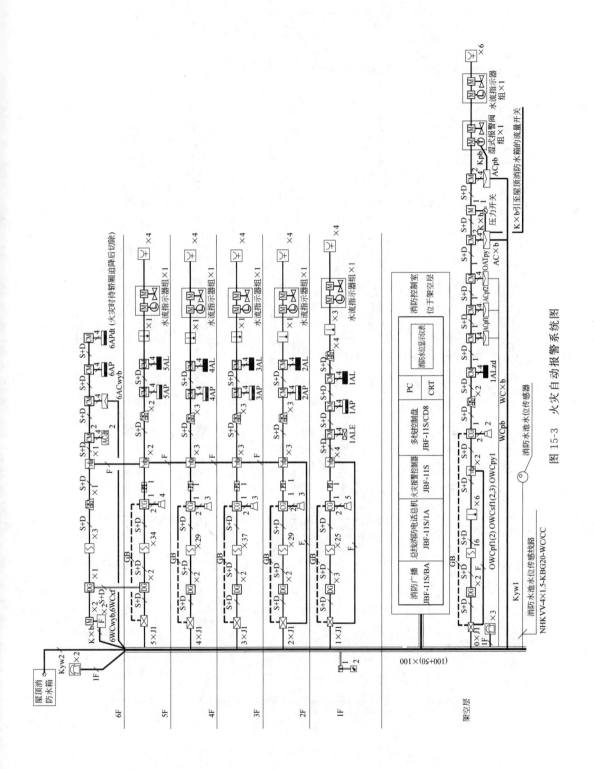

图 15-3 火灾自动报警系统图

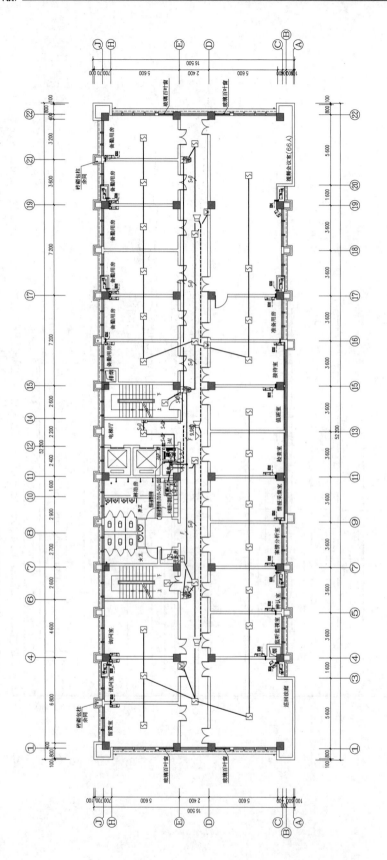

图 15-4 火灾自动报警系统平面图

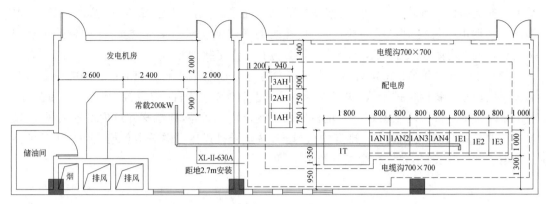

图15-5 配电房、发电机房设备布置图

1. 负荷级别、电源及供电方式

(1) 本工程走道应急照明、消防控制室用电、消防泵、喷淋泵等消防用电为二级负荷；厨房、弱电机房、分控中心等按二级负荷供电，其余用电负荷等级均为三级负荷。

(2) 本工程电源由市政接引一路高压，在配电房设置一台630kV·A变压器作为主用电源，采用常用200kW发电机作为备用电源。配电房和发电机房设置在本楼的架空层内。低压电源电压为0.4/0.23kV。

(3) 应急照明和疏散指示标志采用自带蓄电池，持续供电时间大于90min。

2. 照明、动力配电系统

(1) 光源与灯具：一般场所为T5系列直管荧光灯并配专用电子镇流器，或电子节能灯、金卤灯。采用高效灯具，即灯具的反射罩采用镜面阳极氧化铝板，提高光输出效率。应急照明灯和灯光疏散指示标志应设玻璃或其他不燃烧材料制作的保护罩，符合《消防安全标志》(GB 13495.1—2015)和《消防应急照明和疏散指示系统技术标准》(GB 51309—2018)。

(2) 照明、插座分别由不同支路供电，除注明外，照明支路和插座支路导线采用ZRBV-0.45/0.75kV-2.5mm^{2}导线穿管敷设；所有插座支路(空调插座除外)均设剩余电流保护器；应急照明支路采用ZRBV-0.45/0.75kV-2.5mm^{2}导线热镀锌钢管暗敷结构楼板或墙内，且保护层厚度不小于30mm。

3. 火灾自动报警系统

(1) 本工程采用集中报警系统，消防控制室设于架空层。消防控制室内严禁穿过与消防设施无关的电气线路与管路。消防控制室内设有火灾报警控制器、消防联动控制设备、火灾应急广播、消防专用电源、打印机等设备及可直拨"119"的直线电话。火灾自动报警系统由消防电源作主要电源，另设直流备用电源。

(2) 本工程设电气火灾监控系统，监控受控对象配电箱的漏电和过电流情况，对线路漏电实施报警。系统控制主机设于消防控制室内。在各楼层配电间总配电箱设置剩余电流式电气火灾监控探测器。

4. 防雷及接地系统

(1) 本工程按三类防雷建筑物设防。建筑物的防雷装置应满足防直击雷、防雷电感应及雷电波的侵入，并设置总等电位联结。本建筑物电子信息系统雷电防护等级为C级。

(2) 配电系统为TN-S制，自变电所低压引出专用PE线，与N线严格分开，所有正常不带电的金属构架等均应与 PE 线作良好的电气连接。工作接地、重复接地、防雷接地、电气设备和弱电系统接地共用接地极,利用建筑物基础钢筋网作接地装置,基础钢筋可靠焊接。综合接地电阻不大于 1Ω,当实测不符时应补打人工接地极。

(3) 总等电位联结：在建筑物变电所设总等电位联结端子排(MEB),总等电位盘由紫铜板制成。建筑物内保护干线、设备金属管道、建筑物金属构件、防雷接地、电气设备接地、弱电系统接地等部位均须就近与等电位联结干线连接。另外,在电梯井道内设置预埋件,预埋件和地梁钢筋网、变电所 PE 排等均须与 MEB 端子排连接。总等电位连接均采用各种型号等电位卡子,绝对不允许在金属管道上焊接。

习　题

15.1　什么是电气图？电气图的表达形式有哪些？

15.2　电气施工图由哪几部分组成？各部分分别包含哪些内容？

15.3　简述电气施工图的识图方法。

15.4　如何对电气照明施工图和弱电施工图进行识读？请举例说明。

参 考 文 献

[1] 高明远,岳秀萍,杜震宇.建筑设备工程[M].4版.北京:中国建筑工业出版社,2014.
[2] 丁云飞.建筑设备工程施工技术与管理[M].2版.北京:中国建筑工业出版社,2013.
[3] 于国清.建筑设备工程CAD制图与识图[M].3版.北京:机械工业出版社,2014.
[4] 刘占孟,王敏.建筑给水排水工程[M].北京:中国电力出版社,2016.
[5] 王增长.建筑给水排水工程[M].7版.北京:中国建筑工业出版社,2016.
[6] 中国建筑设计研究院.建筑给水排水设计手册[M].2版.北京:中国建筑工业出版社,2008.
[7] 李世忠,高卿.建筑设备安装与施工图识读[M].北京:中国建材工业出版社,2013.
[8] 吴国忠.建筑给水排水与供暖管道工程施工技术[M].北京:中国建筑工业出版社,2010.
[9] 土木在线.给水排水新规范精辟解读[M].北京:中国建筑工业出版社,2017.
[10] 李芳芳.建筑给水排水及采暖工程[M].北京:中国铁道出版社,2013.
[11] 马誌溪.建筑电气工程:基础、设计、实施、实践[M].2版.北京:化学工业出版社,2011.
[12] 李英姿.建筑电气施工技术[M].2版.北京:机械工业出版社,2017.
[13] 《现代建筑电气工程通用标准图集》编写组.现代建筑电气工程通用标准图集:设计·施工安装·设备材料[S].北京:中国水利水电出版社,2016.
[14] 张红星.给水排水与暖通空调工程制图与识图[M].南京:江苏凤凰科学技术出版社,2014.